유전의 문화사

우리시대
질문총서
11

유전의 문화사

A Cultural History of Heredity

Vererbung:
Geschichte und Kultur eines biologischen Konzepts

슈타판 뮐러빌레, 한스외르크 라인베르거 저
현재환 역

부산대학교출판문화원

A Cultural History of Heredity

차 례

언뜻 보기에는 저자가 긁어모은 대량의 사실들을 묶을 수 있는 유일한 "법칙"은 변덕의 법칙으로 보인다. 유전(inheriting)에서의 변덕, 전달(transmitting)에서의 변덕, 결국 모든 곳에서의 변덕 말이다.

- 윌리엄 제임스(William James), 찰스 다윈(Charles Darwin)의 『가축 및 재배 식물의 변이 *The Variation of Animals and Plants under Domestication*』(1868)에 대한 서평 가운데.[1]

발간사

우리는 지금까지와는 다른 '격변'의 시대를 살고 있다. '변화'는 시간의 흐름에 따르는 자연스러운 결과지만, 이 시대의 '변화'는 과거와는 전혀 다른 양상을 보이고 있다. 과거의 변화가 기존의 패러다임 내에서 일어나는 크고 작은 변화들이었다면, 지금의 변화는 가히 '패러다임의 전환'이라고 일컬을 만하다. 기존의 패러다임은 인간 중심적 인식의 틀 속에서 과학기술 문명의 발전과 자본주의적 체제의 구축, 명확히 경계 지어진 세계 속에서 전문성을 강조한다는 점에서, 어쩌면 여전히 근대성의 틀을 벗어나지 못했다고 할 수 있다.

지금 이런 패러다임으로 우리 시대를 판단하고 예견하는 데는 한계가 있다. 우리 시대는 지나간 시대로부터의 위기와 예측할 수 없는 미래에 대한 불안감, 그리고 도래할 시대에 대한 희망이 공존한다는 데 그 독특함이 있다. 새로운 패러다임은 기존의 패러다임에서 잉태된 위기로부터의 출구를 모색하는 과정이자 다가올 시대의 새로운 지향과도 관련되어 있다. 그래서 우리 앞의 복잡다기한 상황에 맞서, <우리시대 질문총서>는 '환경 변화와 인류의 미래', '신자유주의의 팽창과 연대', '휴머니즘에 대한 재성찰과 대안적 삶', '첨단기술혁명과 융복합', '글로벌/로컬의 관계 속에서 인간 삶의 변화'라는 주제를 통해 지금 이 시대를 성찰하고자 한다.

인간이 세계를 지배하는 시대, 인간이 환경의 전반적 흐름에 영향을 행사하는 이른바 인류세의 시대는 역설적이게도 인간의 무력함과 한계를 절감하게 한다. 인간이 누린 풍요의 대가가 되어버린 기후 변화와 생태계 변화는 우리 시대 초미의 관심사이지만 이런 변화는 사람들을 삶의 '지속 가능함'을 확신하기 어려운 상황으로 내몰고 있다. 그럼에도 불구하고 이런 불확실한 상황은 그동안 우리의 삶 자체를 성찰하는 한편 진정한 대안들을 새롭게 모색할 것을 촉구하고 있다.

4차 산업혁명으로 인한 자본주의의 급변과 인간과 기술의 포스트휴먼적 융합 시대의 도래는 인간의 존재적 위기와 함께 전통적인 인간상의 유효성에 의문을 제기하고 있다. 기계는 인간에게 어떤 영향을 끼칠 것인가, 인간은 기계의 문제에서 주도적일 수 있는가, 혹은 이런 변화는 인간과 기계의 대립을 넘어 새로운 가능성을 제시해줄 수 있는가. 최근 포스트휴먼의 가능성은 이런 질문들과 연결되어 있다. 포스트휴먼 시대에 인간의 자리를 묻고 기술의 변화가 인간과 사회에 어떤 변화를 줄지 성찰하는 노력들이 필요하다.

한편 우리 시대는 근대 국민국가의 경계를 뛰어넘는 문화적 현상을 수없이 목격하고 있다. 국민과 난민의 경계가 모호해지면서 수많은 이질적인 문화들이 접촉하고 갈등하고 섞이는 혼종의 시대, 바로 이 시대에 우리는 민족문화의 중심성을 넘어서 글로벌과 로컬이 보다 긴밀해지는 문화적 관계 속으로 편입되고 있다. 그 결과 그동안 민족문화의 틀과 프리즘 밖에 존재하던 문화들이 새로운 관심사로 부각되고 있으며, 근대, 자본, 민족의 구조를 넘어서는 대안적 사고들이 곳곳에서 출현하고 있다. 전지구화와 함께 등장한 전지구적 자본과 문화의 압도적 힘 앞에서 무기

력해진 개인, 신자유주의의 팽창으로 인한 경쟁의 격화와 인간 소외는 '관계 맺는 존재로서의 인간'의 가능성에 대해 되묻고 다양한 방식의 '소통과 연대'를 제안하고 있다.

이러한 변화들은 우리의 기존 사고로 담아낼 수 없는 우리 시대의 현상들이다. 이런 현상들 앞에서 우리는 '왜?', '어떻게?'라는 질문을 던지고, 그 답을 찾아가는 비판적 사유의 여정을 시작하고자 한다. 이러한 비판적 사유의 여정은 분과학문으로 나누어져 전문성만을 강조해온 기존의 학문구조의 틀을 벗어나, 각 학문의 내적 융합뿐만 아니라 인문학, 사회과학, 자연과학 같은 학문 간의 융합을 전제로 한다.

<우리시대 질문총서>는 우리 앞에 놓인 이러한 현상들에 대한 성찰을 제공하고 대안을 모색하는 데에 그 취지가 있다. 이 총서는 우리 세계의 변화를 미시적이고 거시적으로 살펴볼 수 있는 학문적 시각을 제공하는 한편, 도래할 세계(the world to come)와 지나간 미래(future past)의 쌍방향적 대화와 성찰을 통해 우리 시대를 비판적으로 반성하고 예견하는 우리 시대의 문제적 활동들을 기획, 소개하고자 한다. <우리시대 질문총서>를 통한 사유와 성찰이 우리시대의 성숙한 집단 지성을 형성하는 마중물이 되었으면 한다.

그리고 <우리시대 질문총서>의 출판을 위해 도움을 주신 많은 분들께 감사드린다.

우리시대 질문총서 제작위원회

한국어판 서문

오직 최근에 들어서야 과학사학자들은 한국에서의 유전적 사고, 특히 인류 유전의 역사를 일제 강점기와 해방 이후를 중심으로 탐구하기 시작했다. 보다 나은 표현이 없는 상황에서 주요 관심사는 역사학적 인류유전학(historical anthropogenetics)에 놓여왔으며 앞으로도 그럴 것으로 보인다. 역사학적 인류유전학은 특정 인간 집단의 깊은 역사를 추적하기 위해 유전적으로 결정된 생물학적 표지자들-유전자들이나 그 일부, 혹은 그에 기초한 형질들-의 사용으로 정의된다. 현재환이 『한국과학사학회지』와 여러 다른 학술지들에 출판한 일련의 논문들에서 보여주었듯이, 극적으로 다른 정치적 상황들 가운데 혈액형 분석에서 단백질 다형성 분석, 그리고 유전자 서열 분석으로 이어지는 다양한 유전학적 방법들이 한국인의 삶과 의과학(medical sciences)에 계속해서 도입되었지만, 이 방법들은 언제나 한국인의 역사 및 유전적 역사(genetic history)와 관련된 질문들, 특히 이웃 민족들(nations)과 관련된 질문들과 어떻게든 연관되었다. 동시에 한국의 유전과학자들은 늘 미국이나 심지어 일본에서 훈련받고 그곳에서 이루어진 연구들에 영감을 얻었을 뿐만 아니라, 새로운 방법론을 도입하는 데 선두에 서서 도전적인 통찰들을 제기하며 국제 과학계에 기여한 데서 국제적으로 활동해왔다고 할 수 있다.

이 역서는 근대 초기부터 오늘날 우리 시대에 이르기까지 생물학적 유전주의 사고(biological hereditarian thinking)-및 그와 관련된 실천(doing)-의 역사를 추적하는 책이다. 제목의 일부인 "문화사"는 꽤 신중히 선택된 용어이다. 장기지속(*longue durée*)의 관점에서 이 책은 생물학적 유전 개념-및 종국에는 그 대상-이 형성되고 그 윤곽을 얻은 후, 유전의 과학인 유전학이 탄생하게 되는 과정과 관련해 역사적으로 변화하는 물질적, 경제적, 사회적, 정치적, 문화적 상황들을 강조한다. 유전학의 영향력은 20세기에 생명과학을 여러 형태로 지배한 것으로 그치지 않았다. 그것은 임상 진료와 농업 현장은 물론이고 인류 전체에 대한 자기 인식과 전 세계의 소수자 집단들에 대한 정치적 처우에도 심대한 영향을 끼쳤다.

저자들은 이 목표가 특정한 관점에서 일부 주제들에만 초점을 맞추어 다른 측면들을 희생하는 대가를 치러야만 성취할 수 있었던 것임을 잘 인식하고 있다. 특히 19세기 말 무렵부터 21세기 초까지의 시기를 다룰 때 우리는 각기 고전유전학, 분자유전학, 유전체학과 후기유전체학의 시기로 접어드는 제도적이고 기술적인 아상블라주들(assemblages)에 초점을 맞추었다. 그 결과 전달 유전학의 바깥 분야들, 세포학, 발생학, 그리고 동식물과 인간의 생식 조작을 목표로 한 넓고 다양한 스펙트럼의 연구들에서 일어난 유전적 관념의 진화는 상대적으로 덜 검토되었다. 우리는 문학과 대중 매체에서 나타난 유전 관념의 역사에 대해서도 살펴보지 못했다. 다만 유전의 역사를 이처럼 폭넓은 주제들을 널리 포괄하며 다룰 수는 없었던 만큼 우리는 이에 대해 특정한 초점으로 심원하게 다루기를 희망했다. 과학은 문화와 동떨어져 있어 심지어 "순수" 과학이라 불리는 것조차도 그 자체로 문화를 형성한다. 그렇기에 과학사는 이 문화를 스스로 표출할 수 있게 하는 제도적, 기술적 레짐을 밝히는 면에서 이해되는 일이 필요하다.

유전학의 역사에 대한 이 같은 초점은 우리의 설명이 유럽과 북미 전통에 속한 인물들과 과학적 발견들을 중심으로 할 것이라는 점 또한 함축한다. 그렇지만 이러한 지적은 우리가 의도한 바를 놓치게 한다. 만약 과학이 그 자신의 문화 혹은 하위문화라면, 그것은 그 자체로 다양하며 이 다양성을 잘 이뤄가는 한 특정한 국가의 혹은 지역적인 문화적 맥락에 의해 절대적으로 결정되지는 않는다. 사실 국제주의는 대부분의 과학자들에 의해 강력하게 지지되는 가치이다. 지구적 과학학(global science studies) 연구의 "초국적 전환"(transnational turn)의 정신 하에, 우리는 과학을 물질들, 도구들, 사람들, 그리고 관념들이 경계를 넘어 생산적으로 교차하는 모세혈관 혹은 리좀적 체계(rhizomatic system)로 이해할 수 있다. 사고들을 담아두는 상자라기보다는 이들을 "번역하는"(translate) 시스템으로 말이다. 이와 같은 방식으로 과학을 초국적 (그리고 번역적translational) 현상으로 보는 것이 "국가적" 문화 간의 상호작용이나 이들의 가장 극단적이고 유해한 형태인 민족주의들을 전제하지 않는다. 이보다는 현재환의 연구가 우리에게 보여주듯이, 이런 상호작용들은 정치사에서 그려지는 불연속성들에 저항하고 예기치 못한 연결점들을 만들어낸다.

생물학적 유전이 세계의 여러 지역들에서 문화에 끼친 영향에 관한 미묘한 차이들과 대단히 다른 맥락들과 관련해 더 완전한 그림을 그리기 위해서는 보다 많은 역사 연구가 필요하다. 이는 자유주의적, 독재적, 식민지적, 탈식민지적 통치가 전개된 지난 두 세기 동안에 유전주의적 사고가 확고히 자리를 잡게 된 해당 지역의 지리적, 정치적, 언어적 맥락에 숙달된 역사 연구자들 간의 협력을 통해 집합적으로만 성취될 수 있는 과제이다. 만약 이 책의 한국어 번역본 출간이 이와 같은 비판적인 역사적 노력의 필요성과 결실에 대한 인식을 창출하는 데 기여한다면, 그 소임을 다한 것이라고 할 수 있다.

우리는 『유전의 문화사』 한국어 번역본 출간을 결단하고 번역과 씨름한 현재환에게 감사를 전하고 싶다. 또 이 책의 출판 과정에 주의를 기울여 문제없이 효율적으로 진행시켜 준 부산대학교 출판문화원의 관계자들에게도 감사를 전한다.

슈타판 뮐러빌레(Staffan Müller-Wille)와

한스외르크 라인베르거(Hans-Jörg Rheinberger)

2022년 1월, 런던과 베를린에서

서문

이 책은 한 생물학적 개념의 생성과 역사적 진화에 관한 것이다. 유전(heredity)*이라는 개념과 해당 개념이 지시하는 현상 말이다. 유전은 과학 제분야의 연구 대상이지만 그중에서도 가장 가시적으로는 유전학의 주제라고 할 수 있다. 그러나 우리는 이 책이 한 과학 분야와 해당 분야의 근본적 관념들의 역사를 쓰는 것 이상이 되기를 바란다. 이 주제에 관한 탁월한 저술들이 여럿 있는데, 대부분 자신들 분야의 역사를 진지하게 다루어 온 유전학자들이 쓴 것들이었다.[2] 프랑수아 자코브(François Jacob)의 『생명의 논리 *Logic of Life*』는 이런 종류의 저작 가운데 타의 추종을 불허하는 사례로 남아 있다. 분자생물학자이자 노벨상 수상자인 저자는 이 책에서 16세기부터 20세기에 이르기까지 유전과 생식(reproduction)**에 대한 지식의 "단계"(*étapes*)를 확인한다. 자코브는 프랑스의 역사인식론(historical epistemology) 학파의 영향

---

* 역주: 본 역서에서 "유전"은 원저의 "heredity"와 "inheritance"의 번역어이다. 다만 저자들이 아래에서 상술할 것처럼 이 용어들은 생물학이 분과로 자리를 잡기 이전부터 재산 상속과 관련된 사법 영역에서 널리 사용되었다. 번역자는 이런 이유로 이 용어들을 문맥에 따라 "유산"으로 번역하기도 했음을 밝혀둔다.

** 역주: 이 책에서는 "reproduction"을 문맥에 따라 "생식" 혹은 "재생산"으로 번역했다. 원저에서 등장하는 유관 용어로 "propagation"과 "generation"이 있는데, 전자는 저자들이 생식 현상을 가리킬 때 빈번히 사용했기에 문맥에 따라 "번식", "증식", "생식" 등으로 번역했다. "generation"은 국내 저술들에서 종종 "생식"으로 번역해 왔는데, 이 경우 근대적 "생식"(reproduction) 개념이 출현하기 이전과 이후의 차이가 분명하게 구별되지 않기 때문에 본 역서에서는 "발생"으로 번역했다.

을 받았기 때문에 이런 단계들을 "오늘날 해결책으로 나타난 것을 향한, 진보의 신념에 찬 행진을 되짚는 관념들의 왕도"의 목적지로 여기지는 않는다. 그렇지만 자코브의 (책의 부제이기도 한) "유전의 역사"는 오직 현대 분자유전학만이 확립할 수 있는 특정 개념을 향한 틀림없는 소실점을 갖고 있다. 바로 유전 프로그램(genetic program)이란 개념이다. 이 개념을 주어진 사실로 간주하면서 자코브는 생명 그 자체뿐만 아니라 해당 개념이 형성되는 역사를 항상 더 높은 수준으로, 혹은 항상 보다 심원하게 분화되는 구조들의 계승으로, "찬합이나 러시아 인형같이 조직화(organizations)가 또 다른 수준의 조직화에 통합되는 일련의 과정"으로 분석한다. 이런 분석에서는 가시적인 구조들인 장기, 세포, 염색체, 유전자, 분자들만이 가장 중요한 대상들로 언급될 것이다.[3]

이 책은 특정 시기에 유전의 지식이 만들어지고 응용되는 공시적인 정치적, 의학적, 기술적 맥락들을 기술함으로써 이런 통시적 역사를 넘어설 것이다. 그러므로 우리가 연구하는 것은 특정 과학이나 연구 프로그램에 대한 역사보다는 서로 다른 이질적인 맥락들에서 시작해서 경로를 추구하다 합쳐지고 다중적인 방식으로 다른 문화적 영역들에 영향을 끼치는 "지식 레짐"의 역사라고 할 수 있다.[4] 이 점에서 우리는 과학을 문화와 다르거나 심지어 반대되는 것으로 보지 않는다. 이보다는 과학을 예술, 기술, 정치와 같은 것들과 마찬가지로 하나의 문화적 영역으로, 이들 영역들과 상호작용하면서 사회적 가치들을 재생산하고 변형시키는 것으로 본다. 이런 관점이 과학이 지닌 매우 특별한 성격을 부정하는 것은 아니다. 우리의 논의는 과학 지식의 생산을 독자적인(*sui generis*) 문화적 영역으로 검토하는 데 놓여 있다. 과학

철학자들이 "사실 가치"(truth values)라고 부르는 것처럼 과학적 가치는 그 자신의 특수한 성격을 갖고 있으며, 해당 가치의 생산은 그 고유의 역사적 경로를 따르는 경향을 보인다. 과학의 이 같은 특수한 성격을 잊는다면 무엇이 과학을 다른 분야들과 구별되게 만들며 무엇이 과학의 문화적 영향력에 기저를 이루는지를 잊게 만드는 위험을 낳는다. 바로 자연, 특히 인간 본성에 대한 질문과 관련해 과학이 소유하고 있다고 주장하는 권위 말이다. 우리는 그러므로 헤닝 슈미트겐(Henning Schmidgen)이 제안한 조르주 캉길렘(Georges Canguilhem)의 과학철학에 대한 독법에 동의한다. "한 과학 개념의 의미는 단순히 그 자체를 다른 말들 및 텍스트들과 연관해 수평적으로 드러내는 것이 아니다. 그것은 현재 혹은 과거에 (건강, 유전, 마음과 같은) "대상"(object)을 장악해 온 힘들에 의존해야만 파악될 수 있다."[5]

이 문화적 힘들에 대한 초점은 유전의 역사에 대한 우리의 설명에 영향을 미친다. 19세기 후반에 프랜시스 골턴(Francis Galton)은 유전을 과학적 탐구가 필요한 주제라고 보았고, 이러한 스스로의 관점을 옹호하기 위해 은유적 개념을 사용한 바 있다. 첫 장에서 우리는 그가 사용한 주요 은유들을 탐구함으로써 우리의 분석틀을 개괄한다. 두 번째 장에서는 다시 과거로 되돌아가 왜 유전이 그렇게도 늦게 생물학적 추론의 주제가 되었는지를 검토한다. 동시에 이 장은 어떻게 17-18세기와 19세기 초에 유기체의 발생(generation)*과 생식이 개념화되었는지에 관한 변화를 추

* 역주: 위의 역주에서 언급한 이유로 이 글에서는 "generation"을 "발생"으로 번역했다. 또 다른 생물학적 개념인 "development" 역시 "발생" 혹은 "발달"로 번역했는데, 그 결과 의미가 혼동될 우려가 있는 구절의 경우 영문명을 병기했다.

적한다. 이는 이후 우리가 여섯 장에 걸쳐 유전의 역사를 설명하는 데 중요한 맥락적 배경이 될 것이다.

이런 설명은 모래시계의 형태를 띨 것이다.[6] 3장에서 설명할 것과 같이 근대 초기에 유전에 관한 사고는 의학, 사육, 교역과 같이 각기 다른 맥락들로부터 유래한 요소들을 통합하는 보다 넓은 *인식론적 공간(epistemic space)*을 확립하기 시작했다. 이러한 발전은 생식을 개인적으로 국한된, 개별적인 자손 발생만이 아니라 어느 정도 원자와 유사한 생물학적 물질(substance)의 전달과 재분배로 생각될 수 있게 만드는 좌표계를 만들었다. 그러므로 4장에서 다룰 것처럼 유전은 19세기를 거치면서 생명과학의 중심부로 이동했을 뿐만 아니라, 5장에서 탐구할 것과 같이 강력한 생명정치적 차원(biopolitical dimension)을 떠맡게 되었다. 19세기 말과 20세기 초 사이의 이런 결합은 유전이란 관념을 실험적으로 추적 가능하고 조작 가능한, 가장 눈에 띄게는 유전자(genes)와 같은 *인식론적 사물(epistemic thing)*로 응축시키는 연구의 동역학을 만들어 냈다. 6장과 7장에서는 20세기를 "유전학의 세기"로 정의하게 한 두 분야인 고전유전학 및 분자유전학, 그리고 이러한 학문들과 연관된 연구 기술들과 그것들의 정치적, 경제적 맥락들을 개괄한다.[7]

마지막으로 8장에서는 유전의 구상화가 어떻게 뒤바뀌고 있는지를 논한다. 이에 대해서는 유전체에 대한 오늘날의 개념과 유전체와 신체 사이의 상호작용에 관한 연구를 위해 고안된 전략들과 관련하여 살필 것이다. 그러나 이번에는 개념의 공간화가 한 번 더 일어나는데, 그것은 서로 다른 실천의 영역들이 합쳐져서 일어나는 것이 아니라 내부로부터 일어나는 것이다. 오늘날 유전의 인식론적 공간은 형질의 전달과 발현에 봉사하는 세포 기계(cellular machinery)의 점차 증가하는 복잡한 내적 구조와 구성 내부 그 자체로 나타난다. 유전과 유전자가 생명과학적 탐구의 중심 연구 대상이던 시기에는 이들을 대상으로 한 논의가 매우 활발했지만, 이 상황에서는 의심의 여지가 없는 가정들로 이루어진 배경의 일부가 되어 더 이상 중요하지 않게 된다. 반대편에서 유전은 정치와 가정, 시장과 관련해 다시금 유연한 물질(malleable matter)이 된다. 한때 문화적 전통의 기반이자 바로 그 본질이었던 것이 한동안은 자연의 보편 법칙으로 환원되었다가 인류의 미래를 만드는 저장소로 바뀌었던 것이다.

이전의 문단들에서 개괄된 역사를 서술하면서 우리는 재현주의적 레짐(representational regimes)과 연관된 인식론적 대상들을 구별하는 데 주의를 기울였다. 우리는 되풀이해서 과학적 개념이 구체화되는 보다 넓은 영역의 의미로 "인식론적 공간"이라는 개념을 사용하거나 특정 연구 기술이나 실험 시스템의 대상들을 가리키기 위해 "인식론적 사물들"을 언급할 것이다. 비록 이런 대상들이 텍스트와 이미지, 모음집(collection), 실험 시스템에서 반복해서 재현되지만, 그럼에도 불구하고 이 대상들은 늘 완전하게 정의될 수도 없고, 최종적으로 재현되지도 않는다. 그렇지 않으면 인식론적 사물들이 아직 알려지지 않은 것을 목표로 삼는 과학 연구를 더 이상 촉진시킬 수 없을 것이다.[8] 우리는 인식론적 대상과 그것들의 담론적, 제도적 재현, 그리고 우리가 위에서 "지식 레짐"이라고 부른 것을 구별하는 일이 중요하다고 믿는다. 무엇보다도 이는 유전과 같은 개념의 역사가 흥미로운 동역학을 얻는 두 논점 사이의 간극에서 온다. 인식론적 대상은 보편적으로 인준되는 가정과 표준, 기술들의 배경들로 물러나는 일 없이는 결코 분명하게 정의될 수도, 재현될 수도 없지만 바로 그렇게 정의되고 재현될 경우 더 이상 과학적으로 흥미로운 대상이 아니게 된다는 사실 말이다.

다른 모든 책들과 같이 이 책 역시 나름의 역사를 지니고 있다. 이는 베를린의 막스플랑크과학사 연구소와 엑세터 대학교의 사회에서의 유전학 ESRC(Economic and Social Research Council) 연구 센터에서 수행된 장기간의 연구 프로젝트의 성과를 종합한 것이다. 이 협력 프로젝트는 "유전의 문화사"에 전념했으며 이외에도 리히텐슈타인 정부 (Karl Schaedler 지원금), DADD(German Academic Exchange Service), 영국 문화원, 영국 학술원, AHRC(Arts and Humanities Research Council), 그리고 웰컴 트러스트의 지원을 받았다. 다섯 차례의 국제 컨퍼런스들과 보다 작은 규모의 수많은 회의들은 우리가 세계 각국의 다양한 분과 배경을 가진 동료들의 전문성을 접하고, 그 능력을 빌릴 수 있게 해주었다.[9]

수많은 동료들과 친우들이 이 책을 결과물로 만드는 데 중요한 조언을 해주었다. 이 프로젝트의 첫 단추를 꿰어주는 데 중요한 역할을 한 페터 맥라플린(Peter McLaughlin)과 볼프강 르페브르(Wolfgang Lefèvre)에게 특별한 감사를 전한다. 우리들에게 불어넣어준 영감과 논의, 조언과 관련해 다음의 동료들에게 특별한 순서 없이 감사를 전한다. 장 기용(Jean Gayon), 자투 메다르(Djatou Medard), 카를로스 로페즈 벨트랑(Carlos López Beltrán), 에드나 수아레즈(Edna Suarez), 아나 바라호나(Ana Barahona), 소라야 데 차다레비안(Soraya de Chadarevian), 닉 홉우드(Nick Hopwood), 헤닝 슈미트겐(Henning Schmidgen), 댄 케블스

(Dan Kevles), 이블린 폭스 켈러(Evelyn Fox Keller), 조나단 호지(Jonathan Hodge), 파스칼 게르만(Pascal Germann), 앤드류 맨델손(Andrew Mendelsohn), 필리프 사라신(Philipp Sarasin), 메리 터랄(Mary Terrall), 셜리 로(Shirley Roe), 베르나르디노 판티니(Bernardino Fantini), 미셸 모랑주(Michel Morange), 레나토 마촐리니(Renato Mazzolini), 존 뒤프레(John Dupré), 배리 반스(Barry Barnes), 다이앤 폴(Diane Paul), 폴 바인들링(Paul Weindling), 뤼크 베를리벳(Luc Berlivet), 프레드 처칠(Fred Churchill), 갈란드 알렌(Gar Allen), 에바 야블롱카(Eva Jablonka), 베른트 가즈마이어(Bernd Gausemeier), 폴 그리피스(Paul Griffiths), 크리스티나 브란트(Christina Brandt), 존 월러(John Waller), 존 반 와이(John van Wyhe), 지아나 포마타(Gianna Pomata), 뱅상 라미용(Vincent Ramillon), 필 윌슨(Phil Wilson), 라피 팔크(Rafi Falk), 장-폴 고디예(Jean-Paul Gaudillière), 일라나 뢰비(Ilana Loewy), 에드먼트 람스덴(Edmund Ramsden), 폴커 룉케(Volker Roelcke), 헬무트 뮐러-지버스(Helmut Müller-Sievers), 프랑수아 뒤셰노(François Duchesneau), 마크 랫클리프(Marc Ratcliff), 피터 뷰어튼(Peter Beurton), 마샤 리치몬드(Marsha Richmond), 켄 워터스(Ken Waters), 레니 모스(Lenny Moss), 로저 우드(Roger Wood), 제니 뱅햄(Jenny Bangham), 마리앤느 좀머(Marianne Sommer), 애덤 보스탄시(Adam Bostanci), 스테판 보르헤르스(Stefan Borchers), 제니퍼 마리(Jennifer Marie), 비체슬라프 오렐(Vítězslav Orel), 스티븐 펨버튼(Stephen Pemberton), 브래드 D. 흄(Brad D. Hume), 우베 호스펠트(Uwe Hoßfeld), 미하엘 하크너(Michael Hagner), 미할 시모네크(Michal Šimůnek), 오하드 파르네스(Ohad Parnes),

피에트로 코르시(Pietro Corsi), 시오도어 포터(Theodore Porter), 프란체스코 카사타(Francesco Cassata), 요시오 누카가(Yoshio Nukaga), 사비나 레오넬리(Sabina Leonelli), 로르 카르트론(Laure Cartron), 주디스 프리드먼(Judith Friedman), 밥 올비(Bob Olby), 나타니엘 컴포트(Nathaniel Comfort), 디디에 드베즈(Didier Debaise), 데이비드 사빈(David Sabean), 이다 스탬후이스(Ida Stamhuis), 벵트 올레 벵트손(Bengt Olle Bengtsson), 울리케 베더(Ulrike Vedder), 장-크리스토프 코팽(Jean-Christophe Coffin), 수잔 린디(Susan Lindee), 미구엘 가르시아 산초(Miguel García-Sancho), 크리스토프 보뇌이(Christophe Bonneuil), 안느 코테브룬(Anne Cottebrune), 알렉산더 폰 슈베린(Alexander von Schwerin), 크리스틴 하우스켈러(Christine Hauskeller), 마르셀 베버(Marcel Weber), 조나단 하우드(Jonathan Harwood), 폴 화이트(Paul White), 지그리트 바이겔(Sigrid Weigel), 닐스 롤-한센(Nils Roll-Hansen), 제프리 슈와츠(Jeffrey Schwarz), 맨프레드 라우비슬러(Manfred Laubichler), 마시모 마초티(Massimo Mazzotti), 마리아 헤수스 산테스마세스(María Jesús Santesmases), 헬가 새칭거(Helga Satzinger), 스나이트 기시스(Snait Gissis), 슈테판 빌러(Stefan Willer), 스티븐 스넬더스(Stephen Snelders), 폴커 헤스(Volker Hess), 피터 하퍼(Peter Harper), 얀 비트코브스키(Jan Witkowski), 짐 시코드(Jim Secord), 이갈 도탄(Igal Dotan), 모린 오말리(Maureen O'Malley), 그레고리 라딕(Gregory Radick), 베르트 튜니센(Bert Theunissen), 마리아 크론펠트너(Maria Kronfeldner), 케이스 벤슨(Keith Benson), 마이케 판데르루트(Maaike van der Lugt), 딕 버리언(Dick Burian), 샤를 드 미라몽

(Charles de Miramon), 주디 존스 슐로겔(Judy Jones Schloegel), 안젤라 크리거(Angela Creager), 노튼 와이즈(Norton Wise), 베로니카 립하르트(Veronika Lipphardt), 루이스 캄포스(Luis Campos), 제인 캘버트(Jane Calvert), 그리고 요시 지글러(Yossi Ziegler)에게 감사를 전한다. 이 책을 물질화하는 데 도움을 준 이들에게 감사해야하는 일이 남았다. 영문판은 S. 피셔 출판사(S. Fischer Verlag)에서 간행된 독문판에 기초한 것인데, 우리는 해당 출판사가 관대하게도 번역에 관한 저작권을 포기한 것에 대해 감사를 표한다. 또한 시카고 대학 출판부에서 보기 드문 열정으로 이 책의 출판을 지원하고 수많은 단계를 거치면서도 성실하게 살펴봐준 카렌 달링(Karen Merikangas Darling)에게 감사를 표한다. 우리의 다소 독일어스러운 첫 원고를 읽을만한 영문으로 바꿔준 애덤 보스탄시(Adam Bostanci), 세심하게 교열해준 노르마 심스 로슈(Norma Sims Roche), 수많은 인용과 참고문헌들을 추적하고 검토해준 다니엘라 켈름(Daniela Kelm)과 하네스 베른하겐(Hannes Bernhagen)에게도 감사를 전한다. 안제 라덱(Antje Radeck)과 비르기타 폰 말린크로트(Birgitta von Mallinckrodt)에게도 특별히 감사를 전하고 싶다.

제 1 장

유전: 지식과 권력

계통 혹은 계보(genealogy)는 가장 오래된 종류의 논리이다. 인간은 세계의 구성을 서술하는 신화, 철학, 그리고 과학들에서 친족관계(kinship)와 혈통(descent)**이라는 사고를 활용해 왔다. 속이나 종과 같은 고대 논리의 핵심 개념들은 계통적 의미들을 내포하고 있고 이 개념들 사이의 관계는 혈통 관계(parentage)를 모델로 삼았다. 아리스토텔레스의 『범주들*Categories*』의 고대 말기 소개서인 포르피리오스의 『이사고게*Isagoge*』에 따르면, 종은 그 속과 "아가멤논이 아트레우스 왕가의 족속 (예를 들어 아트레아스 왕가의 아들 가운데 한 명)이자 펠롭스 가문의 사람이고, 탄탈로스의 자손이자, 제우스의 자손인 것과" 같은 방식으로 관계를 맺는다고 말한다.[10] 후손의 계통은 연속성의 정도를 반영하여 오늘날의 개인의 속성이 일련의 선조의 시슬을 따라 만들어진

** 역주: "descent"는 문맥에 따라 "가계", "혈통", 그리고 드물게 "계통"으로 번역했다.

것이라는 것을 배울 수 있게 한다. 가계(descent)는 종교 철학자 클라우스 하인리히(Klaus Heinrich)가 "누구나 (부모가 기질氣質을 주었기 때문에) 그 부모의 행동 패턴과 같은 것을 반복할 수밖에 없다"라고 말한 것과 관련해서 때로는 축복으로, 때로는 저주와 같은 공통의 운명을 형성한다.[11]

이런 사고방식, 바로 하인리히가 특징지은 "기원 신화를 향한 심성"(라틴어 원어로는 *ursprungsmythische Geisteslage*)은 오늘날에도 살아있다.[12] 2002년 스웨덴 일간지 『일일 소식*Dagens Nyheter*』의 출판사는 1920-30년대 웁살라 대학의 식물학 교수였던 칼 빌헬름 오시안 달그렌(Karl Vilhelm Ossian Dahlgren)의 전기를 출판했다. 달그렌은 우생학과 인종생물학 정책의 주요 옹호자였다. 그는 심지어 이런 우생학적 확신을 흑발 단신(短身)의 아내를 닮은 자녀들에게 강요할 정도였다. 그는 자식들에게 진심으로 아이를 갖지 말라고 충고했다. 이런 충고는 무시된 게 틀림없는데, 왜냐하면 손녀인 언론인 에바 F. 달그렌(Eva F. Dahlgren)이 그의 전기를 썼기 때문이다. 에바는 한 인터뷰에서 비록 그의 우생학적 확신을 공유하지 않았음에도 전기를 저술하게 된 동기에 대해 할아버지가 인종생물학자라는 점이 자신을 수치스럽게 했다고 말했다. 그러나 곧 이어서 그녀는 "나 또한 할아버지의 불규칙한 치열을 갖고 있는데, 어떤 것이 유산(heritage)으로 남을지 누가 알았겠어요?"라고 덧붙였다.[13] 이런 발언은 엄격한 유전학적 관점에서 본다면 시대착오적인 것으로 보일지 모르겠지만, 보기에 따라서는 달그렌이 옳다고 볼 수도 있다. 책에서 그녀는 유년 시절 할아버지가 자신에게 얼마나 깊은 인상을 주었는지를 회고한다. 가족의 영향을 "유산"으로 서술하고, 현대 유전학에서 유래된 함의들을 허용하는 것은 일상과 문학적 문맥에서 완전히 허용된다. 유전적 이미지는 여러 복잡한 생애사를 직조하는 데 도움이 된다.

이런 사고의 보편성에서 나타나는 유전에 대한 엄격한 *자연주의적* 개념, 즉 생식계열(germ line)을 인간 존재와 관련해서 무엇보다도 "우선적"이며 엄격히 생물학적인 본성으로 간주하고 이것이 세대를 거쳐 전달된다고 보는 것은 상대적으로 최근의 과학적 산물이다. 19세기까지 고대에 기원하는 한 의학적 전통은 일곱 "자연적 존재"(*res naturales*)뿐만 아니라 여섯 "비자연적 존재"(*res non naturales*)가 개인의 체질과 성격을 결정한다고 보았다. 비자연적 존재들은 영양, 환경, 휴식, 운동, 배설, 심리 상태와 같이 영향을 받을 수 있는 것들을 포함한 반면, 자연적 존재는 신체의 구성 요소의 전반적인 조직의 결과 나타나게 되는 측면들(기능, 용적, 기질과 같은)뿐만 아니라 (정신, 원소, 체액, 장기와 같은) 신체의 구성 요소들까지도 포함했다.[14] 게다가 "자연적 존재들"은 유전 물질과 연결되지 않고, 이보다는 부모 양측에 의해, 혹은 몇몇 사람들이 믿었던 것과 같이 둘 가운데 한쪽에 의해서만 배아가 직접적, 물리적으로 창조된 결과로 생각되었다. 18세기 말까지도 자연사학자들과 의사들은 유전을 수정과 발생 과정 및 상황들과 독립적으로 전달되는 물질이라고 보는 생물학적 관점에서 논하지 않았다.[15] 19세기 중반이 되어서야, 특히 찰스 다윈과 그의 사촌 프랜시스 골턴의 연구에 이르러서야 "유전"이 이러한 의미에서 생물학의 주요 문제 중 하나로 출현했다. 20세기의 유전학과 분자생물학에서 유전은 실험적, 수학적 처리에 적합한 분명히 정의된 현상이 되었다. 비록 유전의 기저 메커니즘들과 이런 메커니즘을 유전 현상을 분석하는 데 기술적으로 어떻게 활용할 수 있을지에 대한 질문들은 남아 있지만, 그 존재 자체는 더 이상 논쟁의 대상이 아니다.

이처럼 유전 개념의 역사적 기원에 대해 상대적으로 정확한 시점들이 제시될 수 있다. 이와 함께, 해당 개념은 초기에는 철저한 문제화(problematization) 국면을 거치고, 이에 뒤따라 측정 및 조작 가능한 연구 대상으로의 응결화(solidification) 국면으로 나아갔다. 우리가 앞으로 보게 될 것과 같이, 유전 개념이 등장한 지식 레짐의 기원은 초기 근대 시기, 일부 사례에서는 심지어 14세기 초까지 거슬러 올라간다. 이때는 유럽인들이 지구를 정복하기 시작하며 자신들이 세계의 유일한 거주자가 아니라는 것을 발견하게 되는 시대이자, 진보와 혁신이 전통, 제도, 심지어 문화 전체의 파괴를 이끌 수 있다는 것을 깨닫게 되는 시기이다. 동시에 유럽인들은 점차 자연이 역사를 결정하는 것이 아니라 자연 그 자체가 역사를 갖는다고 결론을 내리기 시작했다. 그 결과 자연의 지배를 통해 역사를 만드는 것이 가능한 것처럼 나타났다. 이 결론들은 이주가 단순히 텅 빈 공간으로의 팽창이 아니라 인간과 그들이 키우는 동식물 모두에 대한 대규모 이주(translocation)와 이식(transplatation)이었던 맥락 가운데 다른 인간 집단들과 자연 환경들과의 상호작용의 과정에서 도출된 것들이었다.[16] 이 책의 주요 테제인 유전의 지식 레짐은 사람과 사물, 그리고 그들을 매개했던 관계들을 지구적 규모에서 이동하고 변화하게 함으로써 전개되었다.[17]

유전을 고정(fixation)보다는 동원(mobilization)을 지향하는 지식 레짐으로부터 기원한 것으로 생각하는 것은 생명의 조건들과 관련해 두 가지 함의를 갖는다. 첫째, 우리는 유전을 애초부터 명확한 의미를 가진 개념이었다고 가정할 수 없다. 우리는 유전이나 유산과 같은 관념을 활용해 무엇보다도 시간이 경과해도 유지되는 형태들(forms)의 지속성을 포착하려고 한다. 유산 관념은 종종 정치적 권위와 문화적 전통을 정당화하는 데 동원된다. 이런 관점에서 유산은 그 자체로 유지되는 것이 가치로운 일이 된다. 물론 이와 같은 방식의 이데올로기적 구상화는 미심쩍은 것들이다.[18] 하지만 이를 분석하면서 유전 개념의 정치적 차원이 매우 다른 분류적, 인과적 가정들의 결과일 수 있고, 실제로 그래왔으며, 이런 개념들이 매우 다른 이데올로기적 목적들에 이용되었다는 점을 간과해서는 안 된다. 예를 들어 개별적 특성들의 유전과 종-전형적 특성들의 유전이 구별되는 과정으로 생각되는지, 아니면 둘 다 공통의 틀 내에서 분석되는지에 따라 차이가 만들어질 수 있다. 유사하게 유전이 어느 정도 가역적인 과정으로 간주될 수 있는지, 아니면 구별되는 사건들의 비가역적인 연쇄로 사고되는지도 문제가 된다. 우리는 이런 질문들과 관련된 의견과 입장들이 시기에 따라 매우 다양했음을 확인할 것이다. 이에 관한 합의와 유전에 대한 과학적 분야의 윤곽은 오직 특정한 개념적, 방법론적 가정들과 함께 점진적으로 등장했으며, 결코 논쟁을 벗어날 수 없었다. 우리가 지금 소위 후기유전체 시대라고 부르며 경험하는 바와 같이 말이다.[19]

둘째, 우리의 접근은 유전에 관한 사고의 이런 변이들과 변화들이 유전의 지식 레짐을 구성하는 제도들과 담론적 실천들의 맥락에서 가장 잘 이해될 수 있다는 것을 함축한다. 예를 들어 18세기 자연사학자들이 "항상적"(constant) 형질과 기후 및 기타 환경적 조건들에 의해 달라지는 형질들을 구별하기 시작한 것은 유럽 바깥에서 온 동식물들을 유럽의 온대지역에 적응시키려는 시도들과 연결되어 있었다. 자연사학자들이 특히 식물원과 같은 제도들 내에서 이런 특성들의 유형을 구별하려고 노력할 때, 이들은 곧 변화하는 환경적 조건에서조차 사소한 차이들을 항상 전달하는 변종들인 "항상적 변종"(constant varieties)을 발견했다. 유전 현상의 탐구로 나아가게 되는 역사 가운데 우리는 이런 종류의 발전에 반복해서 직면한다. 전형적으로, 항상적 형질과 변이적 형질과 같은 이분법이 일반적 연구의 대상으로 받아들여질 때, 대안적 서술과 설명을 요구하는 현상들이 부상하게 된다. 일단 특정 분류 체계(taxonomies)와 인과 관계(causalities)가 유전의 개념에 포함되어 실천의 일부가 되고 제도화되면, 이런 분류와 인과 관계가 그 반대되는 증거를 인지하게 만드는 조건을 낳고, 이는 결국 뒤따르는 개념적 도전의 해결책을 요구한다.

이 복잡한 역사의 실타래를 풀어내는 작업을 시작하기 전에 우리는 독자들에게 유전에 대한 우리의 관점을 대략적으로 소개하기 위해 앞서 제시한 두 가지 요점을 확장시키고 싶다. 일부 역사가들이 근대적 유전 연구의 설립자로 여기는 프랜시스 골턴은 적합한 출발점을 제공한다.[20] 실로 골턴은 유전을 이론화의 중심에 위치시킨 첫 생물학자들 가운데 한 명으로, 유전을 이해하려는 그의 시도들 가운데 특히 사고의 유비와 도상들을 채용했다. 아래에서 확인하게 되는 것과 마찬가지로, 이런 사고의 유비들과 도상들은 유전에 관한 지식 레짐의 역동적 특성을 기술하는 데 매우 적합하다.

골턴의 우체국: 인식론적 공간으로서의 유전

앞에서 18세기 말까지 사람들이 생물학적 의미에서 "유전"에 대해 말하지 않았다고 언급한 것은 먼저 언어의 사용에 대한 관찰 결과를 제시한 것이었다. 우리가 오늘날 유전이라는 용어를 통해 설명하려고 하는 현상들, 예를 들어 한 가계에서 이어지는 신체적, 정신적 특이성이나 아이들이 때때로 그들의 부모보다 조부모와 유사성을 보이는 현상 등은 고대부터 이미 잘 알려져 있었다.[21] 하지만 오늘날 지배적인 "유전"에 대한 생물학적 이해는 법률적인 개념을 생명체의 발생과 번식을 기술할 때 사용했던 은유적 전유의 결과이다. 일반적으로 말해 이와 같은 전이는 18세기 이전에는 일어나지 않았다. 이런 용어 사용의 역사적 사실은 과학사학자들의 궁금증을 자아낸다. 어쨌든 법적 유산(juridical inheritance)과 생물학적 유전(biological inheritance) 사이의 유비는 꽤 순조롭게 제공되는 것으로 보인다. 소유물의 상속은 종종 친족관계와 연결되고, 그에 따라 적어도 오늘날의 관점에서는 생물학적 관계와 연결된다. 그렇다면 왜 옛날에는 사람들이 "유산"이라는 용어로 신체적 특성의 전달에 대해 말하지 않았을까?

본래의 법률적 의미에서 유전은 유산(inheritance)과 같이 시간적 계승 관계 하에서 소유주의 사망에 따라 어떻게 소유물을 타인에게 물려줄지를 규제하는 규율과 구별의 체계에 따라 지위, 소유물, 기타 재화를 분배하는 것을 가리켰다. 이런 구별의 체계들은 보통 다양한 정도의 친족관계를 가진 집단들을 차등화하며, 규칙들은 이런 집단들이 어떤 조건 하에서 특정 비율의 유산을 주장할 수 있는지를 결정한다. 그렇기에 근대 초기 유럽의 많은 지역들에서 상속 규칙들은 장자에게 모든 소유물이 귀속되어야 한다는 마요라트(*majorat*)나 장자상속제로 알려진 제도에 따라 정해졌다. 오늘날 많은 국가들은 성별이나 출생 순서와 무관하게 유산의 일부라도 최대한 모든 가까운 친족들에게 물려주는 것을 보장하는 법을 갖추고 있다. 이런 규제의 역사적, 문화적 다양성은 어마어마하다. 여기서 우리가 지적하고 싶은 사소하지만 본질적인 논점은 이런 규제들이 항상 친족의 분류와 분배의 규칙들을 포함한다는 것이다.

이 요점은 우리가 상속의 관념이 법의 영역에서 생물학적 재생산, 즉 생식의 영역으로 전이되기 이전에 마주쳐야만 했던 중요한 전제조건을 탐지할 수 있게 한다. 유기체의 생식은 먼저 규칙적인 형태로 무언가가 전달되고 재분배되는 과정으로 나타나야만 했다. 전근대와 근대 초의 위대한 자연철학자들인 아리스토텔레스, 윌리엄 하비, 르네 데카르트의 저작들에서는 이런 관점이 발견되지 않는다. 다음 장에서 확인하게 되겠지만, 이들의 관찰과 추론은 이보다는 개체를 발생시키는 생식 행위에 맞추어져 있었다. 그 함의가 매우 풍부한 유산이라는 메타포가 생산적이고 유용한 방식으로 적용될 수 있는 체계의 윤곽을 그리기 위해서는 이와 같은 기존 관점을 넘어서서 생식의 개별 행위들 사이의 연결들을 확립하는 일이 필요했다. 번식(propagation)을 유전과 같은 것으로 이해하는 일은, 우리가 이미 말할 수 있는 것처럼, 개별 존재를 창조하는 전이적 순간(the transitory moment)을 넘어 지속되는 번식에서 작동하는 요소들을 탐지하는 것을 전제했다.

프랜시스 골턴은 1876년에 출판한 에세이 「유전의 이론A Theory of Heredity」에서 이 점을 반복해서 지적했다. 그는 유전

이 대대로 유지되고 지지되는 유기적 체계로 가정되어야만 설명될 수 있다고 주장했다. 골턴은 이 체계를 *혈통*(*stirp*) ("후손" 혹은 "품종", 때로는 "가계", "자식", "자손"의 의미로 사용해온 라틴어 스티릅스*stirps*에서 따왔다)***이라고 불렀다. 골턴에 따르면 혈통은, "유기적 단위에 관한 모든 이론에 따르면, 새로운 수정란에서 발견되는 배종(胚種, germs)****, 제뮬(gemmules), 혹은 무엇이라고 부르든 간에 그런 것들의 총합"[22]이었다. 이 혈통의 구조를 묘사하기 위해 기묘한, 심지어 이상해 보이는 유비들에 의존했는데, 그중에 하나가 바로 그가 유전을 우체국에 비유한 것이었다.

> 현미경을 통해 대상을 관찰하는 생물학자들에게 난자와 그 내용물은, 우편 가방과 거기서 쏟아져 나온 편지 더미를 우체국의 유리창을 통해 바라보는 것과 같다. 이들은 일반적으로 우편 통신에 관한 다양한 가치로운 결론들을 이끌어낼지는 모르지만, 편지에 담겨 있는 것 가운데 단 한 단어조차도 읽을 수 없을 것이다. 우리가 혈통의 구성요소에 관해 배울 수 있는 모든 것은 직접 관찰이 아니라 오직 추론을 통해서만 가능하다. 따라서 우리는 이론화를 추구하도록 강요받는다.[23]

골턴은 이런 비교가 "별다른 의미 없는 은유가 아니라 엄격한 유비"를 의미하며, 이런 유비는 "유전에 대한 관점에 필요한 명

*** 역주: "descent"의 번역어와 혼동을 피하기 위해 "stirp"의 번역어로 혈통이란 용어를 사용할 때는 이탤릭체(*혈통*)로 표기했다.

**** 역주: "germ"은 골턴의 연구를 다룬 국내 저작들에서 종종 "배아" 혹은 "미소배아"로 번역되어 왔다. 본 역서에서는 "배아"의 일반적인 대응어인 "embryo"가 "germ"과 함께 서술되는 문장들이 많아 혼동될 우려가 크기에 "germ"을 "배종"으로 번역했다.

징성을 가져다 주기 때문에 추구되어야 할" 가치가 있다고 강조했다.[24] 그의 우체국과의 비교를 면밀히 살펴보는 것은 골턴이 유전에 대한 구체적인 모델을 요청했을 때 염두에 두었던 것을 드러낸다. 해당 비교는 두 수준에서 작동한다. 첫 번째 수준에서 골턴은 당시 급격히 발전하고 있던 통신 기술을 언급하면서 공간적 요소들의 복잡한 배열로서 유전을 기술했다. 우편함은 "바늘의 머리 크기도 넘어서지 않는 공간"인 수정란의 세포적 공간이고,[25] 편지는 *혈통*의 구성 요소인 "배종들과 제뮬들"로, 이것들은 세포적 공간을 채우고 있지만 동시에 과 후손 사이의 "우편 통신"이라는 더 넓은 공간에도 존재하고 있다. 바꿔 말해 유전은 계통적 관계와 세포적 관계 양자로 이루어져 있고, 전자의 관계가 후자에 의해 어느 정도 재현되는 *혈통*이라는 구조로 정의된다. 골턴은 이런 생각을 다음의 용어들로 표현했다. "[한 개인이] 그의 조상으로부터 받게 된 모든 것들은 그 자신의 *혈통*에 싸인 채 와야만 한다."[26]

두 번째 수준에서 골턴의 우체국과의 비교는 어떻게 유전이 과학 연구의 주제가 되는지를 보여준다. 우체국 건물은 그것의 창문과 함께 과학자들이 유전 현상을 이해하기 위해 사용하는 다양한 기구와 기술들을 표상한다. 골턴이 인정했듯이, 확실히 현미경만으로는 충분하지 않다. 유전을 우체국 창문을 통해 관찰되는 우편 통신의 복잡한 체계로 기술하는 것은 유전의 윤곽을 인지하기 위해서는 동등하게 복잡한 기술의 배치가 먼저 구비되어야 한다는 점을 시사한다. 이 기술들 가운데 오직 가장 명백하게 언급되는 것은 유전의 계통적 차원을 관찰하는 데 계통 조사 자료를 기록하기 위한 신뢰할 만한 수단이 필요하다는 것이다.

우체국의 기술들의 아상블라주(*assemblage*)와의 비교는 다음의 두 측면에서 중요하다. 첫째, 이는 유전을 발달이나 영양 섭취와 같은 여타 생물학적 현상들로부터 유전을 분리하여 고유의 현상적 공간 내에 위치하게 만든다. 둘째, 이는 유전과 관련된 요소들 자체의 직접적인 규명을 요구하기보다는 관찰가능한 요소들 간의 관계들을 확립한다. 그가 사용할 수 있는 기구들의 낮은 해상력 때문에 관찰자는 "편지들"을 읽을 수 없을지 모르지만, 여전히 "우편 통신 제 일반"에 대해서는 말할 수 있는 위치를 점하고 있다.

그러므로 유전은 골턴에 의해 특징지어진 것처럼 "인식론적 공간"으로 이해될 수 있다. 이 용어는 특정한 실험적 조건 하에서 "인식론적 대상"으로 탐구되는 생물학의 다른 연구 주제들과 비교해 유전의 특수성을 강조한다.[27] 골턴의 시대에 유전은 그 속성과 기능을 결정함으로써 확인된 연구 대상이라기보다는 분류 체계와 규칙성(regularities)을 수단으로 삼아 계획되는 연구의 영역들을 구성했다. 이 책에서 우리의 목표는 이 인식론적 공간의 출현, 변형, 궁극적으로 응결화(compaction)에 기여했던 다양한 역사적 발전과 문화적 영역들을 재구성하는 것이다. 프랑수아 자코브는 미셸 푸코의 『사물의 질서 *The Order of Things*』의 접근을 좇아 발생(generation)에 관한 사고가 유전에 관한 사고로 전환되는 과정을 날카로운 인식론적 단절에 의해 분할되는 서로 다른 패러다임의 계승으로 서술한다. 우리는 이런 차이들을 강조하기보다는, 이들 사고방식 사이의 전이들에 초점을 맞춘다. 앞으로 보게 될 것과 같이 유전 담론의 형성은 지역적으로 다른 조건들 가운데 형성된, 고도로 이질적인 문화적 맥락들의 전체 아상블라주에 의존했다. 이는 장기적으로 식물원, 병원, 계보 및 통계 아카이브, 육종 시험장과 육종 협회들, 그리고 화학 및 생리학 실험실들과 같은 기술들과 제도들의 지구적으로 연결된 형태들이 형성되기 시작하면서 가능해졌던 것이다.

앞서 언급한 제도들 사이에 물질들과 경험들의 교환을 통해 확립된 연결들이 처음부터 유전을 해명하려는 분명한 목표를 염두에 두고 진행된 것은 아니었다. 궁극적으로 유전의 지식 레짐을 형성한 많은 역사적 연결들은 국민국가의 형성과 이들의 중심화된 관료제, 자본주의 경제, 제국주의적 열망들을 배경에 두고 이해해야만 한다. 그러나 유전은 단순히 새로운 사회경제적 질서의 이데올로기적 정당화를 위해 사후에 발명된 구성물은 아니었다. 유전은 이보다는 이렇게 새로이 출현하는 세계 질서 내에서 과학적 질문의 새로운 주제로 등장했다. 유전자 진단과 검사 그리고 특허 시도가 곧 일어날 듯한 유전체학의 합성적 힘과 함께 유전체학이 사회적, 경제적 삶의 모든 분야에 스며드는 시기인 오늘날에서야 우리가 겨우 깨닫기 시작한 것과 같이, 유전이 구성되었던 인식론적 공간은 그 자체로 산업화, 도시화, 지구화와 같은 장기간의 역사적 과정을 따라 진행된 사회적 삶의 재배열과 긴밀히 뒤얽혔다.[28]

골턴의 의회: 생명정치적 개념으로서의 유전

골턴은 유전에 대한 일반 이론의 기초를 놓으려고 처음으로 시도한 생물학자들 가운데 한 명이었을 뿐만 아니라 이런 이론이 인간 문제의 관리에 적용될 수 있고 되어야만 한다고 주장한 첫 인물들 중 하나이기도 했다. 골턴은 그의 저작 『인간의 능력과 발달에 관한 탐구Human Faculty and Its Development』(1883)에서 "품종 향상의 과학" 혹은 "인종 함양의 과학"을 유전 이론에 기초하여 세우기를 제안했고, 이 새로운 과학을 *우생학(eugenics)*이라고 부르기를 제안했다(그가 각주에서 보고했듯이 이전에 그는 문자 그대로 "인간의 함양"을 뜻하는 *viriculture*라는 용어를 생각했었다).[29] 19세기 말부터 20세기 초에 이르는 기간 동안 우생학적 교의들은 여러 나라들로 확산되었고, 이는 관련 학술지 및 대중용 책자들의 범람과 이런 교의들의 실시를 요구하는 국내 및 국제 협회들의 수립에 이어 마침내 이런 교의들을 강제 단종과 같은 절차들을 통해 승인하는 개별 국가들, 특히 북유럽과 북미 국가들에 의해 법적 틀이 확립되는 과정 등을 동반했다. 역사가들은 때때로 우생학적 폭력의 정점, 특히 나치 독일의 안락사 및 제노사이드 정책 때문에 우생학이 유별나게 광범한 운동이었다는 사실을 간과하곤 했다. 우생학적 주장들은 보건 진료 체계의 창조를 요구하는 노동자 계급의 운동에서도, 여성 해방을 위한 투쟁에서도, 국가적, 종족적 소수자들이 더 큰 독립성을 성취하기 위한 투쟁에서도 등장했다.

골턴의 에세이 「유전의 이론」은 유전 개념의 정치적 차원을 드러내는 은유 또한 제공한다. 골턴의 혈통은 정적인 구조가 아니라 정해지지 않은 역동적 관계들과 연루되는 요소들, 즉 유전적 소인을 담고 있는 "배종들과 제뮬들"로 이루어져 있는 것으로 가정되었다. 골턴은 이런 생명의 미시적인 차원에서의 항상적인 투쟁이 "장소와 권력을 위한 투쟁, 선거, 대의권 등과 연결된 정치적 삶의 행사들"과 가장 잘 비교된다고 생각했다. 그가 이어 말하길,

> 우리는 단일 세포(primary cell)가 계속해서 분열된다는 것을 알고 있으며, 그 점에서 우리는 아마 각 세포의 연속 분열을 정치적 집합체가 다른 속성을 가진 집단들로 분할되는 것과 비교할 수 있을 것이다. 우리는 *혈통*을 국가(nation)에 비교하고 그것의 배종들 가운데 발달을 성취하는 것들을 국가의 대표자가 되는 데 성공한 일류 인사들에 비교할 수 있을 것이다. 마지막으로 우리는 이 발달된 배종들로 이루어진 신체 구조를 갖춘 인물의 형질을 국가의 하원 의원들과 비교할 수 있을 것이다.[30]

정치적 행사들과의 비교에서 유전은 근본적으로 우연적인 과정으로 나타난다. 골턴은 개별 배종들이 "그들의 유형에 충실하게" 확산된다고 인정했지만, *혈통*에 포함된 많은 배종들이 발생할 수 있는 기회를 얻는 일은 전적으로 *혈통* 내에서의 이것들이 점하는 장소와 다른 배종들과 충돌하는 힘의 투쟁에서 우위를 점할 수 있는 능력에 의존한다고 보았다. 이런 관념들에 기초해 골턴은 유전이 갖는 혼란스러운 양상의 일부를 설명할 수 있었다. 예를 들어 형제자매들은 비록 같은 공통의 *혈통*으로부터 발생했다고 가정됨에도 불구하고 때때로 서로 꽤 다른 경우가 있다. 골턴은 다음과 같이 주장했다. "이 모든 것에 대한 엄격한 유비와 설명은"

> 정치적 선거와 관련해 잘 알려진 조건들과 불확실성에 의해 제공된다. 지지층이 매우 다양한 경우 사소한 상황들도 정당의 균형을 바꾸는 데 충분하다. 그렇기에 비록 선거 기구의 실제 변화가 거의 없더라도 연이은 선거에서 정치적 선택의 변화가 느닷없이 일어난다는 점을 경험을 통해 잘 알고 있다. 단일 지지층은 항상 단일한 유형

의 대표들을 선출한다. 이는 그 혈통이 각 배종이 종의 단일한, 혹은 매우 적은 수의 변종만을 포함하며 순종교배한 동물들에게서 후손은 항상 부모를 닮는다는 발견과 정확히 상응한다. 더 많은 잡종들이 교배될수록 자손의 다양성은 더욱 커진다.[31]

골턴이 선택한 정치적 유비는 그의 시대에 매우 팽팽한 긴장감을 야기하는 것이었다. 영국은 당시 일련의 정치적 위기를 겪고 있었다. 각각의 위기는 투표권 대상자의 확대, 투표구 규모의 비례화, 마지막으로 비밀 투표의 도입 (1832년 1차 선거법 개정, 1867년 2차 선거법 개성, 1872년 비밀선거법) 등과 같은 선거법 개혁의 결과를 낳았다. 골턴의 유비에 따르면, 참정권의 확대는 정치 주권이 점차 "잡종"(mongrel)이 되는 것이었다. 우리가 알고 있는 바로는 골턴 자신은 일생동안 보수당에 투표했고, 참정권 확대에 회의적이었다. 그는 이 같은 개혁이 야기하는 정치적 불안정이 문화적 퇴락을 가져올 수 있다고 두려워했다.[32] 그는 귀족적 특권에 반대했으며 개인적 재능과 성취에 기초해서만 사회적 지위를 결정해야 한다는 자유주의적 개인주의를 지지했다.[33] 그의 유전에 관한 자연주의적 이론과 그가 유전에 대한 통계적 분석을 위해 발전시킨 수학적 알고리즘, 그리고 그의 우생학적 개혁에 관한 제안들은 모두 빅토리아 시대 전문가 중산 계급의 이해관계와 일관되는 정치적 입장을 반영했다.[34]

정치적 대표를 선임하는 과정으로 배종의 전달과 발생을 묘사한 골턴의 유비는 그의 정치적 입장 이상의 것들 또한 드러낸다. 우체국과 유전의 비교에서와 같이, 이 유비는 두 층위에서 작동했다. 한편으로는 자신들의 잠재성을 실현하기 위해 투쟁하는 생명의 기본 단위들로 가득 찬 혈통의 미시 공간이 존재했다. 다른 한편으로는 경쟁하는 정당들과 국가들, 다른 정치적 단위로 분할되는 거시 집단이 존재했다. 그리고 다시 생명의 이 두 영역은 서로 연관되었다. 집단들 내의 정치적 투쟁 가운데 발휘되는 재능들과 특성들은 어느 정도 혈통에서 예시되었고, 정치적 삶에서의 힘의 균형 가운데 일어나는 어떠한 변화도 투쟁 중인 정치 집단 일부의 차등번식(differential reproduction)을 가져와 해당 집단의 혈통의 미래 구성에 영향을 줄 수 있었다. 이 때문에 골턴은 우생학 프로그램의 핵심이자 실제 목표로 한 집단 내부에서 가장 재능 있는 일부의 생식을 선택적으로 장려하는 일을 상정했다.

그러므로 골턴의 유전에 대한 이해는 육체에 포함된 피할 수 없는 운명과 같은 생각들과는 거의 관련이 없었다. 정치적 관계들이 골턴이 반대했던 당대의 선거 개혁에서처럼 능동적으로 형성될 수 있듯이, 생식의 개별 행위에서 물러나 연속되는 발생을 통치하는 구조와 역동적 관계들에 초점을 맞춘다면, 유전도 유사하게 능동적 설계에 의해 바뀔 수 있는 것으로 나타났다. 골턴은 『유전적 천재*Hereditary Genius*』에서 "나는 각 세대들이 그들이 따르는 자연적 재능을 넘어서는 막대한 힘을 가졌다고 결론짓는다"라고 말하면서, "우리 자신에 대한 어리석은 태도 없이 지구의 미래 거주자들에게 가장 이득이 될 만한 힘의 범위를 탐구하는 것이 우리가 인류에게 마땅히 행해야 할 의무"라고 덧붙였다.[35] 그에 따르면, 귀족적 특권과 독신주의 자선 활동은 집단을 필연적으로 퇴화로 이끄는 제도인 반면, 재능 있는 이들의 생식을 장려하고 약자와 "정신박약아"의 확산을 금지하는 엄격한 능력주의 및 선별주의적 레짐은 집단의 진보적 향상을 가져올 수 있는 것이었다.

그러므로 골턴과 그의 동시대인들에게 유전에 대한 사변은 과거를 성찰하는 일과는 거의 무관했다. 20세기 동안 골턴식 우생학의 가장 완고한 후손 가운데 하나였던 시릴 달링턴(Cyrill Darlington)은 1962년에 출간된 『유전적 천재』의 재판본의 서론에서 "인간의 과거에 대한 질문은 골턴이 걱정했던 것이 아니었다"라고 강조했다.[36] 이 의심의 여지가 없는 진술은 기독교의 원죄에 대한 골턴의 수수께끼 같은 재해석에서 분명하게 확인된다. "내 이론에 따르면 원죄의 감각은 인간이 천상에서 추락한 것이 아니라 그의 인종적 본성이 좇을 수 없을 정도로 빠른 속도로 도덕적 문화를 발전시킨 데서 비롯된 것이다."[37] 인간들의 유전적 소인의 진보가 도덕적 발달보다 뒤처지면서 다른 국가와 인종간의 열린 결말의 투쟁에 휩쓸리게 된다. 혈통 속에 숨겨져 보이지 않긴 하지만 배종들 또한 그들의 발생을 향한 노력 가운데 공간과 권력을 둘러싼 투쟁을 동일하게 벌이고 있다. 골턴에 따르면 이 투쟁은 오직 목표로 한 특정한 선택의 형태를 통해서만 통제되고 관리될 수 있다.

골턴의 정치적 유비들은 생물학적 유전에 관한 질문들이 결코 가치중립적인 질문들이 아니라 이에 답하려는 사람들의 이해관계에 의해 정치의 영역에 진입하게 됨을 드러낸다는 데서 주목할 만하다. 앞서 적시했듯이 유전 개념 그 자체가 정치적 차원을 갖는다. 그러므로 유전 개념을 낳은 추론들과 제언들은 미셸 푸코가 "생명정치적 장치"(biopolitical dispositive)라고 부른 담론적 실천 복합체의 전형적인 사례가 될 수 있다. 『앎의 의지 *The*

Will to Knowledge』에서 푸코는 "성의 배치"에 기초한 권력의 새로운 형태가 18세기 말에 출현하고 "동맹의 배치"에 기초한 이전의 통치 형태를 보완했다고 서술하면서 통치 형태의 역사적 시대 구분을 제안한다. 푸코는 후자가 "결혼 및 고착화(fixation)의 체계와 친족관계와 이름과 소유물에 대한 전달 방식의 발전" 결과이며, 이것은 모든 사회에서 나타나는 것이고 그것의 일차적 기능은 "관계의 상호작용을 재생산하고 이를 통치하는 법칙을 유지하는 데 있다"라고 규정했다. 반면 성의 배치는 "그런 관계의 상호작용을 재생산하는 게 아니라 점차 세분화된 방식으로 개별 신체들을 확산시키고, 바꾸고, 창조하고, 관통하는 것과 인구를 점차 포괄적인 방식으로 통제하는 데서 존재 이유"를 얻게 된다.[38] 이는 푸코가 "생명권력"(bio-power)이라고 부른 새로운 형태의 정치권력의 기반을 형성하며, 이 권력은 "생명, 종, 인종, 인구라는 대규모 현상의 차원에서" 작동한다.[39] 이 새로운 형태의 통치 방식과 함께 "생명과 그것의 메커니즘을 표출적인 계산의 영역으로 가져오고 지식-권력을 인간 생명의 변혁을 가져오는 동인으로 만드는 인구의 생명정치"를 실현 가능하게 한다.[40]

우리가 이 장에서 분석한 골턴의 우체국과 의회의 유비에서 분명히 드러나듯이, 유전의 지식 레짐은 그 역사적 성립 과정에서 개별 존재의 발생을 넘어 전체 인구 집단에 영향을 끼치는 관계들과 힘들을 포함했고, 이들의 발전을 이루는 데 결정적이었다는 점에서 생명정치적 장치의 중요한 일부이다. 우리는 다음 장에서 이에 대해 더 자세하게 다룰 것이다. 골턴은 이런 생각을 『유전적 천재』의 말미에서 다음과 같은 방식으로 공식화했다.

> 자연은 인간이 해당 형태 하에서 희망하는 만큼 일으킬 수 있는 거대한 힘을 가진 잠재적 생명(latent life)으로 가득 차 있다. 우리는 개별 인간을 자연의 혈통(stock of nature)에 초자연적으로 덧붙여진 어떤 것이 아니라..., 새로운 외양으로 이미 존재하던 것으로부터의 분리, 이전의 조건들의 규칙적인 결과로 여겨야만 한다.[41]

골턴이 내비쳤듯 유전 지식은 형성적 힘(formative power)을 부여한다. 이는 단순히 유전 지식이 이따금씩 이뤄지는 개입들에 이용되어서가 아니라 바로 그 구조 때문에 그런 힘을 부여하게 되는 것이다. 이는 우리가 이 책 전체를 통해 지속적으로 강조하려 하는 근본적인 논점이다. 우생학자들과 인종 이론가들이 사회 개혁안을 작성하는 데 의존한 가치로운 삶과 쓸모없는 삶의 형태 사이의 구별은 종종 사회적 차별들을 구상화하고 영속화하려는 이데올로기에 사로잡힌 시도들로 기술되어 왔다. 이는 확실히 정당한 평가이다. 결국 우생학과 인종 정화 정책의 추진을 모색한 것은 보통 사회의 특권 엘리트 계층이었다. 그러나 동시에 유전 지식은 굳어져 버린 사회 구조로 여겨지는 것들을 파괴하고 정치적 행위의 새로운 지평을 여는 것을 목적으로 한 운동들에도 동원될 수 있었으며, 실제로 그런 경우도 존재했다. 그러므로 유전에 대한 비판적 접근을 위해 이 개념이 함축하는 위와 같은 선택지들을 손쉽게 무시하는 일은 적절하지 않을 것이다. 오늘날 질문은 유전 지식에 기초한 실질적인 조치들을 마련하는 일이 가능하냐를 묻는 데 있지 않다. 중요한 질문은 우리가 이런 유전 지식에 기초한 해법들을 활용하는 사회를 원하는지, 그리고 만약 그렇다면, 우리가 이를 얼마만큼이나 허용해야 하는지를 묻는 것이다.

제 2 장

발생, 생식, 진화

현대 생물학에서 "유전"은 한 세대에서 다음 세대로 유전 정보가 전달되는 것을 가리킨다. 유기체의 생식에서 이 과정의 중요성은 너무나 분명해 유전이 유기체의 생명에 관한 고찰과 추론들에서 항상 중심적인 위치를 차지하지는 않았음을 믿기 어려울지도 모른다. 하지만 18세기 중반까지 생명체의 발생(generation)과 번식에 관한 이론적 저술들에 "유전"이란 용어는 보이지 않았다. "생식"(reproduction)이란 표현 역시 마찬가지이다. 프랑스의 자연사학자 조르주-루이 르클레르 뷔퐁 백작(Georges-Louis Leclerc, Comte de Buffon)은 자연이 "그들의 유(kinds)를 번식할 수 있게 하는 비밀 원인"을 탐구하면서 이 용어를 처음으로 생명과학에 도입했다.[42] 프랑스 왕실 정원의 책임자이자 36권으로 이루어진 박물지의 저자 뷔퐁은 최후의 심판일에 일어날 망자들의 부활을 가리키는 데 사용되던 이 표현을 동시대 신학으로부터 빌려왔다. 이런 맥락에서 생식은 문자 그대로

무너져 버린 육체들을 그들의 구성 성분들로 재-창조하는 것을 의미했다.[43]

그러므로 현대 생물학이 모든 생명 시스템(living system)의 본질적 특성으로 탐지하는 것, 다시 말해 영양, 성장, 번식을 통해 어느 정도 스스로를 재생산하기 위한 능력은 18세기 이전의 자연철학자들과 의사들의 관심에서 벗어나 있었던 것처럼 보인다. 동식물과 특히 인체가 언제나 과학적 호기심과 연구의 특권적 대상이었음에도 말이다. 어떻게 이런 명백한 무시를 이해할 수 있을까? 프랑수아 자코브는 그의 『생명의 논리』에서 설득력 있는 대답을 제시한다. 그는 다음과 같이 말한다.

> [18세기 이전에] 유기체들은 생식하지(reproduce) 않았다... 각각의 식물과 동물의 발생은 어느 정도 특수하고 고립된 사건으로 다른 어떤 창조 활동(creation)과도 독립적이었고, 이보다는 인간의 예술 작품 생산(production)과 같은 것이었다.[44]

자코브의 해석에 따르면, 번식에 관한 전근대 이론들은 발생을 본질적으로 창조의 행위로 이해했다. 이런 창조적 행위가 반드시 초자연적인 무에서의 창조(*creatio ex nihilo*)를 가정할 필요는 없었다. 오직 부모 유기체가 그 자손들을 문자 그대로 만들어 낸다는 가정으로도 충분했다. 그러나 어떤 식으로 창조를 이해하든 그것은 유전(hereditary transmission)과 개체 발생을 구별할 여지를 주지 않는다. 더 중요하게, 유기체의 번식은 교미, 수정, 임신, 출산, 그리고 포유류의 경우 심지어 이유(離乳)를 수반하고 아동 발달에 중요한 영향을 끼치는 일련의 상황들로부터 분리될 수 없었다. 발달과 유전은 유기체의 생식을 연구하는 데 있어 분리되어 다루어져야 하는 두 가지의 독립적인 과정으로 보이지 않았다. 근대 생물학의 등장에 결정적이었던 이런 구별은 19세기에 이르러서야 이루어지기 시작했으며, 일부 역사가들에 따르면, 유전학이 독립된 분야로 확립되는 20세기 초에 이를 만큼 늦게 일어났다.[45] 그리고 유전 현상이 자손 개체가 발달을 한 후에야 드러난다는 점에서 이런 구별은 중대한 것이었다. 사후적인 관점에서 말하자면 유전은 발생과 발달로부터 분리되어 존재하는 것이 아니라 이들에게까지 미치고 있는 과정으로 이루어진다고 할 수 있다.

이 설명에 우리가 덧붙여야 할 것이 있다. 대중적 믿음과 달리, 전근대 세계는 불변하는 종들의 세계가 아니었다. 적어도 언제나 콩 심은 데 콩 나는 세계라는 의미는 아니었다.[46] 그 반대로, 세계는 종의 변형(transmutations), 부모와 다른 기이한 생명체들(monstrous births), 그리고 기괴한 종간 조합물들(bizarre unions)로 가득 찬 곳이었다. 예를 들어 아리스토텔레스는 일반적으로 각각의 존재는 "같은 이름이 붙은 것"에 의해 발생한다고 주장했다. 예를 들어 인간은 인간에 의해 발생하고, 말은 말에 의해 발생한다.[47] 그러나 그는 동시에 "종(種)적으로 다른 두 동물이 종적으로 다른 자손을 낳을 수 있다. 예를 들어, 개는 사자와 종적으로 다르며, 개 수컷과 사자 암컷의 자손은 [조상 모두와] 종적으로 다르다"라고 주장했다.[48] 아리스토텔레스는 심지어 이를 외래종의 기원을 설명하는 원리로 사용하기도 했다. 다른 고대의 자연사학자들과 같이, 그는 다른 종의 동물들이 아프리카 사막의 물웅덩이에서 만나 교배하여 새로운 존재를 발생시킨다고 믿었다.[49] 플리니우스는 그의 자연사 서적에서 유사한 이야기를 보고했으며, 아랍-이슬람과 라틴 기독교 중세 시대의 문헌 전통은 여기에 낙타와 표범 사이의 잡종(기린, 그러므로 *camelopardalis*), 장어와 독사 사이의 잡종, 그리고 스키타이 양(Scythian lamb)이라 불리던 사례처럼 식물과 동물 사이의 수많은 잡종들에 대한 설명을 더했다 (그림 2.1).[50]

그림 2.1. 스키타이 양이라고 불리는 양. 목판화, Claude Duret, *Histoire Admirable des Plantes* (Paris: Nicolas Buon, 1605), p. 330.

이런 보고들은 때로는 오역의 결과로 일어나기도 했지만, 항상 그 때문만은 아니었다. 이 내용들은 콘라드 게스너(Conrad Gesner)의 4권짜리 『동물지*Historia animalium*』(1551-1558)와 같은 르네상스기의 백과사전적 자연사 저술들에서 여전히 발견된다. 그리고 18세기에 르네-앙투안 페르쇼 드 레오뮈르(René-Antoine Ferchault de Réaumur)는 토끼와 닭 사이의 교배가 성공했다고 보고하면서 유럽 식자층 사이에서 화제를 불러 일으켰다. 비록 이 이종교배의 결과가 어떠했는지에 대해서는 침묵했지만 말이다.[51] 종간 결합을 통해 얻는 자연의 문란한 쾌락은 한계를 모르는 것처럼 보였다. 존 로크(John Locke)는 그의 『인간 지성론*Essay Concerning Human Understanding*』(1690)에서 자신의 두 눈으로 "고양이와 쥐의 자손으로 양쪽 동물의 분명한 흔적을 가진 피조물"을 똑똑히 보았다고 적었다.[52] 로크에 따르면, 이런 관찰들은 식물학자 존 레이(John Ray)가 3권짜리 저술 『식물지*Historia plantarum*』(1683)에서 처음으로 제시했던, 종을 종마다 서로 다른 항상적 형질을 가진 번식의 고립 단위(isolated units)로 규정한 정의의 신빙성을 잃게 만드는 것이었다. 심지어 레이 스스로도 종 변형의 사례들이 자신의 정의에 문제를 일으키는 듯이 보임을 인정했다.[53]

이종교배가 종의 변형을 야기하는 유일한 원인처럼 여겨지지는 않았다. 유기체 발달 과정에서의 어느 정도 심대한 형태학적 변화, 예를 들어 곤충의 경우 애벌레, 번데기, 성충으로의 변태는 종 변형의 사례로 이해되었다. 근대 초기의 학자들은 그들이 "우연 발생"(*generatio aequivoca*)이라고 부른 이 사례들을 자연적 과정의 다양성, 기이한 우발적 사태, 초자연적 사건 등으로 설명하는 경향을 보였다. 발효와 부패에 관해 자연적으로 발생하는 과정은 자연의 계층 구조 가운데 낮은 서열에 위치한 생명체들이 사체에서 "자연 발생"(*generatio spontanea*)하는 현상에 대한 설명을 제공했다. 예를 들어 부패한 육류는 구더기를 만들어냈다.[54] 배아의 발달에 깊은 영향을 끼치는 우발적 요소들 가운데 모체의 상상력은 특히 인기 있는 설명이었다.[55] 당시 법정의 친자 논쟁에서 부친으로 추정되는 남성과 아동 사이의 외양적 유사성은 신뢰성이 다소 부족한 것으로 여겨졌다. 이런 유사성이 우연한 사건에 의해 발생할 수 있다고 가정되었기 때문이다. 예를 들어 여성이 남편의 아이를 임신한 기간 동안 다른 남성을 계속해서 생각한다면 남편 대신 그를 닮은 아이를 낳을 수도 있었다.[56] 기이한 생명체의 출산에 대한 보고들이 16-17세기의 과학 및 대중 문헌에서 매우 많이 나타나는데, 여기서 이들은 신성의 개입의 표식 내지 보기 드물거나 "과잉자연적인"(preternatural) 상황들의 결과물로 해석되었다. 이런 보고들은 18세기를 거치면서 기이한 것과 기적에 대한 관심이 과학의 영역에서 사라지기 시작했음을 증명한다.[57] 대부분의 사례들에서 이들 기형물들은 한 종의 정상적인 형태로부터의 일탈뿐만 아니라 완전히 다른 종을 이루는 존재로 여겨졌다. 질료가 갖출 수 있는 종적 형상의 본질과 수는 제한되며 확정되어 있다고 여겨졌기 때문에 종의 범위는 불변한 채 남아 있었지만,[58] 개별 존재들은 일생 동안 다른 종으로 변형되거나 다른 종류의 존재로 발생할 수 있는 능력을 가진 것으로 생각되었다.

위의 자연적, 우연적, 잡종적 발생에 관한 보고들이 오늘날 공상과도 같은 것처럼 보이기는 하지만, 자연이 창조적이고 난잡하다는 관념은 순진하고 어리석은 믿음이나 이야기를 꾸며내려는 충동에서 비롯되지 않았다. 이보다는 전근대 세계의 지식 생산을 규율하고 추동했던 유비적 추론 스타일을 반영한 것이었다. 부모와 자손 사이의 유사성에 대한 근거는 한 세대에서 다음 세대로 이어지고 개체의 속성을 결정하는 안정적이며 자기-충족적인 물질보다는, 개체의 발생과 발달이 유사한 조건에서 발생하고 그렇기에 유사한 질료와 원인들과 연관된다는 점에서 찾아졌다. 이런 관점은 거꾸로 아리스토텔레스와 로크에 의해 강혼(*mesalliances*)으로 기술되었던 것과 같이 자연적인 과정에서의 어떠한 일탈이든 동등한 종류의 일탈된 결과를 만들어낼 것이라는 점을 함축했다. "모든 사물(things)은 법의 지배를 받는다"는 기원전 4-5세기경에 출간된, 발생에 관한 가장 이른 이론적 텍스트인 히포크라테스의 소책자 『발생에 대하여*de genitura*』의 첫 문장에 대한 전통적인 번역이다.[59] 이를 이에 관한 르네상스기의 라틴어 번역과 비교해보는 것이 유익할 것이다. "법은 실로 모든 것을 강하게 만든다(*lex quidem omnia corroborat*)." 이를 번역한 지롤라모 메르쿠리알레(Girolamo Mercuriale) (1530-1606)는 『발생에 대하여』에서 이용된 "법"(νόμος)이 그리스 방언으로 "관습, 환경, 지역, 부족" (*instituta, pascua, regionem, classem*)을 뜻한다고 말한다.[60] 『발생에 대하여』에서 "법"은 자연에 관한 보편 법칙뿐만 아니라 보다 세속적인 차원에서 지역 전통과 환경의 지속을 가리켰다.

우리가 앞으로 살펴보게 될 것처럼 17세기에 널리 퍼졌던 이런 전근대적 관점에서 조상과 후손 간의 종적, 개별적 유사성은 기후적, 경제적, 정치적, 사회적 요소들의 특정한 연관 집합(constellations)에 대한 유사성의 결과, 즉 인류학자 클로드 레비스트로스(Claude Lévi-Strauss)가 한때 상정한 것처럼 "각기 지역성(localities)과 혈통(lineages)에 상응하는 씨줄과 날줄로 이루어진 직물"이 지속된 결과였다.[61] 좋은 부모가 좋은 자손을 낳는 경향을 보인다는 번식이라는 현상은 그리므로 명백하면서도 불안정한 것이었다. 이는 닮은 후손의 생산이 특정한 날씨 조건과 계절의 규칙적인 재반복처럼 지역적 규칙과 규칙성에 의해 안정되고 강화된다는 점에서 명백했고, 혼혈생식과 같은 위반과 방해, 혹은 드문 기상학적 현상들에 의해 늘 닮지 않은 후손이 창조될 수 있다는 점에서 불안정했다. 생식이 그 자신의 고유한 법칙에 의해 통치된다는 관점은 이같이 당시 더 널리 공유되던 생각과 부합하지 않았다. 이 때문에 아리스토텔레스는 종종 "인간으로부터 인간이 발생한다"기보다는 "인간과 태양으로부터 ... 인간이 발생한다"는 명제를 채택했다.[62]

그러므로 발생은 일회적이고 국지적인 사건으로 여겨졌다. 자연철학자들은 번식의 개별적 사례들 외에는 유기체의 생식 현상에 대해 거의 논의하지 않았다. 부모는 문자 그대로 그들의 자손을 만드는 존재로 여겨졌다. 그러므로 생명체의 발생과 번식에 대한 전근대 문헌들은 기계적, 연금술적 기예와 공예 활동으로부터 가져온 은유들로 가득 차 있었다. 예를 들어 르네 데카르트(René Descartes)는 배아의 형성을 종자가 "모체의 열에 의해 발효되고 잘 버무려져 각 부분들 모두가 보다 완전히 섞이는" 과정으로 기술했다.[63] 그는 남녀의 "정액 물질"을 "이스트의 한 종류처럼 서로 작용하는" 물질로 서술하며 이런 과정을 맥주의 양조와 비교했다. 이 가운데 "맥주에 형성된 거품은 다른 양조를 위한 이스트로 이용될 수 있다"는 부분만이 모호하게나마 유전에 관한 서술이었다.[64]

발생이나 "후손을 만드는" 것에 관한 사고의 지속적인 영향력은 18세기 후반에 등장한 잘 알려진 희문(戱文)에서 분명히 드러난다. 로렌스 스턴(Laurence Sterne)의 소설 『신사 트리스트럼 섄디의 인생과 생각 이야기 *The Life and Opinions of Tristram Shandy, Gentleman*』(1760)는 그의 이야기의 불행한 주인공이 수태되는 과정에 대한 설명으로 시작한다. 트리스트럼 섄디의 부친은 매달 첫 번째 일요일 밤에 층계에 있는 큰 시계의 태엽을 감은 후에 부부관계를 맺는 습관을 갖고 있었다. 이 가운데 트리스트럼이 잉태되려는 참에 아내가 "아 참 여보, 시계 밥 주는 거 잊어버린 거 아니에요?"라고 외치면서 이런 일상적인 절차를 방해했다. 그녀의 부주의한 질문이 야기한 남편의 당혹감과 산만함은 트리스트럼 섄디가 이후 비참한 인생을 살아가게 되는 데 불행한 시작이 되었다. 그가 소설의 도입부에서 회고적으로 추론하듯이,

> 내가 잉태되던 순간에, 아버지든 어머니든, 아니 사실상 이 일에는 두 분 모두 책임이 있으니, 두 분 모두 그때 하시던 일에 제대로 마음을 쓰셨더라면 얼마나 좋았을까 싶다. 당신들께서 그때 하시던 일이 얼마나 중요한 일이고, 얼마나 많은 것들이 그 일에 달려 있는지 충분히 생각해 보셨어야 했다는 말이다. 거기에는 이성적 인간을 생산하는 일뿐만 아니라, 그 인간의 신체 구성과 기질, 어쩌면 정신적 틀과 능력의 형성까지도 달려 있을 수 있다. 더욱이 두 분은 다르게 알고 계셨을지도 모르지만, 그 순간에 가장 활발했던 체액과 기질에 따라 집안 전체의 명운까지도 달라질 수 있다.[65]

이 장에서 우리는 유전 담론에 선행했던 발생에 관한 교의들을 개괄하여 19세기 유전 논의를 이해하기 위한 여러 맥락을 제공할 것이다. 우리가 고대 이래 발생의 개념을 둘러싼 모든 논쟁과 사상가들을 다루지는 못할 것이다. 이와 관련해 고대와 중세의 경우 에르나 레스키(Erna Lesky)가, 르네상스 시기와 계몽주의 시기에 대해서는 자크 로제(Jacques Roger)가 매우 상세하게

검토했다.[66] 대신에 우리는 발생 이론가들이 조상과 후손 간의 관계에 대해 묘사하면서 사용한 계통적(genealogical) 서술들과 표현들에 초점을 맞출 것이다. 우리가 보게 될 것과 같이 이런 진술들은 유전 담론의 부상에 관해 이미 많은 것을 드러내는 17세기에서 19세기로의 흥미로운 전환을 겪었다.[67] 전근대의 발생 이론가들은 직접적이고 선형적으로 이어지는 통시적 관계를 강조했지만, 19세기에 들어서는 강조점이 한 세대에서 다음 세대로 전달되는 소인(素因, dispositions)의 공통 풀의 공시적 차원으로 전환되었다.

발생, 가부장제, 그리고 독립성

윌리엄 하비(William Harvey)가 1628년에 출간한 『동물의 심장과 혈액의 운동에 관한 해부학적 연구*Exercitatio Anatomica de Motu Cordis et Sanguinis in Animalibus*』에서 제시한 혈액 순환에 관한 설명은 실험과 양적 측정에 기초한 근대 생리학의 출발점으로 여겨진다. 이후 약 20년이 지나 하비가 새롭게 출간한 유기체의 발생과 번식에 관해 논의한 『동물의 발생에 관한 연구*Exercitationes de generatione animalium*』(1651)는 상대적으로 많이 주목받지는 못했다.[68] "순환"(라틴어로 *circulatio*)이란 개념이 당시 신체 내 혈액 운동뿐만 아니라 천체의 회전과 희석에 관한 연금술적 절차, 유기체의 발생 주기를 가리키는 데 이용되었으며, 하비가 순환의 문제를 "일평생 숙고한 사람"이라 불릴 정도로 천착한 그의 활동에 이에 대한 연구들이 모두 포함된다는 점을 고려하면 놀라운 일이다.[69] 혹자는 자크 로제와 같이 하비의 『동물의 발생에 관한 연구』가 그것이 제기한 문제들을 저자가 만족할

만큼 잘 설명하지 못했다는 점 때문에 이를 역사적으로 흥미로운 텍스트라고 보았다.[70]

동시대인들처럼 하비는 개별 유기체의 발생과 한 세대에서 다음 세대로 속성이나 소인이 전달되는 것을 구별하지 않았다. 그에게 발생에 대한 설명은 개별 존재의 번식을 설명하는 것을 포함했다. 그러므로 『동물의 발생에 관한 연구』에서 유전에 관한 질문은 그가 몰두하던 것이 아니었다. 배아는 그것의 어버이(procreator)의 "작용"(*opus*)이자 수정 시에 양측 부모 개체로부터 투여되는 물질들, 도구들, 힘들의 산물이었다. 따라서 유사성은 당연하게도 개별 유기체의 수정, 성장, 발달에 관련한 인과적 요인들의 집합이 유사하다는 사실의 결과일 뿐이었다. 하비가 『동물 발생에 관한 연구』에서 설명하기를

> ...이제 나는 자손이 혼합된 산물(mixed nature)이라고 주장한다. 그 형태와 생김새, 그리고 특히 몸의 각각의 특정한 부분들, 색깔, 모반(母斑), 질병의 소인 및 다른 사태들이 부모 양측으로부터의 혼합으로 분명하게 나타난다는 점에서 말이다. 정신적 체질과 태도, 유순함, 목소리, 걸음걸이와 같은 그 발현 가운데에서도 [부모와] 유사한 기질이 발견될 수 있다. 특정한 혼합물은 원소들로 이루어져 있다고 할 수 있는데, 왜냐하면 이들의 온냉건습과 같은 성질이나 덕성이 특정한 유사 혼합체 내에서 연합된 상태로 발견되기 때문이다. 마찬가지로 부친과 모친의 작용은 후손의 신체적, 정신적 형질 모두에서 발견되며 그에 따라 "기질" 또한 뒤따르거나 수반하게 된다.[71]

번식을 부모의 물질과 속성의 "혼합"으로 보는 이런 개념을 배경으로 근대 생물학의 관점에서는 낯선 질문들이 제기된

다. 무엇보다도 부모와 후손 사이의 유사성을 설명하는 것은 여러 수준에 걸친 문제로 인식되었다. 왜 자손은 그들의 조상과 동일한 특정 형태를 공유하는지, 자손 개체의 성별을 결정하는 원인은 무엇인지, 어떻게 머리카락이나 눈 색깔과 같은 개별적 특성들과 관련한 유사성들이 기원하는지 등과 같은 질문들은 각기 다른 원리들을 기반으로 해서 답해지는 것들이었다. 또 다른 문제는 자손의 번식과 관련해 각 성별의 역할에 관한 것이었다. 두 성별이 동등하게 작용하여 남성과 여성 종자(male and female seed)에 대해 말할 수 있는 것인가? 혹은 아리스토텔레스가 제안했던 것처럼 남성이 종자*****를 통해 형상과 작용인으로 기여하는 반면, 여성은 단지 생리혈을 통해 수동적 질료만을 제공하는 것일까? 마지막으로 수정의 순간과 배아의 분화 사이의 시간적 관계에 관한 질문들이 제기되었다. 대부분의 발생 이론들은 배아가 수정의 순간 동안이나 혹은 바로 그 직후에 발생하는 것으로 가정했다. 남성과 여성의 발생적 물질들이 혼합된 산물은 "후성설"(epigenesis)로 불리는 과정에 의해 각 기관마다 표면에 나타난 배아의 구조들로 이루어진 균질적인 덩어리로 여겨졌다. 이 같은 가정은 번식의 각 개별적 행위의 시점마다 신에 의해 각각의 개별 존재들의 영혼들이 직접 만들어진다는 "창조주의"(creatianism)로 알려진 교의와 잘 조응했다(이를 신이 세계를 창조하고 설계했다는 보다 일반적인 창조론(creationism)과 혼동해서는 안된다). 이와 대조적으로 다른 이론들에서는 배아가 남성이나 여성의 종자에서 어느 정도 미리 형성(preform)되어 있

***** 역주: 정액을 가리킨다.

다는 가정에서 시작했다. 이렇게 미리 만들어진 배아들은 부모의 몸 내부의 다양한 기관들로부터 유래된 물질 입자들이 응고되어 미래의 신체가 미니어처(*en miniature*)의 형태를 갖게 되었거나, 영혼을 불어넣은 부모의 신체의 일부나 부모의 영혼으로부터 갈라져 나온 결과로 설명되었다. 전자와 같은 가정을 범생설(pangenesis), 후자의 경우를 "영혼유전설"(traducianism)이라고 부른다. 이런 전성설 이론들에 따르면, 배아는 수정 이전에도 이미 살아 있으며 완전한 발생의 도화선이 될 만한 자극과 적절한 환경만을 필요로 했다. 예를 들어 태생 동물들의 경우 자궁이 이런 환경을 제공했다. 창조주의자들과 영혼유전주의자들 사이의 논쟁은 신학적으로 커다란 중요성을 지녔었다. 왜냐하면 영혼유전설은 발생을 적어도 어느 정도 신성의 개입이 필요 없는 사건으로 보는 경향이 있었기 때문이다(물론 영혼유전론자들조차도 신이 세계를 창조했다고 믿었다).[72]

방금 논의한 것과 같은 질문들은 고대 이래 자연철학자들이 몰두해 온 한 가지 심원한 문제와 교차했는데, 이는 17세기 동안 발생을 둘러싸고 일어난 논쟁에서 하비의 기여를 살피는 데 좋은 출발점을 제공한다. 이 질문은 발생뿐만 아니라 발사체 운동과 경제적 잉여 가치의 형성과 관련해서도 제기되었다.[73] 요점만 말하자면 해당 문제는 다음과 같이 제기되었다. 적어도 고등 동물의 발생과 관련해서는 발생 과정에 두 존재가 연루되며, 아리스토텔레스의 표현을 따르자면 수컷은 "또 다른 것에서 발생시키고", 암컷은 "그 자체 내부에서 발생시킨다."[74] 그런데 이런 서술은 투사체가 이를 던진 손으로부터 벗어난 뒤에도 계속 움직이고 자본이 그 단순한 순환을 통해 부가적 가치를 누적하듯, 운동 본래의 원천으로부터 벗어나더라도 새로운 장소(여성의 몸)에서 어떤 것(발생의 경우 남성의 종자)이 활성화된 상태로 남아있음을 함축했다. 왜 이것이 심대한 문제를 이루는지를 이해하기 위해서는 하비와 데카르트를 포함한 당시 지식인들이 인과 관계와 관련해 여전히 아리스토텔레스주의적인 이해를 추구하고 있었다는 점을 상기해야만 한다. 이들은 모두 행위에 대한 원격 작용이라는 생각을 거부했고 인과는 동시적이고 근접적인 사건이라고 확신했다. 원인은 결과에 선행한 것이 아니라 접촉점을 공유한 것이었다. 하비는 이 문제를 다음과 같이 공식화했다. "닻은 그러므로 묶어진 채로 남아있다..., 즉 어떻게 수탉의...정자가... 특히 정자가 알에도 내재하지 않고, 접촉도 없으며, 더해지지도 않은 상황에서 알로부터 어린 닭을 형성하는가."[75]

아리스토텔레스가 그랬듯, 하비 역시 이 문제를 배아의 최초의 기반을 형성하는 과정에 대해 부모에게 제한적인 역할만을 부여해서 해결하려고 시도했다. 배아 성장과 분화는 배아가 일단 창조된(procreated) 뒤 해당 배아가 모체로부터 제공받은 물질들을 길러(nourish) 스스로를 빚어낼 수 있는 능력을 부여받은 것으로 가정함으로써 설명될 수 있었다. 이 능력에 관한 설명에서 하비는 발생의 전근대적인 개념 이해에서 커다란 중요성을 가진 계통적 은유를 이용했다. 그의 주장에 따르면,

> 아리스토텔레스가 더 완전한 동물의 발생에 대해 말한 것들이... [닭의] 알에 전달되는 모든 것에 의해 확인되고 분명해졌다. 즉, 모든 부분들이 단번에 함께 형성되는 것이 아니라 한 부분이 형성된 후에 다른 것이 형성되는 형태로 잇달아 일어난다. 그리고 최초에

는 시초부터 다른 모든 부분들을 형성시킬 덕성을 지닌 미세한 생식 입자(genital particle)가 존재한다... 그리고 이 입자는 독립한 아들(*filius emancipatus*)과 같아 독자적으로 위치하고, 일련의 구성 요소들(*membrorum ordo*)이 순차적으로 나오게 되는 그 자체로 존재하는 원리이자, 미래 동물의 완전성에 이바지하는 모든 것을 갖는다.[76]

하비는 『동물의 발생에 관한 연구』에서 계속해서 이 은유로 되돌아왔다. 이러한 비교는 하비가 부친이 교육을 통해 아들의 인격을 형성하듯 배아의 형성이 초기에는 그 조상의 직접적 행위에 의해 지배된다고 믿었음을 분명하게 보여준다. 아리스토텔레스와 그를 추종하던 하비에 따르면, 남성 종자는 배아 형성에서 어떠한 물질적 역할도 하지 않았다. 정액은 이보다는 냉기와 열을 솜씨 좋게 활용해서 칼을 만들어내는 대장장이처럼 여성에 의해 제공된 물질로부터 배아를 형성시켰다.[77] 이런 점에서 배아는 모친이 제공한 수동적 물질에 생기를 불어넣는 법을 "알고 있는", 생기를 지닌 부친의 종자에 의해 수정 시에 미리 형성(前成)되는 것이었다. 하지만 배아는 일단 형성되고 난 뒤로는 독립적인 삶을 영위했다. 이 단계에서 배아는 부친의 권위로부터 아들이 해방되어 스스로의 삶을 꾸려나가는 것처럼 자기 완결적인 능력을 부여받아 신체의 다른 부분들을 후성 작용을 통해 계속 만들어 냈다.[78]

발생에 관한 이들의 추론에서 하비와 아리스토텔레스는 남성 조상과의 직접적인 관계에 의해 각 개체가 결정된다는 부계적 계승의 계통적 도상을 활용했다. 이 모델에서 여성의 역할은 배아가 완전해지도록 벼리기 위해 이용되는 물질들과 도구들로 가득 찬 무기고를 제공하는 일로 한정되었다. 다만 하비의 경우 아리스토텔레스와 달리 때때로 갈레노스주의 의학 전통을 따라 발생에서 여성에게 보다 적극적인 역할을 부여하기도 했다.[79] 모체는 성장하는 배아를 통해서만 생기가 불어 넣어지는 집안 살림(household)이었다. 이는 하비가 배아를 조상 가족 정령인 고대 로마의 라르 파밀리아리스(*lar familiaris*)와 비교하며 모체를 "생명이 신체 일반으로 나아가는 곳에서, 특히 그 일부 각각이 만들어지는 장소"라고 서술할 때 특히 분명했다.[80] 수정 이후 배아는 독립성을 즐기고 그 나름의 삶을 스스로 이끌어나갈 수 있었다. 이 지점에서 하비는 심지어 성장하는 배아와 모체 사이의 어떠한 물질적인 연결도 부정하는 방향으로 나아갔다. 그는 닭의 경우 "난자는 자궁의 와동 내에서... 자유롭고 연결되지 않은 채... 굴러다니며... 그 자체로 완전하다"라고 주장했다.[81]

아리스토텔레스는 배아의 독립적인 삶의 시작점은 남성 종자와 여성 생리혈이 작용한 결과 심장이라고 불리는 생체 기관이 만들어지면서부터라고 주장했다. 하비의 배아 연구는 이 출발점을 더 면밀하게 묘사하려는 시도로 볼 수 있다. 달걀과 수태한 암사슴에 대한 해부학적 연구를 통해 그는 완전히 성장한 태아에서부터 수정의 즉각적인 결과가 나타나는 시작점으로 거슬러 올라가면서 발생에서 "자연이 활동하는 과정"을 경험적으로 추적하려고 했다.[82] 크게 놀랍지 않게도 하비는 이 출발점을 아리스토텔레스보다 훨씬 더 이전에서 찾았다. 배아의 독립적 삶은 작은 심장이 아니라 하비가 "진동점"(*punctum saliens*)이라 부른 것으로부터 시작하는 것으로 나타났다. 혈액의 미립자의 진동하는 작은 방울은 거의 보이지 않고 어떤 인지 가능한 내적 구조도 아직 존재하지 않지만, 구조를 만들어낼 잠재성을 부여받았다. 눈에 띄지 않는 이 존재는 생명과 죽음 사이의 문턱을 점하고 있었다. "혈액의 색을 띠는 도약점(leaping point)으로, 최초의 순간에는 너무 작아서 수축할 때는 시야에서 거의 완전히 벗어나고, 팽창할 때에는 가장 작은 불씨처럼 보인다."[83]

그러므로 하비는 발생의 문제에 관한 아리스토텔레스의 해결책을 급진화했다. 배아는 미분화되고, 미구조화되었으며, 보이지 않는 그 시초부터 본질적으로 독립적인 삶을 갖는다. 이 해결책은 아이러니하게도 근본적인 문제를 악화시킬 뿐이었다. 하비에게는 히포크라테스-갈레노스주의 의학 전통에 따라 남성과 여성 종자의 혼합을 말하거나 아리스토텔레스처럼 여성의 생리혈이 정액에 의해 생기를 갖게 된다고 주장하는 것과 같은, 성적 행위의 구체적 산물과 배아 사이의 직접적이고 물리적인 연결을 만드는 일이 가능하지 않았다. 디트린데 골츠(Dietlinde Goltz)의 표현으로는 하비는 부친이 그의 아내와 아이들에게 행사하는 부계의 사슬(patrilineal chain)과 가부장적 권력에 대한 동시대인들의 관념을 위협하는 "텅 빈 자궁의 모순"(paradox of the empty uterus)에 직면했다.[84] 배아가 바로 그 시초부터 독립적 삶을 이끄는 것으로 나타나면서, 후손을 생산하거나 창조하는 일에 부친과 모친 모두 직접적인 인과적, 물질적 연관을 이룰만한 것이 아무것도 없게 되었다.

그러므로 하비는 결국 부모가 배아에게 어떤 종류의 영향을 끼친다는 것을 보장하기 위해 원격 작용을 언급해야만 했다. 그는 발생적 물질들, 특히 남성 종자의 효과는 질병의 전파에서 "전염"(contagion)의 효과, 한 자석이 다른 자석을 잡아당기거나 밀어내는 효과와 붙박이별들이 지상계 사건에 영향을 끼치는 효과, 그리고 먼 거리에 떨어져 있는 대상을 재현하는 상상력의 효과와 비교될 수 있다고 제안했다.[85] 그러나 이런 모델들은 자손의 창조에서 부모의 즉각적이고 육체적인 차원에서의 참여를 부정했다. 남성 종자는 보편적이고 "가소성을 지닌 힘"의 운반자였고, 여성 종자 혹은 "난자"는 동등하게 보편적이지만 생명, 성장, 발달의 잠재태의 물질적 운반자였다. 하비에게는 발생이 태생이든, 난생이든, 우연발생적이든(예를 들어 변태를 하는 곤충의 경우), 혹은 자연발생적이든 간에 관계없이 "모든 동물은 알 모양의 원기(*oviform primordium*)로부터 발생한다. 내가 알 모양이라고 하는 것은 그것이 정확히 알의 형태를 갖고 있다는 의미로 사용한 게 아니라 그것의 본성과 구조가 그렇다는 것이다. 발생의 과정에서 태아가 만들어지기 전에... 식물성 원기(*vegetal primordium*)가 선재(preexists)하는 경우가 일반적이다."[86] 게다가 이런 "최초의 어떤 것"(primary something)은 단순히 구조가 없는 것이 아니라 미리 형성되어 있었다. 이것은 "일종의 막이나 껍데기에 둘러싸인 습기"로 이루어져 있고, "유사체가 실제적 혹은 잠재적으로 그 안에서 생명을 갖게 된다."[87] 하비는 "많은 동물들, 특히 곤충들은 너무도 작아서 보이지 않고 (공기 중에 떠다니는 원자들 같이) 바람에 의해 여기저기로 흩뿌려지는 원소들과 종자들로부터 발생하고 번식한다"라고 믿었다.[88]

세계가 눈에 보이는 존재들뿐만 아니라 비가시적인 존재들, 혹은 극미의 차원에서만 보이는 개별적 존재들로 가득 차 있는 세계를 상정하는 미소실체론(microsubstantialism)[89]의 세계관을 공유하면서 하비는 아리스토텔레스의 입장에서는 가장 먼, 그리고 그의 시대의 원자론적, 전성론적 자연철학자들과는 가장 가까워지는 방향으로 나아가게 되었다. 이는 부전자전(父傳子傳)의 (부계적) 사슬에 관한 심원한 질문을 제기했다. 만약 형상적 힘과 그 잠재적 생명을 담고 있는 "난자"라는 물질적 기체(基體, substrates)*모두가 보편적이라면, 그들의 상호작용에 어떤 종류의 제약이 있을 수 있겠는가? 모든 것들이 또 다른 모든 것을 "발생시키면서" 결국 종의 변형이라는 혼란을 야기하게 되지는 않을까? 결국 하비는 생명체가 다른 종들의 존재로부터, 혹은 심지어 무기체로부터 생명체가 창조되는 우연발생의 현실을 인정할 준비를 해야만 했다.[90]

가소성을 지닌 힘과 전성 배종(前成胚種, preformed germs)이 함의하는 아포리아들을 회피하기 위해 하비는 예전부터 써오던 해법을 다시 꺼내들었다. 그는 발생을 순환 유동에 의해 지배 받는 우주적 질서에 종속시켰다. 태양, 행성, 그리고 별의 운동과 계절의 순환, (왕을 국가의 "심장"과 "태양"으로 위치시키는) 국가의 몸, 희석의 화학적 과정과 같은 모든 유사한 순환 운동들이 부전자전의 규칙적 발생을 보장하도록 조정되었다.[91] 부모의 신체는 그러므로 태양계의 대우주로부터 인체의 소우주에 이르는 순환 운동을 통해 생명을 발생, 지속, 영속시키는 보편적 우주적 질서에 종속된 사례로 나타났다. 하비는 다음과 같이 설명했다.

---

* 역주: 오늘날 "substrate"는 기본 물질이란 의미에서 "기질"(基質)로 번역되지만, 아리스토텔레스주의 자연철학에서는 형상과 질료의 구별 가운데 순수 질료를 "기체"(基體)를 가리킬 때 사용하므로 문맥에 따라 여기서는 "기체"로 번역했음을 밝혀둔다.

> 그러므로 남성과 여성은 최고 창조주 혹은 만물의 어버이에게 모든 측면에서 종속적이며 오직 효율적이기만한 도구로 간주될 것이다. 따라서 이런 의미에서 태양과 [인간]이 인간을 낳는다(engender)는 것은 적절한 말이다. 왜냐하면 태양의 도래 및 이탈과 함께 생명체의 발생과 부패에 대체로 상응하는 계절들인 봄과 가을이 오기 때문이다. 그러므로 철학의 위대한 지도자**는 이렇게 말한다. "[붙박이별들의] 첫 번째 운동은 발생과 파괴의 원인이 아니다. [예를 들어 태양의 연주 운동 같은] 황도의 운동도 그러하므로 둘 다 지속되며 두 운동들을 갖게 된다. 그리하여, 미래의 발생과 부패가 영속적이라면, 영원히 움직이는 어떤 것이 필요할 것이며, 그들 사이의 상호 교환이 끊이지 않기 때문에 두 작용 가운데 하나만 일어나는 일은 일어나지 않게 할 것이다."[92]

이처럼 우주적 질서를 망라하는 이미지는 각각의 개별 존재가 조상과 그 발생을 수반하는 특정한 상황과 관련된 위치, 특히 태양과 같은 천체, 그리고 본래 천문학적인 의미에서의 기후와 계절적 순환 내에서의 위치와 연관해서 정의되는 것이다. 각각의 개별 존재는 그것의 재창조를 허용하는 하늘의 운동을 통해 반복해서 복위되는 (부모를 포함하는) 여러 인과적 요인들의 특정한 집합의 결과이다. 하비는 발생과 부패를 초래하는 순환을 "상호교환"(라틴어 원어로는 *mutationes*)이라고 지시했다.[93] 실로, 그들은 교환으로 보일 수 있었다. 각각의 발생된 존재들이 그것의 특정한 조상의 뒤를 잇는다는 데서 근본적으로 비대칭적인 교환이었지만 말이다. 발생과 부패는 추계적으로 (stochastically) 상쇄

** 역주: 아리스토텔레스를 가리킨다.

시키는 과정이 아니라 각 발생 이후 이윽고 부패와 뒤따른 재발생이 일어나는 과정으로, 마치 태양의 일주 운동과 같다.[94] 하비는 그가 궁극적으로 개별 존재에 부여해야만 하는 독립성과 각각의 존재가 닫힌 우주에서 그것의 "자연적 위치"를 점유하는 고대의 우주 모델의 도움으로 자연 전체에 가부장적 관계를 투사함으로써 위협받았던 부계적 사슬의 형상을 복귀시킨다.[95] 이 해결책은 존재의 질서정연한 계승을 설명했지만 보편적, 유전적 물질의 전달에 관한 사유를 위한 여지는 남기지 않았다.

제임스 1세와 찰스 1세의 궁의였던 하비는 그의 저작 『동물의 발생에 관한 연구』의 가장 많은 부분을 찰스 1세가 의회군에 의해 투옥되어 있는 동안 집필했고, 그의 주군이 처형당한 1649년에 완료했다. 그는 토머스 홉스(Thomas Hobbes)와 절친했으며 선천적으로 평등한 개인들을 지배하는 절대 왕권에 대한 홉스의 이론에 공감했다. 『동물의 발생에 관한 연구』가 찰스 1세의 왕위 계승권을 정당화하기 위해 씌어졌다는 것은 아니다. 하지만 하비의 발생에 대한 이해는 전통적이고 본질적으로 가부장적인 권력 관계에 대해 근본적인 의문을 제기하는 개인의 독립성 및 평등과 창조적 힘들과 물질들의 보편성을 둘러싼 당시의 정치적 논쟁에 맞닿아 있었다.[96] 전성설 대 후성설, 온 생명의 매트릭스로서 모체 대 생명의 필수불가결하고 배제적인 원천으로서 부성체(paternal body), 부모의 "작용"의 결과로서의 배아 대 그 자체의 생명을 지닌 독립적인 존재로서의 배아, 직접 작용의 인과성 대 원격 작용에서 나타나듯이 사상사에서 모순적으로 그려질 입장들과 관련해 하비가 보였던 특유의 양가성은 그가 살던 시대의 정치적 혼란에 대한 대응이었다. 비록 이런 대응이 모호하지 않은 것은 아니었지만 이는 발생의 문제가 18세기와 19세기에 계속해서 논의되는 개념적 틀을 규정했다.

발생의 법칙과 종의 생식

17세기 말과 18세기 초의 발생에 관한 가설들 사이에서 현미경으로만 보이는 미소체 혹은 배종 안에, 유기체가 이미 존재한다는 이론들이 점차 주류가 되었다. 이 이론들을 이해하기 위해서는 선재(先在, preexistence)와 전성(前成, preformation)을 주의 깊게 구별하는 것이 중요하다. 전성론자들은 발달이 가능한 배종은 후성설이 함축하는 것처럼 분화되지 않은 물질 덩어리가 아니라 이미 미래 성체의 형태를 이룰 조건을 어떤 식으로든 갖춘 특정한 구조를 갖고 있다고 주장했다. 이런 생각은 반드시 성체가 그 미시적 수준에서 성체의 모든 세부를 배종 내에서 구현하고 있어야 한다고 함의하는 것은 아니었고, 앞의 절에서 살펴본 것처럼 전성 배종이 양친의 몸들 중 한 곳에서, 아니면 수정이 일어날 때 만들어질 수 있다는 생각과 온전히 양립할 수 있었다. 전근대 시기 최초의 전성설 이론들은 하비가 북부 이탈리아 대학에서 수학할 때 그곳에서 가르치던 의학 저술가 포르투니오 리체티(Fortunio Liceti), 주세페 데그리 아로마타리(Giuseppe degli Aromatari), 그리고 에밀리오 파리사노(Emilio Parisano)에 의해 제안되었다. 이들은 배종이 수정 이전에 남성 고환에서 발생하고 그 생명을 시작한다고 선언했다.[97]

선재론은 여기서 한 발 더 나아갔다. 가장 발전된 판본에서 선재론자들은 모든 미래 유기체들을 위한 배종이 태초에 신에 의해 직접 만들어졌고, 이 존재들의 각 부분들이 배종 내에 이미 모두 미리 형성되어 있다고 주장했다. 그러므로 배종은 미래 후손들의 것들을 담고 있는 배종들을 포함해 이후 발달할 유기체의 모든 신체 부위 및 기관에 대한 소형의 재현물을 포함하고 있었다. 그러므로 계통적 사슬에 속하는 모든 구성원들은 태초의 생명체의 배종 안에 있는 일련의 배종들에 이미 모두 담겨져 있었다. 이런 식으로 계통 사슬 내 관계의 양상은 상자화(*emboîtement*)라고 불린다. 연속적인 발생은 펼쳐짐***이라는 의미에서 이 배종들의 발달의 결과이다.[98] 발생은 그러므로 선재하는 유기체적 구조의 성장에 불과한 것으로 환원되었다. 유일하게 풀리지 않은 수수께끼는 어떤 성별이 일련의 배종을 갖고 있는가에 관한 것이었다. 이 질문에 대한 대답은 남성으로 볼 것인지, 여성으로 볼 것인지에 따라 정자설과 난자설로 나뉘었다. 정자설은 1679년 안톤 판 레벤후크(Antony van Leeuwenhoek)가 왕립학회의 『철학회보*Philosophical Transactions*』에 출판한 후 널리 논의된 서신에 의해 탄력을 받았다. 이 서신에서 레벤후크는 그가 남성의 정액에서 "미소동물"을 관찰했다고 보고했다. 레벤후크는 "내가 그것들을 보았을 때, 나는 건강한 정액에서 비슷하게 발견되지 않을 어떤 구체들이, 완전히 발달하지 않은 인체의 상으로 존재한다는 것을 확신했다"라고 단언했다.[99]

오직 소수의 자연사가들만이 이런 극단적인 종류의 선재론을 지지했다. 얼마나 정확히 미래의 유기체가 배종 내에 구현되어 있는지, 어디서 언제 이것들이 만들어지는지, 그리고 어떻게 발달하게 되는지와 같은 질문들에 관한 매우 다양한 의견이 존재

*** 역주: 상자의 펼쳐짐이라는 의미이다.

했다. 예를 들어 17세기 말 선재론의 가장 저명한 지지자 중 하나였던 니콜라 말브랑슈(Nicolas Malebranche)는 배종이 소형으로 된 성체의 재현물을 담고 있다는 생각을 분명하게 거부했다. 그는 자신의 관점을 비판하던 이들에게 "내가 말하고자 하는 바는 [피조물]의 모든 유기체적 부분들이 [배종] 내에서 형성되며", 이런 관점이 "단지 그들 자신의 구성(*par leur propre construction*)과 운동 법칙의 효용성을 통해, 신이 비상 섭리를 통해 마무리 짓는 일 없이... 그들이 성장하고 형태를 갖추어 나갈 수 있는 운동의 법칙과 잘 들어맞는다는 것"이라고 말했다.[100] 여러 종류의 선재론들이 공유하는 유일한 가정은 미래 유기체들의 모든 배종들이 태초에 창조되었고 이후의 발생 과정에서는 신성의 개입이 필요하지 않다는 것이었다. 이에 따르면 해당 단어의 어떤 의미로든 어느 "발생"도 필요하지 않았다. 마찬가지로 유전과 같은 어떤 것도 필요치 않았다.

선재론은 그러므로 단순히 아리스토텔레스나 하비에 의해 제안된 후성설의 반대가 아니었다. 오히려 선재론은 후성설의 두 측면을 분리시키고 급진화시켰다. 한편으로 선재론자들은 후손이 그들의 부모와 대체로 독립적이라고 보았다. 다른 한편으로는 모든 후손들을 "신성한 시계공"에 의존적인 것으로 보았다. 배종들은 시초부터 신성한 창조에 의해 미리 형성되기 때문에, 발생을 시작하고 지속시키거나 이런 발생과 발달 과정을 이끄는 외부 존재 없이 오직 기계적 수단에 의존해서 스스로를 발달시킬 수 있었다. 선재론은 그러므로 개별적인 육체적 번식 행위들을 무시하고 계통적 혈통을 단순 계승의 형식적 관계로 환원시켰다. 부모 개체들은 후손들의 창조자가 아니라 이들을 담고 있는 용기였고, 이 후손들은 오직 운동의 보편 법칙으로 인해 독립적으로 연속해서 발달했다.[101] 선재론의 세계는 독립적인 개체들의 세계이자 후손을 지배하는 가부장적 권력이 존재하지 않는, 기계적 법칙들이 비창조적 물질들을 통치하는 세계였다. 창조자에 대한 피조물의 의존은 오직 가설적인 시작점에서만 존재했다. 그 이후로는 질적으로 새로운 어떤 것을 더한다는 의미에서의 창조는 더 이상 어떤 역할도 맡지 않았다.

형식적인 계통 관계를 제외하고 모든 것을 제거한 이 같은 관점의 극단적인 판본이 한 자연사학자에 의해 제안되었다. 최근까지 역사가들은 18세기 발생에 관한 이론화 작업에서 그의 중요성에 주목하지 않았다. 지금 우리는 스웨덴의 식물학자이자 의사였던 칼 린네우스(Carl Linnaeus), 혹은 그가 스스로 1761년에 작위를 받은 후 불렀던 방식대로 하자면 칼 폰 린네(Carl von Linné)를 이야기하고 있다. 1735년 『자연의 체계*Systema Naturae*』라고 이름 붙인 그의 첫 저작은 으레 근대 분류학의 시작점으로 여겨진다. 그러나 린네는 유기체의 단순한 분류와 명명 외에 다른 주제들에도 관심을 가졌다. 1746년에 그는 「식물의 결혼*Sponsalia plantarum*」이라는 짧은 에세이를 출판했는데, 이 글은 "식물의 생명력이 동물에 못지않다는 점"을 증명하는 것을 목표로 했다.[102] 이와 관련해 그의 주장의 가장 훌륭한 부분은 단연코 식물들 역시 동물 같이 성적으로 생식함을 논증하는 것으로 채워져 있다. 이 주제를 논의하면서 그는 그가 "조상의 거품과 침전물"이라고 불렀던 발생 물질 간의 특정한 상호작용에 대한 가설에 의존하든, 혹은 배아 생명체의 착상과 시작에 대해 추론하든 관계없이 당시의 일반적인 발생 이론들을 모두 거부했다. 그는 특히 선재론의 난자론과 정자론에 매우 비판적이었으며, 부모의 특성들을 결합한 잡종의 존재가 이런 이론들을 논박할 뿐만 아니라 완전한 상자설이 매우 의심스럽다고 주장했다. 흥미롭게도 린네 스스로는 발생에 관해 무지주의적 입장을 취했다. 그는 글의 결론에서 "우리는 발생이 어떻게 일어나는지 알지 못한다"라고 간단히 언급했다.[103]

만약 개별 존재의 발생에 관해 아무것도 말할 것이 없다면, 어떻게 발생에 관해 말할 것이 있을 수 있을까? 「식물의 결혼」에서 린네가 제공한 대답은 인과적 연결들 대신 그가 "발생의 과정"(*processus generationis*)이라고 부른, 식물들이 번식할 때 겪는 일련의 규칙적인 변화와 운동에 초점을 맞추었다.[104] 이 과정들에 대한 린네의 서술은 거의 외설물에 가까웠다. 독자들은 린네의 글을 통해 식물계가 "관능적으로 열어젖힌 음부"와 "다산의 물질을 사정하는 남성들"에 대해 알고 있음을 배우게 된다.[105] 발생과 발달에 관한 후성론적 설명을 부활시킨 카스파르 프리드리히 볼프(Caspar Friedrich Wolff)가 약 20년 후 『발생에 관한 이론 *Theorie von der Generation*』(1764)이라는 과감한 제목의 책에서 린네가 "성교하는 법은 알지도 모르겠지만 발생의 이론에 대해서는 어떠한 이해도 없다"라는 비난으로 그를 화나게 만든 것이 놀랍지 않다.[106]

실제로 린네가 수정 중의 식물 기관의 기능과 활동에 관해 엮은 자세한 서술들은 실제 후손의 생산에 관한 어떠한 내용도 담고 있지 않다. 하지만 린네는 이런 서술들을 기반으로 생식 과정의 시간적 관계에 관한 여러 경험적 일반화 논의들을 도출해냈다. 예를 들어 그는 "열매를 맺기 전에 항상 개화가 일어난다", "꽃밥과 꽃가루는 항상 열매를 맺기 전에 등장한다", "암술머리는 꽃밥과 동시에 개화한다"라고 말했다.[107] 이런 일반화 명제들은 "모든 생명체는 알에서 나온다"(*omne vivum ex ovo*)는 유명한 린네주의 격언으로 귀결되었고, 그가 "지속 발생"(*generatio continuata*)이라는 발생에 관한 독창적인 개념을 지지하게 만들었다. 린네에게 발생은 단일 사건이 아니라 성장과 발달을 통해 계속되며 결국 동일종의 새로운 개체의 발생을 이끄는 과정이었다. 그는 그의 저서 『식물철학*Philosophia botanica*』(1751)에서 분명하게 "갑작스러운 창조(*nova creatio*)가 아니"라 "지속 발생(*generatio continuata*)이 존재한다"라고 주장했다.[108] 바꿔 말해 린네의 발생 이론은 종의 재생산, 즉 생식(reproduction)에 관한 이론이었다.[109]

발생에 관한 린네의 이론이 사실 종의 생식에 관한 이론이었다는 점은 신성한 창조에 관한 그의 다소 기이한 이론에서 보다 분명하게 나타난다. 린네는 신이 자웅동체 유기체들의 경우 태초에 오직 단일한 성인 개체 하나만을 창조한 반면 두 구별되는 성별을 가진 유기체들은 한 쌍의 개체들만을 창조했다고 주장했다. 이런 린네의 주장은 비록 창조의 다른 유형들을 이야기한다 하더라도 역시 창조론에 해당된다. 어쨌든 린네는 그의 주장의 출발점으로 두 단순한 일반화 명제들을 동원했다. 그는 "각각의 알은 그 부모와 고도로 유사한 후손을 만들어내"고, 각 발생에서 "개체의 수는 증식되"며, 그렇기에 "처음보다 오늘날의 각 종의 개체 수가 훨씬 많나"고 관찰했나. 그의 표현을 빌리자면, 그러므로 단순히 거꾸로 세어보면 특정한 종을 이루는 혈통의 "연쇄"(series)는 단일 조상에서 나온 것이며, 이 조상 역시 결국 신의 작품일 수밖에 없다는 결론에 필연적으로 도달할 것이다.[110] 린네가 「거주가능한 서식지의 확장에 관해On the Increase of the Habitable Earth」(1744)라는 에세이에서 설명한 바는 다음과 같다.

> 만약 우리가 이 연쇄(train)를 반대 방향으로 추적해 오름차순으로 살펴본다면, 매 단계마다 개체 수가 점차 줄어든다는 것을 발견할 것이다. 그렇기에 여러 개체들의 조상 수는 그보다 적을 것이고, 이는 점차 적어져 이런 감소세는 결국 한 개체 쌍에 이르러서야 멈출 것이다. 그리고 이 부차적 원인의 연쇄의 첫 고리는 신의 창조로 돌려져야만 할 것이다.[111]

여기서 린네가 펼치는 주장은 조상에 대한 일반적인 재현을 특정하게 전도(顚倒)시킨 것에 기초한다. 소위 조상표(ancestor tables)에서 한 개인의 조상은 한 특정 개인과 그 조상을 연결하는 계통도(lines of descent)를 다시 거슬러 올라감으로써 그려진다. 각각의 발생과 더불어 조상의 수가 기하급수적으로 증가하기 때문에 종국에는 전체 인간 종을 포괄하고, 어떤 특정 혈통(ancestry)도 이루지 않는 조상 세대에 순식간에 도달할 것이다. 이런 결말을 피할 수 있는 유일한 방안은 특정 세대 수 이후에 이런 추적 작업을 중단하거나 특정한 혈통(대개의 경우 남성 조상을 선택하는 데)을 선별하는 것이다. 이 두 방법은 자의적이기는 하지만 유일한 한 쌍의 조상들로 특정 개체를 대표하는 데 성공한다.

린네의 분석은 이와 대조적으로 현재의 인간 종을 포함한 특정 종에 속하는 개체들의 미분화된 무리에서 시작해 이 무리를 단일한 특정 개체나 한 쌍의 개체로 환원시켰다. 그 결과 조상표의 구성과 달리 린네의 절차는 해당 개체를 낳은 특정 혈통과 무관하게 한 종 내 각각의 모든 개별 구성원이 본질적으로 동일하고, 다른 종의 개체들과 본질적으로 다른 존재가 된다. 개별 존재들의 발생에 영향을 끼칠 수 있는 수많은 요인들에도 불구하고, 특정 혈통과 관련해 변화하는 유일한 것은 개체 수뿐이다. 발생은 엄격히 태초에 신에 의해 시작된 한 "생식 단위"(procreative unit)에 의해 본질적으로 똑같이 단일한 방식으로 결정되는 개체들의 집합으로서 종을 구성하는 혈통의 형식적 관계로 환원된다.[112]

이런 전도와 함께 린네는 계통의 두 측면을 분할시킨다. 보통 계통적 관계는 분류적 관계와 인과적 관계를 함축한다. 또 다른 개체를 발생시키는 것에 관한 인과적 관계와 공유된 혈통에 의한 정체성의 분류적 관계가 바로 그것이다. 이 두 측면의 분할은 종과 변종의 분류학적 개념에 대한 린네의 영향력 있는 정의에서 그 완전한 표현을 발견할 수 있다. 이 정의에 따르면, 변종들은 린네가 표현한 바와 같이 "장소나 사건"처럼 후손의 발생에 수반되는 특정한 지엽적 상황으로 인해 만들어진 차이들로 구별된다. 다른 한편 종은 어떤 상황에서든 한 세대에서 다음 세대로 전달되고 창세기에 세워진 보편적인 "발생의 법칙"(*leges generationis*)을 준수하는 속성들, 당시의 전문 용어로 "종차"(*differentia specifica*)라는 것을 갖고 있었다. 그 이전의 선재론자들과 같이, 린네는 신이 태초에 발생적 힘을 부여한 이후에는 별도의 창조적 간섭이 필요하지 않다고 보았다.[113]

존재의 연쇄를 통치하는 "발생의 법칙"이 존재한다는 린네의 확신은 그에 관해 또 다른 흥미로운 고려를 전면으로 드러낸다. 우리가 이전 절에서 확인했듯이 하비는 각 발생된 존재들이 그의 조상의 위치를 대체한다는 생각을 표현하기 위해 "상호교환"(interchanges)이라는 경제적 은유를 이용했다. 린네는 유기체들 간의 공시적 관계들도 포괄하기 위해 이 은유를 확대시켰다. 한 종에 속하는 모든 개체들은 본래 "생식 단위"로 가정되는 단일 관계의 덕성에 의해 본질적으로 동일했기에, 이 개체들은 린네가 "자연의 경제"(*oeconomia naturae*)라고 부르는 것에서 또 다른 존재들과 교환될 수 있었다. 이 자연의 경제는 생물계와 무생물계에 전체적으로 퍼져있는 영양학적 관계의 연결망이었다. 린네는 그가 자연의 경제에 헌사한 논고에서 모든 "자연적 대상은 모든 종을 보존하는 데 기여하고 도와야만 한다. [그렇게 하기 위해] 한 대상의 죽음과 파괴는 늘 또 다른 것을 복구시키는 데 일조한다"(subservient to the restitution)라고 썼다.[114]

다른 [식물] 종의 구성원들은 그들의 열매를 맺는 형태로 다른 산물과 편익을 제공하고, 자연의 경제는 그러므로 상호 박애와 관용의 대칭적 관계로 특징지어진다. 관련한 강력한 이미지로 린네는 이 체계를 "각각의 개인들은 자신들의 집[*domicilium*]이 있고, 그가 온 곳과 나아갈 곳이 있지만, 처음에는 여기저기 다른 방향으로 퍼져나가는 대규모의 군중만을 볼 수 있는 주간 장터"에 비유했다.[115] 이 지점에서 존재의 질서 있는 연쇄를 보장하는 하비의 우주론적 순환은 종 내의 생식을 통치하는 영속적인 자연 법칙으로 대체되었다.

배종과 종의 진화

대중적인 설명에 따르면 린네가 종이 "항상적으로" 동일하게 남아있다고 주장하도록 이끈 것은 오래된, 종교적이고 형이상학적으로 동기부여된 전통이었다.[116] 이 설명은 린네의 발생의 법칙 개념이 실제로 전통과 급진적인 단절을 보였음을 파악하는 데 실패한다.

앞의 절에서 보았듯이 린네는 개별 존재들의 발생의 원인이 되는 과정이나 사태들(contingencies)이 아니라 종 내의 개체들의 증식을 규칙적 현상으로 기술하는 생식의 일반 이론에 관심을 가졌다. 이런 관심은 린네를, 하비를 비롯한 17세기의 발생 이론가들과 뚜렷이 구별되게 만든다. 발생의 법칙의 가정 가운데 자연발생과 우연발생뿐만 아니라 종의 변형들도 자연사학자들의 법칙에 관한 문제와 관련된 고려 사항들에서 배제되었다. 그 결과 이 법칙들에 대한 간헐적인 위반 사례들이 나타날 여지가 없어졌다. 독일인 자연사학자 카를 프리드리히 키엘마이어(Carl Friedrich Kielmeyer)가 18세기 말에 "종의 생명"(life of the species)[117]이라고 불렀던 것은 한 개체의 생명을 구성하기보다는 다수(multiplicity)의 존재들을 연결하는 생존 작용(vital processes)이었는데, 1800년을 기점으로 이 종의 생명은 "생물학"의 이름을 부여받을 과학의 초점이 되었다.

미셸 푸코와 프랑수아 자코브 모두 이 "새로운" 과학으로서의 생물학의 핵심 개념으로 "조직화"(organization)를 들었다.[118] 우리는 이런 개념적 혁신이 중요했음을 부인하지 않는다. 그럼에도 불구하고 생물학이라는 과학의 본성을 보다 완전히 이해하기 위해서는 1800년경에 "조직화"를 포함한 많은 개념들이 개인 간

차원과 종내(intraspecific) 차원에서 얻어졌음을 인지하는 것이 필요해 보인다.[119] 이전 시기에는 개체들과 관련해 주로 언급되던 발생, 성장, 발달, 영향, 감각과 같은 생물학적 작용들(organic functions)이 점차 종의 실재성과 단일성을 물리적으로 이루는 생식 기능들로 인식되기 시작했다.[120]

뷔퐁은 『자연사의 연구 및 강술 방식에 관한 시론*Initial Discourse on the Manner of Studying and Expounding Natural History*』(1749)에서 "[종의...] 역사는 자연의 대상들이 그들 스스로와 우리 사이에서 갖는 관계만을 다루어야 한다. 한 동물의 역사는 개체의 역사가 아니라 전체 종의 역사가 되어야만 한다"라고 제시했다.[121] 발생 개념의 진화는 이런 관점의 변화를 특히 잘 보여준다. 18세기를 통틀어서 이에 대한 언급은 번식의 개별적 행위들로 크게 제한된 채 남아 있었다. 오직 19세기 초를 거쳐서야 "발생"이 동시대에 태어난 개체들의 집단에 대한 부차적인 함의를 얻었다.[122] 이와 평행해서 "재생"(regeneration)이라는 표현은 점차 피해를 입거나 손상된 신체의 일부에 대한 유기체의 능력을 지칭하는 데 이용되기 시작했다.

1800년 전후에 출현한 조직화에 대한 초점과 "종의 생명"에 대한 자연사학자들의 증대되는 관심은 서로 모순되지만 우연히 동시대에 일어난 사건이 아니다. 이들은 아주 잘 들어맞는다. 사실 생식은 칸트(Immanuel Kant)가 조직화된 존재들(organized beings)에 대한 특유한 종류의 인과성을 이해하기 위해 도입한 "자연목적"(*Naturzweck*)이라는 영향력 있는 개념에서 중심부에 있었다. 칸트에 따르면, 유기체는 단순히 그들이 조직화되었다는 것 때문이 아니라 그들이 스스로를 조직화하기 때문에 특별

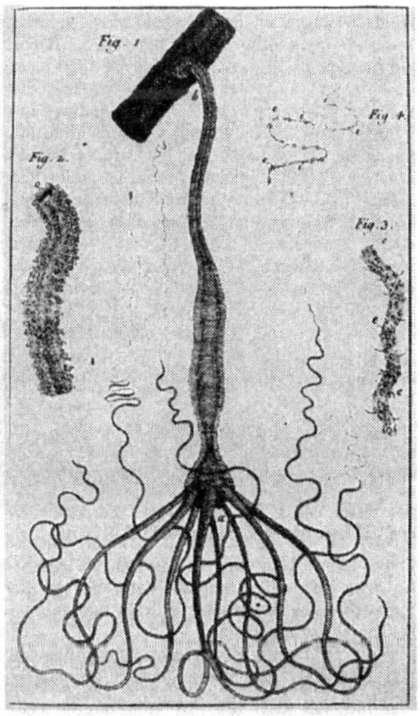

그림 2.2. 담수폴립 히드라(Hydra). 동판화, Abraham Trembley, *Mémoires pour servir à l'histoire d'un genre de polypes d'eau douce, à bras en forme de cornes* (Leiden: Verbeek, 1744.), pl. 5.

했다.[123] 한 조직화된 존재가 그와 유사한 또 다른 조직화된 존재에 의해 생산(production) 되는 것, 즉 생식(reproduction)에 이 관점을 적용하는 것은 배종의 내부 조직에 주목하게 만들었다. 결국 배종이 생식을 통해 계승되는 개체들 사이의 유일한 물질적 연결을 이루었다. 어떻게 유기체로부터 분리된 작은 일부가 완전한 형태로 유사한 유기체를 복원할 수 있는지가 생물학의 주요 문제가 되었다. 이것이 바로 1744년 당시 아브라함 트랑블레(Abraham Trembley)의 담수폴립 히드라(*Hydra*)의 경탄할 만한 재생 능력에 관한 서술이 그처럼 커다란 논란을 불러일으켰던 이유였다(그림 2.2). 이 유기체 각각의 모든 작은 조각들은 완전한 폴립으로 재생산할 수 있었다. 이 발견은 동시대 제네바의 자연사학자이자 철학자인 샤를 보네(Charles Bonnet)가 각각의 동

물들을 "다른 동물들이 거주하는 하나의 세계"라고 제창하는 데 영감을 주었다.[124]

배종과 그것의 능력에 대한 두 가지의 대안적이지만 상호배제적이지는 않은 이해들이 18세기에 출현하고 19세기 내내 공존하는 가운데 지속되었다. 첫 번째 종류의 이해는 요한 프리드리히 블루멘바흐(Johann Friedrich Blumenbach)의 "형성충동"(*Bildungstrieb*) 개념에서 전형적으로 나타났다. 이는 뉴턴의 중력과의 유비 가운데 생식을 원격으로 작용한 힘들로부터 기인한 것으로 이해했다. 두 번째 방식의 이해는 뷔퐁의 "유기 분자"(organic molecules) 개념에서 전형적으로 발견된다. 이에 따르면 생식은 한 세대에서 다음 세대로 전달되는 생기적 질료(living matter)에 의해 야기되는 것이고 특정한 "내부 주형"(inner moulds)에 따라 조직되는 것이었다.[125] 그러므로 전성설과 후성설은 더 이상 한 개체가 신성한 창조주나 조상에 의해 발생되는 방식이나 시점과 관련해 서로 반대되는 입장이 아니게 되었다. 이 두 관점은 집단들의 생명에 스며들어 있는 동일한 과정의 한 측면이 되었다. 전성설과 후성설이 알베르흐트 폰 할러(Albrecht von Haller)와 카스파르 프리드리히 볼프(Caspar Friedrich Wolff) 간의 악명 높은 논쟁에서 한 번 더 충돌했을 때 개체들이 그것들이 생겨난 배종들에서 "미리 만들어져 있는지"는 더 이상 질문거리가 아니었다. 논쟁은 이제 보다 일반론적인 것이었다. 생식능력은 항상 어떤 종류의 유기적 구조를 상정하는가(할러의 전성론적 입장), 아니면 특정한 생명력을 갖추고 있는 구조화되지 않은 물질을 가정하는 것만으로 충분한가(볼프의 후성론적 입장)?[126] 생명은 점차 개체들의 발생에서 스스로 출현하는 유기체적 힘과 분자들이 활동하는 장소가 되면서도 개별적인 삶들을 초월해 지속되는 그 자체로서의 삶을 누렸다. 배종들은 유기체로부터 갈라져 나와 유성 번식 과정에서 합쳐지고, 때때로 새로운 유기체를 만들어냈다. 우주론적 순환들에 대한 가정에 의해 누그러지긴 했지만 하비와 같은 발생 이론가들이 혈통의 수직적 관계를 강조한 것과 비교한다면, 18세기 말에는 생명의 수평화(horizontalization)가 일어났다고 말할 수 있을 것이다.

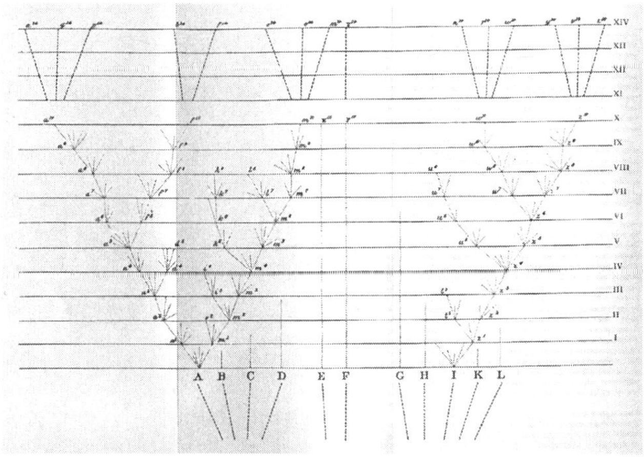

그림 2.3. 찰스 다윈(Charles Darwin)의 다이어그램, 찰스 다윈, 장대익 옮김, 『종의 기원』(사이언스북스, 2019). [Charles Darwin, *On the Origin of Species* (London: Murray, 1859).]

찰스 다윈의 『종의 기원*On the Origin of Species*』의 한 삽화(그림 2.3)는 "수평화"로 우리가 뜻하는 바를 전달하는 데 도움을 준다. 이 삽화는 다윈의 소위 유기체의 자연계는 "가계도(pedigree)와 마찬가지로 배열에서 계통적"이라는 진술에 조응하는, 분지 구조에서의 종 간 관계를 나타내는 도표로 이루어져 있다.[127] 그런데 이 도표의 면밀한 관찰은 흥미로운 세부적 측면들을 드러낸다. 그려진 것과 같이 계통도는 모든 종이 공통되는 특정한 기원점을 갖지 않으며, 선형적이거나 규칙적인 방식으로 이를 밝히지도 않는다. 계통도는 오히려 다윈이 표현한 대로 변이들과 종들 간의 경쟁과 최종적인 대체로 일어나는 "길게 우회하는 과정"을 좇았다.[128] 이 도표에서 계통적 관계에 영향을 미치는 규칙적 질서의 유일한 요소는 다윈이 설명하듯 시분할을 구획하는 수평선들로, 이는 "셀 수 없이 많은 발생들"을 포함하면서도 동시에 "잇따른 지질학적 형성물들"을 나타낸다.[129]

유기체의 발생과 지질층의 형성이라는 두 무관한 시간 틀에 의해 정의되는 이런 형성들은 다윈의 자연선택설이 불러내는 적대적인 힘들(antagonistic forces)을 위한 무대, 다윈의 표현으로는 "느리게 변하는 연극에서 거의 아무렇게나 골라낸 몇 장면"을 위한 무대를 제공했다.[130] 그러나 우리의 주제와 관련해 더 중요한 것은 이들이 개별 존재들의 발생을 넘어 집단 내에서의 배종들과 소인들의 순환을 포괄하는 생식 개념이 출현할 공간을 제공했다는 것이다. 다윈의 일생의 관심인 태형동물과 같은 군체생물의 "부착된 삶", 산호초의 발달, 가지 접힘에 의한 과수의 번식, 지구 전체 규모의 역사 가운데 종들의 "삶"과 "죽음" 등과 연관된 생물학적 현상들은 지구의 역사의 사건들을 미세한 배종들의 삶과 연결시키는 인식론적 공간 내에서 정의되었다.[131] 다윈은 일련의 난감한 유비들을 통해 이런 인식론적 공간을 기술했다.

> 생식 세포로부터 노년에 이르기까지 일련의 막대한 변화를 담당하는 고등 동물의 수정된 배종은 카트르파주(Quatrefages)가 *tourbillon vital* [예: 생기적 소용돌이])이라고 부른 것에 의해 끊임없이 동요되

는데, 이 수정된 배종은 자연에서 가장 경이로운 대상이다. 배종에 어떠한 표지도 남기지 않고서는 어떤 종류의 변화도 양친에게 영향을 끼칠 수 있을 것 같지 않다... 우리는 배종이 두 성별, 몸의 왼쪽 측면과 오른쪽 측면, 현재로부터 수백 혹은 심지어 수천 세대 동안 분리된 남성 및 여성 조상의 긴 계통의 특유한 비가시적인 형질들로 가득 차 있다고 믿어야만 한다. 보이지 않는 잉크로 종이에 쓴 것과 같은 이 형질들은 그 조직이 특정한 알려지거나 알려지지 않은 조건들에 의해 방해받을 때마다 진화할 준비가 되어 있다.[132]

우리가 이를 하비의 유기체 생시에 관한 이론과 비교하게 되면 두 중요한 차이가 드러난다. 먼저 위의 인용문은 다윈의 유전에 관한 이론이 조상과 후손 간의 개인적 관계를 상당 부분 도외시했음을 보여준다. 비록 획득 형질의 유전 가능성을 인정했더라도, 다윈은 유전적 형질들의 참된 운반자는 그들의 부모와 후손이 아니라 각 발생 시에 다시 새로이 분배되고 세대로 전달하며 퍼지는 극미소적 존재들(submicroscopic entities)이라는 관점을 분명하게 제시했다. 다음으로 보다 근본적으로 위의 진술은 하비의 발생 개념과 비교해보면 명백한 전도가 일어났음을 알 수 있다. 하비의 논의에서 강조점은 계절적 순환과 결합해 부모 유기체가 실제로 자손을 낳는 선형적 혈통(linear descent)의 통시적 차원에 놓여 있었다. 이와 대조적으로 다윈은 공시적 혹은 "수평적" 차원이 두드러지는 방식으로 설명했다. 그의 관점에서 전체 조상들로부터 전달되고 그들의 실현을 위해 경쟁하는 소인들의 공통의 저장소는 각각의 새로운 세대에서 개체들 사이에서 재분배된다. 그러므로 생명은 유기체들 사이의 직접적인 관계가 아니라 세포, 배종, 근본적 소인(elementary disposition) 혹은 유기체 분자들과 같이 세대를 거쳐 전달되고 재분배 될 것으로 추정되는 생명의 순환하는 단위들에 의해 지배되는 형태를 가질 것이었다.[133]

다윈은 소인과 형질의 전달에 관해 이야기하면서 이미 "유전"이라는 단어를 사용했다. 그가 이 주제에 관해 다루어야만 했던 논의들은 4장에서 자세히 검토된다. 이 장에서 강조하는 점은 유전 담론으로의 전환이 단순히 이전의 발생에 관한 이해들을 제거하지 않았다는 사실이다. 오히려 사고에서 계통적 표상들은 존속되었고, 유전에 관한 근대적인 이해는 이 같은 더 넓은 관념의 틀 안에 자리 잡았다. 심지어 우리 시대의 생식 기술에서도 발생 담론은 주도적 위치를 점하고 있다. 여전히 부모들은 자신들이 아이를 만든다고 생각하고 유전적 지식뿐만 아니라 자식들의 건강에 영향을 끼칠 수 있는 환경적 요인에 관한 지식들에 관해 충고해 줄 수 있는 의사들에게 조언을 구한다. 우리의 과거 조상들과 같이 우리에게도 부모의 행위가, 특히 임신 중 여성의 행위가 아동의 발달에 심대한 결과를 가져온다는 게 분명한 것처럼 보인다.

이는 유전에 관한 지식이 단순히 상식에 의거한 것이 아니라는 중요한 결론으로 우리를 이끈다. 다윈과 그의 17-18세기 선학들이 가정하던 배종들과 소인들이 그들에게 대체로 비가시적인 것으로 남아있었다는 사실에서 드러나듯이, 유전의 지식은 외양을 초월하는 것이어야 했다. 유전에 관한 근대 이론들은 프랑스의 인식론자 가스통 바슐라르(Gaston Bachelard)가 근대 과학 일반의 필수 구성요소로 파악한 생명과학에서의 문턱을 예시(豫示)

한다. 이들은 대체로 반직관적이고 개별적인 삶과 무관하며, 지식 생산의 조직화된 형식으로부터, 혹은 바슐라르의 표현을 빌리자면 "과학 실험실에서 드러나는 것으로서의 실재(reality)"로부터 유래되는 것이다.[134] 아마도 유전의 부상은 알렉상드르 쿠아레(Alexandre Koyré)가 갈릴레오의 연구에서 인지한 아리스토텔레스주의 전통과의 단절에 대해 뒤늦게 상응하는 것일지도 모른다.[135] 다음 장에서 우리는 생명과학에서 결국 이와 같은 단절로 커져가는 틈들이 만들어지는 특정한 맥락들을 검토할 것이다.

제 3 장

별개의 영역들에서의 유전

앞 장의 서두에서 우리는 유전 개념이 1800년경에 이르러서야 생물학적 현상에 적용되기 시작했다는 사실을 강조했다. 카를로스 로페즈 벨트랑(Carlos López Beltrán)은 그의 상세한 연구에서 프랑스 의사들, 특히 그 가운데에서도 프로스퍼 루카스(Prosper Lucas)와 같은 정신의학자들과 그의 저서 『자연적 유전의 철학 및 생리학 논고*Traité philosophique et physiologique de l'hérédité naturelle*』(1847-1850)에 대한 검토를 통해 모든 주요 유럽어에서 유전이라는 용어가 생물학적, 의학적, 혹은 당대의 표현으로는 "철학적이고 생리학적"인 의미로 쓰일 정도로 대중화되었음을 보였다.[136] 유전의 프랑스어 표현인 *hérédité*와 영어식 표현 *heredity*는 둘 다 상속 혹은 승계를 의미하는 라틴어 *hereditas*에서 유래된 것으로, 프랑스어와 영어 번역어에서 그 본래 어휘의 법적 의미는 금세 사라지게 되었다. 1540년 옥스퍼드 영어 사전에 등록된 것이 법적인 의미에서 "유전"이라는 단어가 가장 먼저 등장한 해인데, 이때 이런 법적인 용례는 당시에 이미 "오늘날 한물간" 표현으로 소개되었다.[137] 한편 근대적이고 생물학적인 의미로서의 "유전"에 대한 가장 이른 표현은 1863년 허버트 스펜서(Herbert Spencer)의 『생물학의 원리*Principles of Biology*』와 1869년 프랜시스 골턴의 『유전적 천재*Hereditary Genius*』에서 발견된다. 『블랙의 법 사전*Black's Law Dictionary*』 또한 유사하게 "유전"을 "세습과 상속"을 가리키는 데 사용하는 "고어"(古語)로 정의했다.[138] 미국의 『법률백과사전*Corpus Juris Secundum*』은 유전을 "유기체의 보편법칙"으로만 정의하며,[139] 본래의 법적 의미는 잊힌 것으로 보인다. 독일어권 국가들에서 이에 상응하는 어휘인 *Vererbung*은 임마누엘 칸트가 1770-1780년대 인간학적 저술들**** 가운데 생물학적 맥락에서 유비적으로 이용한 것이 처음인데, 이에 대해서는 아래에서 다시 살펴볼 것이다. 그러나 프랑스어 및 영어 어휘와는 달리 *Vererbung*은 그것의 법적 어감을 완전히 잃지는 않았다. 이 세 언어에서의 표현들 모두 19세기를 거쳐 사회적, 문화적 삶의 과정들에 적용되면서 마침내 부가적인 의미들을 얻게 되었다.

물론 자연철학자들과 의사들은 18세기 말보다 훨씬 이전부터 특정한 재능이나 체질적 특징, 그리고 질환들이 후손에게서 반복되거나 한 세대를 지나쳐 손주 세대에서 다시 발생한다는 점을 인지하고 있었다. 중요한 점은 이 현상들이 다음의 특별한 예

**** 역주: 이 장에서 다루는 18세기는 인류학이 독립된 분과로 형성되기 이전 시기로, 국내 근대 철학 번역서들은 당시 임마누엘 칸트(Immanuel Kant)의 "*anthropologie*" 관련 에세이 내용들을 "인간학"으로 번역해왔다. 이 장에서는 "anthropology"가 칸트의 저작들과 관련된 경우 "인간학"으로 번역하되, 문맥에 따라 "인류학"이 의미를 보다 잘 전달한다고 여겨지는 경우 "인류학"으로 번역했다.

외를 제외하고는 유전이란 용어로 개념화되지 않았다는 것이다. 중세 말기 이래 의사들은 특정 가족들에게만 한정된 질환들을 "유전 질환"(*morbi haereditarii*)으로 분류했고 이를 가계를 따라 상속되는 재산과 비교했다.[140] 그러나 이런 비교는 각 세대마다 추상적 속성들이나 소인들이 전달되고 재분배된다는 관점보다는 후손의 발생이 세대에 거쳐 유지되는 인과적 요인들의 집합에 의해 지배된다는 확신을 반영한 것이었다. 장 페르넬(Jean Fernel)은 그의 『의학*Medicina*』(1554)에서 "자손들은 부친을 승계하며, 그렇기에 그 부친의 소유물[*possessionum*]인 질환들의 상속자[*haeredes*]"라고 주장했다.[141] 16-17세기에 사람들은 이 같은 진술을 동산보다는 부동산과 연관시켰다. 로버트 버튼(Robert Burton)은 『멜랑콜리의 해부*The Anatomy of Melancholy*』(1621)에서 페르넬의 주장을 번역하면서 소유물(*possessionum*)을 "토지"(lands)로 옮겨 적었다.[142] 이런 비교적 관점은 아리스토텔레스주의와 갈레노스주의 전통에서의 손주와 조부 사이의 유사성의 원인들에 대한 논의에서도 명백하게 드러난다. 문제는 어떻게 속성들이 전달되는지가 아니라 어떻게 조상의 발생에 연루된 동일한 인과적 인자들이 먼 후손들의 발생에서도 활성화된 채로 남아 있을 수 있는지를 설명하는 것이었다.[143]

유전이라는 용어의 사용에 관한 이런 역사적 관찰들은 이 장의 구조에도 영향을 끼치는 근본적인 문제들을 제기한다. 프랑수아 자코브는 1800년 전후로 발생에서 유전에 관한 것으로 사고의 전이가 일어나는 것을 두 종류의 다른 사고의 스타일(styles of thought), 혹은 다른 에피스테메(*episteme*)로 분명히 구별되는 인식론적 단절로 규정했다. 하지만 우리는 이미 관찰들, 실천들, 사고들의 장기지속의 역사가 이렇게 인식론적 단절로 추정되는 것보다 선행하며, 이들을 유전 현상에 대한 초점을 이뤘던 것으로 사후적으로 해석할 수는 있지만 정합적인 담론을 형성했던 것은 아니라고 말할 수 있다. 대신에 우리는 의학 교과서, 백과사전적 자연사 저작, 자연철학에 관한 소논문들, 종교적, 정치적 소책자들과 같은 다양한 분야의 저작들에서 유전에 관한 논의들을 발견하게 된다. 바꿔 말하자면 유전은 근대 초기의 사유에서 단일하고 통일된 생물학적 대상이 아니라 여러 다른, 종종 상이한 영역들에 널리 분산되어 있던 주제였다.

더군다나 유전은 이 영역들의 주변부에서만 추론의 대상으로 나타났다. 오늘날 우리는 비록 질병의 발생에 끼치는 정도가 다르더라도 각 질병이 유전적이고 유전될 수 있는 인자들을 갖고 있음을 당연하게 생각한다. 이와 달리 중세 후기와 근대 초기의 의사들은 유전 질환을 다른 종류의 질환들의 특정한 형태로 여겼다. 놀랍지 않게도 이런 가족성 질환들은 페스트와 같은 전염병이 거의 통제 불가능한 시대에는 큰 주목을 끌지 않았다. 그러므로 유전적으로 전달되는 질환들은 진기한 것으로 여겨졌다. 그렇기에 몽태뉴(Michel de Montaigne)는 45세의 부친이 걸렸던 담석증을 같은 나이에 앓기 시작했을 때 어떤 종류의 "*기이한 것*"(*monstre*)이 남성 종자에 숨겨져서 이것들이 몸의 형태뿐만 아니라 "우리 부친들의 사고와 성향들"에 대한 "인상들"을 전달하는지에 관해 자문했다. 결국 몽테뉴 또한 의사들에 대한 명백한 반감을 그의 부친과 공유했다. 몽테뉴에게 유전은 일반화 가능한 자연 현상이 아니라 일상에서 자연이 인간에게 맞서는 "불명확한 기적"의 사례였다. 담석증 사례와 관련해 가장 흥미로운 점은 부친이 걸린 것과 같은 나이가 되자 태어날 때는 멀쩡했던 그 역시 담석증을 앓게 되었다는 점이었다. 몽테뉴가 유전을 묘사하기 위해 나열했던 다른 모든 사례들도 기이한 것들의 별난 특성을 공유했다. 로마의 레피두스(Lepidus) 가계의 자손들은 열 가운데 하나는 연골로 뒤덮인 눈을 갖고 태어났다던가, 고대 전통에 따르면 테베의 한 부족은 창 모양의 모반으로 구별되었다던가 같이 말이다. 만약 아리스토텔레스의 말을 믿는다면, 그리스 부족 가운데 일부는 "여성들이 이런 신체적 특성을 누가 아버지인지를 결정하는 수단으로 쓰는 일이 빈번"하게 일어났다.[144]

몽테뉴의 여러 예시들은 유전에 관한 근대 초기의 사유에서의 훨씬 중요한 특질을 암시한다. 형질의 전달이 처음에는 오직 개별적 특이성들과 일탈들과 관련된 사례들에서만 인식되었다는 것이다. 정상 형질은 이와 동일한 방식으로 이해되지 않았다. 이 점에서 처음으로 14세기 초에 유전 개념의 은유적 잠재성을 표면화한 것이 가족 유전성 *질환*이었다는 것은 매우 시사적이다. 오늘날의 관점에서 기대할 법한 것과는 대조적으로, 자주 전통과 연관되어 생각되는 영속성과 필연성의 유사(類似, semblance)가 자연사학자들과 의사들이 유전에 대해 말하도록 영감을 준 것은 아니었다. 당시의 사유에 유전의 도상을 불어넣은 것은 발생한 이후로는 후손들에게 계속해서 전달되는 개별적이고 우연적인 일탈들이었다.

유전 개념의 마지막 특이성은 유전에 대응하는 독일어인 *Vererbung*이 한 때 그 용어가 지니던 너 일반석인 의미와 함께 영어와 프랑스어의 상응어의 기원인 라틴어 *hereditas*와 공유하는 불분명한 기술적 의미를 고려함으로써 드러낼 수 있다. 요한 하인리히 체들러(Johann Heinrich Zedler)의 1746년 판 『보편사전 *Universallexicon*』에 따르면 “*Vererbung*은... 어느 상속인이 유산(inheritance)을 받아들이거나 거절하기에 앞서 사망하는 경우, 그리고 그렇게 해서 실제로는 상속되지도 거부되지도 않은 그 유산이 떨어져(fall) 법에 의해 사망자의 상속자로 여겨지는 이들에게 전달될 때 발생한다.”[145] 이런 의미에서 “유전”은 상속인이 실제로는 결코 모은 적이 없어 마음대로 할 수는 없지만, 공식적으로는 그들의 소유물이 될지도 모르는 재화의 전승을 가리킨다. 엄밀히 따지자면, 유전은 사실에 의거한 가족관계의 결과인 소유권을 주장하는 것과는 아무런 관련이 없다. 설사 법원이 법정에서 으레 이런 가족관계들에 주목하지만 말이다. 무엇이 누구에게 상속되는가와 같은 훨씬 좁은 의미에서의 “유전”은 법에 의해서만 결정되지만, 이것이 반드시 “가족과 관련된 사항들”에 주의를 기울이는 것은 아니다.[146]

우리가 이 장에서 생물학적 유전에 대한 일반적인 개념이 확립되기 이전의 시기를 탐구하기 위해서는 우선 19세기에 이 용어가 획득한 엄격한 과학적 정의를 포기하고, 유전에 관한 생물학적 개념을 지탱하게 되는 언어적 규약과 사회적 제도들이 없던 시기로 거슬러 올라가야 한다. 우리는 정합적인 방식으로 담론적으로나 물질적으로 연결되지 않은 다양한 사회적 영역들에서 유전의 지식 레짐이 시작되는 양상을 탐구해야만 한다. 아래에서 우리는 이 영역을 세 가지의 느슨하게 정의된 복합체들로 분류한다. 먼저 우리는 유전이 중요한 역할을 맡는 법적, 정치적 맥락을 고려한다. 유전 개념이 생물학적 사유에서 응용되기 오래 전부터 상속과 승계의 법적 규제는 가족, 영방, 교회 간의 열띤 논쟁의 주제였다. 이런 논쟁들에서 "혈연관계"는 점차 중요성을 얻게 되었다. 우리는 이후 18세기에 유전의 개념적 명료화와 분화에서 핵심적인 영역 가운데 하나였던 의학적 맥락을 검토한다. 이 장의 마지막 절에서는 18세기 말 유전가능하며 환경적으로 안정된 변이들에 주목했던 세 분야인 자연사, 사육, 인류학을 살펴볼 것이다.

법과 정치

근대 초기 유럽에서 유전에 관한 지식의 분포에 관해 살펴본다면 앞서 언급한 심원한 비대칭성에 놀랄 것이다. 어떻게 소유물들을 혈통에 따라 물려줄 것인지를 결정하는 규정들은 오랜 정치적, 법적 논쟁의 주제였지만, 유전이 생명체와 관련된 과학들의 관심의 중심이 되는 것은 한참 후의 일이었다. 역사 인류학자 잭 구디(Jack Goody)가 발전시킨 잘 알려진 테제에 따르면, 중세 초기 교회는 입양, 사촌 간 결혼, 축첩, (형부와 같은) 인척과의 결혼, 재혼과 같은 방식들로 가족 소유물들을 축재하고 강화하기 위해 발전시킨 전략들을 방해하기 시작했다. 우리가 구디의 설명을 좇는다면, 교회는 가족 내의, 그리고 가족 간의 사회적 유대감을 약화시키고 소유물들에 대한 가족들의 청구 주장(family claims)을 종식시키려는 목적에서 이렇게 행동했다. 가족의 소유물들은 적어도 원칙상으로는 교회에 양도되어 교회가 세속 권력으로부터 독립성을 확보할 수 있는 사적 기부품으로 쓰일 수 있었다.[147] 11-12세기의 그레고리오 개혁은 이를 사제 독신제의 도입, 성직수임의 청산, 근친혼 금지를 7촌까지로 확대함으로써 달성했다. 게다가 이런 금지 조항들의 목적에서 친족관계는 더 포괄적인 게르만 체계(German system)를 따라 정의되었는데, 이는 두 친족 간의 친족관계의 촌수를 생식을 통한 출산 행위의 수에 따라 결정하던 이전의 로마 체계(Roman system)의 일반적인 계산법 대신 가장 가까운 공동 시조로부터 분리된 세대수를 계산하여 촌수를 따지는 것이었다(그림 3.1).

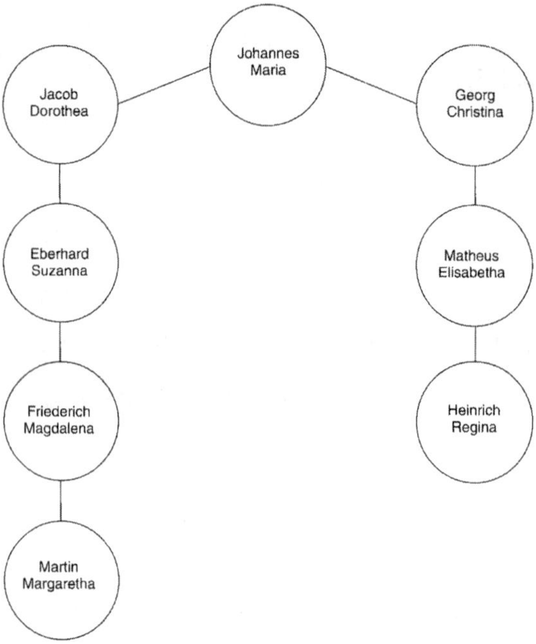

그림 3.1. 친족 정도를 결정하는 로마식 체계와 게르만식 체계를 설명하는 그림. 로마식 체계에 따르면 프리드리히(Friederich)와 하인리히(Heinrich)는 6촌 관계이나, 게르만 체계에 따르면 3촌이라고 볼 수 있다. Staffan Müller-Wille & Hans-Jörg Rheinberger, eds., *Heredity Produced: At the Crossroads of Biology, Politics, and Culture, 1500–1870* (Cambridge, MA: MIT press, 2007), p. 10.

근친혼 금지는 심지어 이런 계산법에 (혈연에 의한 친척인) 동족과 인척 모두를 포함시킴으로써 더 제한되게 만들었다. 비록 여러 측면에서 교회와 다투었지만, 신흥 영토국가들은 유사한 관료 체계와 재산권 제도를 채택하고 위의 규제들을 지지했다.[148] 결과적으로 어떤 결혼이든, 가족 간의 어떤 동맹(alliance)이든 간에 17세기 말에는 교회나 국가 당국으로부터 사실상 특별 허가의 대상이 되었다. 물론 당국이 이를 토대로 항상 가족사에 개입한 것은 아니었지만, 정치적으로 불안정하거나 충돌이 일어나는 상황에서는 이런 개입이 시의적절할 수 있었다.[149]

이런 전개는 많은 조상도(ancestry diagrams) 및 가문의 문장 도안(heraldic representations)에 그들의 흔적을 남기는 족보 만들기 활동이 폭발적으로 증가하는 데 방아쇠가 되었다(그림3.2).[150] 이런 맥락 가운데 중요한 혁신은 12세기에 *ipse* (라틴어로 "자신self") 혹은 *ego* (라틴어로 "나me")라는 개념이 도입된 것이다. 가계도와 조상도는 형제자매와 같이 가까운 친척 집단, 전통적인 *truncus* 혹은 *stirps* (라틴어로 "줄기stem" 혹은 "혈통stock")으로부터 시작하는 대신에 개인들을 계통 분석의 출발점으로 삼았다.[151] 다른 한편 귀족 가문들은 부계를 특권화, 즉 소유권의 이전을 (소위 혈통*lignages*으로 불리는) 부계 혈통에만 독점적으로 부여하여 가족 소유물을 교회 혹은 국가에 양도하고 분산하려는 시도에 대응했다. 이런 대응은 모든 재산을 장자에게만 상속하는 마요라트 혹은 장자상속 제도에서 가장 급진적인 형태로 발견된다. 이 제도 하에서 딸들이나 어린 남동생들, 모계 친척 및 삼촌과 조카와 같은 모든 방계 친족 남성들은 상속에서 제외되었다. 이는 반드시 모든 친족들이 가족 상속에 참여하는 활동 자체로부터 배제되었다는 것은 아니었다. 데이비드 사빈(David Sabean)은 이런 가족 상속에 관한 분배 방식이 때로는 어린 동생들이나 심지어 여동생들에게도 상속권을 부여하기도 하는 등 지역마다 매우 달랐음을 보였다. 그는 이런 혈통 기반 상속 제도들(lineage constructions)이 가까운 친족들의 특정 집단을 배제하는 것보다는 가족을 양도불가능한 자산을 기반으로 확실히 단결시키는 데 이용되었다고 주장한다.[152] 그러므로 우리는 13세기 중반 법학자 헨리 브랙튼(Henry Bracton)이 왜 상속의 양상을 오늘날의 직관과 더 부합하는 가지로 갈라지는 나무 구조의 성장 대신 낙하에 의해 만들어지는 일직선과 비교했는지를 이해할 수 있게 된다.[153] 계보학적 구성물들은 가족 재산이 분산되는 것을 막으려는 우려와 긴밀히 연결되어 있었다.

이런 통찰은 우리가 "고귀한 혈통"(noble blood) 개념에 관한 흥미로운 역사에 대해서도 설명할 수 있게 한다. 14세기의 첫 반세기에 영국뿐만 아니라 프랑스에서 왕족과 귀족 간의 권력 다툼은 "고귀한 혈통"에 대한 고대적 개념의 부활을 이끌었지만, 이는 고대에는 없었던 부계를 따르는 계보적 혈통에 대한 특정한 강조를 동반한 것이었다. 이 관념의 지지자들은 개와 매의 번식에 관한 동시대의 문헌을 인용하며 고귀함이 "핏속"에 흐르고 있고 부친으로부터 아들에게로 이어진다고 주장했다. 그러나 이런 표현들은 은유적으로만 남았다. 예를 들어 법적 견해서와 같이 학문적인 맥락에서도 이런 표현들과 당시에 널리 퍼진 발생 이론들 사이의 직접적인 연결은 발견되지 않는다. 당시의 이론들은 혈액과 발생적 물질(generative substances) 간의 밀접한 관계를 가정해 월경혈을 배아가 발달하게 되는 물질로 보거나 남성 종자를 척수에 포함된 혈액의 완제품으로 여겼다.[154] 결혼이 "살과 피"(flesh and blood)의 결합을 이루기에 인척간의 결혼, 예를 들어 미망인과 그의 사별한 남편 형제와의 결혼은 근친상간이므로

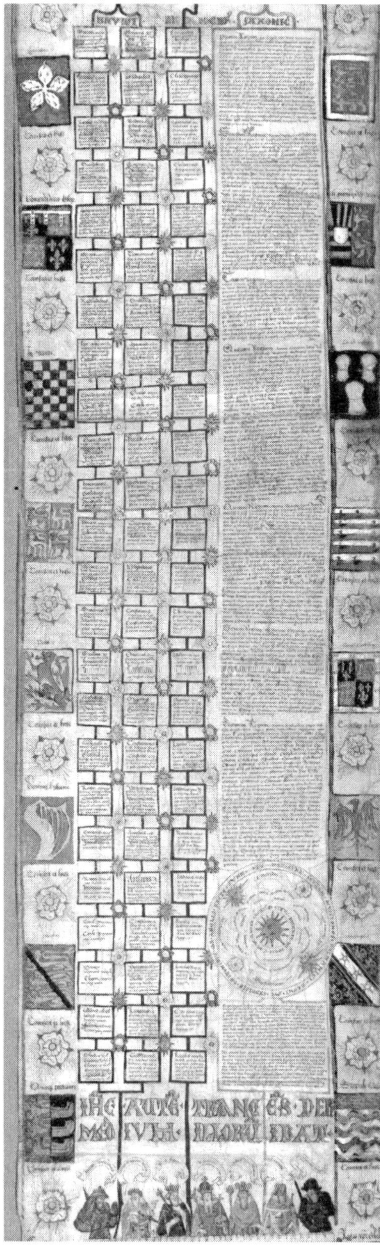

그림 3.2. 중세 후기 세계 연대기의 문장(紋章)-계보적 표상. *Edward IV. Roll, c.* 1461. Free Library of Philadelphia의 허가를 받아 수록되었다.

금지되어야 한다는 신학적, 법적 논변들에 대해서도 동일하게 말할 수 있다. 근친상간은 도덕적인 관점에서 "피의 오염"이 되는 것이었기에 불법적인 것이었다. 이런 도덕적 논변을 넘어선 생리학적 정당화는 전혀 필요하지 않았다.[155]

혈액에 관한 은유들과 우리가 이전 장에서 다룬 발생 이론들 사이에서 긴밀한 관계가 없는 까닭은 유산에 관한 법적, 정치적 논쟁이 일반적으로 혈연관계에 우선권을 부여하는 것을 목표로 하는 경우가 거의 없었기 때문이다. 반대로 논쟁은 딸과 같은 일부 가까운 친족을 유산 상속에서 배제하거나 이복 형제자매나 사생아, 양자, ("피를 나눈 형제" 같이) 가까운 친구들, 혹은 공통의 유산이나 특권의 참여를 향유한 인척 공동체 내의 같은 마을, 지역, 나라 사람들까지 포섭하는 것으로 나아갔다. 중세 연구자 샤를 드 미라몽(Charles de Miramon)은 14세기 혈액의 은유의 부활에 관해 다음과 같이 말한다. "혈액은 널리 확장된 공동체(extended populations)로 분산되는 어떤 것이 아니다... 이 개념은 지리적 차원을 가진다. 혈액은 전장에서, 법정에서, 재산에 관해, 그리고 한 가족의 사적인 공간에서와 같이 특정한 국소적 공간에서 스스로를 현현(顯現)해야만 한다."[156] 우리는 18세기의 가축 육종에 관해 논의할 때 "피"와 "땅" 사이의 이와 같은 관계에 대한 논의로 돌아올 것이다.

그러나 우리는 먼저 마요라트, 혹은 장자상속제를 수단으로 유산 상속을 관리하는 전략을 검토해보려고 한다. 19세기의 관점에서 카를 마르크스(Karl Marx)는 그의 『헤겔 법철학 비판』(1843-1844)에서 이 제도에 대해 자세한 분석을 수행하면서 다음과 같이 결론지었다.

다른 결정인자들과 구별되는 것으로서 출생은 인간 존재에게 직접적으로 주어지는 위치인데, 출생 당시의 육체가 그를 이 특정한 사회적 기능을 맡게 한다. 그의 육체는 그의 사회적 권리이다... 그러므로 귀족은 그들의 피를, 혈통을, 간단히 말해 그들의 육체의 생애사를 자랑스러워한다. 물론 이것은 [귀족 가문의] 문장에 상응하는 지식을 갖는 사물들을 동물학적인 방식으로 살펴보는 것이다. 귀족의 비밀은 동물학(*zoology*)이다.[157]

이 논쟁적인 진단은 그 밑에 깔려있는 아이러니를 나타낸다. 위에서 나타내듯이, 마요라드와 같은 상속 규정의 목적은 가족의 유대를 약화시킬 방안을 모색하는 권력에 대항해 가족 소유물을 지키려는 것이었다. 아이러니하게도, 이런 목적은 종국에는 형제자매와 같은 친족 집단의 소유권과 그에 대한 주장을 손상시키는, 세대와 출생에 의해 매개되는 추상적인 계통 관계 내의 개인의 위치를 더 강조하는 방향으로 자리하게 되면서 성취되었다.[158] 이는 마르크스가 마요라트를 "사적 소유의 최상급"(superlative of private property)이라고 서술하도록 이끌었다.[159] 근대 초기에 이런 변증법적 양상은 동산이 토지 자산과 관련해 중요해진다는 데서 보다 분명하게 드러났다.

상속법이 헤겔(Georg Wilhelm Friedrich Hegel)과 마르크스와 같은 철학자들의 작업에서 중요한 역할을 맡았다는 점 (헤겔의 또 다른 제자인 에두아르트 간스(Eduard Gans)는 상속법과 그 역사에 관한 4권짜리 저술을 남겼다)[160]은 프랑스 혁명의 직접적인 산물이었다. 혁명파들은 마요라트를 오래전에 죽은 이들의 이해관계에 산자의 것들을 종속시키는 "괴물같은" 제도로 여겼다. 1792년 11월 14일, 대리상속제(*substitutions*)라 불리던 프랑스판 마요라트는 법률로써 금지되었다. 일 년이 채 되지 못한 1793년 6월 24일에 제출된 프랑스 헌법 28조는 "한 세대는 미래의 세대에게 그 자신의 법을 무리해서 따르게 할 권리를 갖지 않는다"라고 단언적이지만 모호하게 진술했다. 이 조항은 상속에 관한 의지에 대해 절대적인 자유의 허용을 의도한 것이 아니었다. 반대로 이 법은 마요라트 같은 제도에 의해 포함된 일시적 변덕(caprice)의 요소들을 금지하거나 적어도 최소한 억누르는 것을 목표로 했다. 그러므로 나폴레옹 법전은 이후에 재산의 완전한 가분성(divisibility)과 아내를 포함한 모든 상속자 사이의 동등한 권한을 토대로 삼은 상속 규정들을 공들여 만들어 제공했다. 이 법전은 상속이 "사망자의 자녀와 후손들에게, 그의 직계 조상과 방계 친족들에게" 귀속된다고 규정했다. 재산은 "그 성격이나 기원에 [관련]" 없이, 그리고 "성별이나 장자상속권"에 대한 고려 없이 "세대 수"에만 기초한 등친(等親, kinship degrees)에 대한 분석으로 얻어지는 공식에 따라 분할되었다. 상속으로부터 유일하게 배제된 친족은 사생아였는데, 이는 "당연하게" 여겨졌다.[161] 이후 균등 상속제가 비판 받으면서 프랑스와 프로이센에는 장자상속제가 재도입되었다. 19세기의 첫 수십 년 동안 정치적 논쟁은 가부장적 권위, 장자의 권리, 아내와 사생아의 지위, 토지 자산의 가치, 돈의 추상적 권력을 중심으로 삼았다. 이 주제들은 종종 당대 작품들의 내러티브를 이루기도 했다.[162] 『미국의 민주주의*Democracy in America*』(1835-1840)에서 프랑스의 국가 이론가 알렉시 드 토크빌(Alexis de Tocqueville)은 균등 상속을 민주주의의 전제 조건으로서 일단 시행되면 "재산과 권력을 분할하고,

분산시키고, 해산시킬 장치"라고 서술했다.[163]

이런 맥락에서 1800년 전후 전환기에 일어난 또 다른 주목할 만한 발전 또한 언급될 필요가 있다. 18세기 중반부터 19세기에 이르기까지 모든 사회계층에서 결혼 패턴과 관련해 심대한 변화가 일어났다. 근친혼, 특히 종남매 사이의 결혼은 여전히 많은 지역들에서 금지시켰음에도 점차 규범이 되어갔다. 이는 다시금 혈통 상호 간의 충성을 확립함으로써 가족 재산을 합치는 전략이자 사회의 자본주의화를 강화하면서도 이에 대응하는 전략으로 이해되었다. 다윈가와 웨지우드가는 빅토리아 영국에서 이 전략이 이용된 것을 잘 보여주는 사례이다. 종남매 엠마 웨지우드(Emma Wedgewood)와 결혼한 찰스 다윈을 포함해 몇몇 가족 구성원들은 퇴화(degeneration)에 관한 공포를 부추기긴 했지만, 이들은 여러 세대에 걸친 사촌 결혼을 통해 깊은 유대 관계를 맺어왔다.[164] 데이비드 사빈은 이렇게 널리 유행하던 결혼 관행을 "수직적 관계에서 수평적 관계로의, '부족'에서 '일가친척'(kindred)의 관점"으로의 당시의 일반적인 전환과 연관시킨다. 그는 사촌 결혼에 대한 선호를 결혼이 점차 "같은 문화적, 계급적, 양식적 차원을 공유하는 사람들" 사이의 관계로 이해되기 시작했던 것으로 설명한다.[165] 가까운 혈통은 이런 관계의 평등성을 보장한다. 그러므로 19세기 부르주아지 집단은 귀족 계층이 점유해오던 계보학적 질문들에 대해 그들보다 더하지는 않지만 동등한 만큼의 열정에 사로잡혔다. 이 주제에 대해 우리는 5장에서 다시 다룰 것이다.

근대 초기 증대하는 부계 혈통의 중요성, 근대 여명기의 부계 중심주의와 관련해 굳게 맺어진 일가친척 네트워크로의 대체, 그리고 재산에 대한 동등한 권리와 완전한 가분성에 기초한 상속 체제를 확립하려는 시도와 같이 앞서 서술된 세 종류의 발전들은 공통점을 갖는다. 이런 발전들은 모두 친족 집단보다 개인들을, (교구위원직wardenship과 같은) 다른 종류의 관계들보다 혈연관계를 우선시하는 친족 분석에 사회적 관계들의 기반을 놓으려는 시도들이 늘어나는 추세를 반영한다. 그러나 우리는 중세 시기와 관련해 우리가 이미 지적한 바를 다시금 강조해야만 한다. "피"의 이데올로기들은 18세기를 포함한 근대 초기 전체를 통틀어 발생 이론과 오직 느슨한 형태로만 연결되어 있었다는 사실 말이다. 예를 들어 17세기 후반에 이탈리아의 법률가 파올로 자키아(Paolo Zacchia)는 근대 초기 법의학에서 가장 영향력 있는 저술 중 하나였던 그의 『법의학적 문제들*Quaestiones Medico-Legales*』(1661)에서 당대의 발생 이론들에 대한 주의 깊은 분석을 제공했다. 그는 친자 확인 소송을 결정하는 데는 유사한 습관, 성향, 질환들과 같은 "기질"의 유사성에 기초해야만 한다고 주장한다. 그러나 재판 현장의 판사들은 이런 유사성을 계통적 혈통의 신뢰할 만한 지표로 보는 것에 매우 회의적이었고, 이런 회의주의는 19세기까지 이어졌다. 결국 논쟁은 이런 유사성이 모친의 상상과 같은 우연적 요인의 결과일지 모른다는 결론으로 나아갔다.[166]

그러므로 상속에 관한 정치적, 법적 질문들은 의사들, 자연철학자들, 그리고 자연사학자들이 발생에 대해 논의할 때 다루던 문제들과는 상대적으로 무관한 것이었다. 물론 2장에서 검토한 발생 이론들에서 나타날 수 있는 정치적 주제들과 간과하기 어려운 공통점들이 발견될 수 있다. 예를 들어 영혼 유전론자들과 창조주의자들 사이의 논쟁은 어떻게 친족관계가 모든 인간이 공유한 신과의, 그러므로 교회와의 관계와 관련해 평가될 것인지에 대한 질문을 중심으로 이루어졌다. 영혼 유전론자들이 주장하는 것처럼 만약 한 개인의 영혼에 세대에 걸쳐 부모의 영혼이 전달되는 것이라면 혈통에 관한 세속적 관계가 의미를 갖게 된다. 반면 각 영혼을 신이 직접 만들었다고 믿은 창조주의자들은 모든 인간들은 유사한 "형제"와 "자매"라는 결론에 도달해야만 했다. 유사한 사례를 17세기에 유행한 선재론과 관련해서도 이야기할 수 있다. 선재론은 배아가 그의 세속의 부모들과 완전히 독립적으로 발달한다고 주장함으로써 가부장적 권위와 그 제도적 기반인 마요라트를 박탈했다. 이런 간헐적인 접점들과 준거점들에도 불구하고, 우생학적 사고는 19세기 후반 이전에는 거의 제기되지 않았다. 중세 후기 아라곤 궁정의 한 의사의 조언과 18세기 말에 나타난 일부 우생학 저술들만이 다소 예외적인 사례로 남았다.[167] 유전 이론에 기초해 사회를 조직할 수 있다는 것은 플라톤의 사육 판타지물인 『공화국*The Republic*』 이래로 상상 가능한 지평에 있어왔지만, 이런 관점은 근대 이전 시기에는 결코 정치적 행동을 이끌 학설로 발전하지 않았다.

의학

앞서 언급했듯이 의학은 유전에 관한 메타포가 생물학적 맥락에서, 특히 가계 내에서 재발하는 질환들을 특정할 때 처음으로 사용된 분야이다. 하지만 18세기까지 이런 용례는 이따금씩 사용될 뿐이었고, 주로 통풍이나 나병처럼 유전되는 경향을 보이는 질환에 대해 깊은 생각 없이 던져지는 말들에 불과했다. 그럼에도 불구하고, 이 의학적 전통의 세 가지 기여가 유전 질환을 이해하기 위한 체계적인 시도로 두드러지게 나타난다. 1320년대에 북이탈리아의 의사 디노 델 가르보(Dino del Garbo)는 "부친이 앓던 질환이 아들에게 유전 가능한지(heritable)"에 관한 질문을 두고 씨름했다. 스페인 출신 의사 루이스 메르카도(Louis Mercardo)는 1592년에서 1598년 사이에 스페인의 펠리페 2세의 궁정의로 일하던 인물이었는데, 그는 1605년에 온전히 유전성 질환에만 초점을 맞춘 저작을 출판했다. 그리고 18세기 말 프랑스의 파리 왕립의학회(Parisian Société Royale de Médecine)는 1788년과 1790년에 두 학술저술 현상(懸賞)에서 각기 이와 같은 주제를 다룬 여러 에세이들을 응모 받았다. 비록 연속적이거나 정합적이지는 않았지만, 이 부류의 의학 연구들은 19세기의 첫 수십 년간 유전의 인식론적 공간을 위한 배경의 일부를 제공하는 몇몇 개념적 설명들과 구별들을 낳았기 때문에 우리의 논의에서 중요하다.

마이케 판 데어 룩트(Maaike van der Lugt)가 강조하듯이 스콜라 의학(scholastic medicine)에서 유전 질환은 주변적인 역할만을 담당했다. 당시 질환에 관한 지배적인 학설인 체액 병리설에 따르면 질환은 혈액, 점액, 황담즙, 흑담즙의 불균형으로 정의되었다.[168] 각 체액은 한 쌍의 성질들과 연관되었으며, 개인의 체질 혹은 "기질"은 체액의 결합에 의해 결정되었다. 어떤 체액과 관련 성질들이 지배적인지에 따라 개인의 기질은 다혈질(열과 습한 성질), 점액질(냉과 습한 성질), 담즙질(열과 건조한 성질), 우울질(냉과 건조한 성질)로 구별되었다. 한편 우리가 "환경적 요인"이라고 부르는 것 역시 갈레노스 이래 "여섯 가지의 비본래적 요소들"이라는 이름으로 설명되었다. 여기에는 햇빛과 공기, 영양, 운동(movement), 수면, 분비(excretions), 그리고 감정이 포함되었다. 이들은 의사나 환자에 의해 영향을 받을 수 있는 요인들이었기에 "비본래적 요소들"로 불렸다. 체액 병리설에 따르면 질환들은 이런 외재적 요소들 가운데 하나가 초과하거나 부족해져서 특정한 기질을 가진 개인의 정상 상태를 넘어서도록 체액의 균형을 이동시킬 때 일어나는 것이었다. 치료는 생활 습관의 변화를 강구하거나 (예를 들어 특정한 식이요법을 유지함으로써), 초과분의 체액들을 강제로 제거하여 (예를 들어 사혈하거나 토사제를 처방함으로써) 이 균형을 복구하는 것을 목표로 했다. 우리가 보아왔듯, 유전 현상은 발생에 관한 중세와 근대 초기의 관념에 거의 영향을 끼치지 못했다. 마찬가지로 질환에 대한 지배적인 이해에도 영향력을 행사하지 못했다. 질환은 부수적 요인이나 주기적으로 재발하는 요인에 의해 야기되며, 이런 요인들이 개인의 몸들을 얽매는 것이었다. 질환은 개별 몸으로부터 분리될 수 있는 존재로 생각되지 않았다.[169]

그러므로 1320년경으로 거슬러 올라가는 디노 델 가르보의 논박은 주목할 만한 예외인데, 그의 글들이 분명하게 오로지 유전 질환만을 다루고 있기 때문이다. 디노 델 가르보는 북이탈리아(볼로냐, 파도바, 시에나, 그리고 피렌체)의 여러 대학들에서 이론 및 임상 의학을 가르쳤다. 그는 이븐 시나(Avicenna)의 『의학 전범*Canon medicinae*』을 읽고 주석을 단 첫 유럽인 의사 가운데 한 명이었다. 17세기까지 유럽 전체에서 널리 시용된 이 의학 교과서의 서두에서 이븐 시나는 전염성 질병과 풍토병, 그리고 유전 질환을 구별했지만, 이런 분류에 관한 심화된 논의를 제공하지는 않았다. 이와 대조적으로 디노 델 가르보는 실제 유전성 질환(*morbi ex hereditate*)과 배냇병(*morbi ex generatione*)을 주의 깊게 구별했는데, 이런 구별은 상속에 관한 법적 개념 분석을 기반으로 한 것이었다. 디노 델 가르보에 따르면 배냇병은 수정이나 임신 중의 종자나 배아의 변화를 이끄는 사건에 의해 야기되는 것이었다. 반면 유전 질환은 부모 가운데 한 명에게서 이미 나타나는 것이어야만 했다. 디노 델 가르보는 그렇지 않으면 재산 상속에 관한 비유가 정당하지 않게 될 것이라고 주장했다. 유전성 질환과 배냇병 사이의 유사한 구별이 조금 뒤의 영국의 에드워드 2세의 왕실과 연결되었던 의사 존 게데스덴(John of Gaddesden)에 의해서도 이루어졌다.[170]

비록 "유전 질환"이라는 표현이 유럽의 여러 의학 문헌에서 계속해서 등장하긴 했지만, 디노 델 가르보의 세심한 구별은 널리 채택되지 않았다. 디노 델 가르보에 따르면 동시대 저자들 중 상당수가 이 개념을 나병을 포함한 배냇병들을 가리키는 데 사용했으며, 당시의 통설을 따라 월경 중 성관계를 맺으면 일어나는 것으로 믿었다. 디노 델 가르보의 유전 질환과 배냇병 사이의 구별에 대한 의학계 일반의 무관심의 원인은 체액 병리학이 지속적으로 지배적인 위치를 점했기 때문이다. 그가 분명하게 파악했듯이, 유전 질환은 이와는 다른 설명적 틀을 필요로 했다. 그는 아리스토텔레스의 발생 이론으로 돌아가 유전 질환이 기질의 균형의 어긋남이 아니라 남성 종자의 "형성적 힘"(*virtus formativa*)의 항상적 변화로 설명해야한다고 제안했다.[171]

루이스 메르카도의 중요한 논문인 「유전 질환에 관하여*De morbis hereditariis*」는 1605년 그의 전집 중 두 번째 권에 실렸다.

이 글에서 메르카도는 유전 질환이라는 아이디어를 체계적으로 탐구하고 응용하는 데 착수했다. 그는 1572년 이래 바야돌리드 대학에서 "이븐 시나를 따르는 의학"을 가르치고 이후에는 어의로 스페인 제국의 의료 문제를 감독했다. 디노 델 가르보와 같이, 메르카도는 유전성 질환이 종자의 형성적 힘(*vis formativa*)의 항상적 변화의 결과라고 가정했다. 동시에 그와 달리, 그리고 갈레노스를 좇아 메르카도는 부친과 모친 모두가 종자를 만들어 내고 이것이 발생 과정에서 혼합된다고 가정했다. 그의 표현에 의하면, 유전 질환은 "과자연적"(*praeter naturam*)인 몸의 변화된 "형질"(character)에 있었다. 이 비정상적인 "형질"과 세대를 거쳐 이어지는 이런 형질의 지속은 "부모와 조부모, 그리고 증조부모의 종자의 힘"에 기인한 것이었다. 메르카도는 그것이 마치 "도구나 다른 원인에 의해 자연이 스스로와 유사한, 같은 결함에 의해 변형된 개체들을 낳도록 명령하는 것" 같았다.[172] "형질"이란 표현은 그리스어에게 가져온 것으로 원래 가축에 낙인을 찍거나 돈을 찍는 데 사용하는 도구들을 가리켰었다. 메르카도는 이와 함께 (라틴어로 "봉인"을 뜻하는) *sigillum*이라는 용어에서 유래한 도장 찍기(*sigillatio*)라는 용어 역시 사용했고, 이는 신학에서의 성례의 지워지지 않지만 보이지 않는 본성을 의미했다.[173]

메르카도의 논문의 등장은 유전에 대한 17세기 초의 이해가 오늘날의 관점에서 "경성"(strong) 유전과 "연성"(soft) 유전으로 분기하던 것과 함께 이루어졌다. "연성"주의 입장은 유전 질환의 원인을 유해한 체액에 의해 종자가 감염되거나 오염되는 종류의 것으로 파악했다. 이런 유해한 영향이 배아에 "수평적으로" 작용-예를 들어 임신 기간 동안-하는지, 혹은 이런 작용이 종자를 통해 후손에게 "수직적으로" 전달되는지에 관한 질문이 중요하게 여겨지지 않았기 때문에 사후적인 관점에서 "연성"주의 입장으로 나타난다. 두 과정은 동일하게 가능한 것으로 보였다. 체액 병리설의 틀 내에서 이런 설명들은 유전 질병을 치료 가능한 것으로 다루는 경향을 보였으며, 단지 이런 위해한 영향을 중화해야만 하는 것으로 이해했다. 이와 대조적으로 "경성"주의적 설명은 외재적인 요인에 의해 쉽게 영향을 받지 않으면서도 문제가 되는 질병이 발생할 수 있는 소인을 야기하는 체질 가운데 일부 인자들이 전달되는 것으로 가정했다. 이 모델은 유전성 질환과 다른 질병들을 분명하게 구별할 수 있게 했으며, 18세기 말 몸의 구조 내의 병변을 통해 질병을 설명하던 질병의 고체병인적 이해(solidist conception)와 잘 들어맞았다.[174]

17세기에 나타난 후성설과 전성설 간의 균열은 유전 질환에 관한 연성주의와 경성주의 설명 사이의 분화와 거칠게나마 동시에 일어났다. 그러나 이런 설명들이 상호 배제적이라고 가정하지 않도록 주의해야 한다. 후성설과 전성설이 발생의 다른 측면들을 포착했던 것처럼, 유전의 연성주의 개념과 경성주의 개념은 종종 유전 질환의 다른 측면에 대한 설명을 위해 동시에 이용되고는 했다. 예를 들어 메르카도는 종종 유전 질환을 "치료 불가능한 것"처럼 그렸다. 하지만 그의 유전 모델에 따르면 이런 질병에 시달리는 가족들의 운명이 바뀔 수 없는 것은 아니었다. 첫째로 적합한 치료는 질환의 증상을 경감시키거나 심지어 완전히 억누를 수도 있었으며, 이런 치료가 여러 세대에 걸쳐 이루어진다면 결국 치료가 종자의 그 유전적 "형질"을 관통할 수도 있을 것이었다. 이외에도 메르카도는 발생 과정에서 한 배우자의 질병 "형질"이

다른 배우자의 건강한 형질에 의해 벌충될 수 있다고 믿었다. 그러므로 올바른 배우자를 선택함으로써 미래 세대에게 질병에 대한 기저 소인을 전달하는 것을 멈출 수는 없었지만 자손 세대에서 유전 질환이 발병하는 것을 막을 수 있었다. 이런 식으로 메르카도는 유전 질환에 관한 의학적 조언과 조치를 취할 여지를 제공했을 뿐만 아니라, 왜 유전 질환이 때때로 한 세대, 혹은 여러 세대를 건너뛰며 발생하는지에 관한 명쾌한 설명을 제공했다.

그러므로 메르카도의 유전 모델은 개념적 혁신을 위한 충분한 여지를 남겨두었다. 18세기 동안 유전성으로 여겨지던 질병들은 앞서 언급한 파리 왕립의학회의 두 현상 공모에서 명백히 드러나듯이 점점 더 의사들의 관심을 받기 시작했다. 특정 질병의 체질적 소인을 가리키는 "형질", "기질", 혹은 "소질"(diathesis)과 같은 용어들은 유전 질환(*maladies héréditaires*)의 본성에 관한 의사들의 논쟁의 중심에서 유연하게 이용될 수 있는 개념이 되었다.[175] 이들 논쟁에서 일련의 구별들과 기준들이 명시화되고 구체화된 결과 유전의 의미는 갈수록 미묘해졌다. 예를 들어 의사들은 선천성 질환, 배냇병, 후천성 질환을 구별하기 시작했다. 몽테뉴가 이미 발견했던 흥미로운 사실인 동일한 연령대에 도달한 개인들에게 유전 질환이 발생하는 동시기성(同時期性, homochrony)과 같은 관찰 기준들이 중요성을 얻게 되었다. 그리고 유전 메커니즘에 관한 다양한 견해들과 잠복(latency)과 같은 여러 인과적 개념들이 유전에 관한 복잡하고 때로는 변덕스러운 패턴들을 설명하기 위해 제안되었다. 유전은 점차 근본적인 의학적 연관성을 지닌 과정이 되었다.[176] 다만 왕립의학회 현상에 에세이를 보낸 이들 가운데에서도 여전히 신체적 형질이나 기질들의 유전과 같은 것이 존재한다는 생각에 대한 의구심이 계속해서 제기되었다.

의료에서 유전이 점차 중요성을 갖게 된 이유들은 복잡하지만 특히 왕립학회의 두 현상 공모의 시기가 1789년 프랑스 혁명 전후라는 점을 고려한다면 두 가지 요인이 눈에 띈다. 먼저 유전 질환이 정치에 동원되었다는 점이다. 지아나 포마타(Gianna Pomata)가 관찰한 것처럼 "18세기-19세기 초 유전에 관한 의학적 담론에서 반복적으로 드러나는 요소는 귀족 가문에 대한 비판"이었다.[177] 그런 이유로 18세기에 의사들은 사치와 과소비에 몰두하던 조상들로부터 가볍게 유전된 것으로 여겨지는 통풍과 같은 "귀족" 병으로 불리던 것들에 가장 큰 관심을 가졌다. 찰스 다윈의 조부 이래즈머스 역시 유전 질환에 관한 이 같은 관심을 공유했다.[178] 지속되는 정치적 압력 가운데 귀족의 가계 모델이 강고히 유지되던 시기가 끝나고 19세기에는 의학적 관심이 폐병(결핵)과 정신 이상과 같은 "퇴행성" 질환들로 바뀌었다. 이 질환들은 전형적으로 도시 중심으로 이주하던 토지가 없고 가난하지만 그 수가 급격히 증대되는 계층들, 사회적 위협으로 여겨지던 이들의 것으로 간주되었다. 동시에 이에 관한 설명들 또한 삶의 조건의 변화를 통해 개선을 꾀할 여지가 거의 없는 경성 유전 모델로 전환하는 경향을 보였다.[179]

유전 질환에 대한 의학적 관점이 변화한 두 번째 요인은 19세기의 전환기에 의사들이 획득한 새로운 사회적 역할에서 찾을 수 있다. 이는 특히 혁명 이후 프랑스에서 분명했지만 이후에는 유럽 전역에서도 나타난 것이었다. 의사들이 스스로 확립하려고 모색하던 새로운 과학적 외관은 치료 불가능한 체질적, 즉 유전성 질환들을 치료하는 것과 관련해 의학의 한계를 인정하는 일을 바람직하게 만들었다.[180] 이에 더해 의사들에게 부여된 공중보건과 보건에 관한 새로운 책무들은 유전성 질환과 같은 위험들을 대중들 사이에 숨겨져 있는 것이자 결국 오직 전문가만이 파악 가능한 것으로 정의하는 데 유리하게 만들었다. 이것이 바로 왕립의학회의 두 현상 공모의 배경으로, 이 점에서 학회는 총무 앙투안 루이(Antoine Louis)가 이미 1748년에 유전질환에 관한 논문을 출판한 왕립수술아카데미(*Académie Royale de Chirurgie*)와 경합하고 있었다.[181] 마지막으로 환자가 입원하여 치료를 받게 되는 의료의 병원화와 그 결과로 이루어진 의료 통계 확립 시도는 의료 지리학(medical topographies)과 의료 기록학(medical chronicles)과 같은 전례 없는 재현의 방식들을 가능하게 만들었다. 개별 증례들이 가족 병력을 기록하는 것을 넘어 총체로서의 인구 집단의 프로필을 확립하는 것이 가능해 보이기 시작했다. 그 결과 축적된 가계도, 역학 데이터들은 가족성 질환의 복잡한 패턴들을 구별하고 이런 질환들을 생활방식의 차이나 지역적 영향에 의해 야기되는 질병들과 분리하여 다룰 수 있게 하는 가장 중요한 전제 조건 가운데 하나를 이루었다.[182]

이쯤에서 유전성 질환의 초기 역사를 되돌아보면 우리는 다음의 두 결론을 내릴 수 있다. 첫째, 유전 질환에 관한 관심을 처음으로 발전시킨 의사들 가운데 일부, 특히 존 게데스덴과 루이스 메르카도는 왕실과 깊게 관련되어 있었고 그러므로 왕의 주치의였을 뿐만 아니라 보건 정책의 지문이자 감독자로 활동했다. 아랍 이슬람 전통에서의 유전 질환에 관한 학술적 사색에 대해서는 많이 알려져 있지는 않지만, 이븐 시나가 유전 질환을 특정한 독립 범주를 형성하는 것으로 제안한 일이 아랍-이슬람 제국이 정점일 때였다는 점은 우연이 아니었을 것이다. 디노 델 가르보의 연구는 또 다른 맥락을 드러낸다. 그는 귀족됨의 본성과 귀족의 지위에 관한 격론이 유럽 대학을 휩쓸던 때 그의 논박을 작성했다. 예를 들어 파리 대학에서는 귀족이 특정한 품종의 개들처럼 기다란 귀의 형태로 특징지어질 수 있는지에 관한 질문을 묻는 풍자적인 주제들이 제기되었다.[183] 전반적으로 유전 질환은 개인의 몸보다는 전체 집단의 "정치체"(body politic)가 논쟁의 대상이 되는 맥락에서 관심사가 되었던 것이다.

자연사, 사육, 인류학

이 장의 서두에서 제안했듯이 유전 질환 개념의 역사는 우리를 놀라운 통찰로 이끈다. 보통의 예상과 달리 유전에 관한 의학적 개념을 일반화하려는 시도들은 정상 부모와 자손 간의 유사성에 대한 점증하는 관심이나 우연성과 복잡성을 포기하고 규칙성에 대한 과학적 정신을 고수한 데서 나온 것이 아니었다. 유전에 대한 고찰들과 연구들은 오히려 아종 수준에서 생명을 구조화하는 변동하는 패턴들과 과정들, 즉 개별적 특성들, 질병들, 기형물들의 외양, 분포, 전달과 같은 것들에 대한 관찰들에 의해 추동되었다. 바꿔 말해, 유전은 종의 항상성보다는 변이와 더욱 관계를 가져야만 했다.

이를 잘 예증하고 드러내는 것이 임마누엘 칸트의 인간학 에세이들이다. 유전을 생물학적 의미에서 논의했던 최초의 독일어 문헌이었던 그의 에세이들은 칸트가 "인종"(races)이라고 불렀던 인간 변종의 존재와 같은 특정한 현상을 다룬다. 각 인종들은

"잡종"(hybrid)의 조합(union)으로 서로 섞이긴 했지만 변화하는 환경 조건 하에서도 후손에게 "반드시" 전달되는 특성들을 갖는다는 점에서 서로 달랐다. 그는 인종들이 서로 상호 교배 가능하고 생식력 있는 후손을 낳을 수 있다는 데서 인종들은 모두 동일한 단일종에 속한다고 주장했다. 같은 이유로 그는 인종들을 서로 구별 짓게 만드는 특성들이 종이 아니라 변종들을 특징 짓는 개별적 특이성들로 여겨져야만 한다고 주장했다. 그러나 다른 한편으로, 바로 그 특이성들은 새로운 기후 조건에서조차도 각 세대마다 영락없이 재생산되었다. 그가 즐겨드는 예시를 인용하자면, 아프리카에 살던 포르투갈인들은 계속 백인 자손을 낳았고 유럽에 정착한 아프리카인들은 흑인 자손을 낳았다. 인종적 특성은 그러므로 특정 특질들을 통제하는 동형의 규칙성에 지배받는 것처럼 보였다. 칸트는 이런 사실들을 설명하기 위해 자연법과 우연적인 가족력(contingent family history)을 결합한 유전(*Vererbung*) 개념을 제안했다. 인종적 특성과 같은 유전 형질들에 대한 소인(*Anlagen*)은 인류 조상의 뿌리의 태초부터 존재했다. 그러므로 어떤 의미에서 이 형질들은 미리 형성된 것이지 습득된 것이 아니었다. 그러나 일단 그것들이 후성적으로 습득된 후에 환경의 변화에 반응해서 실제 형질들로 발현되면, 그들은 세대에 걸쳐 항구적으로 불가역적으로 전달되었다.[184]

칸트가 문제를 설정한 방식이나 이를 해결하기 위해 모색한 방안은 유전이 생물학적 현상으로 부상하는 것과 관련해 전형적인 사례이다. 그 문제는 종의 불변성에서보다는 오히려 아종 수준에서 생명을 구조화하는(structure) 변종의 패턴들 내에서 발현되었다. 이런 패턴들이 지역적으로 국한된 환경들과 일치하는 한, 이들은 유기체와 그것의 자연 환경 사이의 연계의 영속성으로 설명될 수 있었다. 검거나 하얀 피부는 단순히 특정한 기후적 환경에 대한 반응일 뿐이었다. 만약 이런 상황들에 유전 개념을 적용한다면, 그것은 거주자들을 "물려받고"(inherit) 그들에게 그 특성을 남기는 환경이지, 그 반대는 아닐 것이었다. 그러므로 변화와 안정성에 관한 급증하는 현상들을 이해하기 위해 유전과 같은 복잡한 은유를 적용할 필요성은 지역적 연계(local ties)가 사라지고 전달의 형태, 장소, 방식 사이의 관계가 크게 증대될 때에만 제기되었다.

자연사 분야 내부에서는 식물원과 동물원(menageries)이 18세기 말 유전 질환 연구에 관해 병원이 맡았던 것과 비교할 만한 역할, 즉 이런 현상을 창조하는 데 중요한 역할을 수행했다. 유전을 환경적 효과로부터 분리해낼 수 있기 위해서는 유기체들이 그들의 토착 환경으로부터 옮겨 심어져야 했다. 이것이 정확히 대부분의 유럽의 상업적, 식민주의적 팽창의 맥락에서 식물원과 동물원이 설립된 목적이었다. 전 세계에서 수집된, 그러므로 서로 매우 다른 기후적, 생태적 배경에서 존재하던 유기체들이 한 공간에 모여 어느 정도 통제된 조건 하에서 번식을 이어나가게 되었다. 이런 종류의 기관들 사이의 표본 교환은 격세유전(atavisms), 형질의 분리, 혹은 돌연변이와 같은 유전의 복잡하고 불분명한 패턴들까지 드러내고, 관찰하고, 기술할 수 있게 하는 기능을 향상시켰다. 그러므로 식물원과 동물원은 본래 자연사의 기술(記述)적 목적 하에 설립되었지만 자연사학자들이 유전에 관한 질문들을 두고 씨름할 수 있는 최초의 공간을 제공했다.[185]

식물원은 파두아 대학과 피사 대학에 16세기 중반에 처음으로 설립되었다. 둘 가운데 어디가 먼저 설립되었는지, 정확한 설립일이 언제인지를 두고는 논쟁 중이다.[186] 주로 지역민에게 의약재를 제공하기 위해 구축된 수도원 정원과 달리 대학 정원은 재현(representation)의 목적에 이바지했다. 이들 정원들은 의대생들의 약리학 교육을 지원했고, 향신료 상인과 약재상을 위한 참조용 식물 수집품(reference collection)으로 기능했으며, 자연사학자들의 연구를 뒷받침했다. 이 정원들이 생명과학 발전에서 갖는 중요성은 이들이 세계적인 기관들로 운영되었다는 사실에서 비롯된다. 심지어 파두아와 피사의 식물원의 설립자들도 표본 수집을 위한 여행을 떠났고 수집품의 목록을 추가하기 위해 유럽 전역의 다른 식물학자들과의 서신 및 교환 네트워크에 참여하고 있었다. 16세기 말부터 17세기 사이에 식물원이 유럽 전역의 도시들(볼로냐, 1567년; 레이던, 1577년; 하이델베르크, 1593년; 몽펠리에, 1593년; 옥스퍼드, 1633년)에 설립되기 시작했다. 동시에 대학, 궁정, 무역회사, (런던 부근의 첼시 피직 가든과 관계가 있는) 약재상 협회와 조합, 부유한 시민들 또한 이에 일조했다. 식물원은 유럽의 해외 식민지로도 퍼져나갔다. 예를 들어 1653년 희망봉에 있던 네덜란드 식민지에는 식물원이 설치되었다. 19세기 동안에는 런던 근교의 (오늘날 큐 가든으로 알려져 있는) 왕립 식물원과 (프랑스 혁명 이후 파리 식물원으로 개명되고 자연사 박물관의 일부로 포함된) 파리 왕립 정원이 자연 자원의 세계 탐험과 식민지 착취에 깊이 연루된 중앙집중적인 국가 기관으로 성장했다.[187]

이런 자연시 기관들의 활동이 점점 더 세계화되어 가면서 이들이 지역적 약학 전통의 계승에 헌신하던 동안에는 드러나지 않았던 문제가 표면화되기 시작했다. 지역적, 문화적 분할을 가로질러 동식물에 대해 소통하기 위해서, 자연사학자들은 그들이 동식물과 마주칠 때마다 신뢰할 만한 식별을 가능하게 할 기준들을 정해야만 했다. 그렇기에 1686년 영국의 식물학자이자 자연신학자인 존 레이(John Ray)는 기준을 정할 때 "같은 식물의 종자에서 기원한" 형질들을 이용하기를 제안했다.[188] (염료로 물들여서 바뀔 수 있는 꽃의 색깔과 같이) 외재적 요인들에 의해 조작될 수 있는 형질들과 (유기체의 성별과 관련된 것과 같이) 자연적으로 일어나는 차이들은 종을 구별하는 데 충분한 것으로 여겨지지 않았다. 이런 가변적인 형질들(variable character)은 기껏해야 변종들만을 탐지할 뿐이었다. 이전 장에서 논의한 것처럼 카를 린네는 약 반세기 이후 그의 종에 대한 정의와 함께 이런 기준을 일반화했다. 몇 년 뒤 조르주 뷔퐁은 그의 저술 『자연사*Histoire naturelle*』의 노새에 관한 서술에서 동물학을 위해 관련 기준을 도입했다. 이는 다른 측면에서 어떠한 차이를 보이든지 간에 생존 가능하고 생식력을 지닌 후손을 낳을 수 있는 동물들은 동일종으로 간주하는 것이었다. 뷔퐁은 종을 이루는 것은 "유사한 개체들의 수도, 집합도 아닌 이런 개체들의 항구적 계승과 쇄신"이라고 선언했다.[189]

이런 종 기준을 추구하던 원동력은 이 기준들이 식물원의 실제 활동에 이용될 수 있었다는 사실이었다. 세계 각지에서 식물들을 수입해 온 식물학자들은 균질적인 재배 체제를 확립해 그들의 획지(plots)에서 모든 종류의 환경적 변이를 제거할 수 있었다. 이는 종차의 항상성(the constancy of species differences)을 약화시키는 결과를 가져왔다. 그러므로 종의 생식은 적어도 이론상으로는 세대에 걸친 개별 형질들의 작용과 결부될 수 있었다. 그

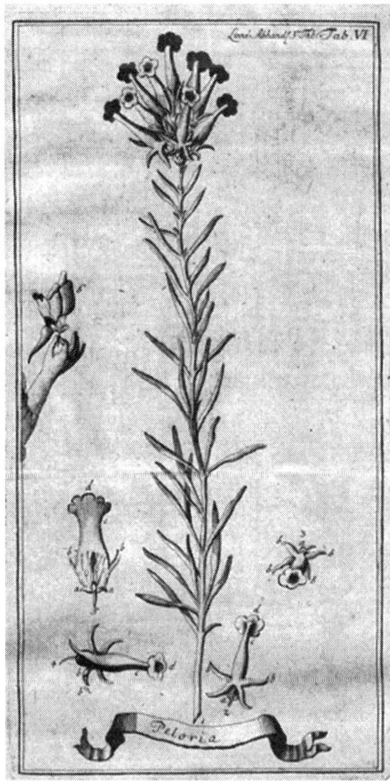

그림 3.3. 좁은 잎해란초(Linaria vulgaris)의 돌연변이인 페롤리아. 18세기 동판, *Carl Linnaeus Auserlesene Abhandlungen aus der Naturgeschichte, Physik und Arzneywissenschaft,* edited and translated by E. J. T. Hoepfner, 3 vols., Leipzig: Adam Friedrich Böhme, 1776-1778, vol. 3, 175.

러나 유기체들이 항상 자연사학자들의 생각들에 들어맞게 활동했던 것은 아니었다. 1744년에 한 학생이 보통의 좁은 잎 해란초(*Linaria vulgaris*)의 야생 집단과는 완전히 다른 형태를 보이는 표본들을 수집해 린네의 주목을 끌었다. 이 개체들의 꽃 기관은 통상의 양방향 대칭 패턴과 매우 다른 모습을 보였다(3.3). 두 변종은 그 외에는 모두 비슷했고 야생에서 동일한, 매우 제한된 장소 내에서 자랐기에 공통 조상을 가진 것으로 가정해야만 했다. 하지만 이들은 일반적으로 항상 형질인 꽃 구조에서 두드러지는 차이를 보였다. 린네는 이런 새로운 변이를 (그리스어로 "괴물"이라는 뜻의) 페롤리아(*Peloria*)라는 이름을 붙이고, 이를 당시 유럽 자연사학자들의 이목을 끌고 상상력에 불을 지핀 민물에 사는 히드라의 재생력에 대한 발견과 비교했다. 그는 이후에 웁살라의 식물원에서 페롤리아를 번식시키는 데 성공하고, 이것이 구별가능하고 항상적인 변이임을 다시금 증명했다.[190]

이런 종류의 많은 관찰들이 18세기 동안 세계 곳곳에서 동식물의 생물지리적, 분류학적 탐구 과정에서 보고되었다. 이 관찰들은 관찰된 변이 패턴들을 설명하기 위한 두 전략의 발전을 이끌었다. 설명들 가운데 하나는 새로운 환경으로 확산되는 유기체가 그들이 직면하는 새로운 조건에 의해 바뀌며 이런 변화가 오랜 시간에 거쳐 후손 개체에 전달된다는 두 가지 일반적인 가정에 기초하고 있었다. 18세기의 자연사학자들은 이 과정을 "퇴화"(degeneration)라고 부르되 병리적인 의미를 부여하지는 않았다(퇴화에 병리적인 의미를 부여하는 것은 19세기에 들어서면서부터였다). 퇴화의 영향은 또한 인간이 동식물을 길들이는 활동의 결과로 여겨지기도 했다. 뷔퐁은 이런 관점에서 퇴화가 심지어 새로운 종을 형성하는 데 이끌 수 있다고 추론한 첫 번째 자연사학자 가운데 하나였다. 게다가 장 바티스트 드 라마르크(Jean-Baptiste de Lamarck)가 『동물철학*Philosophie zoologique*』에서 개괄한 진화론과 더불어 획득 형질의 유전은 생물학자들이 새로운 변이와 신종의 형성을 설명하는 데 채용한 일련의 메커니즘 가운데 표준 요소가 되었다.[191] 이는 또한 18세기 말-19세기 동안 유럽에 외래 동식물을 적응(acclimatize)시키려는 수많은 시도들의 지적 기반을 형성했다.[192] 프랑스의 국립적응학회(Société Nationale d'Acclimatation)와 같은 학회들이 이 가능성을 모색하기 위한 목적으로 설립되었고, 이런 학회들은 종종 자체적인 실험 정원과 농장을 소유하고 있었다.[193]

유전되는 변이를 설명하는 두 번째 전략은 이종교배 과정, 즉 서로 다른 두 종의 개체 간 교배로 자손이 번식되는 과정에 초점을 맞추었다. 특히 린네는 이종교배에 의해 신종이 만들어질 수 있다고 믿었다. 1759년에 그는 프라텐시스 쇠채아재비(*Tragopogon pratensis*)의 두 가지 다른 색깔 변종을 교배하는 주의 깊게 통제된 이종교배 실험을 처음으로 실시했다. 이 실험들의 결과는 식물의 성에 관한 연구 현상 공모를 목적으로 상트페테르부르크 과학아카데미에 제출되었다. 이는 당시 상트페테르부르크에서 활동하던 식물학자 고틀리프 쾰로이터(Gottlieb Kölreuter)가 대규모로 많은 다른 식물종의 이종교배 실험을 착수하는 데 영감을 주었다. 린네의 주장과 달리, 쾰로이터는 잡종의 새로운 결합체에 부모 형질이 포함되는 것이 아니라 부모의 형질들이 합쳐진다는, 즉 반복된 역교배(backcrossing)를 통해 한 종이 점차 완전히 다른 종으로 변형되어간다는 점을 증명하고 싶어 했다.[194] 그 뒤에 유럽의 다른 자연사학자들도 이종교배에 관한 질문에 몰두했는데, 여기에는 프랑스의 샤를 노댕(Charles Naudin)과 영국의 윌리엄 허버트(William Herbert)뿐만 아니라 독일의 소도시 칼프(Calw)의 약종상 칼 프리드리히 개르트너(Karl Friedrich von Gärtner)가 포함되었다. 7백 종의 식물에 관한 수십 년간의 실험에 기초해 1849년에 출판된 개르트너의 책은 식물 이종교배에 관한 질문에 대한 가장 완전한 전-다윈주의적

(pre-Darwinian) 종합을 담고 있었다. 그의 연구에서 그가 도출한 일반적인 결론은 "잡종의 유형들"은 "모호하고 가변적인 것이 아니라, 항상적이고, 형성의 특정한 불변적 법칙[*Bildungsgesetze*]을 준수하는 것이었다." 이런 법칙들은 "같은 요소들을 항상적이고 규칙적으로[*gesetzmäßig*] 반복해서 야기했다."[195] 오직 한 세기 이후에야 이 결론은 그레고어 멘델(Gregor Mendel)의 완두콩에 관한 유명한 실험의 출발점을 제공했다.[196] 비록 뷔퐁이 몽바르에 있는 그의 시골 영지에서 염소와 양뿐만 아니라 개에 관한 이종교배 실험을 수행했지만, 동물학에서는 개르트너의 것과 비견할 만한 실험 전통이 부재했다. 많은 수의 동물들을 유지하는 것은 보통 자연사학자들이 이를 실행 가능한 실험 프로그램으로 만드는 데 너무 많은 어려움을 수반했다.[197]

분류학 문헌들에서 보고된 동식물의 지리적 분포와 변이에 관한 셀 수 없는 관찰들과 함께 앞서 기술된 실험들은 수많은 개념적 혁신을 낳았다. 이런 과정들은 다시금 이전 절에서 의학에 관해 기술했던 것과 유사하다. 개르트너가 19세기 중반 그의 방대하고 두꺼운 책을 출판했을 때, 어떤 형질들은 자손 개체에서 서로 혼합되어 양친의 변이들 사이의 절충 형태를 가지지만, 유전이 모자이크 같은 방식, 즉 부모의 형질이 각자 독립적으로 전달되고 자손 개체에서 재결합되는 형태로 영향을 끼치는 형질들도 존재한다고 알려져 있었다. 어떤 형질들은 자손에게서 지배적인 경향을 보이지만 다른 형질들은 희미해지고 잠복해 있다가 그 이후의 세대에서만 다시 나타나는 경향을 보인다는 점 또한 알려졌다. 잡종의 자손 개체들은 양친의 본래 형태 양쪽으로 "복귀"하거나 "회귀"하는 경향을 보이고, 이종교배된 변종들이 모친 혹은 부친

유기체로 표현되는지가 종종 이종교배의 산물에 큰 영향을 미치지 않는다는 점 또한 알려져 있었다. 비록 유전의 메타포가 계속해서 드물게 이용되었더라도 (개르트너의 책에서 우리는 오직 단 한 건만 확인했고, 멘델의 1866년의 짧은 에세이에서는 두 번 사용되었다), 이종교배의 문헌은 이미 개별 특성들의 전달에 초점이 맞춰진 인식론적 공간을 분명하게 나타내고 있었다.

혹자는 자연사학자들이 정원사, 농부, 사육사들이 수세기에 걸쳐 축적해 온 동식물의 번식에 대한 지식을 받아들였을 것이라고 기대할 수 있다. 우리는 이미 중세시기를 기점으로 어떻게 특정 "품종들"(races)의 "고귀함"이 그 종자를 통해 자손으로 전달되는지에 관한 논의를 포함하고 있는 매와 개의 사육에 관한 광범위한 연구 문헌들을 언급했다.[198] 그러나 19세기까지 이 문헌은 사육된 동식물을 향상시키기 위해 이용될 수 있는 모든 요소들을 다루었다. 해당 지역 품종을 "순수하게" 유지하거나 때때로 수입된 품종과 지역 품종 간 교배를 통해 해당 지역 품종의 "혈통"(blood)을 "향상시키는" 데 중요한 사육 동식물의 영양 및 일반적 관리에도 많은 관심이 제기되었다. 이 담론에서 "혈통"과 "토양"은 분리불가능하게 얽혀있었다.[199] 그렇기에 바로크 시대의 원예사 페트루스 라우렘베르기우스(Petrus Laurembergius)는 와인과 관련해서 "지역, 도시, 마을의 수만큼이나 많은 속, 종, 변종이 존재한다"라고 주장했다.[200] 근대 초기에 재배(되어 변이를 가진) 품종들은 특정 장소와 긴밀히 연관된 것으로 남았다.

이 점에서 17세기 말에서 18세기사이에 중요한 발전이 일어났다. 어떤 사육사들과 육종가들은 특정한 바람직한 형질들뿐만 아니라 먼 거리에서 사육되는 자손 개체들에게도 이런 형질들이 믿을만하게 전달될 능력이 있는지에 따라 품질이 결정되는 식물 및 가축 종자를 전문적으로 생산하기 시작했다.[201] 때때로 "우성유전"(prepotency)이라고 불리던 이 능력은 빠르게 성장하던 도시 중심들, 특히 영국과 저지대국들의 환경에서 야채와 과일들을 재배하던 정원사들과 제조 및 산업을 위해 면화와 곡물과 같은 원자재들을 생산하는 농업인들 사이에서 많은 수요를 보였다. 그러므로 1809년 목축업자 존 손더스 세브라이트(John Saunders Sebright)는 다음과 같이 썼다.

> 사육을 위해 선택된 동물들에서는 명백한 성질들(qualities)뿐만 아니라, 그들의 자손에게서 조만간 나타날 것처럼 계승되는, 한 혈통(race) 내에서 우세한 성질들에도 관심을 가져야만 한다. 무엇이 잘 사육된 것이라고 부를 수 있을지를 알아내기 전까지는 얼마나 탁월하든 간에 동물의 종자를 받지 말아야 한다. 한 조상의 혈통(a race of ancestors)이 고도로 소유해 온, 그리고 이로부터 여러 세대를 거쳐 물려받은 그 특성이 우리가 얻고자 하는 대상이다.[202]

18세기에 사육가들은 전문 협회들을 조직하고 자손 개체들의 "유전 역량"을 검증하기 위해 먼 지리적 거리를 가로질러 서로의 품종들을 교환하기 시작했다. 세상을 떠들썩하게 한 선례는 린네의 동시대인이자 절친한 동료인 스웨덴의 기업가 요나스 알스트뢰머(Jonas Alströmer)에 의해 만들어졌다. 수세기 동안 고품질의 메리노 양모는 여름에는 피레네 산맥의 초지에서 풀을 뜯다 가을에는 저지대로 내몰리는 거대한 양 떼를 목축하는 스페인에서 독점해 왔다. 스페인의 목동들은 관료들의 도움으로 연간 양몰이 동안 양 무리들이 상호 교배하지 않을 방법을 찾았다. 이렇게 생태학적으로나 이계교배를 피한 점에서나 양을 사육하는 특별한 방식은 메리노 품종을 스페인에서만 볼 수 있게 만들었다. 그러나 1723년 알스트뢰머는 메리노 양을 수입해 스웨덴의 토착 양 혈통과 교배시켜 고품질의 양모를 제공하면서도 스웨덴 토착 기후에 견딜 수 있는 품종을 만들어냈다. 많은 양 사육가들이 그의 선례를 따랐으며, 18세기 말에 이르면 작센, 프로이센, 영국, 프랑스에서도 메리노 품종이 사육되었다.[203]

그러므로 식물 및 동물 육종가들은 그들의 정원과 동물원에서 자연사학자들이 수행하던 것과 꽤 유사한 이식 및 이종교배 실험들을 진행했다. 그리고 자연사학자들과 같이 그들 역시 그들이 관찰한 현상과 교배 절차들을 서술하기 위한 기술적 어휘들을 발전시켰다. "개량", "동종교배"(breeding in-and-in), "소인"(disposition), "유전력"(strength of inheritance), "생식력"(procreative power), "형질 고착"(fixedness of character), "유전적 결함"(hereditary defect), "회귀"(regression)와 같은 표현들이 육종가들 사이에서 일반적인 용어로 자리 잡았다. 이런 공통 기반에도 불구하고, 육종가와 자연사학자들 사이의 관계는 한동안 복잡하고 껄끄러운 상태로 남아 있었다. 19세기까지도 제도적, 사회적 장벽들이 유전에 관한 통일된 관점의 발전을 막았다. 한편으로, 사육 활동과 그 산물들은 진지한 식물학적, 동물학적 연구를 위한 적절한 자료를 제공하는 것으로 보이지 않았다. 이렇게 여겨진 이유 중 하나는 사육이 무수한 변종을 만들어내는데, 린네주의 전통하의 자연사학자들은 그들이 이런 무수한 변종들 가운데 "자연" 종으로 기술할 만한 것들을 추출해 내야 한다고 느꼈기 때문이다.[204] 다른 한편으로, 영국의 로버트 베이크웰(Robert Bakewell)-그가 식육 생산을 위해 만든 품종인 "디슬리"(Dishley) 양은 시장에서 기록적인 최고가로 팔렸다—과 같은 육종가들은 그들의 노력을 개별적인, 시장성이 있는 형질들에만 맞추고 이런 형질들만을 "고착시키는 데"에만 애를 썼다. 이런 초점은 개별 형질들보다는 많은 측면에서 다른 종들과 다른 "참된"(true), 혹은 "진정한 종"(good species)으로 여겨지는 것의 기원, 안정성, 그리고 가능한 변형에 관심을 두던 자연사학자들에게 낯선 것이었다.[205] 오직 19세기 후반에 이르러서야 그레고어 멘델과 같은 연구자들이 선진적인 육종가들 일부가 이미 거의 한 세기 전부터 사용해오던 질문들과 방법들을 채용하기 시작했다.[206]

18세기는 또한 조르주 뷔퐁과 같은 자연사학자들과 요한 프리드리히 블루멘바흐와 같은 의사들이 "인류의 자연사"를 정교하게 만들어내기 시작하던 시기이기도 했다. 5장에서 우리는 인종 인류학과 우생학이 유전의 생물학적 이론의 출현에 끼친 중요한 역할을 검토할 것이다. 지금 이 장에서 우리는 피부색이나 두개골의 형태와 같은 외재적인 물리적 특징들을 기반으로 인간을 분류할 때 인류학자들이 의존한 출처만을 간단하게 살펴보고 싶다. 우리가 보게 될 것과 같이, 이런 인류학적 자료들은 유전의 메타포가 투영될 수 있는 인식론적 공간을 형성하는 역사적 조건들을 드러낸다.

그러한 주장이 빈번하게 제기되어 왔지만, 인종 개념은 계몽주의 인류학자들의 발명품이 아니다. 인종 인류학의 창설자들은 이보다는 17세기 라틴 아메리카의 스페인령 및 포르투갈령 식민지들에서 형성되어 온 사회 카스트에 관한 특유의 체계를 기술한 여행 보고문들에 의존했다. 카스타(*las castas*)로 알려진 이 체계는 상응하는 집단 간의 "혼혈생식"(miscegenation)이 보편화된 식민지 사회에서 각기 다른 분야마다 어떻게 법적, 사회적 지위를 분해할 것인지를 규정했다. 이 체계는 지리적 기원뿐만 아니라 피부색 및 기타 체질적 특징들에 따라 집단을 분류하는 것을 기반으로 작동했다. 다른 인종 사이의 결혼의 결과 출생한 아이는 그들의 친자 관계에 따라 이 도식 내에서 위치 지어졌다. 18세기 동안 카스타 체계는 연재 형식, 혹은 표로 되어진 형태로 배열된 일련의 그림들인 풍부한 회화 장르의 형태로 나타났다(그림 3.4). 각 개별 그림들은 혼혈 부부와 그들의 자손들을 담고 있었고, 각각은 그 혼혈에 삽입된 인자들(양친의 카스타)과 그 결과(자손인 아동의 카스타)를 설명하는 명문이 달려 있었다(그림 3.4A).

> "스페인 남성과 흑인 여성으로부터 물라토[가 나온다]"; "스페인 남성과 물라토 여성으로부터 작은 무어인(Morisco)이 [나온다]"; "스페인 남성과 인디언 여성[예를 들어 미 원주민 여성]으로부터 메스티소[가 나온다]."

이런 식으로 모든 종류의 조합에 대해 대략 70개의 어휘가 붙여졌다. 뷔퐁은 그의 『자연사』의 인종에 관해 다룬 장에서 이 체계와 관련해 다음과 같은 번역을 제공했다. "백인 [남성]과 흑인 여성은 직모의 물라토를 낳는다(*D'un blanc et d'une négresse sort le mulâtre à longs cheveux*)."[207] 앞서 언급했듯이 이 부분이 임마누엘 칸트가 그의 인간학 에세이에서 인종 형질의 유전에 관해 논하는 출발점이었다.

카스타 체계는 무엇보다도 인종과 유전이 상보적이지 않음을

그림 3.4. 18세기 멕시코의 카스타(*castas*)를 묘사한 그림. (A) *De Español y Negra Mulata*. (B) *De Español y Alvina Negro Torna atras*. Museo de américa의 허가를 받았다.

강조했기 때문에 흥미롭다. 달리 말하자면, 이 체계 내에서 "인종들"은 그 안정도가 의심의 여지가 없는 각기 다른 종들이 아니었다. 피부색이 카스타 구별에 분명한 형질을 제공했다. 그러나 피부색은 매우 가변적인 형질로 구별에서의 중요성은 결코 분명하지 않았다.[208] 실로 까만 피부색은 노아의 아들 가운데 하나인 햄의 직계 자손의 특성으로 여겨지던 근대 초기까지만 하더라도 아프리카와 연관되어 다루어지지 않았다.[209] 17세기 말까지도 피부색은 해부학적, 생리학적 연구의 대상도, 그 역사적 기원에 대한 추론의 주제도 되지 않았다.[210] 유전성 질환과 유사하게, 피부색의 차이는 본질적 속성이라기보다는 개별적, 우연적 일탈로 간주되었다. 카스타 체계에서조차도 특정 카스트에 개인을 배열하는 결정적 기준은 피부색도, 다른 어떤 신체적 형질도 아니었다. 한 개인의 카스타를 결정하기 위해서는 해당 개인의 양친의 카스타를 아는 것으로 충분했다. 이 분석적 구조 덕분에 카스타 체계는 그 기본 얼개를 안정되게 유지하면서도 넓은 범위의 현상들을 받아들일 수 있었다. 심지어 이 체계는 토르나 아트라스(*torna atras*, 문자 그대로 격세유전)라는 독특한 카스트에 의해 예증되는 유전의 훨씬 변덕스러운 패턴 가운데 일부를 설명하기도 했다. 토르나 아트라스는 스페인 남성과 백인 여성 알비나 사이에서 태어났다. 알비나는 고조할머니가 흑인이었고, 금발에 파란 눈동자를 가진 백인 여성이었다. 양친의 피부색에도 불구하고, 아이는 보통 "죽은" 검은색으로 묘사되었다(그림 3.4B).

직접 실험은 인류학의 영역 바깥에서 이루어지는 활동이었다. 그럼에도 불구하고, 이 분야는 유전에 관한 논쟁의 중심지가 되었다. 한편으로 인간학자들은 야생이나 고립 상태에서 성장한 "늑대 아이" 사례들처럼 "자연적 실험"으로 보이는 것에 호소했다.[211] 다른 한편으로, 유럽 외부 지역에 대한 인류학적 보고의 급격한 증가는 필립 슬로언이 "인간 본성에 대한 진정한 실험실"이라고 부른 것을 창출했다.[212] 일례로 위에서 서술한 카스타 체계는 "'전-멘델주의적' 탐구의 거대 분야"를 이루었다.[213] 린네가 인간 종 내 인종적 차이의 기원에 관한 다양한 후속 이론들의 발전을 이끌고, 더 많은 학자 청중들에게 알려진 이후 인종 구별의 보편적 도식이 된 『자연의 체계』(1735)는 바로 이러한 것들을 경험적 토대로 삼았다.

카스타 개념과 같이 인종 개념은 문화사와 관련해 점차 더 넓은 생명정치적 중요성을 점하게 되었다. 부, 권력, 사회적 기회의 불평등한 분배는 점차 인간 생식의 생리학적 차이에 관한 언급들로 설명되고 정당화되었다. 본성과 양육의 대립항에 대해서도 동일하게 말할 수 있다. 소위 늑대 아이들에 관한 논의들의 부상 가운데, 이런 개념들은 1800년경 천재의 기원과 (자기-)재생산((self-) reproduction)에 관한 추론들에 영감을 주었으며, 이후에는 골턴이 그의 책 『유전적 천재』(1869)를 출판하기 훨씬 이전에 "자수성가한 사람"에 대한 빅토리아 시기의 이데올로기에 불을 붙였다.[214] 이 모든 상황에서 문학적으로든 과학적으로든, 중요한 점은 종적인 것과 개별적인 것을 근본적인 소인의 이해와 연결시키는 방식을 발견하는 것이었다. 유전적 소인 혹은 *Anlagen*은 선택된 개인들 사이에서만 발현되지만, 그들의 총합은 전체로서의 종을 이루는 것으로 보였다. 이런 맥락에서 퍼즐은 모순어법으로 보이는 것에 대한 설명을 찾는 일로 이루어졌다. 바로 차이의 재생산말이다.[215]

자연사학자들을 육종가나 의료인들로부터 떨어트려 놓았던 제도적, 사회적, 문화적 장벽들의 제거는 이후에 유전 담론이 부상하는 데 중요한 역할을 맡았다. 19세기 동안 종적인 것과 개별적인 것, 정상적인 것과 병리적인 것, 즉 규칙적인 것과 일탈적인 것은 유기체적 생식의 자연 법칙의 동일한 집합에 의해 결정되는 것으로 보는 일이 가능해졌다. 칼 프리드리히 키엘마이어(Carl Friedrich Kielmeyer)를 다시금 인용하자면, "종의 생명"이 관심의 중심이 되었다. 19세기 생물학의 관심은 개별 대상에 대한 초점에서 개별 대상들의 다면성의 삶으로 옮겨졌다. 우리가 보게 될 것과 같이, 유전은 곧 이런 다수의 삶과 연결된 것이 무엇인지에 관한 질문을 답하는 데 특권적 위치를 점하게 될 것이었다. 푸코의 지식의 고고학의 표현을 빌리자면, 우리는 유전 담론이 일단 그 별개의 영역들에서 실증적 지식의 지위를 성취하자, "[그것의] 인식론화의 문턱"에 서게 되었다고 말할 수 있게 된 것인지도 모른다.[216]

제 4 장

첫 번째 종합

유전 현상은 우리가 살펴 본 것처럼 18세기 말 이전에도 결코 간과되지는 않았다. 동시에 유전에 관한 지식이 서로 별개인 여러 영역들에 널브러져 있었다는 사실은, 서로 다른 영역들에서 만들어진 관찰들 간의 정합성을 확립할 수 있는 생물학적 유전에 관한 일반적인 개념이 없었다는 점을 시사한다. 이런 생물학적 유전의 일반 개념은 19세기 전반에 이르러서야 발전하기 시작했다. 이전 장의 서두에서 언급했듯이, 카를로스 로페즈 벨트랑은 이런 변화를 심대한 언어적 전환에서 찾았다. 적어도 의학의 맥락에서 "유전주의의"(hereditarian)라는 형용사의 용례는 중세 말기까지 거슬러 올라갈 수 있지만, "유전" 개념은 오직 18세기 말이 되어서야 칸트와 다른 이들의 글에서 등장했으며, 그 개념의 체계적인 사용은 오직 1830년경이 되어서야 시작되었다. "유전"(*hérédité*)은 초기에는 프랑스 의사들과 생리학자들 사이에서 통용되었지만 곧 유럽의 더 넓은 과학 공동체에게 퍼지기 시작했다. 1880년대에 마침내 이 용어는 생명과학의 지배적이고 보편적인 표어의 지위를 얻었다.

카를로스 로페즈 벨트랑에 따르면, 유전 개념의 명사화는 "새로이 부상하는 생물학적 개념의 윤곽을 나타내고 통합하는 의미들의 구조화된 집합"이 성립되었음을 의미했다.[217] 만약 이전 세기 동안 유전이 분산된 인식론적 공간으로 이해되었다면, 19세기에는 이 공간이 잇따른 발전들에 힘입어 이론적으로 분명하게 설명되기 시작했다. 이에 19세기 말에 이르러 유전은 수많은 실험 연구의 대상이 되었다. 이와 평행해서 또 다른 전환이 일어났다. 양친과 자식, 혹은 조상과 자손 사이의 유사성에 관해 전통적으로 구별해오던 집합이 제거되었다는 것이다. 부모-자식과 조상-자손 간 몸의 오른편과 왼편의 차이에 관한 유사성뿐만 아니라 종-특이적 유사성과 개별적 유사성, 부계적 유사성과 모계적 유사성, 정상적 유사성과 병리적 유사성의 구별이 이루어졌고, 이런 구분들은 모두 각기 별개의 원인들 때문에 일어나는 것으로 이해되었다.[218] 19세기에 이런 구별들은 유전에 관한 일반화된 개념으로 대체되었다. 유전 개념은 그러므로 점차 생명의 특정한 형태와 외형을 왼손 혹은 오른손잡이, 병리적 혹은 정상적, 모계적 혹은 부계적, 개별적 혹은 종적인 것으로 만드는 보편 기질(基質)로 이해되는 근본 형질들이나 소인들을 포함하기 시작했다.

생물학적 유전에 관한 이런 일반화된 개념의 출현은 초기에는 서로 구별되는 지식의 영역들에 자리하여 연구되던 일련의 현상들에 의존했다. 앞 장에서 서술한 것처럼, 이 영역들 간에는 많은 제도적 장벽들이 놓여 있었다. 18세기에 이런 장벽들의 일부가 특히 계몽주의 시기의 철학을 통해 극복되었다. 전통적인 대학 체계인 신학, 법학, 의학으로부터 벗어나기 시작하던 당시의 철학적 사유는 종종 이후 발생기의 자연과학을 특징짓는 실험적 확증이나 분과적 엄밀성에 대한 커다란 고려가 없는 광범위하고 포괄적인 주장들에 매료되었다. 그러나 정확히 그 직접적인, 매개되지 않은 설명에 대한 주장은 18세기의 철학자들이 지식의 분할된 영역들 사이에 놓여있던 경계의 장벽들을 뛰어넘을 수 있게 허용했다. 프랑스의 철학자이자 과학자였던 피에르 루이 모로 드 모페르튀(Pierre-Louis Moreau de Maupertuis)의 연구에서 그 대표적인 예시를 찾아볼 수 있다.

그가 가명으로 편집해 1745년에 출판되고 이후 수차례 재판된 『자연의 비너스*Venus Physique*』에서 모페르튀는 육종가들과 의사들의 관찰들에 대한 자신의 소견을 그가 소유하고 있던 작은 동물원의 개와 다른 동물들에 대한 사육 연구 결과와 연결시켰다. 이에 더해, 그는 때때로 필요 이상의 손가락이나 발가락을 갖고 태어나는 식구를 가진 베를린의 한 가족에 대해 그가 수집해 온 계통 조사 정보도 포함시켰다. 모페르튀가 초판에서 보고한 바에 따르면, 그의 연구는 1744년 한 파리의 살롱에서 있었던 "니그로(흑인, negro)의 모든 특성을 소유했으면서도 그 하얗고 창백한 피부색이 오직 그 추함을 더 증폭시킬 뿐"이었던 "네다섯 살 되던 아이"에 대한 전시에 의해 촉발되었다. 그가 "작은 괴물"이라고 불렀던 이 아이와 관련해 모페르튀는 19세기 생물학적 유전의 일반화된 개념을 예감하는 것으로 보이는 언급을 남겼다. "이 하얀 피부색이 질병이든 우연이든, 이는 세대에 걸쳐 그 자체로 더 확실해지거나 사라질 유전적 변종(*variété héréditaire*)이다."[219] 나아가 모페르튀는 잡색의 정원 식물들도 "유전적 변종"

의 범주의 일부로 여겼다.

그럼에도 불구하고 모페르튀나 (모페르튀로부터 개 변종 일부를 얻고 이를 1753년 『자연사』에서 다뤘던) 뷔퐁과 같은 동시대인들을 "찰스 다윈"의 역사적 "선구자"로 생각하는 것은 부적절하다.[220] 모페르튀는 유전 현상과 관련해 유기체 물질이 연장(extension)과 운동과 같은 "물리적" 속성 이외에도 "특정한 정도의 지능, 욕망, 혐오, 기억"을 보인다는 사실을 지적한다고 주장하는 것이 "문제되지 않는다"고 보았다.[221] 그러므로 그의 진술들은 주로 유기체의 발생에 대한 논쟁과 연결되어 있었고, 이 논쟁들은 생기력의 존재 여부와 자연과학의 권위에 대한 더 넓은 이데올로기적 분쟁의 일부였다.[222] 유사하게 인종의 기원에 대한 칸트의 연루는 그의 철학적 저작에서 전략적 위치를 점하고 있다고 말할 수 있다. 이 사례에서 그의 입장은 모페르튀가 관심을 갖던 자연에 생기력이 존재한다는 가정에 대한 그의 혐오를 반영하는 것이었다.[223]

게다가 철학과 같은 한 분야가 여타 영역들에 압도적인 영향을 끼쳐 유전이 각기 구별되는 현상으로 나타나던 여러 문화적 영역들을 통합했던 것도 아니었다. 통합의 과정은 이보다는 도미노 효과에 비교할만하다. 한 분야에 대한 동원이 또 다른 분야에서 특정한 조건 하에 효과적으로 작용하게 되는, 다른 영역 간의 접합이 일어나는 것 말이다. 예를 들어 주로 동산에 부를 의존하는 사회적 계급의 성장은 사적 여흥이나 공적 전시를 목적으로 식물들을 채집하고 기르는 것과 같은 활동들의 확산과 함께 일어났다.[224] 이 널리 퍼진 열정은 점차 경제적 목적을 위해 유럽에 더 많은 외래 식물을 수입하고 풍토에 적응시키려는 지속적인 노력들을 불러일으켰다.[225] 시장성이 있는 동식물 품종들을 성공적으로 육성해낸 육종가들은 자수성가를 꿈꾸는 이들의 역할모델이 되었다. 부르주아 개인들은 스스로를 영속적 진보를 이룰 수 있는 존재로 상상했다.[226] 그러므로 균질적인 "유전의 문화"가 1800년대 전후에 갑자기 출현한 것은 아니다. 이보다는, 지역적, 사회적, 제도적 네트워크들이 차례로 재구성되고, 19세기 중반에 이런 재구성의 결과로 연결된 현상들이 한 분야로, 유전의 이론들에 의해서만 분석될 수 있는 것으로 나타났다.

생명과학에서 이런 일반적인 사회적 동학과 상관관계를 가졌던 것은 생명체에 대한 역사적 역동화를 포함한 진화론의 생성과 발전이었다. 실제로 찰스 다윈의 『종의 기원』(1859)은 진화에 관한 새로운 이론만 제시한 것이 아니었다. 비록 유전의 일반 이론을 제시하는 것에는 미치지 못했지만, 유전을 생물학의 주요 문제로 노정한 것으로 최초로 널리 알려진 연구들 가운데 하나였다. 다윈이 유전을 도입한 방식은 당대의 전제들과 관련해 매우 흥미로운 사실들을 드러낸다. 저술 당시 다윈은 유전이 실제로 존재하는지를 의심하는 "이론가들"과 여전히 맞서고 있었다. "프로스퍼 루카스(Prosper Lucas) 박사의 두 권의 두꺼운 저작으로 된 논문"과 육종가들의 경험적 지식에 의존하며 다윈은 다음과 같이 주장했다.

> 흔한 일탈(deviation)이 아버지와 아이에게서 나타난다면 우리는 동일한 원인이 아버지와 아이에게 각기 영향을 주어 일어난 것이 아니라고 단언하기 어렵다. 그러나 매우 독특한 조합의 상황에 의해서만 일어날 수 있는 희귀한 변이가 수백만 명 중 한 사람에게 나타나고 그것이 아

이에게 다시 출현했다면, 확률적으로 생각해봐도 우리는 이 같은 현상이 유전에 의해 다시 나타나게 된 것이라고 여길 수밖에 없다.[227]

위의 인용은 다윈이 그가 유전에 관해 논의할 때 조상과 후손 사이의 흔히 나타나는 일반적인 유사성에 초점을 맞추기를 원하지 않았음을 보여준다. 이런 유사성들은 유사한 원인들이 수정과 발달 동안 대대로 기여했다는 사실에 의해 쉽게 설명될 수 있었다. 보다 구체적으로 유전에 관해 논할 때 다윈은 다른 개체들에서 동일한 발육 변형들(aberrations)이 만들어지지 않는 조건 하에서 드물지만 뚜렷이 구별되는 변형들이 재생산되는 사례들에 관심을 가졌다. 이 사례들은 분명히 생명의 생존에 유리한 조건이라는 관점으로는 설명될 수 없었다. 그러므로 다윈에게 유전과 그 상관물인 변이는 반드시 적응을 이끌어내지는 않는 변덕스러운 과정이었다. 변이를 통해 심지어 동일한 외재적 조건들에서도 반복해서 차이들이 만들어진 반면, 유전은 주변 환경이 변화하더라도 그 특성을 보존했다. 두 과정들은 결국 환경에 대한 더 좋은 적응을 낳을 수 있었지만, 이것이 반드시 필연적이지는 않았다. 심지어 다윈의 종의 기원 이론이 기대던 기본 원리인 "형질 분기"(divergence of characters)는 그가 스스로 강조했듯이 "필연적으로 우연적인 사건"이 전혀 아니었다. "그것은 자연의 질서 속에서, 서로 다른 여러 장소에 적응한 종의 후손들에게 전적으로 달려 있는 것이다."[228]

18세기의 발생 이론가들과 대조적으로 다윈은 위에서 서술한 인용에서 언급된 자료처럼 "기이한 것"에 대한 드문 보고들에 의존하지 않았다. 특히 프로스퍼 루카스의 유전에 관한 두

권의 백과사전적 논고 『자연 유전의 철학 및 생리학 논고 *Traité philosophique et physiologique de l'hérédité naturelle*』는 유전성 질환 연구의, 특히 심적인 질환과 관련해 풍부한 의학적 전통의 예비적 고조(高調)를 대표한다.[229] 이외에도 육종가들의 축적된 경험은 다윈이 꼼꼼하게 공부한 19세기 전반기의 수많은 출판을 촉발시켰다.[230] 게다가 비록 그 강조점은 달랐지만 두 분야 문헌 모두에서 유전의 인식론적 공간의 시간적 차원이 표면화되었다. 의사들과 육종가들 모두 유전적 변종을 주어진 규범으로부터 어느 정도 항구적 일탈을 야기하는 사건들 때문인 것으로 간주했다. 의사들은 이를 비적응적 일탈(질환)로 본 반면, 육종가들은 그들의 사육의 목적과 관련한 적응적 일탈로 여겼다.

다음 장에서 우리는 19세기 유전 담론의 동인으로서 의학의 역할을 살펴볼 것이다. 다른 한편으로 사육에 관해서는 6장에서 다룰 것이다. 이 장의 나머지 절에서 우리는 19세기 후반부에 유전의 인식론적 공간을 명시화하는 이론적 논쟁에 초점을 맞추고 싶다. 우리의 기본 주장은 유전이 생명체가 참된 "역사"를 획득했을 때 일반적인 생물학적 문제가 되었다는 것이다. 이는 생명의 형태가 가정된 종 경계에 의해 고정되기를 중단했을 때이다. 만약 종이 창조의 순간에 미리 형성되어 있지도 (린네), 유기물의 허용가능한 결합의 현현으로도 (뷔퐁, 모페르튀), 일반 법칙에 의해 통치되는 진보적 발전의 단계로 간주되지도 (라마르크, 에라스무스 다윈) 않는다면, 다음의 두 질문이 긴급하게 제기된다. 종이 변화하는 메커니즘은 무엇인가? 그리고 만약 종변화의 메커니즘이 존재한다면, 어떤 법칙에 의해 종들이 적어도 수세대 동안 지속되는 일시적인 안정 상태를 유지하게 되는가? 유전 변이는 생명이 독립적인 특성을 소유했음을 의미했는데, 이는 유기체들이 불변의 환경에 맞게 설계되어 왔다는 관점도, 혹은 무제한적인 가소성(plasticity)과 완전해지려는 성질(perfectibility)을 소유했다는 관점과도 양립가능하지 않았다. 장 가용(Jean Gayon)이 날카롭게 논평했듯이, "확고히 성립되기 위해서 자연선택은 변이에 대한 실험 과학과 이전에는 존재하지 않았던 유전 개념의 발전을 요구했다."[231] 그러므로 진화와 유전은 동전의 양면이었다. 그렇기에 잠정적인 "범생설"로 발전하게 된 다윈의 유전에 대한 생각이 19세기 말 유전 현상을 받아들이는 다양한 추론적 시도들의 준거점이 된 것은 결코 우연이 아니었다.

다윈, 골턴, 그리고 회귀 현상

다윈이 수차례 인용한 『원론*Traité*』의 저자 프로스퍼 루카스의 의견으로는 "당대 및 옛 이론들 모두 발생과 유전을 동일시하는 실수를 보편적으로 저지른다는 것"이 분명했다.[232] 그러나 루카스는 다윈의 진화론에서 더 심화된 역할을 맡지는 않았던 또 다른 구별을 만들었다. 그는 종적 유형의 불변성의 원인이 되는 "유전 법칙"(*loi d'hérédité*)과 개별적으로 획득되거나 결손을 일으키고 규칙적인 유전 과정을 방해하는 종류의 유전을 일으키는 "본유 법칙"(*loi d'innéité*)을 구별했다.[233] 그에 따라 개체에서 나타난 변형된 형질은 자손의 관점에서는 심지어 "선천적인" 것일지라도 해당 종의 유전적 유형에 영향을 끼치지 않으며 자손에게 전달될 수 있었다. 그러므로 루카스는 "종적 유형과 관련해 항상 선천적인 것(the innate)은 사라지고 유전되는 것(the inherited)은 남는 것이 분명하다"라고 주장했다.[234] 루카스의 논의에 전제된 종적 유형 개념을 받아들이지 않았던 다윈의 진화론에서 이런 구별은 한물간 것이 되어버렸다. 다윈의 이론은 잠재적으로 변이 가능한 형질들의 총합과 이들의 "상관관계"를 통제하고 이를 통해 독립 유전을 제한하는 법칙들을 인정했다.[235]

다윈은 특히 간헐적으로 출현하는 유전 형질에 매혹되었다. 이런 형질은 한 세대에서 사라졌다가 다음 세대에서 다시 나타났다. 『종의 기원』의 첫 장에서 그는 다음과 같이 공언했다.

> 유전을 지배하는 법칙은 알려져 있지 않다. 한 종 내 여러 개체들이나 다른 종들의 개체들 사이에서 나타나는 한 가지 형질이 왜 언제는 유전되고 다른 때는 유전되지 않는지 그 이유는 아무도 모른다. 왜 아이는 조부모 또는 그보다 먼 조상의 형질을 갑자기 나타내게 되는지, 어떤 형질은 어떤 때에는 한 성(sex)에서 두 성 모두로, 다른 때에는-늘 그런 것은 아니지만 보통 같은 성으로-한 성으로만 전달되는지에 대해서도 말할 수 없다.[236]

이 인용문은 다윈의 관심을 사로잡았던 것이 무엇인지를 매우 분명하게 보여준다. 그것은 외재적 조건만으로는 명백하게 설명될 수 없으며 보이지 않는 메커니즘에 의해 기인한 것으로 여겨지는 후손 개체 내에 분포된 형질들의 "독자적인 삶"이었다. 이런 특정한 형질이 순환하는 인식론적 공간은 더 이상 부모 조상과 자손 간의 개별 관계로 제한되는 것으로 여겨질 수 없었다. 1868년에 다윈은 『종의 기원』의 후속작으로 『사육 동식물의 변이*The Variation of Animals and Plants under Domestication*』라는 제목의 저작을 두 권으로 출판했다. 그는 여기서의 내용을 『종의 기원』의 일부로 포함시킬 계획이었지만, 저술을 마무리 짓는 데 또 다시 10년이 걸렸다. 여기서 다윈은 육종가들, 의사들, 자연사학자들의 다양한 종류로 이뤄진 문헌들에서 변이들과 그 전달에 관해 얻게 된 모든 증거들을 처음으로 종합했다. 그리고 이 책의 27장에서 그는 "어떤 쉽게 파악할 수 있는 결합"으로 다음의 분야에서 그가 가장 중요하다고 여겼던 관찰들을 연결하려 했다. 이 관찰들은 성적 생식(sexual procreation), 접목 잡종(graft-hybrids), 크세니아(xenia, 이종의 화분에 의해 암컷의 배젖에서 만들어진 형질 변화), 발달, (오늘날 우리가 세포라고 부르는) 신체의 요소 혹은 구성단위의 기능적 독립, 그리고 마지막으로 변이성과 유전이었다. 그는 이런 결합을 「범생설에 대한 임시적 가설Provisional Hypothesis of Pangenesis」 장에서 탐지하고 이를 다음과 같이 소개했다.

> 신체의 세포 혹은 구성단위가 자기 분할(self-division) 혹은 확산(proliferation)에 의해 같은 본성을 유지하면서 증식하고, 결국 몸의 다양한 조직과 물질로 전환된다는 것은 보편적으로 인정된다. 그러나 이런 증식 수단 이외에도 나는 이 구성단위들이 전체 체계에 확산되는 미소 과립자(granules)를 방출한다고 가정한다. 적절한 양분을 공급받았을 때 이들은 자기 분할에 의해 증식되고, 결국 원래 파생된 것과 유사한 구성단위로 발전된다. 이들 과립자들을 제뮬(gemmules)이라고 부를 수 있을 것이다. 이들은 성적 구성 인자들을 이루는 체계의 모든 부분들로부터 모인 것이고, 다음 세대에서 이것들의 발달이 새로운 존재를 형성한다. 유사하게 이들 역시 미래 세대를 위해 휴면 상태에서 전달되어 이후에 발달할 것이다. 이들의 발달은 부분적으로 발달된 다른 [제뮬들과의] 결합이나 규칙적인 성장 과정에서

> 그들에 선행하는 초기 세포에 의존한다... 제뮬은 모든 단위에서 성체 시기 동안만이 아니라 발생 과정의 각 단계 동안 방출되는 것으로 여겨진다... 그러므로 이들은 새로운 유기체들을 만들어내는 생식 기관이나 생식아(生殖芽)가 아니라 각 개체들을 이루는 구성단위이다. 이런 가정들이 내가 범생설이라 부르는 임시적인 가설을 이룬다.[237]

그러므로 2장 말미에서 설명했듯이 다윈의 범생설에 따르면, 한 유기체의 생식 세포에서 모인 모든 관련된 형질들에 대한 제뮬들뿐만 아니라 더 윗세대의 조상들로부터 전달된 제뮬들도 존재했다. 제뮬들은 아직은 명시될 수 없는 상황들에서 활성화 될 때까지 여러 세대에 걸쳐 휴면 상태로 전달될 수 있었다. 이 가설은 다윈에게 유전과 관련된 가장 긴급한 과제 중 하나를 해결하게 만들었다. 이 문제는 육종가들을 회귀 혹은 격세유전이라는 형태로 사로잡았던 것으로 다윈이 계속해서 되돌아왔던 주제였다. 별종(sports)의 자연발생적이고 예측불가능한 외양같이, 불규칙적이고 기이한 것(eccentricity)이 아닐 경우 회귀 현상은 생명과 생명의 진화를 특징짓는 독립성과 일별할 수 있게 한다.[238] 유사하게 특정한 형질에 대해 때로는 더 강하고, 때로는 더 약한 발현은 제뮬의 변량(variable quantities)이나 관통력(penetrating powers)에 기인한 것일 수 있었다. 마지막으로 발생의 문제 역시 동등하게 유전의 물질적 기체에 기초한 것일 수 있었는데, 축적된 제뮬들이 이 발생 과정의 모든 단계에 상응했기 때문이다. 이 가설은 19세기 후반부의 유전 이론의 일반적인 상을 반영한다. 그것은 바로 유전 현상과 발생을 점차 분리하면서도 두 과정 모두를 일원화된 방식으로 설명하려는 시도를 지속했다.

우리가 1장에서 다루었던 다윈의 고종사촌 프랜시스 골턴이 유전을 관료적, 정치적 과정과 명시적으로 비교한 작업 또한 유전 이론을 분명히하는 데 중요한 역할을 맡았다. 1860년대 초까지 골턴은 주로 지리학적, 기상학적 문제들을 연구해 왔으나, 『종의 기원』에 깊은 인상을 받고 유전 문제로 관심을 돌려 이후 수십 년 동안 이에 천착했다. 토끼의 수혈에 대한 일련의 대규모 실험을 1869년부터 1871년 사이에 수행한 후 골턴은 그의 고종사촌의 제뮬이 전신으로 유포된다는 범생설적 순환론(pangenetic circulation)이 옳지 않다는 결론을 내리게 되었다. 이 영역에 대한 고찰은 그를 유전의 생리학적 이론에서 통계적 이론으로, 마침내 "조상 유전의 법칙"(law of ancestral heredity)으로 나아가게 했다. 여기서 우리는 오직 1860년대 중반 출판물에 나타나기 시작한 골턴의 유전 이론의 공식화에만 관심을 두고 논의할 것이다.

1865년에 출판된 「유전적 재능과 성격Hereditary Talent and Character」이라는 논문에서 골턴은 "우리는 불가역적인 우리의 특성의 수동적 전달자에 불과"하다는 가설을 세웠다.[239] 골턴의 유전적 과정의 독립성에 대한 강조는 그의 유전 개념화에서 지속적으로 나타나는 특성이자 그의 가설을 다윈의 유전 이론과 구별하는 측면 중 하나이다. 장 기용은 당시 다윈이 그의 "변형의 혈통 이론"(theory of descent with modification)을 "변형의 유전"(inheritance with modification) 이론으로 불렀다는 점에 주목한다.[240] 골턴은 유전에 대한 이런 다윈의 강조를 따르면서도, 이것이 이런 유전의 개별적 발현과 대체로 독립적이고 무관한 과정임을 주장했다.

그러므로 우리가 생명의 기원에 대해 근사적으로 올바른 관점을 취

> 한다면, 우리는 우리 자신의 배아가 우리 부모를 발달시킨 배아들로부터 발생했고, 이들 배아들 역시 그들의 부모 배아들로부터, 그리고 이런 패턴이 영속적으로 이루어져 왔다는 관점을 가질 수 있게 된다. 우리는 인류의 본성을, 아마도 모든 생물체의 본성을 이런 식으로 보아야만 한다. 바로 항상 모든 방향으로 새로이 가지를 뻗어나가는 하나의 연속적 체계로, 다양하게 얽히고 모든 얽힘의 지점에서 분리된 생명이 싹트는 것으로 말이다.[241]

다윈과 같이 골턴은 배종(germs)을 싹틔우는 체계로서 유전적 과정을 생각했지만, 이 배종들은 부모의 몸에서 나온 직접적 산물이 아니었다. 이보다 조상들과 후손들은 생식 물질의 공통 기질(基質)인 "혈통"의 산물이었다. 유전적 과정은 바로 이 혈통을 기반으로 했으며, 이는 개체들의 발달을 통해 발현되는 것이었다. 1876에 출판된 그의 논문 「유전 이론A Theory of Heredity」이 우리 주장과 관련해 핵심적인 글인데, 여기서 골턴은 특정한 성질들(properties)을 소유하고 각 성질 간에 어느 정도 독립적인 어떤 종류의 "유기체적 구성단위"(organic units)가 있고, 유기체는 바로 이런 단위들로 이루어져 있다는, 그가 다윈과 공유했던 전제에서 출발한다. 이후 그는 이 구성단위를 "선천적인" 것과 "획득된" 것으로 나누고 그의 유전 이론은 오직 전자에 관한 것이라고 주장한다. 이와 관련해서 골턴은 결국 체적으로(somatically) 획득된 형질의 유전에 대한 효율적 설명을 제공하기도 했던 이론인 다윈의 범생설을 단호하게 거부했다.

골턴의 이론은 다음의 네 가지 가설에 토대를 두고 있었다. 첫째, 배종은 각 신체의 독립적 구성단위에 상응한다. 둘째, 수정된 난자의 "혈통"을 이루는 배종들의 총합이 한 개체 내에서 실제로 발생에 참여하는 배종들의 총합보다 크다. 셋째, 잠복하고 있는 배종들은 유기체의 생식 세포에 포함되는 가장 핵심적 일부인 "잔여"의 형태로 발전하지는 않는다. 넷째, 다윈과 같이 골턴은 배종들이 구조들의 규칙적 형성과 질서정연한 발달을 보장하는 특수한 인력과 척력을 소유하고 있다고 가정했다. 이는 중심적 생기력에 대한 가정을 필요치 않게 만들었다.[242] 골턴은 다음과 같이 썼다. "나는 성적 인자들이 '잔여'로부터 직접 전달된 것으로 보며", 다윈과 대조적으로 "제뮬들이 자유로이 이동하는 것으로 상정하지 않는다."[243] 골턴은 그러므로 직계 부모 혹은 전근대적 발생의 의미에서 "직계 자손"은 전적으로 옳지 않다고 결론 내린다.[244] 골턴이 1872년에 출판한 「혈족 관계On Blood Relationship」에서 이미 주장했던 바와 같이, 바로 이 후손에 관한 일상적 의미가 그간 더 복잡하고 당혹스럽게 만드는 유전 현상의 진정한 이해를 방해해 왔다. "참된 유전적 연결고리"는 "부모를 후손과 연결시키는 것이 아니라 이 둘 사이의 근본 인자들로, 이들은 새로이 수정된 난자 내에 존재하며 이 인자들이 각기 독립적으로 발달하게 된다... 다시 말해 [우]리는 부모 세대의 개인들로부터 후손 세대의 개인들로 이어지는 보통의 계통도에 대한 사고(plan)를 유전적 사실로 다룸으로써 우리의 무지에 근거 없는 혼란을 더해서는 안 된다."[245]

"혈족 관계에서 골턴은 "현시적"(patent) 인자와 "잠재적"(latent) 인자를 구별했다. 비록 이 구별을 우성과 열성 유전 인자의 관계와 동일시해서는 안 되지만, 그럼에도 불구하고 이는 고전유전학 출현의 구성 요소를 이루는 인식론적 공간의 중요한 요인을 정의한다. 다윈의 작업에서와 같이, "회귀"에 관한 궁금증은 그것의 비교적 사소함과 예측불가능성에도 불구하고 결국에는 골턴을 유전적 과정의 이해에 결정적인 주요 구별로 이끌었다. 유전 인자의 전달과 유기체의 발달에서 그것의 역할 간의 분명한 구별 말이다.

유전과 세포이론

여기서 "첫 번째 종합"으로 묶으려는 1900년 이전의 거의 모든 유전 이론들은 진화나 발달, 혹은 양자 모두에 대한 고찰들과 결합되어 있었다. 유전적 소인의 전달과 진화론적 계통, 그리고 유기체 발달이 이론적 단일성을 형성했다.[246] 그러나 다윈의 유전 이론에서 이미 그 전조가 보였고 골턴의 유전 이론에서 더 분명하게 나타났듯이, 이런 단일성은 세포 이론이 유전에 관한 논의의 중심이 되고 계통발생론(phylogeny)과 개체발생론(ontogeny)이 서로 분리되고 별개의 과정으로 나타나기 시작하면서 용해되기 시작했다. 「유전 이론에서 '유전'(*Vererbung*)으로」라는 논문에서 프레데릭 처칠(Frederick Churchill)은 1880년대 유전 이론이 세포학의 진보 덕분에 "분수령"에 이르렀다고 강조한다. 비록 세포론 그 자체는 약 40년 전에 이미 주류 학설이 되었지만 말이다.[247] 프랑수아 뒤셰노(François Duchesneau)도 유사하게 세포설과 유전을 연결하는 "역사적 지체"에 대해 이야기한다.[248]

일찍이 1858년에 루돌프 비르효(Rudolf Virchow)는 그의 『세포 병리학*Cellular Pathology*』에서 세포 내에서 핵이 비상하게 중요한 일부, "세포의 기능과 특정한 부위보다 세포의 살아있는 일부로서 그것의 유지와 증식에 더 깊게 연결되어 있는... 일부"

를 담당한다는 추론이 "대단히" 그럴듯하다고 언급했다.[249] 핵과 세포질 간의 분업에 관한 이 초기 언급들에 뒤이은 1870년대의 세포학적 관찰들은 점차 많은 사람들이 유전 인자의 물질성을 수용하는 데 힘을 보탰다. 특히 유전 인자들이 세포핵 내에 위치해 있다는 생각에 정당성을 부여했다. 이와 관련해 에두아르 스트라스부르거(Eduard Strasburger)와 오스카 헤르트비히(Oscar Hertwig)의 수정에서의 세포핵 결합에 관한 연구나 1888년 빌헬름 발데이어(Wilhelm Waldeyer)의 제안을 따라 "염색체"(chromosomes)라는 표현을 유행하게 만든 발터 플레밍(Walther Flemming)의 "핵 입자들"(*Kernkörperchen*)의 종분열에 대한 관찰만을 언급해둔다.[250] 게다가 1887년에 오스카와 리샤르트 헤르트비히(Richard Hertwig)는 그들이 격렬히 흔들어서 바다성게의 난자로부터 핵을 제거하는 데 성공했다고 보고했다. 그 제핵된 난자는 수정될 수 있었으며 세포 분열의 징후를 보였다.

테오도르 보베리(Theodor Boveri)는 이 같은 실험 계보를 따라 연구를 진행했다. 1888년에 보베리는 말의 회충 메갈로세팔라(*Ascaris megalocephala*)에 대한 실험으로부터 염색체가 "독립적인 개별적 존재들로 그들의 독립성을 핵의 나머지 부분들로부터도 얻는" 것처럼 보인다고 결론지었다.[251] 1년 후 나폴리의 동물학 시험장에서 연구를 수행하는 동안, 그는 보라 성게(*Sphaerechinus granularis*)에서 적출한 난자를 다른 속(屬)에 해당되는 녹색 성게(*Echinus microtuberculatus*)의 핵을 운반하는 정자와 수정시키는 데 성공했다. 이 실험에서 일부 개체는 성게의 유충과 닮은 유충기 초기까지 발달했다. 이 실험은 핵이 난자의 세포질이 아니라 성장하는 유충의 형태를 결정한다는 사실을 확립했다. 유충은 핵에서 유도된 종의 형질을 보였다. 이 결과와 함께 세포 연구는 그간의 기술(記述) 중심적 경향을 버리고 실험 기반 국면에 돌입했다.[252] 보베리의 실험은 간과되지 않았다. 토머스 헌트 모건(Thomas Hunt Morgan)은 보베리의 연구 보고서가 출간된 지 4년 후에 이를 영어로 번역했다.[253] 마지막으로 아우구스트 바이스만(August Weismann)은 생식세포 핵의 감수 분열이 현미경으로 관찰 가능한 수정 과정 이전에 일어날 것이라고 추론했다. 이런 업적들은 1870년에서 1895년 사이에 연달아 이뤄진 발견의 오직 일부분에 불과하며, 이 수많은 발견들은 특히 새로운 현미경 표본 및 염색법 기법의 발전이 가져온 결과였다.

처칠은 1880년대 동안 논문 제목에 유전 개념이 포함된 세포학적 연구 보고나 세포 수준에서의 유전 현상에 대한 연구가 이례적으로 급증했음을 기록했다. 식물학자 스트라스부르거와 동물학자 헤르트비히 및 바이스만처럼 앞서 언급한 이들 외에도 모리츠 누스바움(Moritz Nussbaum)과 알베르트 쾨리커(Albert Kölliker)도 이런 제목의 논문들을 집필한 연구자들이었다. 이들 모두 "분화(differentiation)의 파괴적이고 복잡한 사건들을 통해 전달 물질을 보존하고 조직하는" 유전적 "연속성"에 대한 특정한 시각을 공유하고 있었다.[254] 비르효에 의해 널리 알려진 세포 이론은 *모든 세포는 세포에서 생겨난다(omnis cellula e cellula)*는 원리에 의해 특징지어졌다. 이 세포론적 관점은 18세기 말-19세기 초에 유행한 후성설에 대한 급진주의적인 견해들을 마침내 폐기시켰다. 이제 생명은 필연적으로 세포라는 구조에 의존하는 것으로 나타났고, 스스로의 증식을 통해서만 그 존재를 유지할 수 있었다. 스스로를 분열하여 지속되는 구조로서 말이다. 이 이론은 세포 구조, 특히 세포핵이 연속적으로 발달하는 한 세포를 전달 과정에서 보존되는 물질의 담지자이자 전달자로 이해될 수 있다고 제안하는 유전 이론을 확립하는 데 필요한 기반을 제공했다. 그러므로 두셰노에 의해 역사적 "지체"로 진단된 세포 이론과 유전 담론의 연결은 고전유전학 이후에야 명시화되고 이용될 수 있는 분야들의 때 이른 결합으로 해석될 수도 있다. 1900년 이후에야 그 형태가 분명해지기 시작한 유전에 대한 멘델주의적 이론은 실제로 이런 종합 없이는 상상도 할 수 없는 것이었다. 5장에서 보게 될 것과 같이, 멘델에게도 세포 이론은 그의 연구에 결정적인 출발점을 제공했다.

네겔리, 베르나르, 더프리스, 바이스만의 종합적 초안

1870년대 말부터 1880년대 초 사이 독일에서 카를 네겔리(Carl Wilhelm von Nägeli)는 유전에 관한 포괄적인 이론을 발전시켰고, 1884년에 출판된 기념비적인 저작 『혈통에 대한 기계-생리학적 이론*Mechanisch-Physiologische Theorie der Abstammungslehre*』에서 이에 관한 그의 생각을 요약했다. 이 제목은 네겔리 역시 혈통 이론의 맥락에서 그의 유전에 관한 관점들을 틀지었음을 보여주지만, 그는 자신의 이론을 다윈주의 진화론의 대안으로 여겼다. "분자 생리학"이라는 틀 가운데, 네겔리는 중대한 구별을 만들었다.[255] 그는 유기체의 "고형 원형질"(stereoplasm)을 두 구별되는 부분으로 나누었다. 하나는 체물질을 이루는 세포의 영양질(trophoplasm)이고, 다른 하나는 유전물질에 해당되는 유전질(idioplasm)이었다. 네겔리에 따르면, 유전질은 유사 결정 구조의 "마이셀"(micelles)로 구조화되는 변형된 알부미노이드 물질로 이루어져 있었다.[256] 식물학에 정통한 그는 이것이 식물에서 발견될 수 있는 녹말 입자와 다소 유사하다고 덧붙였다. 동시에 그는 "유전질 체계의 배열"은 "기하학적인 것이 아니라 계통발생론적 작업(phylogenetic task)"이었다.[257] 바꿔 말해, 그 구조는 물질의 제1원리로부터 유도될 수 없는 역사적 산물(historical product)이었다. 각각의 유전질 체계의 특수성(specificity)은 "모든 개체발생과 모든 특이성들이 소인으로서 보관되어야만 하는" 마이셀 가닥 뭉치의 횡단면의 배열에 놓여 있었다.[258] 네겔리는 "그러므로 [유전질은] 어떤 의미에서는 (완전히 성장한) 대우주적 개체의 소우주적 이미지"라고 설명했다. 그러나 곧 그는 이것이 "물론 유전질의 마이셀들이 성숙한 유기체의 세포에 상응한다거나 상동 질서(analog order)를 갖고 있다는 것을 뜻하지 않는다. 오히려 반대로, 이 두 질서는 서로 근본적으로 다르다"라고 덧붙였다.[259]

네겔리에 따르면 유기체의 유전질 물질은 분리된 체계를 구성했다. 이 체계 내에서 "물질(matter)은 같은 질서의 단일체들(units)로 스스로를 조직화했으며", 이 단일체들은 "서로 간에 비교하거나 한 단일체로 다른 단일체를 측정하는 것이 가능했다."[260] 당시 실제로 탐구할 수 있는 기술적 수단이 마련되지는 않았지만, 적어도 원론적인 측면에서 이 질서는 경험적으로 연구될 수 있었으며 그렇기에 "가설적이고 알려지지 않은 가장 작은 것들"로부터 유도될 필요가 없었다.[261] 이는 함축적으로 다윈의 "제뮬" 논의에 대한 비판이었다. 그러나 제뮬과 같이 네겔리의 유전질 인자들은 이후의 마이셀들에 부착생식하여 성장하고 그들의 계통발생론적 배열에 손실 없이 증식할 수 있는 능력을 지닌 것으로 상정되었다.

네겔리는 유전질과 원형질의 관계를 드러내기 위해 피아노와의 유비를 이용했다. "우리는 그러므로 유전질이 다른 신체 기관들의 소인들을 발현시키는 것(unfolds)을 피아노 연주자가 그의 도구를 활용해 [한 곡의] 연속적인 화음과 불협화음을 하나의 음악적 표현(expression)으로 만드는 것과 유사한 것으로 상정해야만 한다. 연주자는 모든 a 음에 대해서 그 어떤 음조에서 연주하더라도 같은 현을 계속해서 치게 된다. 유전질 내 줄줄이 나열된 마이셀의 인접한 그룹들은 이런 건반들과 비교할 만한 것으로, 각각이 서로 다른 근본 현상을 나타낸다."[262] 유전질은 그러므로 근본적인 유기체적 현상의 물질적, 개별적인 유도체들(inductors)로 이루어졌다. 이 유도체들은 개체들을 이루는 것이 아니라, 진화론적 잠재성의 궁극적인 담지자라는 것이 또 다른 탁월한 이미지를 통해 네겔리가 지지한 입장이었다. 그가 1856년에 쓴 논문에 따르면, "만약 모든 상황들이 호의적이라면, 자본이 연간 이자를 통해 증식하는 것처럼 한 소인은 일련의 발생들을 거쳐 스스로를 계속해서 쌓아 올릴 수 있을 것이다."[263]

네겔리는 유전질이 "빈틈없는 그물망처럼 전체 유기체를 통해 펼쳐져 있다"라고 가정했으며, 그 매듭들(knots)이 세포핵들에 위치해 있을 것으로 추정했다. 이 "그물망"은 수정란에 그것의 가장 압축된 형태로 자리하고 있었다.[264] 그러나 유전질이 개체의 몸 내부에 전체로서 퍼져 있듯이, 이는 이어지는 세대 전체에 걸친 것이었다. 그에게 총체로서의 계통은 "유전질로 이루어진 단일한, 연속적 개체"였다.[265] 네겔리는 골턴과 유사하게 이런 이미지를 유전에 관한 상식적 관점을 바꾸는 것으로 생각했다.

"부모가 자신들의 특성을 자손들에게 물려주는 것이 아니라 먼저 그 본질에 상응하게 부모의 몸을 만들어낸 동일한 유전질이 한 세대 이후에 그 자손에게도 그 본질에 상응하는 매우 유사한 몸을 만들어내는 것이다.[266] 유전 체계는 그 자신의 힘을 갖고 있고, 이를 통해 개별 유기체들을 통제했다. 유전 체계와 비교했을 때 개체들은 단명하는 존재였다.

네겔리는 그러므로 두 물질적 체계 사이의 분명한 구별을 유지했다. 유전질은 항상 훨씬 더 복잡한 구조의 점진적인 계통발생적 획득과 관련된 지속적인 계통적 구현이었다. 영양질은 세대를 거쳐 진화하는 유전질 체계를 운반하는 임시적인 뼈대였다. 네겔리의 유전질은 다윈의 제뮬 더미와 대조적으로 다양한 화학 조성의 단일체들로 이루어졌음에도 체계로서의 특성을 갖고 있었다. 이는 "하등 및 고등 부문의 무리들과 연결되어" 있었다.[267] 무엇보다도 유전질은 체적 물질(bodily matter)과 구별되었다. 1900년 이전에 유전 이론을 발전시킨 이들 가운데 오직 네겔리만이 두 세포질이 화학적으로 구별되는 두 체계를 이루고 있다고 가정했다.

이 지점에서 프랑스의 실험 생리학자 클로드 베르나르(Claude Bernard)의 유전 이론에 대한 기여를 간략히 고찰해볼 필요가 있다.[268] 이전의 생리학 연구들과 달리 베르나르가 이 분야에서 추진한 연구들은 실험에 기초하지 않았으며, 스스로도 사실상 추론적인 활동으로 여겼다. 1878년 『동물과 식물에 공통적인 생명 현상들에 대한 강의*Leçons sur les phénomènes de la vie communs aux animaux et aux végétaux*』에서 베르나르는 유기체의 "화학적 합성"과 "형태학적" 혹은 "조직적 합성"(organizing synthesis)을 구별했다. 전자는 생리화학적 과정으로 환원될 수 있고 실험 가능한 생리학적 기능들로 이루어졌다. 후자는 다른 생리학적 기능들의 연속, 종속, 특정한 위치 조정, 그리고 시간적 계승들로 이루어졌으며 결과적으로 유기체 형태의 발생과 생식의 기반을 제공했다. 베르나르가 확신했던 것 중 하나는 "이어지는 세대들 사이에서 [공통되는] 생물적 특징을 갖춘 어떤 종류의 중요한 인자"를 포함해야만 하는 수정란이 형태발생의 출발점이라는 것이었다.[269] 이 인자는 "전달되고 불변하지만 그 담지자는 해당 개체에 속하는 한 기관(organ) 같은 것이라기보다는 조상에게 속하는 인자로 현 개체의 조직 내에서는 격세유전적인 기생생물과 같은 것으로 나타난다."[270] 그는 『일반 생리학 *De la Physiologie Générale*』에서 이 인자를 "흔적"(*empreinte*) 혹은 "기억"(*souvenir*)이라고 불렀다.[271] 베르나르는 이것이 "격세유전이나 유기체적 전승(organic tradition)을 통해 기성 개념을 한 개체에서 다음 세대의 개체로 전달하는 방식"으로 작동한다고 가정했다.[272] 후일 『강의*Leçons*』에서 그는 이 인자를 "가상적으로 각인되는(*virtuellement inscrit*)", 혹은 "지시"(assignment, *consigne*)하여 작동하는 것으로 서술했다.[273] 베르나르는 "형태의 활동(work of morphology)은 순수한 반복이다. 이는 어떤 때나 순간적으로 작동하는 힘이 아니라 선행하는 힘에 근거한다. 전구물(前驅物) 없이는 어떤 형태도 존재하지 않는다.[274] 유전은 그러므로 "생명체의 형태"에서 본질적인 요소이다."[275]라고 말했다. 20년 후 미국 생물학자 에드먼드 비쳐 윌슨(Edmund Beecher Wilson)은 영향력 있는 저서 『발생과 유전에서의 세포*The Cell in Development and Inheritance*』(1896)에서 베르나르의 구별을 발전시켰다. 그러

나 베르나르와 달리 윌슨에게 "형태학적 종합"에 대한 통제는 확고하게 세포핵에 속하는 것이었다.[276]

마지막으로 처칠이 말한 1880년대 초의 세포학적 "분수령"이 일어나기 약 십 년 전에 전개된 두 개의 종합적인 구상들을 논의해보자. 이 두 논의들은 모두 다윈과 골턴의 선행 연구들을 분명하게 참조하고 있다. 먼저 네덜란드 식물학자 휘호 더프리스(Hugo de Vries)는 『세포간 범생설*Intracellular Pangenesis*』에서 19세기 말 세포 이론의 최신 발견들과 다윈의 범생설의 조화를 이루려 시도했다. 더프리스에게 유전적 소인의 자유로운 혼화성(混和性)과 독립성은 다윈에게서 그랬듯이 결정적인 중요성을 지닌 것이었다. 이 점에 대해 그는 의심의 여지를 남기지 않았다. "독립성과 혼화성은 그러므로 모든 유기체의 유전 인자의 가장 본질적인 특성이다."[277] 그는 유전적 소인들 간의 안정적인 연결이나 심지어 이를 지배하는 구조에 대한 어떠한 종류의 심화된 추론도 불필요하다고 여겼다. 그의 "판겐(pangenes)"은 생명의 자율적인 구성단위였다. 비록 물질적 원자나 화학적 분자로 이루어져 있을지라도, 이들 조성의 특이성은 본질적으로 "역사적인" 산물이었다.[278] 그러나 더프리스에 따르면, 이 역사적 성격은 독립된 단위 내에서 발현되었다. 그는 네겔리와 달리 이 단위들이 속해 있는 지배 체계를 언급하지 않았다. 특히 판겐은 생명의 두 기본적인 특성을 부여받았다. 이들은 스스로 성장하고 증식할 수 있었다.

『세포간 범생설』의 중심에는 세포가 놓여 있었다. 비르효와 같이 더프리스에게 핵과 세포질 사이의 형태학적 차이는 분업적인 기능적 구별을 반영했다. "핵의 기능은 전달이고 세포질의 기능은 발생이다."[279] 유기체의 모든 다른 판겐들은 핵 안에서 나타났다. 판겐들은 핵 안에 보관되어 있는 한 비활성화된 상태로 남아 있었다. 유기체가 적소(適所)를 얻은 발생 조건에 의존하면서 판겐들은 그것들이 증식하는 세포질에서 선택적으로 활성화되었다. "그러므로 핵에서 세포질로의 유전 형질의 전달이 어떤 식으로든 이루어져야만 한다."[280] 따라서 판겐은 유전적 소인일 뿐만 아니라 선택적 증식을 통해 분화 소체를 만드는 활성 분자이기도 했다. 이 목적에서 판겐은 더프리스가 말하듯 "어떤 식으로든" 핵에서 꺼내져야만 했다. 이와 대조적으로, 세포 분열이 일어나는 동안에는 판겐은 온전한 상태로 한 핵에서 다음 핵으로 전달되었다.

동물 사육사들과 식물 육종가들을 어떠한 이론적 진보도 기대할 수 없는 "현장 인력"(practitioners)으로 여기던 네겔리와 달리, 더프리스는 다윈처럼 프랑스의 루이스 드 빌모린(Louis de Vilmorin)과 독일의 빌헬름 림파우(Wilhelm Rimpau), 혹은 스웨덴 스발뢰브 사육시험장(Svalöf experimental station)의 사육사들의 연구를 가장 중요한 주장을 뒷받침하는 데 빈번하게 인용했다. 더 정확히 말하자면 이들의 연구는 유전적 소인은 이산적이며, 이산 형질을 나타낸다는 그의 주장을 강화하는 사례들이었다.[281] 특히 그는 변이의 발생과 고정에 대한 분석이 그를 순수한 이론적인 종합을 넘어 유전에 관한 실험적 접근을 가능하게 할 것이라고 희망했다. 그가 어떻게 이런 목표를 훗날 달성하게 되는지는 6장에서 다룰 것이다.

마지막으로 아우구스트 바이스만의 종합을 동시대의 네겔리와 더프리스의 것과 비교하며 살펴보자. 바이스만은 그의 유전에 관한 이론을 「생식질의 연속성에 관한 논고*Die Continuität des Keimplasmas als grundlage einer Theorie der Vererbung*」(1885)에서 발전시켰으며, 이를 확장한 작업이 그의 『생식질: 유전 이론*Das Keimplasma. Eine Theorie der Vererbung*』(1892)이다. 네겔리와 같이 바이스만 역시 "유전성 원형질" 혹은 "유전질"에 해당되는 "생식질"과 체세포(body plasm), 혹은 "소마"를 구별했다. 전자는 세대를 거쳐 유전의 연속성을 보장했다. 후자는 개별적으로 발생하는 생명체의 기원이었다. 그러나 이런 기능적 구별 외에도 바이스만은 유전질이 특정한 "알부미네이트"로 이루어져 있다고 단언한 네겔리와 달리, 더프리스처럼 생식질이 본질적으로 원형질의 나머지, 혹은 소마에서 활성화되는 동일한 유기 분자로 이루어져 있다고 보았다. 그러나 바이스만은 동시에 더프리스와 달리 생식질의 구성은 복잡한 체계로 "역사적으로 전달되는 고정된 구조"라고 보았으며,[282] 그의 이론에 따르면 이 구조는 "생기의" 원초적인 "담지자"인 "비오포어"(biophors)가 "디터미넌트"(determinants)로 통합되고, 디터미넌트는 "이드"(ids)로 통합되며, 이드는 "이단트"(idants)로 통합되는 것이었다.[283] 이단트는 형태학적으로 관찰할 수 있는 염색체와 대략 동등한 것으로 생각할 수 있다(그림 4.1).

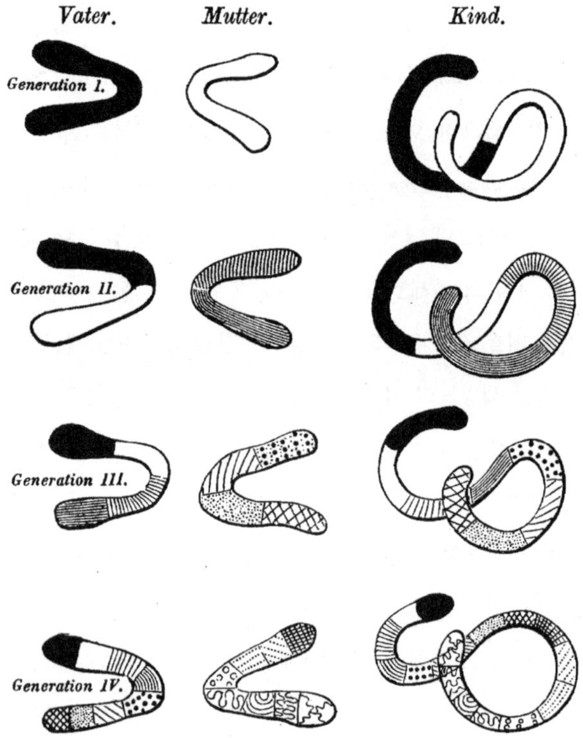

그림 4.1. 위 그림은 개별 구성 요소("이드")로부터 염색체("이단트")가 구성됨을 묘사한 것이다. August Weismann, *Das Keimplasma* (Jena: Fischer, 1892).

더프리스의 판겐과 비교하는 관점에서 보자면, 바이스만은 비오포어가 핵 내 저장소를 형성하고 이 저장소의 일부가 개체 발생 과정에서 분열 세포 구성을 위한 "재료"로 이용될 세포질로 선택적으로 분열된다고 생각했다.[284] "이 비오포어들은 핵에 들어있는 유전질뿐만 아니라 세포-물질(cell-substance)로 분열되는 형태질(morphoplasm)에 이르기까지 모든 원형질을 구성한다."[285] 바이스만의 이론에서 생식질은 난자에서 성인 개체로 발달하는 과정에서 "유전질 내에 존재하는 메커니즘"을 좇아 규칙적인 형태로 배치되는 것이었다.[286] 동시에 유전질의 역사적 구조

전체가 다른 신체와 공간적으로 분리된 생식계열에 존재하여 설사 그것이 변형되더라도 영향을 받지 않았다. 생식질의 그 총체는 생식계열에 온전히 보존되었지만, 개체발생 중에는 소체 내에서 비가역적으로 분화하며 발현되었다(그림4.2). 그렇기 때문에 바이스만은 1885년에 발생에서 핵질에 관해 우리가 여전히 마주치는 군사적 은유들을 덧붙였다.

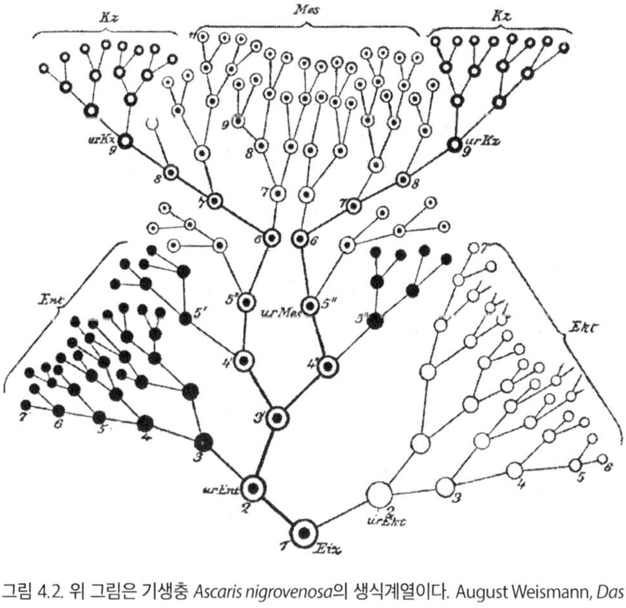

그림 4.2. 위 그림은 기생충 *Ascaris nigrovenosa*의 생식계열이다. August Weismann, *Das Keimplasma* (Jena: Fischer, 1892).

> [발생에서의 핵질]은 어떤 의미에서 군대에 비견할만하다...군대 전체를 생식세포의 핵질을 타나내는 것으로 생각할 수 있다. 최초의 세포분열은 유사하게 형성되었지만 다른 임무를 맡은 두 군단으로 표현할 수 있다. 그리고 이후의 분열은 사단, 여단, 대대, 중대 등으로 계속해서 분할되는 것에 상응한다. 그리고 해당 집단이 더 잘게 쪼개져 단순해질수록 그들의 행동 반경 또한 제한된다.[287]

바이스만은 네겔리와 달리 생식계열을 통해 전달되는 핵의 세포질이 독립된 물질로 이루어져 있다고 생각하지 않았다. 하지만 소마와 비교할 경우 이는 완전히 다른 체제의 대상이었다. 이는 생식질이 세대를 거쳐 계속해서 온전한 상태를 유지하며 전달되고 그러므로 완전히 새로운 개체로 발현될 잠재성을 지닌다는 데서 그러했다. 바이스만의 획득 형질 유전에 대한 거부는 이와 같은 두 체제의 구별에 기초했다. 그리고 분화된 체세포가 생식세포로 되돌아갈 방법이 없다는, 이와 평행하는 가정에 기초한 것이기도 했다. 바이스만의 구상에서 이는–그가 보기에는 불가능한-집단군의 기능을 수행하는 대대에 버금가는 것이었다.

"바이스만의 유산"에 대한 셀 수 없이 많은 논급들은 바이스만이 생식계열로 전달되는 핵질이 새로운 형질을 얻을 수 없다고 가정하지 않았음을 종종 간과한다. 그는 생식질의 자발적 변동성을 가정했고, 외부 환경 인자에 직접 영향을 받을 가능성도 상정했다.[288] 예를 들어 그의 나비 실험은 환경의 직접적이고 유도된 영향을 가정했다. 이런 가정은 생식질의 변이의 조작가능성, 혹은 그의 표현대로라면 생식질에 대한 "외재적 영향"(*Mediumeinflüße*)의 직접적인 작용을 함축했다.[289] 따라서 바이스만은 유럽 북부에서 남부에 걸쳐 분포하는 작은주홍부전나비(*Polyommatus phlaeas*)의 날개 색깔의 유전 가능한 차이들이 기후 조건과 영향 공급의 차이, 특히 다른 지역 간의 온도차에 기인한 것일 수 있다고 가정했다. 그러므로 그의 나비 배양에서 바이스만은 온도 자극을 연구하면서 자연에서 환경 경도에 의해 발생하고 자연선택의 결과 고정된 효과들을 실험적으로 유발할 수 있는지 탐구했다. 더프리스의 실험과 달리, 바이스만의 실험은 결과적으로 사육사들과 육종가들의 이종교배 활동보다는 생식 계열의 유전 가능한 변이 형질의 발현과 이에 대한 외재적 영향에 의한 유발과 관련된 생리학적 고려들에 자극을 받아 이루어졌다. 그러나 이 실험들은 완결되지 않은 채 남았으며 그의 실험적 성취를 훨씬 뛰어넘는 탁월한 체계인 바이스만 자신의 유전 이론에는 크게 기여하지 못했다.

"경성" 유전과 "연성" 유전

그러므로 19세기 후반 단일한 유전 이론 같은 것을 만들려는 노력이 자연사(다윈), 통계(골턴), 생리학(베르나르), 식물학(더프리스, 네겔리), 동물학(바이스만), 세포학, 그리고 의학 일반에 이르기까지 여러 생명과학 분야들에서 이루어졌다. 이 장에서 남은 과제는 무엇이 당시 생물학 연구자들로 하여금 유전에 관한 광범위하고 지나치게 열성적인 추론들을 추구하게 만들었는지를 설명하는 일이다. 그러므로 우리는 이런 이론적 과잉이 새로운 주제가 중요한 것으로 인식되었다는 점뿐만 아니라 동시에 보다 일반적으로 이 저자들이 이용한 사회정치적 비유들 가운데 빈번하게 나타나는 깊은 불확실성의 감각을 반영한다고 말한다. 그간 과학사학자들은 19세기 유전 이론의 역사를 주로 "연성" 대 "경성"[290]이나 "혼합" 대 "비혼합" 유전[291]과 같은 대립항을 이용해 서술해왔다. 그들은 그러므로 고전유전학의 발달로 귀결되는, 혹은 입장에 따라서는 퇴락해버리고 마는 서술을 채택해왔다.

이런 대립항적 서술들이 이 시기의 이론적이고 당시 순수하게 가설적으로 여겨지던 시각들의 다양성을 포착하지 못할 뿐만 아니라 심지어 때로는 가로막기도 한다. 이에 대한 면밀한 검토는 유전 메커니즘에 대한 제반 추론들이 19세기 말까지 이 같은 양극단의 입장에 따라 조직화되지는 않았음을 보여준다. 만약에 이들이 종국에 명시화되었다(articulated)면, 이들은 다소 느슨하게 정의된 채로 남아 있었을 것이었다. 일례로 의사들 사이에서 부모의 질병이 아이들에게 "각인"(stamp)될 수 있다는 믿음은 널리 퍼진 채 남아 있었다. 심지어 바이스만의 생식계열 원리가 받아들여지기 시작한 이후에도 알코올과 같은 물질들이 생식계열을 "중독시킬" 수 있다는 의사들의 가설 제기는 멈추지 않았다. 이는 적어도 손상의 형태를 띤 유전 가능한 변화들은 실제로 고스란히 획득될 수 있음을 함축했다.[292] 의사들만이 이런 생각에 이끌렸던 것은 아니었다. 우리가 보았던 것처럼, 바이스만조차도 환경이 생식계열에 영향을 끼칠 가능성을 배제하지 않았고, 심지어 이를 실험을 통해 검토해보기도 했다. 혹자는 논쟁을 이끌어내기 위해 이런 것들이 유전 개념에 대한 "연성" 및 "경성"적 이해 모두를 반영한 결과라고 말할지도 모른다. 환경 인자가 유전 물질의 변화에 영향을 끼칠 수 있다는 점에서는 "연성"적이지만, 이런 변화가 일단 발생한 이후에는 원죄라는 명백한 유비처럼 불변한 채 생식계열에서 전달된다는 것이다. 유사하게, 19세기 말 사회진화론, 특히 허버트 스펜서의 영향력 있는 사회 철학은 라마르크주의 관념으로 가득 차 있었지만, 이 생각들이 해당 지적 조류에 의해 퍼진 인종주의적 확신들을 약화시키지는 않았다.[293]

유사하게 다윈의 판겐과 골턴의 혈통과 같이 다른 이론적 제안들도 부모의 형질이 자손의 외관에서 합쳐져서 나타나거나 "혼합될" 수 있다는 생각과 유전 물질은 "혼합되지 않는" 영속적인 인자로 이루어져 있다는 생각 모두를 허용했다. 그러므로 "혼합"과 "비혼합" 유전뿐만 아니라 "경성"과 "연성" 유전의 분리는 1900년에 멘델주의가 유행하기 시작한 직후에야 논쟁에서 중요한 위치를 차지하게 되었다. "혼합 유전" 개념과 관련해 시오도어 포터(Theodore Porter)는 다윈이 이런 특정한 의미에 관한 어떤 표현도 알지 못했음을 상기시킨다. 골턴과 같이 다윈에게 혼합은 항상 가시적 형질들과 연관되었으며, 이 형질들은 유전 과정이 아니라 유전의 결과로 나타나는 것들이었다. 결과적으로 골턴은 "혼합 유전"이라는 표현을 특정 잡종의 외양을 가리키는 경우에 사용했지, 유전 물질 내에 존재할 것으로 추정되는 메커니즘을 말했던 것이 아니었다.[294]

19세기 말에 유전 물질의 물질적 구성과 그것의 인과적 힘에 대한 질문들은 유전 메커니즘에 대한 정확한 본질에 관한 질문보다 훨씬 더 근본적인 중요성을 갖게 되었다. 따라서 이 질문들은 이후의 고전유전학에서 논의될 때보다 훨씬 더 격렬하게 토의되었다. 질문의 최우선순위는 유전 과정에 연루된 유기 인자들의 상호 관계, 그리고 이것이 가능한 포괄적인 유기적 체계와 맺는 관계와 관련되었다. 이 요소들, 특히 다윈과 더프리스에 의해 가정된 인자들은 적절한 조건에서 자유롭게 재결합하고 개별적으로 발현될 수 있을 정도로 자율적인가? 혹은 네겔리와 바이스만이 가정한 것처럼 이 요소들은 역사적으로 성장해 오면서 인자들이 언제 어디서 작용하도록 "요구되는" 것을 결정하는 지배적 체계에 의해 통제되는가?

그러므로 보다 일반적으로 세포 이론이 그랬던 것처럼 유전에 관한 이론들도 부분과 전체 간의 위계적 관계를 다루었다. 이런 부분과 전체 간의 위계적 관계에 대한 초점은 생물학적 비전과 정치적 비전 사이의 상호 침투를 촉진했다. 레나토 마촐리니(Renato Mazzolini)는 비르효의 유기체 개념에 관련해 이런 비전들에 걸린 현안들을 분석했다.[295] 비르효에게 유기체는 "일종의 일부의 사회적 배열이자, 사회적 종(social kind)의 한 배열"을 나타냈다.[296] 그럼에도 불구하고 비르효는 자신의 유비를 권위주의적 "국가 유기체"(state organism)에 대한 자연주의적 정당화로 바꾸려는 동시대 보수주의자들의 시도에 확고히 반대했다. 1894년에 출판한 의사와 국가와의 관계에 대한 논문 「국가와 의사들 *Der Staat und die Ärzte*」에서 그는 국가는 "결코 유기체가 아니며 앞으로도 그럴 것이다. 국가는 단지 유기체들의 복합체일 뿐이다. 그러므로 소위 국가 유기체라 불리는 것은 오직 개인들의 발전이 최우선적으로 주어지는 경우에 꽃피우게 된다"라고 주장했다.[297] 비르효에 따르면, 총체로서 이 유기체를 지배하는 "생기력"의 "국가적 원리"는 특정적이고 유전되는 세포들을 근원으로 하는 "발생적 힘"의 원리에 기초해야만 했다.[298]

만약 이 시기를 특징짓는 것이 이분법이라면, 유전이 힘으로 생각되었는지, 아니면 물질적 구조로 여겨졌는지에 대한 질문이 제기된다. 장 기용이 보여주었듯이, 이에 대한 논의는 19세기 내내 격론을 불러일으켰다.[299] 유전이 힘이라는 데 찬성했던 이들은 요한 프리드리히 블루멘바흐가 형성 충동(*Bildungstrieb* 혹은 *nisus formativus*)의 개념으로 전형적으로 보였던 후성적 이해들에 스스로를 쉽게 연결시킬 수 있었다. 후성적 관점에서 이런 힘은 발생적(generative)이었다. 유전의 맥락에서 그 기능은 특정한 유형을 유지하는 것으로 전환되었다. 예를 들어 프로스퍼 루카스는 그의 "유전 법칙"을 정확히 이런 식으로 규정했다. 반면 다윈은 "유전의 힘"(force 혹은 power of inheritance)을 다소 불특정한 방식으로 논했다. 동시에 다윈은 이런 힘이 "얼마나 미약하고, 변덕스러우며, 부족할" 수 있는지를 지적했다.[300] 19세기 동안 사육사들과 육종가들은 대체로 유전을 세대를 거쳐 축적되고 강화되는 혹은 방치하여 약화되는 힘으로 이해했다.[301] 마지막으로 골턴의 "조상 유전 법칙"에서 유전은 우리가 다음 장에서 볼 것과 같이 측정 가능한 힘 혹은 "경향"으로 여겨졌다.

에너지론이나 범심론적(panpsychic) 관점을 탐닉하던 저자들 역시 유전을 힘으로 보는 이해에 동의했다. 이들 가운데 가장 저명한 인물 중 하나가 일원론자이자 독일에 다윈주의를 보급하는 데 힘쓰던 에른스트 헤켈(Ernst Haeckel)이었다. 1876년에 출판된 『작은 입자들에서의 파동 형성 *Die Perigenesis der Plastidule*』에서 그는 생식질이 특정 진동 상태로 특징지어지는 분자들로 이루어져 있다고 상상했다. 개체발생 동안 분열하는 세포들은 다른 외재적 조건들에 노출되며, 그에 따라 진동 상태가 변화했다. 이에 기초해 헤켈은 개체발생적 발달과 계통발생적 발달을 정확히 평행하는 과정으로 상정했다. 그의 "생물발생 법칙"(biogenetic basic law)은 "획득 형질의 유전"에 관한 동일한 메커니즘이 두 발달 과정 모두에서 작동한다고 주장했다. 나아가 헤켈은 유전을 각각의 유기체가 각 개체들의 발생에서 계통발생을 반복할 수 있게 만드는 본질적인 보존력으로 이해했다. 신조어를 만드는 일을 좋아했던 헤켈은 이 과정을 "반복발생"(palingenesis)이라고 불렀다. 변이들은 "변형발생"(*Fälschungsgeschichte* 혹은 cenogenesis)과 같은 것을 일으킴으로써 이런 과정들을 방해했다.[302]

이 짧고 불완전한 목록은 서로 다른 개념들이 "힘"이라는 포괄적인 용어에 의해 다루어질 수 있음을 보여준다. 그러나 유전적 힘에 대한 이 모든 다른 종류의 개념들의 존재에도 불구하고, 유전 현상이 물질적 구조와 연결되어 있다는 대안적인 시각이 점차 널리 퍼지기 시작했다. 동시에 많은 결정적인 질문들이 논쟁거리로 남아 있거나 새로운 논쟁을 불러 일으켰다. 유전 물질의 원천은 조상 유기체 그 자체인가 혹은 개별 유기체로부터 독립적으로 "스스로"를 전달하는 어떤 것인가? 어떤 조건 하에서 어느 정도로 획득 형질이 유전될 수 있는가? 생식질은 특정한 물질로 이루어져 있는가? 그렇다면 어디에 위치해 있는가? 핵과 같은 특정한 세포 구조 내에 자리해 있는가? 유전 물질의 근본적인 구성 요소는 무엇이고, 어떻게 이 근본 단위들이 다른 것들과 연관되는가? 이 구성 요소들은 결합이나 혼합 과정을 거치는가, 아니면 결코 상호 결합되지 않는가? 유전 구성단위는 미립자이자 본질적으로 서로 독립적인가, 아니면 분리 불가능한 복잡한 체계를 이루고 있는가? 어떻게 이들이 미래 유기체를 형성하는가? 직접적이고 일생에 걸쳐 영향을 끼치는 결정 인자로 작용하는가, 아니면 오직 발생 과정의 첫 단계에서 안내의 역할만을 맡는가? 마지막으로, 두 성별은 유전 과정에서 어떤 특정한 역할을 맡는가?

19세기 후반에 마지막 질문과 관련해 거대한 단절이 일어났다. 과거 발생 이론들에서는 두 성별이 후손에 끼치는 비대칭적인 기여가 거의 보편적으로 가정되었으며, 이는 당대의 남성과 여성 간의 법적, 정치적 관계를 반영한 것이었다.[303] 만약 이런 비대칭성이 아리스토텔레스나 17-18세기의 "난자론자" 혹은 "정자론자"들이 주장했던 것처럼 수정 행위 그 자체에 자리한 것이 아니라면, 적어도 배아에 대한 산모의 "상상"의 영향을 포함해 산모의 형상적인 영향(formative influence)에 관해서는 당연한 것으로 여겨졌다.[304] 19세기에는 특히 아이의 성별이 산모의 영양과 행실에 기인한다는 생각이 널리 퍼졌다.[305] 19세기 후반부에 세포학적 연구들이 정자와 난자 사이에 존재하는 크기와 형태 사이의 극단적인 차이의 존재가 비대칭적 작용의 증거로 나타났더라도, 이런 비대칭성에 대한 문제제기가 이루어졌다. 이를 배경으로 20세기 초 유전 과정을 세포핵 내부로, 염색체 간의 교환 과정으로 전환시키려는 시도는, 비록 그 반대임을 시사하는 압도적인 증거에도 불구하고, 여성과 남성이 동등하게 다루어지는 수준을 선정하려는 절박한 시도로 읽힐 수 있다.[306] 그러나 결과적으로 "세포핵 독점론"은 여성의 몸(하비의 견해에 대한 사례에서 보았듯이)이 후손을 형성하는 영향력을 행사하는 영역에서 제거되고 으레 "환경"이라고 불리는 것의 일부로 개념화되었음을 함축했다. 이외에도, 비록 모친을 통해 부계의 기여를 훨씬 초과하는 정도로 "전달"되더라도, 수정란의 세포질은 유전의 영역에서 배제되었다.[307]

이런 강도 높은 논쟁에도 불구하고, 19세기 말의 지식은 앞에서 제기된 유전에 관한 여러 질문들에 대해 일반적으로 수용될 만한 대답들을 제공하지 않았다. 그렇지만 이 장에서 논의된 생물학자들 사이에서 발견되는 공통된 의견도 일부 존재한다. 다윈 이후 유전에 관한 고찰들은 점차 조상과 후손 시이의 관계, 즉 특정 개체 간의 수직적, 통시적 관계보다는 점차 공통 유전 기질(基質)에 대한 집단과 세대 간의 공시적 관계를 둘러싸고 전개되었다. 통시적 조상 개체들의 중요성 상실과 동시대 개체들 간의 관계를 정의하는 유전 소인들의 공통 계열에 대한 선호는 사회 진보에 도취된 19세기 말의 맥락에서 유전이 과거보다는 미래에, 그리고 전통에 대한 정당화와 설명보다는 전통의 지속가능한 팽창에 더욱 연관되었던 점과 관련된 것으로 보인다.

문화과학 및 생명과학에서의 유전 관련 담론에서 과거는 끔찍한 "퇴락"의 형태로 현재를 위협하는 존재, 혹은 각 세대마다 새로이 전유되어야만 하는 "유산"으로 나타났다. 18세기에 유전의 수사가 법적 영역에서 생명과학으로 이동한 반면, 19세기 말 유전에 관한 생물학적 개념은 우리가 다음 장에서 볼 것과 같이 문화적, 정치적 관점들의 연료가 되기 시작했다.[308] 실제 생물학의 영역에서 동물 사육과 식물 육종은 미래에 성취될 수 있는 목표를 향한 활동들로 자리매김함으로써 중요한 모델을 제공했다. 그러므로 초기 멘델 유전학이 당시 생물학의 일반적인 경향을 반영해 사육 및 농업적 관심과의 긴밀한 연관에 흥미를 보였던 것이 놀라운 일은 아니다. 유전학은 유전 현상이 "미래 세대로 나아가"도록 "유도"하는 결정적인 단계로 이해되었다.[309] 6장에서 자세히 논의될 것처럼, 멘델주의 관점에서 유기체의 유전적 구성은 그 조상 개체들의 먼 역사로부터도, 현재의 유기체 그 자체에 의해서도 확립될 수 없었다. 그것은 오직 그 후손 개체에 의해서만 유도될 수 있을 것이었다.

제 5 장

유전, 인종, 우생학

우리가 이전 장에서 검토한 으레 소수의 사람들 사이에서만 공유되고 과학적으로 박식한 청중을 대상으로 삼았던 추론적인 유전 이론들은 빙산의 일각이었다. 다윈의 『종의 기원』 출판에서부터 제2차 세계 대전의 종결 사이의 시기동안 국민의 건강을 요구하는 위협과 약속들, 그리고 유전 효과를 촉진시키거나 막는 것을 제안하고 수행하는 정책들은 여러 정치 논쟁들에서 핵심적인 사안이었다. 따라서 19세기 말에 이런 논쟁들과 유전 과학 간의 연관이 등장하기 시작한 것은 당연해 보인다. 우생학과 (독일어권 국가에서 두드러지게 유행했던 표현인) "인종위생"(racial hygiene)은 스스로의 분야를 당면한 의학적, 사회적 문제들을 해결하는 일에 새로운 유전 지식을 응용하는 학문 분야로 광고했으며, 이런 해결책을 제공하는 것과 자신들의 새로운 과학의 연관성에 관한 대중의 인식을 제고하는 데 몰두했다. 그러나 우생학과 인종위생의 역사를 면밀히 살펴보면 1900년 전후의 유전

과학과 인간 유전에 대한 우생학적 응용은 그 수사에 의해 함축된 것보다는 훨씬 더 느슨했다. 그렇다고 덜 흥미로운 것은 아니지만 말이다.

먼저 1900년경에 우생학이 누렸던 중요성은 동시대 생물학의 발달과는 대체로 별개인 장기간에 걸친 두 역사적 발전을 배경으로 두고 검토되어야만 한다. 한편으로 캐나다, 호주, 남아프리카, 아르헨티나와 같은 웨스턴 오프슛 국가들뿐만 아니라 유럽의 여러 국민국가들과 미국은 극적인 인구 변동을 겪고 있었다. 이들 변동들은 미국 인구학자 워렌 톰슨(Warren Thompson)에 의해 이후 "인구 변천"(demographic transition)으로 알려지게 된 일반 모델에 의해 처음으로 요약되었다.[310] 이 모델의 주요 매개변수는 다음으로 요약될 수 있다: 기대수명의 증가 이후 출생율의 감소가 이어지는데, 그 사이의 시간 차 동안 이루어지는 발전들이 초기의 급격한 순 인구 성장을 만든다. 이런 발전들은 농촌 지역에서 도시 지역으로의 인구 이동, 농업 및 상업 생산성의 극적인 증가와 그에 따른 생활수준의 일반적인 증가를 포함한다. 덴마크와 같은 작은 유럽 국가들은 이런 변화의 규모를 보여주는 좋은 사례이다. 1801년과 1901년 사이에 360,000명의 덴마크인이 농촌에서 코펜하겐으로 이주했으며, 1880년대에만 143,000명이 이주했다. 그 결과 덴마크의 농촌 인구는 850,000명으로 급감했다. 동시에 덴마크의 전체 인구는 아메리카 대륙으로의 대량 이주에도 불구하고 929,000명에서 4,281,000명으로 증가했다.[311] 물론 미국은 "폭발적" 인구 성장의 대표적인 사례를 제공한다. 1870년에 독일 제국의 인구와 가까스로 비슷하던 미국의 인구는 20년 만에 러시아를 포함한 유럽 전체 인구보다 더 많아졌다.[312] 1890년과 1911년 사이의 독일 제국에서의 출생률 비교는 어떻게 이런 인구 변천 과정에서 생식 행위가 극적으로 변화했는지를 나타낸다. 1890년 출생률은 거주자 천 명당 40.9에 달했지만, 1911년에는 28.2로 하락했다.[313]

1900년경 유전에 관해 증대된 대중적 관심과 관련해 검토되어야 할 두 번째 장기사적 발전은 의학의 점진적인 사회화와 정치화이다. 국가들 간에 공중보건 체계 설립과 관련한 눈에 띄는 차이들이 존재한다. 프랑스에서 이 과정은 19세기 초에 시작되었다. 독일 제국의 경우 공공 건강 보험 제도는 비스마르크의 통치 가운데 사회 보장 개혁의 일부로 1883년에 도입되었고, 영국의 국가의료제도(National Health Service)는 2차 세계 대전 이후에 만들어졌다. 그리고 미국에서는 오직 최근에 들어서야 연방 차원의 전국적인 의료 서비스 제도를 채택했다. 이런 차이에도 불구하고 한 가지 일반적인 경향이 분명하게 공통적으로 발견된다. 점차 "돌팔이"로 비하되기 시작한 자기-치료와 치유에 관한 전통적인 방법들이 소멸되는 동시에 의료 서비스의 제공이 점차 전문화되었다는 것이다. 변호사들 대신 대학에서 훈련된 의사들이 의료 부문에 관한 행정적, 정치적 직위들을 차지하기 시작했다. 국가 관리자들은 질병 예방을 목적으로 사회적, 가족적 삶뿐만 아니라 개인의 생활 습관에도 개입할 준비를 갖추었다.[314] 그리고 전체 인구를 연구 대상으로 삼은 인구학, 역학, 위생학, 사회의학과 같은 분야들이 등장했으며, 이들은 위의 목적들과 관련해 국가로부터 상당한 지원을 받을 것이었다.

비록 인구 변천과 공중보건체계의 등장 간의 관계를 결정론적인 관점에서 논하기는 어렵지만, 이 두 역사적 발전은 긴밀하게 뒤얽혔다. 사회의 고소득층에서 시작하여 저소득층으로, 종국에는 농촌으로도 이어지는 출산율의 감소와 도시 프롤레타리아트 사이에서 중대한 보건 문제를 야기하는 재앙적인 위생 조건들은 과학 및 정치 엘리트들에게 국가 인구의 "퇴화"의 중대한 징후로 인식되었으며 특히 제1차 세계 대전 동안 그러했다.[315] 그러므로 보건은 국가 개입의 대상이 되었으며, 공중보건 의료는 의학사학자 폴 바인들링(Paul Weindling)의 표현을 빌리자면 "산업화의 대격변기 동안 응집되고 통합된 사회"를 성취하기 위한 우선적인 수단 가운데 하나가 되었다.[316] 이런 위협들에 대한 대응은 나라마다 달랐다. 예를 들어 독일어권 국가들에서는 1차 대전 시기까지는 자유주의적 전문가 엘리트들이 공중 의학 부문을 지배했다. 이 집단의 대표들은 의료 전문직의 자주권을 주장하며 허가받은 의사와 환자 사이의 사적 관계에 대한 국가의 어떤 개입도 반대했다.[317] 바인들링이 자세히 보여준 것처럼, 우생학, 인종위생, 인구 정치의 이름으로 헌신하며 국가 사회주의 체제 하의 범죄들로 나아가게 된 궤적은 결코 단순하지 않았다. 그보다 그것은 개인들 간, 전문직업 간, 다른 사회 집단 간, 그리고 국가 당국자들 간의 관계에 대한 강도 높은 이데올로기적 충돌로 가득했다. 몇몇 의사들, 생물학자들, 그리고 지식인들이 우생학과 인종위생의 이름으로 열렬히 추진했던 권위주의적이고 기술관료적인 "해결책들"은 계속해서 강력하고 격렬한 저항을 극복해야만 했다.

그러므로 우생학과 인종위생을 단일한 정치 운동의 일부였다고 여기지 말아야 한다. 과거 30년간 이루어진 여러 국가적 맥락들에서의 우생학의 역사에 관한 수많은 연구들은 우생학과 관련해 놀랄 만큼 다양한 계획적 입장들과 연합들이 존재했음을 나타낸다. 우생학적으로 추동된 계획들은 독일 이외에도 북미, 영국, 프랑스, 스칸디나비아 국가들, 러시아, 이후에는 소련, 남아메리카, 그리고 식민지 지배하에 있던 일부 아프리카 및 아시아 국가들에서도 존재했다.[318] 이들 국가 단위 이니셔티브들 외에도, 일부 우생학자들은 20세기 초에 국제 조직을 만들기도 했다.[319] 우생학적 인구 정책 수립에 대한 요구는 우파 인종주의자들에 의해서만 제기된 것이 아니었다. 예를 들어 독일 사회 민주주의 운동을 이끈 카를 카우츠키(Karl Kautsky)는 1910년에 『자연과 사회의 번영과 발달*Vermehrung und Entwicklung in Natur und Gesellschaft*』이라는 제목을 단 책을 출판했다. 그는 "인공선택" 조치들이 모든 사회에서 "생존 투쟁을 위해 일어나는 자연선택"의 과정을 대체해야 한다고 제안했다.[320] 여전히 우생학에 경도된 사회주의자들은 보통 강제 단종 수술이나 안락사에는 반대했으며, 대신 교육과 자발적 산아 제한에 희망을 걸었다. 우파 위생론자와 달리, 사회주의자들은 모든 사회 구성원들에 대한 더 나은 위생과 치료적 조건의 확대에 대해 이런 조처들이 우둔하고 우생학적으로 "부적격자"(unfit)인 사람들만 늘릴 뿐이라는 근거로 반대하지는 않았다.[321]

1900년경의 우생학적 주장의 다양성과 대중성에도 불구하고 ("우생학"은 1910-13년 『정기 간행물에 관한 리더스 가이드*Reader's Guide to Periodical Literature*』에서 가장 빈번히 이용된 항목 가운데 하나였다), 우생학자들은 참된 대중 운동을 만들어내는 데에는 결코 성공하지 못했다.[322] 1907년 설립된 영국우생학교육협회(British Eugenics Education Society)의 회원 수는 1,700

명을 넘지 못했고, 1923년에 여러 지역 조직들의 연합체로 출범한 미국우생학협회(American Eugenics Society)는 가까스로 1,000명이 넘는 회원을 확보할 수 있었다.[323] 이는 독일에서도 마찬가지였다. 인종위생학회(Society for Race Hygiene)의 회원 수는 1913년에 425명(여성 회원 111명), 1930년에 1,300명이었다. 게다가 이들 조직들은 명백히 의사, 대학 교수, 엔지니어, 교사와 같은 전문직에 종사하는 중산층 회원들에 의해 주도되었다.[324] 사회학자 도널드 맥켄지(Donald MacKenzie)가 주장하듯이, 우생학적 문제들에 대한 참여는 이 중산층 집단의 사회적 지위를 강화하는 한 가지 방안이었다. 우생학 조직의 회원들은 정치인들과 국가 관료들에게 스스로를 긴급한 사회적 문제에 관한 합리적 해결방안을 제시할 수 있는 전문가로 소개했다.[325] 1900년 이후 멘델주의 유전학의 패권이 급속히 확대된 배경 중 일부는 과학적으로 정당화된 사회적 기술을 약속한 데 있었다. 이 점에 관해서는 다음 장에서 자세히 다룰 것이다.

우생학 단체들의 회원 수와 회원들의 사회적 계층은 우생학적 주장의 설득력이 단순히 중앙에서 혹은 "위로부터" 조직된 정치 프로파간다의 탓으로 돌릴 수 없음을 시사한다. "유전의 향상"에 헌신한 일부 조직들은 마음이 맞는 사람들 간의 결혼을 중매하는 기관이나 매한가지였다. 이들은 더 넓은 공적 담론의 작고 종종 별난 일부였다.[326] 우생학적 주장들은 모든 종류의 맥락들에서 동원되었으며, 이런 주장들은 이를 사회적 개혁, 혹은 심지어 혁명을 목표로 한 이들에게 이용되든, 서구 문명의 몰락을 예견하며 이를 막기 위한 수단들을 모색하든 그렇지 않든 간에 동일하게 남아 있었다. 우리는 이미 노동-계급 운동과 의료 보건

체계의 개혁 시도를 한 가지 관련된 배경으로 언급했다.

여성참정권운동은 우생학적 주장이 동원되는 또 다른 중요한 맥락이었다. 성적 독립과 재생산권의 독립, 그리고 참정권에 대한 요구는 자주 우생학적 논의들에 의해 지지되었다.[327] 예를 들어 1919년에 미국 페미니스트 마거릿 생어(Margaret Sanger)는 "적자(適者)로부터 더 많은 수의 아이를, 부적자(不適者)로부터는 더 적은 수의 아이를 [낳게 하는 것이] 산아제한의 핵심 이슈"라고 주장했다.[328] 매춘에 관한 논쟁 역시 성병이 유전 물질을 공격한다는 관점 덕분에 우생학적 논의들로 가득 차 있었다. 유사하게 사회 개혁가들이 현대적인 생활방식, 특히 현대 도시 생활을 인종적 퇴화의 원천이라고 공격하는 동안 금욕주의자들은 술과 담배를 "인종의 독극물"이라고 맹렬히 비난했다. 이런 우생학적 용어들과 슬로건들을 인종주의적, 민족주의적 운동들이 취했던 것은 자명해 보이지만, 동일한 슬로건들이 아프리카계 미국인이나 시오니스트처럼 인종주의적 운동에 의해 탄압을 받아 온 소수민족들의 정치적 해방 투쟁 가운데 종종 채용되기도 했다.[329]

그러므로 1920년대 말부터 1930년대 초 사이에 독일, 북미, 스칸디나비아에서 이루어진 단종법의 제정은 광범위한 사회적 합의에 기초한 것이었다. 우생학적 관점은 사회적으로 수용할 만한 것이었고, 우생학적 요구들은 미래 세대의 건강에 관한 당시 널리 퍼진 우려들을 반영한 것이었다. 게다가 단종에 관한 강압적 절차들과 온전히 생물학에만 기댄 논거들은 나치 독일과 미국과 캐나다의 일부 주의 사례를 제외하고는 대체로 매우 부차적인 역할을 맡았다.[330] 단종은 보통 시술 대상인 개인이나 가장 가까운 친척의 공식적인 동의를 요구했고, 단종 수술 실시에 대한 결정은 대상이 되는 "환자"가 아이를 양육할 능력이 있는지에 기초했으며, 이런 종류의 질문에 관해 심지어 당시로서도 순수하게 생물학적 이유에 기대어서 대응하는 일이 불가능했다. 이는 왜 스웨덴과 같은 나라에서 1970년대까지도 단종법이 대중의 우려 없이 계속 유지되었는지를 약간이나마 설명해줄지도 모른다.[331]

우생학에 관한 대부분의 역사 연구들은 우생학 운동들을 지탱하던 유전 개념들에 대해서는 검토하지 않는다. 대신에 이 연구들은 보통 우생학 독트린의 이데올로기적, 정치적 영향에 초점을 맞춘다. 만약 유전 개념을 규정하려는 시도가 이루어졌다면, 그것은 보통 "경성"과 "연성" 유전이라는 낡아빠진 이분법을 동원한 것이다. 결국 획득 형질의 유전을 가정한다면 인구 집단의 "유전적 건강"을 생활수준의 향상을 통해서 증진시킬 방안을 모색하는 조치들을 위한 최소한의 여지가 생기게 된다. 반대로 획득 형질 유전의 부정은 오직 엄격한 인공 선택(strict selection)과 선택적 생식 장려(targeted breeding)만이 우생학적 목표를 성취하는 데 기여할 것임을 함축하는 일처럼 보인다. 실제로 소외 계층의 생활수준을 향상시키기 위해 사회를 개혁할 방안을 모색했던 사회주의에 경도된 우생학자들과 산아제한과 안락사를 종교적인 이유로 거부한 가톨릭의 맥락에서 신라마르크주의 입장이 특히 널리 발견된다. 이에 관한 사례들이 소련, 프랑스, 라틴 아메리카와 관련해서 매우 자세하게 검토되었다.[332] 다만 최근의 더 많은 연구들은 과학적, 정치적, 종교적 입장들이 더 놀라운 방식으로 상호교차한다는 점을 보여준다. 일부 우파 라마르크주의자들은 유독한 생활환경이 생식계열에 회복할 수 없는 피해를 입히며 이런 피해가 급진적인 우생학적 대응책을 정당한 것으로 만든다고 믿었다. 그리고 이들 가운데 일부는 바이스만의 신다윈주의나 멘델주의를 옹호했는데, 이들은 환경적 영향의 여지를 남기지 않는 "경성" 유전의 메커니즘이 범죄나 가난과 같은 사회적 현상들을 생물학적 원인으로 환원시킬 수 있다는 생각을 지지하지 않았다. 역사가 다이앤 폴(Diane Paul)은 "모든 라마르크주의자들이 민주주의자나 평등주의자들은 아니고, 모든 바이스만주의 전향자들이 복고주의자이지는 않음"을 발견했다. "과학 이론은 사회적 가소성을 지닌다. 이론들은 서로 반대되는 목적들을 지향할 수 있고 실제로 빈번하게 그렇게 한다."[333]

대부분의 대중 우생학 문헌들은 유전에 관한 특정한 이해에 대해 상세히 설명하지 않는다. 관련된 유전 메커니즘의 특색에 대해서도 보여주지 않는다. 이 부류의 문헌들은 대체로 추정적으로 다른 경제적, 사회적 가치를 지닌 사회적 집단들의 양적 비율을 줄이거나 늘리는 것을 목표("소극적" 혹은 "적극적" 우생학)로 인간 생식 행위에 대한 의학적, 관료적 개입을 주장한다. 오늘날의 표현에 따르자면 "인구학적"이라고 부를만한 이런 관점 가운데 우생학자들은 그들의 우생학적 제안들을 뒷받침하기 위해 "부전자전"과 같은 옛 속담 이상의 것을 필요로 하지 않았다. 그러므로 이들은 "정신박약자", "빈민", "범죄자", "부랑자", "유대인", "유색인종" 혹은 더 일반적으로 "부적자"나 "외적" 인구 인자들의 제거가 정치체의 "퇴락"을 막고 그들의 "국민" 혹은 "인민"을 강화시키는 적절한 도구라고 스스로와 다른 이들을 확신시켰다. 오늘날의 관점에서, 그리고 당시에도 그랬지만, 이런 생물학적 구상화들이 특정 집단의 사회적 지위와 근본 인권을 부정했다는 점이 분명하다. 이런 우생학적 주장에 대한 사회 전체의 수용은 때때로 사회다윈주의 요소들을 포함한 어느 정도 간명한, 과학관료주의적 세계관(scientocratic *Weltanschauung*)을 형성했던 다양한 이데올로기적 조건들에 의존했다. 이런 조합을 이루는 한 요인은 민족 정체성(national identity)이 문화적, 사회적으로 유관한 기술적 전문성을 배타적으로 독점하는 것으로 여겨지는 자연과학들에 의존하는 것처럼 보였다는 점이다. 또 다른 것은 "진보"가 다른 것들을 대가로 "국민 혹은 민족"이나 "인종"의 생존을 의미하는 것이 되면서이다. 우생학적 계산은 동시에 그 본성상 경제학적이었다. 목표는 "생존 경쟁"이 지속되도록 이끄는 것이 아니라, 오히려 그 반대로, "올바른" 종류의 사람들, 즉 정의상 계급, 국적, 혹은 "인종"에 따라 스스로 같은 사회적 지위를 향유하는 집단을 최종적으로 승자의 위치에 자리하게 할 방식으로 경쟁 방향을 조직하고 있는 것이었다. 우생학적 계산들을 키워내고 다시금 이런 계산들에 의해 팽창했던 깊게 뿌리박힌 불안들이 19세기 말 20세기 초를 지배했을 뿐만 아니라, 조금 더 미묘하기는 해도 오늘날의 이민, 범죄, 건강에 관한 논쟁에서도 여전히 느껴진다. 이처럼 우생학적 기획의 "평범성"은 우생학적, 인종주의적 동기를 부여받은 인구 정책이 수행되었던 것의 효용성과 "합리성"에서도 나타난다. 국가 사회주의의 절멸 캠페인을 계획하고, 관리하며, 집행했던 실무자들은 인종적 순수성에 대한 광적인 집착을 보였던 인류학자들보다는 주로 잘 훈련된 경제학자, 지리학자, 인구학자들이었다.[334]

그럼에도 불구하고 생물학과 의학이 우생학과 인종 위생의 핵심 개념들과 지도 원리들 가운데 일부를 제공했고, 거꾸로 우생학과 인종 위생 운동들이 20세기 초 유전 과학, 즉 유전학의 확립을 위한 특정한 전제 조건들 (다양한 제도들, 실천들, 작업 도구들)을 창출했다는 사실을 부인할 수는 없다. 이 장에서 우리는 유전학이 후일 의존하게 된 중요한 두 기법들이 19세기 말에 발전했던 과정을 살펴본다. 하나는 인간 변이를 양화하기 위해 인종 인류학자들이 채용한 측정 장치와 통계적 기술들이고, 다른 하나는 인간 유전에 관한 의학 연구에서 점차 중요해진 친족관계 분석을 위해 고안된 정밀한 방법들이다. 이 기법들은 집단이 각 세대마다 재분배되고 재결합하고 이를 통해 개체들의 새로운 집합을 만드는 형질, 소인, 유전자와 같은 분화소들(differential elements)로 분석될 수 있다는 생각을 증진시켰다는 점에서 유전의 역사를 이해하는데 특별히 관련성을 갖는다. 여기서의 쟁점은 그러므로 부전자전과 같은 뻔한 말이 아니라 멘델이 그의 유명한 실험을 수행했던 브르노의 수도원장 시릴 프란츠 냅(Cyrill Franz Napp)이 1837년에 일찍이 제기했던 매우 특정한 질문과 관련된다. "무엇이 유전되고, 어떻게 그것이 유전되는가?"[335]

인종과 신체계측

인류사를 다른 인종 간의 잔혹한 생존 투쟁으로 묘사한 것은 확실히 유럽 계몽주의의 가장 유독한 신기축(新機軸) 중에 하나였다.[336] 제2차 세계 대전 동안 국가사회주의 독일의 통제 하에 있던 유럽의 각 지역들에서 계획 및 실시된 반인도적 범죄들 때문에 인종 개념을 인간 집단에 적용하는 일에 대해 근본적으로 문제가 제기되면서 비판적인 거리에서 인종 개념이 유전 이론과 맺는 관계에 대한 복잡한 역사에 접근하는 것이 어려워졌다.[337] 대부분의 역사가들의 즉각적인 대응은 인종을 억압적 실천들에 대한 이데올로기적 정당화를 위해 발명한 사회적 신화로 다루는 것이었고, 실제로 이는 대부분의 맥락에서 적절한 대처였다. 그러나 이 복잡한 역사의 실타래를 풀어내려는 진지한 노력은 "인종"이 단지 순이론적인 관념이 아니라 경험을 토대로 한 것이기도 했음을 인지해야만 한다. 비록 이런 경험적 토대가 기술적으로나 사회적으로 매개된 것이었지만 말이다. 앞의 3장에서 우리는 이에 관한 두 가지 경험적 뿌리를 이미 살펴보았다. 동물 사육과 식민지 라틴 아메리카에서 원주민, 유럽인, 아프리카계통 간 혼혈인 사람들을 사법적, 행정적 목적으로 분류했던 카스타 체계 말이다.

세 번째 경험적 뿌리는 많이 알려져 있지는 않지만, 그렇다고 해서 중요하지 않은 것은 아니다. 19세기 전반에 여러 유럽 역사가들은 영국 내전(1642-1649)과 프랑스 혁명(1789)에서 주도권을 두고 투쟁한 정치 집단들을 다른 "인종들"이라고 언급하기 시작했다.[338] 그들은 그러면서 전쟁 중인 세력들에 대한 상응하는 자기 정체성을 기록하기 시작했다. 유럽 귀족 계층이 자신들의 집단의 "인종"에 속하는 것으로 스스로를 동일시하는 일은 심지어 중세 후기 "고귀한 피"에 대한 고대적 개념의 부활로 거슬러 올라갈 수 있다. 1835년에 프랑스의 역사가 오귀스탱 티에리(Augustin Thierry)는 "그 시간적 거리에도 불구하고 야만인의 정복이 남긴 것들 가운데 무언가가 우리나라에 오늘날에도 여전히 지속되고 있는 것처럼 보인다. 그리고 우리는 단계적으로 우리가 살고 있는 오늘날부터 외래 인종의 골족의 핵심으로의 침투와 선주 인종의 지배까지 내려갈 수 있다"라고 말했다.[339] 티에리는 기원후 5세기 게르만족의 일족인 프랑크족이 로마령 갈리아를 침략한 일을 언급한 것인데, 그는 여기서 프랑스 혁명으로 정점에 달했던 부르주아지와 귀족 간의 충돌의 기원을 찾았다. 이 때문에 프리드리히 엥겔스(Friedrich Engels)에게 보내는 편지에서 카를 마르크스는 티에리를 "계급 투쟁의 아버지(*le père*)"로 언급했다.[340]

카스타 체계나 근대 초기 유럽에서 사회 종교적 충돌을 그 기저에 있는 "인종 투쟁"의 결과로 재해석하는 일들 모두 인종 개념이 초기에는 순전히 체질적, 생물학적 형질들에만 연관되어 있던 것은 아니었음을 잘 보여준다. 19세기 동안 "인종"이란 용어는 "민족 혹은 국민"(nation), "인민"(people), "부족"(tribe)과 같은 다른 용어들과 동의어로 이용되었다. 그러므로 인종 개념은 그들 자신에 대한 기술과 타자 집단에 대한 서술들 가운데 체질적 형질뿐만 아니라 언어, 사고방식, 물질문화, 종교, 사회 조직 등과 관련해서 서로 다른 집단들을 포괄했다. 인류학의 역사를 탐구한 조지 스토킹(George Stocking)은 19세기와 관련해 "문화적 요인과 사회적 요인, 혹은 사회적 유전과 생물학적 유전 사이의 분명한 구분선" 같은 건 없었다고 쓴다. "많은 이들에게 '피'는 모든 문제들을 용해하고 모든 과정들을 혼합시키는 용제(溶劑)였다."[341]

이 "용제"의 이데올로기적 효용은 19세기의 "사라져가는 부족들"(vanishing tribes)을 둘러싸고 수차례 이어지던 논쟁에서 특히 잘 드러난다. 영국과학진흥협회의 제임스 코울즈 프리처드(James Cowles Prichard)가 1839년에 영국 및 국외 원주민 보호협회(British and Foreign Aborigines' Protection Society) 저널에 기고한 연설은 그 양방향적인(amphibolic) 성격을 보여주는 좋은 사례를 제공한다. 프리처드는 "유럽인들이 정착했던 곳마다 유럽인들의 도래는 토착 부족의 절멸의 전조가 되어왔다"라고 꾸밈없이 서술했다.[342] 그러나 다른 많은 이들처럼 프리처드는 "토착 부족"의 열등성이 생물학적 차이로 환원될 수 있다고 가정하지 않았다. 프리처드에 따르면, 더 중요한 것은 한편으로는 농업, 읽고 쓰는 능력, 군사 조직, 그리고 기독교에서, 다른 한편으로는 당시의 일반적인 편견에 따르면 "야만인들"을 지배하는 자기 패배적인 사고방식과 자제력 부족, 부족 중심주의, 식인 행위와 같은 자멸적 행위들에서 드러나는, 토착 집단과 뚜렷이 대비되는 유럽인 식민자들의 기술적, 문화적 우수성이었다.[343]

식민지 팽창에 관한 이런 (유럽인의 관점에서의) 낙관적인 견해는 당시 유럽의 엘리트층이 자신들이 속한 사회와 관련해 쥐고 있던 퇴화의 공포에 대한 담론적 역전(discursive reverse)이었다. 프리처드의 연설은 이문화(異文化)와 이민족의 절멸을 토착 자연에 대한 분명한 승리로 묘사함으로써 모든 도덕적, 혹은 문명적 양심들을 무시하는 대표적인 예시이다. 스코틀랜드의 지질학자 찰스 라이엘(Charles Lyell)도 그의 저서 『지질학 원리 *Principles of Geology*』(1832-1833)에서 비슷하게 식민지 정복의 보다 비도덕적인 측면들에 대해 자위했다. "하지만 우리가 진보하면서 절멸의 칼을 휘두른다면, 우리가 야기한 대파괴에 대해 푸념할 이유가 없다... 우리는 정복에 의해 대지의 소유권을 얻고, 힘에 의해 우리가 획득한 것들을 지켰지 어떠한 배제적 특권도 발휘하지 않았다는 점만 생각해야 한다. 한 작은 점에서 더 넓은 영역으로 퍼져나가는 모든 종은 이와 유사한 방식으로 다른 종들의 감소, 혹은 전체의 절멸로써 그 진보를 나타낸다."[344] 라이엘의 『원리』는 다윈이 『인간의 유래*Descent of Man*』(1870–1871)에서 꽤 유사한 언급들을 하는 데 중요한 영감을 주었다.[345] 다소 냉소적으로 말하자면, "토착 부족"의 절멸은 19세기가 제공한 자연선택 법칙의 가장 구체적인 사례를 제공했다.

"사라지는 부족들"에 관한 담론은 같은 시기에 제기된 퇴화의 담론처럼 유전에 관한 불명확한 개념들에 뒷받침 되었다. 종종 요한 고트프리드 헤르더(Johann Gottfried Herder)가 그의 『인류 역사의 철학에 관한 개요*Outlines of a Philosophy of the History of Man*』(1784– 1791)에서 "진보의 황금 사슬"(golden chain of improvement)이라고 표현했던[346] 생식에 관한 일반적인 생각 이상이 아니었던 것이 다른 언어, 문화, 인종 유형의 지속을 설명하는 데 제시되었다. 그러나 이런 맥락에서 정확하게 기술되고 측정될 수 있는 고립 형질의 전달에 대한 초점이 점차 중요해졌다. 예를 들어 프리처드는 적어도 과학의 가상 세계에서는 소멸의 운명에 처한 "부족들"을 구제할 계시적 방안을 발견했다.

> 동시에 만약 기독교 국가들이 자신이 속한 인간 종의 수많은 부족들을 완전한 절멸로부터 개입하여 구하는 일이 그들의 의무라고 생각하지 않는다면, 철학적인 관점에서 그들의 체질적, 도덕적 특성들에 대해 우리가 지금 알고 있는 것보다 훨씬 더 많은 정보를 얻는 일이 가장 중요하다. [인간] 종의 역사를 예증하는 생리학에 관한 수많은 흥미로운 문제들과 번식의 법칙은 아직 완전히 풀리지 않았다.[347]

위의 인용에서 분명히 드러나는 인간의 생리적, 심리적 형질의 다양성에 관한 관심은 18세기 유럽 자연사학자들의 라틴 아메리카의 카스타 체계의 전유로 거슬러 올라갈 수 있다. 3장에서 개괄했듯이, 피부, 머리카락, 눈의 색깔은 카스트에 대한 시각적 재현에서 일정한 역할을 맡았지만, 이런 특징들은 묘사된 개인의 사회문화적 지위와 관련된 다른 기준들, 즉 옷차림, 직업, 감정적 성격 등의 다양성 가운데 포함된 채로 남아 있었다. 린네는 그의 『자연의 체계』(1735)에서 카스타 체계를 극단적인 환원과 보편성 주장을 통해 그 원천과는 다른 추상적인 분류 도식으로 변형시켰다. 린네에게 인간 종은 네 가지 "변종"으로 나뉘었다. "하얀 유럽인", "붉은 아메리카인[원주민]", "황갈색의 아시아인" (이후 판본에서는 "노란"), 그리고 "검은 아프리카인"으로 말이다 (그림 5.1.). 『자연의 체계』의 이후 판본들은 이 네 가지 분류 체계를 네 가지 기질에 대한 의학적 교의와 연결시켰다. 아메리카인의 붉은 피부색은 담즙질의 기질을, 유럽인의 하얀 피부색은 다혈질의 기질을, (이제) "노란" 피부색의 아시아인은 우울질의 특성을, 그리고 아프리카인의 검은 피부색은 점액질의 기질을 나타내는 것으로 말이다.[348] 린네가 이런 분류 체계를 발전시키게 된 특정한 원천이 무엇인지는 알려지지 않았다. 다만 라틴 아메리카의 학자들(*savants*)이 체질적 특성과 기질 사이에 유사한 연관들을 확립시켰다는 점은 알려져 있다. 사실 중세부터 안색은 인종학적 요소는 없다 하더라도 환자의 내재적인 기질을 진단할 때 살펴보는 징후로 이용되어 왔다.[349]

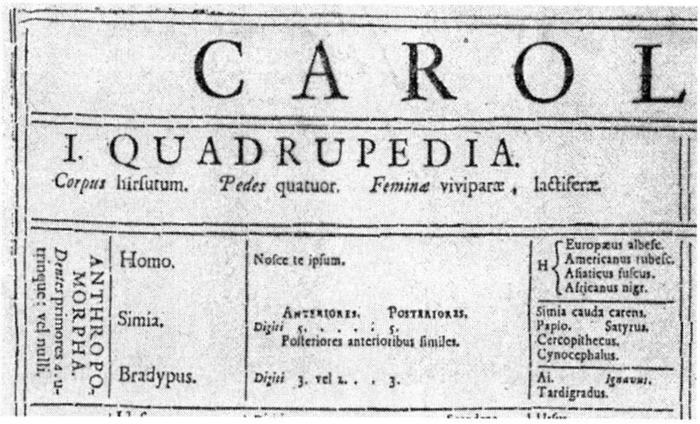

CAROL

I. QUADRUPEDIA.

Corpus hirsutum. *Pedes* quatuor. *Feminæ* viviparæ, lactiferæ.

ANTHROPOMORPHA. Dentes primores 4. utrinque; vel nulli.			
	Homo.	Nosce te ipsum.	H { Europæus albesc. Americanus rubesc. Asiaticus fuscus. Africanus nigr.
	Simia.	Anteriores. Posteriores. Digiti 5. . . . . 5. Posteriores anterioribus similes.	Simia cauda carens. Papio. Satyrus. Cercopithecus. Cynocephalus.
	Bradypus.	Digiti 3. vel 2. . . 3.	Ai. Ignavus. Tardigradus.

그림 5.1. 네 가지 인종을 구분한 표, 자세한 내용은 Carl Linnaeus, *Systema naturae* (Leiden: De Groot, 1735)에 수록되어 있다.

레나토 마촐리니는 18세기의 체질 인류학이 어떻게 피부색의 차이가 발생하는지에 관한 질문에 기초하여 설립되었다고 주장했다.[350] 이 주장을 지지하는 여러 증거들이 있지만, 동시에 하나의 역사적 퍼즐 또한 나타난다. 흰 안색, 붉은 안색, 검은 안색은 건강에 대한 신뢰할 만한 지표로 여겨져 왔으며, 이런 안색의 변화는 결국 기후, 기질적 소인, 개인의 생활방식과 같은 인자들에 의해 결정된다고 생각되었다. 그러므로 안색은 출생 당시에 결정되고 일생 동안 항구적으로 유지되는 형질로 여겨지지 않았다. 그의 도식화에도 불구하고, 린네는 체중과 신장 같은 매우 가변적인 형질들과 동일하게 피부색의 변이를 다루는 데 거리낌이 없었다.[351] 이에 더해 자연사학자들에게 피부색은 일반적으로 의심의 대상이었는데, 왜냐하면 이는 종 내에서 상당한 차이를 보이는 것이기도 했고, 결국에는 주관적 판단에 달린 것이었기 때문이다.

심지어 통상 체질 인류학의 "아버지" 가운데 하나로 불리던 요한 프리드리히 블루멘바흐는 『인류의 자연 변종들에 관하여

On the Natural Varieties of Mankind』(1775)에서 인간의 피부색이 우연적인 기원을 지니고 있으며 기후와 생활습관에 따라 달라진다고 주장했다.[352] 물론 뷔퐁이 『자연사』에서 멕시코시티에 관해 서술하며 인정했듯이, 혼혈결혼 또한 피부색 변이에 기여할 수 있었다. 그는 "멕시코의 그 도시에는 유럽인들, 북아메리카와 남아메리카에서 온 인디언 원주민들, 아프리카계 흑인, 물라토들, 그리고 각종 잡종들(mongrels)이 있어 우리는 흑백 사이의 모든 음영을 보게 된다."[353] 대부분의 초기 인류학자들은 피부색이 인종 소속의 확실한 증거라는 생각에 동의하지 않았다.

블루멘바흐의 영향을 받은 체질 인류학자들은 그러므로 피부색보다 분명하게 더 "경성"이고 "항상적"인 형질들에 관심을 갖기 시작했다. 골격 특징들, 특히 골상학과 뇌 해부학과 긴밀한 연관을 가진 것으로 여겨지는 두개골이 인류학자들의 관심을 끌었다.[354] 네덜란드의 해부학자이자 견습 조각가였던 페트루스 캄퍼(Petrus Camper)는 안면각(顔面角)을 문화적 성취에 의해 정의되는 발전 척도에서 "국민 혹은 민족"(nation)의 위치를 드러내는 확실한 증거로 보았고, 1842년에 스웨덴 해부학자 안더스 아돌프 레치우스(Anders Adolf Retzius)는 거의 한 세기 동안 체질 인류학자들이 매달릴 두개지수(cephalic index, 최대 두개 너비와 최대 두개 길이의 비율)를 도입했다. 레치우스는 이 지수를 활용해 단두형(brachycephalic)과 장두형(dolichocephalic) 사이의 구별을 만들었다. 나아가 그는 전자는 유럽의 석기 시대 집단으로 대표되고, 이 유형의 순수한 형태는 바스크족, 핀족, 사미족 같이 매우 소수 집단에서만 살아남은 반면, 후자의 경우 청동기 시대 동안 유럽을 침략한 인도-게르만 "인종"의 후손이라고 제안했다.

이런 개괄적인 이론은 즉각적인 비판을 받았는데, 예를 들어 프랑스의 영향력 있는 인류학회(*Société anthropologique*)의 설립자 폴 브로카(Paul Broca)는 더 정밀한 두개골 측정을 위한 기구들을 고안하는 데 열정을 쏟았다.

19세기 동안 측정될 수 있는 변수들의 수는 계속해서 늘어났으며, 이를 기반으로 여러 인간 변이들이 구분되었다. 측정 기술들과 기구들이 표준화되었으며, 이것들이 널리 퍼진 결과 1900년경에 이르면 인체계측학이 천문학이나 기상학과 같은 여타 "거대과학"과 비교할 만한 분야가 되었다. 모든 종류의 인체계측 자료들이 이탈리아와 스웨덴과 같은 나라들에서 징집된 군인들의 전체 코호트를 대상으로 수집되었고, 한 두개골로부터 수백 개의 형태학적 파라미터들이 도출되었다. 19세기 말에 이르면 이런 연구들의 범위가 심리적, 인지적 속성으로까지 확장되었는데, 그 사례로 독일 심리학자 빌헬름 분트(Wilhelm Wundt)의 "민족심리학"(*Völkerpsychologie*)과 20세기 초반에 알프레드 비네(Alfred Binet)와 루이스 M. 터만(Lewis M. Terman)이 발전시킨 "지능 검사"를 들 수 있다.[355]

인류학 분야에서 데이터 수집의 조작화와 기계화 추세, 즉 19세기 내내 대부분의 과학 분야에서 공유된 "기계적 객관성"이라는 강력한 추세는 두 가지 측면에서 우리의 유전의 지식사와 관련해 흥미롭다.[356] 한편으로 이는 인체계측 측정 결과들이 기질, 인종, 민도(民度)와 같은 기저에 깔린 총체론적 혹은 유형론적 실재들의 증거로 이용되는 맥락에서조차도 분식적(analytic) 관점을 증진시켰다. 이런 분석적 시선 가운데 점차 인체, 문화, 언어는 형질이나 소인, 문체의 요소, 음소, 그리고 문법 구조와 같은 더 단순한 인자들로 이루어진 대상으로 부상했다. 다른 한편으로, 이런 관점은 의도치 않게 인구 집단(population) 내에 이런 인자들의 분포 양상을 통치하는 독립 법칙처럼 보이는 대상들에 주목하게 만들었다. 18-19세기 수리 통계학의 발전은 실로 인구학적, 인류계측학적 프로젝트들과 긴밀하게 연결되었다.[357] 여기서 통계학의 역사를 모두 다룰 수는 없지만, 몇몇 역사적 사례들은 어떻게 인구 집단에 대한 분석적 측정이 "유전 법칙"의 발견을 이끌었는지를 드러내기 때문에 검토할 가치가 있다.

이 사례의 주인공은 프랜시스 골턴이다. 1861년 골턴은 프랑스의 천문학자 아돌프 케틀레를 만났다. 케틀레는 1835년에 오차에 관한 통계 이론을 그의 본래 전공 분야에서 "평균인"(*l'homme moyen*)에 관한 연구로 옮겨 놓았는데, 여기서 "평균인"은 그 모든 체질적, 도덕적 인자들과 관련해서 특정 국가의 국민 혹은 민족(nation)의 "유형"(type)을 대표하는 것으로 여겨지는 피조물이자, 케틀레의 "사회물리학"(*physique sociale*)의 연구 대상이었다. 골턴은 케틀레의 연구를 찬미했으나 그의 평균에 대한 방법론적 초점은 좋아하지 않았다. 한때 골턴은 "철저한 민주주의자는 범인(凡人)들로 이루어진 한 무리의 군중들을 보는 일에 만족할지 모르지만, 다른 대부분의 사람들에게 이런 군중들은 전혀 매력적이지 않다"라고 썼다.[358] 골턴은 통계적 도표 곡선의 꼬리 부분에 더 많은 관심을 보였다. 일례로 그는 『유전적 천재』(1869)에서 재능 있는 개인들이 이런 형질들의 순수한 확률론적 분포에 대한 가정 하에 예측되는 것보다 비범한 능력을 지닌 음악가, 법률인, 정치인들의 친족 사이에서 더 많이 발견됨을 증명하려 했다. 그는 이런 식의 분류가 유전보다는 교육, 가족 전통,

족벌주의에 기인한 것일 수 있다는 명백한 반대 의견들을 무시했다. 골턴은 이런 요소들은 적어도 실로 비범한 재능의 경우 자유주의 영국에서 매우 작은 역할만 담당한다고 주장했다.[359]

골턴의 극단 형질의 유전에 대한 관심은 1870년대 중반부터 그가 수행해오던 완두콩에 관한 실험에서도 나타났다. 1876년 봄에 그는 여러 지인들에게 완두콩 종자가 담긴 소포를 발송했다. 골턴은 소포를 부치기 전에 종자들의 무게를 측정했으며, 이후 지인들에게 다른 무게로 분류된 종자 집단들을 서로 구별해서 심기를 부탁했다. 이후 수확된 종자를 받은 골턴은 수확 종자의 무게와 원 종자의 무게라는 두 변수에 따라 해당 결과를 분석했다. 골턴이 두 변수와 관련해 도출된 분포 결과를 비교하자, 그가 "회귀"라 부른 현상이 나타났다. 이 용어는 그가 동시대 유전 이론들로부터 차용한 표현이었다. 한 집단의 평균 혹은 "유형"에서 벗어난 완두콩의 자손 개체는 해당 유형에서도 벗어났으나, 그 편차는 훨씬 작았다. 그러므로 후손 개체는 전체 집단의 평균으로 "회귀"하는 것으로 보였으며, 이 회귀 정도는 부모 종자의 무게가 평균 무게로부터 벗어난 정도에 비례하는 것으로 나타났다. 바꿔 말하자면, 부모 종자가 더 무겁거나 더 가벼울수록 후손 종자는 집단 평균으로 회귀하는 경향이 더 강했다.[360] 골턴은 회귀 현상이 안정된 유형을 보존하는 역할을 맡는다고 생각했다. 이에 따라 이후에 불연속 진화에 관한 관념을 발전시켰으며, 휴고 더프리스와 빌헬름 요한센과 같은 초창기 유전학자들은 이런 골턴의 개념을 받아들였다.

수학자 칼 피어슨은 골턴의 발견에 대해 다른 해석을 제시했다. 골턴의 연구에 영감을 받은 피어슨은 1894-1904년 사이에 왕립학회의 『철학회보*Philosophical Transactions*』에 「진화 이론에 대한 수학적 기여Mathematical Contributions to the Theory of Evolution」란 제목으로 제출한 일련의 논문들 가운데 집단 내 통계적 관계를 기술하는 데 필요한 다른 수학적 장치들을 발전시켰다. 이 연구는 피어슨을 유전에 관한 "생물측정학파"(biometrical school)라 불리는 분야의 창시자가 되게 만들었다. 피어슨은 회귀가 연구 대상이 되는 형질과 대체로 집단 평균에 가깝게 놓여 있는 것으로 예측될 수 있는 다른 많은 형질들 사이의 "상관관계"에 기인한다고 가정했다.

골턴과 피어슨 모두 그들의 추측 가운데 "조상 유전의 법칙"(law of ancestral inheritance)이라 불리는 것을 가정했다. 이 법칙에 따르면 한 유기체의 생식질은 부모 개체뿐만 아니라 과거의 먼 조상들로부터도 유래된 유전 물질들로 이루어져 있었다. 나아가 이 법칙은 생식질에 있는 특정 조상으로부터 유래된 인자들이 해당 조상과 후손을 분리하는 세대 수에 비례해서 감소한다고 가정했다. 일례로 골턴은 최초로 이 법칙을 제안하면서 혈통의 1/2은 양친으로부터, 1/4은 4명의 조부모로부터, 1/8은 8명의 증조부모로터 유래한 것과 같은 식으로 이루어졌다고 추론했다(그림5.2).[361] 반면 피어슨은 이런 비율들이 형질에 따라 다를 수 있다고 믿었다. 피어슨은 1911년부터 골턴 국립 우생학 실험실(Galton Laboratory for National Eugenics)로 불리기 시작한 그의 유니버시티 칼리지 런던의 "생물측정학 실험실"에서 특정 형질의 "유전적 힘"(strength of inheritance)을 측정하는 것을 목표로 상관관계에 대한 통계학적 연구를 진행했다.[362] 이 연구는 현대의 다변량통계학의 초석을 닦았다.

그림 5.2. 도식은 프랜시스 골턴의 "조상 유전의 법칙"을 묘사하고 있다. Francis Galton, "A Diagram of Heredity", *Nature* 57 (1898, p. 293).

이 사례들이 드러내듯이, 고립 형질 간 통계적 관계로 나타난 분포 패턴 자체가 연구 대상이 되었다. 반대로 이렇게 나타난 통계적 규칙성들은 연구를 위해 선택된 형질들이 실제로 특정될 수 있는 유전 가능한 형질들이라는 가정을 보장하는 것처럼 보였다. 골턴과 피어슨의 연구에서 수학적 알고리즘의 발전과 생물학적 탐구 사이의 잘 정의된 경계는 존재하지 않았다. "회귀"와 "상관관계"와 같은 용어들은 처음에 그것들의 의미를 가정된 유전 법칙에 대한 연구로부터 얻었으며, 거꾸로 이들은 유기체 내의 형질의 전달과 발생을 결정하는 것으로 여겨지는 근본적인 생물학적 힘을 나타냈다. 오늘날 두 용어는 단지 두 도수분포 가운데 수학적 관계를 명시하는 역할만을 맡으며, 인과적 명제들은 아주 주의해서 추가적인 정보들을 더한 이후에만 이로부터 도출될 수 있다. 이 점을 드러내는 데에는 아마 회귀 개념에 대한 초기 역사를 살피는 일이 가장 쉬운 방법일 것이다. 골턴은 곧 부모와 자손을 비교하는 것과 동일하게 회귀가 관찰될 수 있음을 깨달았다. 극단적인 형질들을 가진 자손들의 부모들 역시 집단 평균으로 "회귀"하는 경향을 보였다. 그러나 이런 "경향"에 대한 생물학적 해석은 결코 고려되지 않았는데, 이럴 경우 자손들이 그들의 부모를 이루는 구성 요소에 어느 정도 영향을 끼친다는 의미를 함축했기 때문이다.

게다가 위에서 서술한 통계 절차들은 사회문화적 고정 관념들을 정당화하고 구상화하는 데 동원될 수 있었던 만큼이나 반대로 그 고정 관념들을 비판적으로 검토하는 도구로 이용될 수도 있었다. 예를 들어 도수분포표와 도수곡선들에서 나타난 형질들에 대한 대량의 정보들은 형질들의 변이성(variability)이 일상에서 인식되고 구별되는 유형들보다 훨씬 크다는 사실을 증명했다. 한 형질값의 분포는 그것의 꼬리가 끝나는 부분에서 작아졌는데, 종종 다른 유형 간의 상당한 겹침을 가져왔다(그림 5.3). 많은 형질들에서 추정 상 구별되는 유형들로 정의되는 두 평균 사이의 차이는 각 유형의 광범한 변이와 비교하자면 거의 어떠한 의미도 갖지 못하는 사소한 것이었다. 이에 더해 하나, 둘 혹은 그 이상의 봉우리를 보여주는 형질 분포들은 면밀히 검토할 경우 연구 대상이 되는 집단이 균질적이지 않고 오히려 이질적이지만 겹쳐지는 유형들의 합성물임을 시사했다. 그리고 다른 기준에 따라 동일한 원자료를 분류한 결과로 도출된 도수 분포를 항상 포함하는, 예를 들자면 골턴의 완두콩 연구와 같은 상관관계 연구는 두 변수 사이의 가정된 관계가 전혀 존재하지 않음을 자주 드러냈다. 그러므로 갈수록 보다 미세한 수준으로 데이터를 항목화(specification), 분류, 재분류하려는 실증주의적 경향은 인종, 계급, 젠더와 같은 관습적 범주들을 굳히면서도 전복시키는 변증법적 발전을 가져왔다. 많은 형질들의 분포와 전달은, 고립된 별개로 간주될 경우, 원래 그들의 연구에 연구의 영감을 주던 인식이었던 "유형들"과는 크게 무관한 법칙들의 대상으로 보였다.[363]

프란츠 보아스(Franz Boas)는 통계적 절차의 비판적 잠재력을 인지한 초창기의 인류학자들 가운데 한 명이었다. 그는 루돌프 비르효 및 지리학자 아돌프 바스티안(Adolf Bastian)과 함께 베를린에서 인류학을 공부했으며 1883-1884년에 전설적인 캐나다 북극 탐사를 마친 뒤에 미국으로 이주했다.[364] 이후 보아스는 50년 이상 미국 인류학을 지배하게 되었고 오늘날에도 관습적으로 현대 문화 인류학의 "아버지"로 불린다. 그러나 보아스는 자신의 경력 내내 체질 인류학을 인류학의 더 넓은 분야의 통합적인 일부라고 주장했다. 1차 세계 대전 발발 전까지 보아스는 대규모의 체질 인류학 연구를 수행했고, 그의 제자들 가운데 일부는 대전 이후로도 같은 종류의 연구를 지속했다. 이 분야에서 보아스가 이룬 초기 기여들 가운데 하나는 『사이언스*Science*』에 「혼혈 인종Mixed Races」이란 제목으로 게재했던 소논문이다. 이 논문에서 그는 아메리카 원주민 가운데 두 종족 집단, 그가 부른 방식에 따르면 "오레곤 애서배스카 부족"(Orcgonian Athapascans)과 "남캘리포니아 거주 부족"(Southern Californians)의 두개지수의 경우 인체계측 형질들에 대해 일반적으로 기대되던 것과 달리 혼

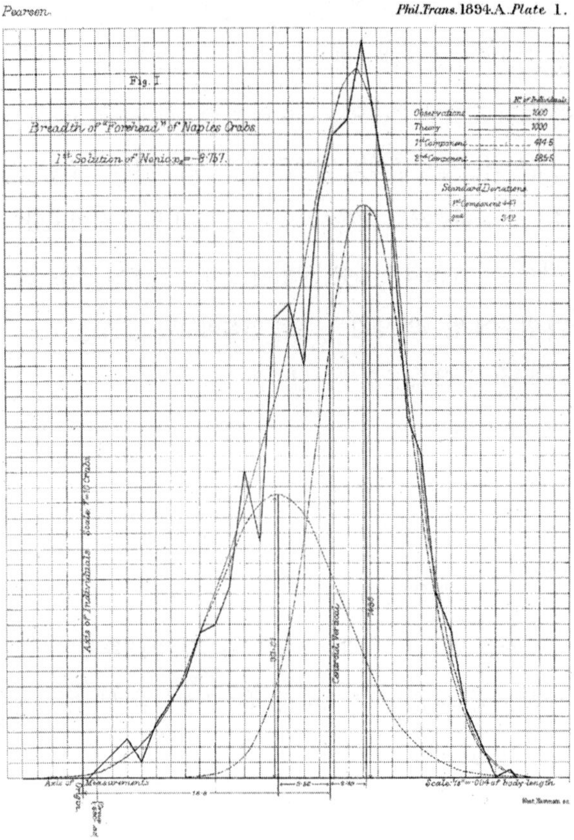

그림 5.3. 게 개체군 혹은 집단(crab population)의 특성 분포를 표시한 칼 피어슨(Karl Pearson)과 월터 프랭크 라파엘 웰던(Walter F. R. Weldon)의 그래프. Karl Pearson, "Contributions to the Mathematical Theory of Evolution," *Philosophical Transactions of the Royal Society of London* 185 (1894), pl. 7.

혈결혼으로 출생한 자손들에게서 혼합된 값으로 나타나지 않았음을 증명했다. 보아스는 대신에 후손들이 부모들 가운데 하나의 평균 주변으로 집적되는 두개지수를 갖는 "혼혈 유형"(mixed type)임을 발견했다.[365] 1890년대 중반에 보아스는 피어슨이 통계적 상관 연구를 위해 발전시킨 방법들을 채용했으며, 그의 중요한 발견 가운데 하나는 피어슨을 포함한 체질 인류학자들 사이에서 상당한 파문을 일으켰다. 그는 두개지수를 이루는 두 변수인 두개 길이와 두개 너비가 서로 상관관계를 이루지 않으며, 그렇기에 명백히 공통 조상이나 체질 유형과 같은 공통 원인을 가리키지 않는다는 점을 보였다.[366]

우리가 다음 절에서 보다 자세하게 살필 보아스의 인체계측학적 연구는 다양한 각도에서 원 자료를 반복해서 재분류하고 재분석하는 일을 포함한 사고 실험으로 간주될 수 있다. 이 연구의 전반적인 결과들은 보아스가 1911년에 『원시인의 마음*The Mind of Primitive Man*』이라는 제목으로 출판한 단행본에서 인종 개념을 주요한 개정의 대상으로 이끌도록 만들었다.[367] 이 책은 그로부터 40년 뒤 소위 인종에 관한 유네스코 선언문(1951)으로 불리는 문건에서 인종이 생물학적으로-그리고 정치적으로-유의미한 범주라는 관점에 반대하며 제기했던 모든 주장들을 집약해 놓았다. 유네스코 선언문은 종종 2차 세계 대전 이후에 과학으로서의 인종 인류학의 몰락을 확정지은 가장 분명한 신호로 서술되어 왔다. 1930-40년대에 보아스 자신은 대중과 학문적 동료들 양측에 끊임없이 자신의 관점을 보급시킴으로써 인종 인류학의 쇠락에 기여했다. 그러나 보아스는 자신의 과학적 연구가 위와 같은 부정적인 결론만 내려왔다고 믿지는 않았다.[368] 1911년 저서의 독일어판 제목은 『문화와 인종*Kultur und Rasse*』(1914)으로, 이 제목이 아마도 보아스의 과학적 프로젝트를 더 잘 반영할 것이다. 보아스는 단순히 인종이란 범주의 허구성을 폭로하기보다는, 체질적 특성을 비롯한 인간의 다양성을 구성하는 변이의 여러 인자들 사이의 정확한 관계를 이해하는 것을 목표로 삼았다.

나중에 밝혀졌듯이 당대에 널리 퍼진 예측과 달리 이 인자들 가운데 다수가 오직 느슨하게만 상관관계를 지녔는데, 보아스는 이를 확실한 결과로 간주했다. 문화적 인공물, 언어적 특수성, 체질적 특성 등에 대한 오늘날의 분포 패턴은 문화 내에서 각자 진화했다기보다는 문화들 간의 순환의 역사적 과정에서 만들어진 산물이었다.[369] 언어, 문화, 신체적 형질은 세대 간 전달 과정과 다른 지리적 공간으로 확산될 때 서로 다른 법칙을 따랐다. 이들은 여전히 그들의 총합으로서 인류를 이루는 영역들로 보일 수 있었다. 그러므로 보아스는 아메리카 원주민의 체질적, 언어적, 문화적 특성을 확고한 방법론적 엄격성과 세부적 차이들에 대한 집착 가운데 계속해서 연구했다.[370]

이와 대조적으로 그의 제자 알프레드 L. 크뢰버(Alfred L. Kroeber)는 언어와 문화가 그 자신의 "초유기체적인" 영역을 이룬다고 결론지었다. 이런 결론은 문화 인류학자와 체질 인류학자 사이의 엄격한 학문적 분업을 암시했다. 흥미롭게도 크뢰버는 자신의 주장을 지지하는 근거로 바이스만의 생식질 이론에 의존했다. 그는 체질적 특성과 달리 문화와 언어는 실로 선천적인 것이 아니라 "획득"되는 것이며, 그러므로 이들의 전달 방식이 서로 근본적으로 다르다고 주장했다.[371] 이런 다른 결론에도 불구하고 보아스와 크뢰버 모두에게 헤르더의 "진보의 사슬"은 엮여있긴 했지만 서로 분리된 가닥들이었다.

마지막으로 우리는 20세기로 전환되는 시기의 자연과 문화 간 관계에 대한 논쟁에서 전면으로 등장하게 된 악명 높은 한 쌍의 개념에 대해 논하고 싶다. 바로 "본성 대 양육"이라는 개념 말이다. 프랜시스 골턴이 이 용어들을 처음으로 사용했으며, 피어슨이 1910년 사회정치교육연맹(Social and Political Education

League)의 기조연설에 기초한 논문의 제목으로도 이용되었다.[372] 하지만 초기 텍스트들에서 골턴과 피어슨이 본성과 양육을 구별하는 경계는 오늘날 생물학자들이 신봉하는 기준과는 달랐다. 그들에게 본성과 양육은 하나는 형질의 전달의, 다른 하나는 발달에 책임이 있는 두 유기체적 목록에 상응하지 않았다. 대신에 그들은 이들을 후손들에게 통계적으로 작용하는 다른 두 원인의 집합들로 생각했다. 한편으로는 과거에서 현재로 이어져 내려오고, 후손들에게 측정 가능한 평균적인 효과를 낳는 변이들의 원인이 되는 "무한정하게 수많은 작은 원인들"이 있었다.[373] 다른 한편으로 일생동안 모든 유기체에 종종 동시적(同時的)으로 영향을 끼치는 다양한 인과적 요인들이 존재했다. 본성 대 양육의 이분법이 인류 유전학의 결론들을 평가하는 오늘날의 (특히 사회생물학과 진화심리학) 논쟁에 동원될 때에도 그것을 지지하든 비판적인 목적이든 간에 유전에 대한 유전학적 이해로 그 준거틀이 전환되어 왔음을 기억해야만 한다. 골턴과 피어슨에게는 두 범주가 유사한 종류의 인과적 요인들을 포함했기에 "본성"과 "양육"을 양적으로 비교하는 것이 분명히 수긍이 가는 일이었지만, 오늘날에는 이런 비교가 이치에 맞지 않는다. 왜냐하면 유전자와 환경적 요인들은 유형적으로(categorically) 서로 구별되는 것들이기 때문이다. 그러므로 특정 형질의 변이량의 90%가 유전적으로 결정된다는 사실이 환경적 요인들 (혹은 "본성")이 이와 관련해 어떠한 극적인 효과도 갖지 않을 것이란 결론을 보장하지는 않는다.

계보학과 친족관계 분석

20세기의 첫 십 년 동안 칼 피어슨과 당시 멘델 유전학 제도화의 주요 주창자인 윌리엄 베이트슨 사이에서 맹렬하고 극심한 논쟁이 벌어졌다. 이 논쟁은 보통 결국 멘델주의자들이 생체계측주의자들을 물리친 상호 배제적인 패러다임 간의 충돌로 해석되었다.[374] 베이트슨이 보수적이었던 반면 피어슨은 급진적 민족주의 및 사회주의 성향을 지녔다는 개인적이고 정치적인 차이 외에도 이런 해석은 두 관련 사실들을 간과한다.[375] 한편으로 생체계측주의자들이 발전시킨 형질 간 통계적 상관관계를 측정하는 방법들은 오늘날에도 유전력 연구, 특히 쌍둥이 연구에 이용되고 있다.[376] 다른 한편으로 생체계측주의자들과 멘델주의자들이 서로 다른 이론적 관점들을 지지했더라도, 이 관점들은 상호 배제적인 것과는 거리가 멀었다. 이 점은 일찍이 1902년에 스코틀랜드의 생체계측주의자 우드니 율(Udny Yule)에 의해 지적되었다. 율은 조상 유전의 법칙이 "전체(aggregates)에만 적용되는 법칙이고 개체에 근거를 둔 것이 아니"라고 경고했다.[377] 피어슨 같은 생체계측주의자들은 유전을 확률적으로 주어진 세대의 구성원들에 영향을 끼치는 인과적 조상 영향의 총합으로 간주했다. 유전에 대한 이런 이해는 조상 유전 법칙을 함축했는데, 조상들이 전체 "인종"을 대표하게 될 때까지 각 세대마다 조상의 수가 두 배로 증가했기 때문이다. 그러므로 조상 유전 법칙은 특정 형질에 관해 후손이 그 조상과 닮은 확률을 계산하는 데 이용될 수 있었다. 그러나 이 추론 과정은 개별 조상들이 그들의 후손의 체질(constitution)을 이루는 실제 생리학적 기여들에 관한 결론들을 허용하지는 않는다.[378]

유전력의 통계적 개념은 율의 주장을 명확하게 만드는 예시를 제공한다. 아이가 한 형질에서 부모를 닮을 확률을 예측하는 능력이 둘 사이의 유사성이 공통의 유전적 유산에 해당하는 것인지 아니면 공통 환경에 기인하는 것인지라는 질문에 대한 결론들을 보장하지는 않는다. 후자의 질문에 답하기 위해서는 멘델에 의해 고안된 것과 같은 유전 실험에 의존해야만 한다. 이 실험들은 조상의 영향들에 대한 총합을 다루지 않는다. 대신에 이들은 후손에서의 특정한, 잘 정의된 유전적 요인들을 관찰함으로써 개별 조상들의 유전적 조성(genetic constitution)을 추론한다.[379] 일단 이런 인자들의 행위가 실험적으로 파악되고 나면 율과 피어슨 스스로가 이후에 수학적으로 증명했던 것과 같이 조상 유전 법칙에 따라 이들이 집단에 끼치는 영향을 설명할 수 있었다.[380]

생체계측주의자들과 멘델주의자들 사이의 논쟁은 유전 담론이 통계적 방법의 응용으로만 굳어지지는 않았음을 보여준다. 조상과 후손 간의 구체적인 계보 관계에 대한 분석, 즉 친족관계에 대한 분석 역시 동등하게 중요했다. 친족관계 분석에서의 극적인 발전은 19세기 동안 이루어졌다. 비록 이런 발전들이 동시대에 통계학에서 일어났던 것들만큼이나 생물학사가들의 주목을 받지는 못했지만 말이다. 아래에서 우리는 친족관계 분석에서 이루어지고 유전 개념의 역사와 유관한 것으로 입증된 결정적인 개념적 단계들의 일부를 살펴보고 싶다.[381]

유전에 관한 사고로의 여정의 중요한 단계 중 하나는 18세기 말에 이미 확립되기 시작한 세대(generation) 개념의 주요한 확대이다. 2장에서 보았듯이, “발생”(generation)은 전통적으로 새로운 존재를 창조해내는 중대한 행위인 "출산"(procreation)"과 동의어로 사용되어 왔다. 이 용어가 족보학과 연대표의 맥락에서 은유적 의미를 취해왔다는 점 또한 사실이다. 역사적 시대와 친족관계의 정도들은 종종 직계 혈통에서의 연속적인 출산 활동들의 수에 의해 종종 정의되었다. 예를 들어 왕조를 정의하는 경우에 말이다. 그러나 1800년경, 오하드 파르네스가 지적하듯이, generation의 새로운 개념인 세대가 생명과학 분야뿐만 아니라 사회과학 및 문화과학 영역들에서도 확고해지기 시작했다. 세대는 이제 대략적으로 같은 시기에 태어난 인간들이나 다른 유기체들을 포괄하는 집합체로 이해되었다. 파르네스는 다음과 같이 강조한다. "새로운 것은 세대가 사회 내에서 식별가능한 단위이고 세대의 구성원들이 단순히 존재의 동시성(simultaneity)을 넘어선 것 이상을 중요하게 공유한다는 가정이었다." 가장 주목할 만하게도, 심지어 세대 간 관계를 "다른 국가[들](distinct nation[s])" 사이의 관계로 여겼던 토머스 제퍼슨(Thomas Jefferson)이 제안한 정치 이론 등에서도 미래 세대들은 주권의 담지자로 인식되었다.[382]

당시 막 출현하던 유전 담론에서 세대에 대한 새로운 개념이 중요성을 갖는 것은 모순적인 것으로 보일지 모른다. 카를 만하임(Karl Mannheim)의 「세대 문제The Problem of Generations」(1928)라는 획기적인 연구 이래 사회학자들 사이에서 전문 용어로 사용되어 온 "코호트"란 의미,[383] 혹은 동시대에 태어난 개인들의 집합이란 의미로서의 세대는 구체적인 친족관계를 무시한다. 이런 의미에서 세대는 혈통 내 개인들처럼 하나가 다른 하나로 계승되는 것이 아닌데, 특정 시대의 어떤 사회든지 간에 모두 다른 연령 집단에 속하는 개인들로 이루어지기 때문이다. 한 세대의 구성원이 단일한 수준의 관계성(relatedness)을 공유하고 있는 것도 아니었고, 오히려 크게 다른 정도로 다른 이들과 연관되었다. 하지만 파르네스에 따르면 세대 개념의 이런 특징들이 전달의 경제(the economy of transmission)에 대해 설명할 새로운 기회를 제공했다. 생물학적 의미로든 사회경제적 의미로든 어느 정도로 성질들이 보존되는지, 이들이 어느 정도로 한 세대에서 다음 세대로 변이가 일어나는지가 정확한 양적 용어로 서술될 수 있게 되었다. 게다가 그 내적 모호성 덕분에 세대 개념은 다양한 전유를 가능하게 했다. 파르네스가 자세하게 정리했듯이, 오귀스트 콩트(Auguste Comte), 존 스튜어트 밀(John Stuart Mill), 카를 마르크스와 같은 사회철학자들은 사회의 재생산을 특정 시대에 한 세대가 번성하다 다음 세대로 대체되는 세대의 연속으로 묘사했다. 다른 한편 카를 네겔리, 알렉산더 브라운(Alexander Braun), 그리고 특히 그레고르 멘델과 같은 생물학자들은 진화하는 집단에 대한 유사한 조망을 채택한 생물학적 생식에 관한 새로운 이해를 명시화할 때 이런 경제적, 정치적 이미지들에 의존했다. 파르네스가 강조하듯이, 이 새로운 세대 개념에서 결정적인 것은 종뿐만 아니라 전체 사회의 변화를 경험적으로 접근 가능한 시간 프레임 내에서 사고할 수 있게 했다는 점이다. 세대들은 그러므로 이전 세대들의 유산(heritage)이 나누어지고 그리하여 새로운 출발점으로서 이 유산을 사용해 마침내 다음 세대로 더 강화된 유산(inheritance)을 전달할 수 있는 단위(unit)였다. 그러므로 세대의 더 넓은 개념은 규칙적인 변화 과정으로 이런 전환을 사고하는 일을 허용하는 통시적, 공시적 체계 내에 유전이란 관념을 위치시켰다. 세대들과 이 세대 간 관계를 통치하는 것으로 가정되는 법칙들 사이의 관계를 구성하는 "유전의 복잡한 그물"은 과학적 탐구 대상이 되었다.[384]

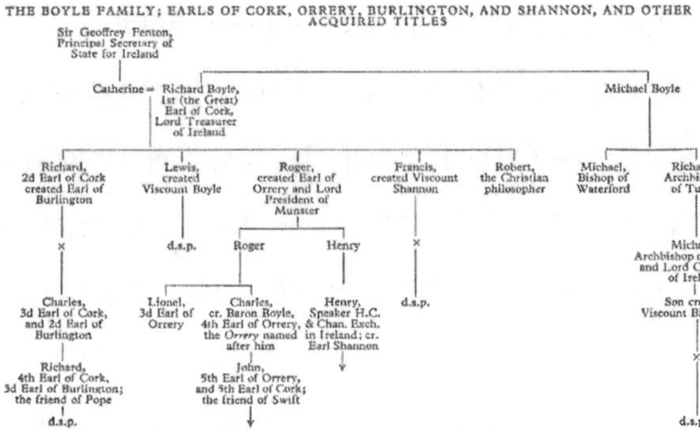

그림 5.4. 1892년의 족보. Francis Galton, *Hereditary Genius: An Inquiry into Its Laws and Consequences* (London: Macmillan, 1869), p. 204.

친족관계의 의미와 관련해 수반된 한 가지 변화도 유전의 이해에 관한 새로운 맥락에 기여했다. 2장에서 본 것처럼 친족관계의 전근대적 개념들은 유연하게 배치되어 종종 법적 세습(hereditary succession)에서 근친을 배제하거나 훨씬 먼 친척들에게 상속 자격 부여가 용인되기도 했다. 그러므로 혈통관계는 종종 여성 친족과 방계를 배제한 직계 혈통으로 환원되곤 했다. 이런 경향은 골턴의 『유전적 천재』에서도 여전히 발견된다. 이 책의 수많은 "가계 기록"의 (전부는 아니지만) 상당수는 남성 가족 구성원과 그들의 관계만이 기록되어 있었다. 하지만 그 책에 포함된 계보학적 도표들은 우리에게 흥미로운 개념적 변화 또한 반영한다(그림 5.4). 해당 도표는 세대에 따라 구조화되고 삼촌, 조카, 사촌과 같은 방계들 또한 포함하고 있다. 이 구조는 골턴이 각 세대 내의 친족관계를 포괄적이고 정확한 방식으로 기록할 방안을 모색했음을 보여준다.

일상에서 사용되는 친족관계에 대한 구어적 표현들은 이런 정확한 분석의 기반이 되기에는 불충분하다. 예를 들어 영어 단어 "삼촌"(uncle)은 두 계보학적 의미를 가질 수 있다. 그것은 부친의 형제일 수도, 모친의 형제일 수도 있다는 것을 의미한다. 골턴은 친족에 대한 7개의 기본 유형을 나타내는 표기 체계(부친, 조부, 삼촌, 조카, 형제, 자(子), 손자)를 도입함으로써 이 문제에 대응했다. 이외에도 그는 한 개인의 성별을 강조하고 모계인지 아니면 부계인지를 나타내기 위해 조판적 수단을 활용했다. 예를 들어 이탤릭체는 여성, 대문자는 부계, 소문자는 모계 친척임을 나타냈다. 그러므로 비록 "u"이라는 약어는 "삼촌"(uncle)에서 비롯된 것이었지만, 소문자로 표기되었으므로 "모계 이모"를 의미했다. 골턴은 "내가 이용한 표기 체계는 이 혼란스럽고 성가신 용어들을 모두 제거한다. 이는 놀랄 만큼 완전하고 만족할 만한 방식으로 친족관계들을 구분시켜주고 우리가 원하는 방식대로 이 관계들을 조직화하고, 비교하며, 분석할 수 있게 해준다"라고 주장했다.[385]

Description of persons.	Relationships in Seneca. (Morgan.)	Translation.
1. My great grandfather's father	Hoc'-sote	My grandfather.
2. " great grandfather's mother	Oc'-sote	" grandmother.
3. " great grandfather	Hoc'-sote	" grandfather.
4. " great grandmother	Oc'-sote	" grandmother.
5. " grandfather	Hoc'-sote	" grandfather.
6. " grandmother	Oc'-sote	" grandmother.
7. " father	Hä'-nih	" father.
8. " mother	No-yeh'	" mother.
9. " son	Ha-ah'-wuk	" son.
10. " daughter	Ka-ah'-wuk	" daughter.
11. " grandson	Ha-yä'-da	" grandson.
12. " granddaughter	Ka-yä'-da	" granddaughter.
13. " great grandson	Ha-yä'-da	" grandson.
14. " great granddaughter	Ka-yä'-da	" granddaughter.
15. " great grandson's son	Ha-yä'-da	" grandson.
16. " great grandson's daughter	Ka-yä'-da	" granddaughter.

그림 5.5. 1892년의 족보. Francis Galton, *Hereditary Genius: An Inquiry into Its Laws and Consequences* (London: Macmillan, 1869), p. 204.

인류학자들과 의사들은 친족관계 분석과 관련해 한 발 더 나아갔다. 『유전적 천재』가 출판되고 겨우 2년이 지난 1871년에 미국의 법률가 루이스 H. 모건(Lewis H. Morgan)은 『인류 가족의 혈족과 인척 체계*Systems of Consanguinity and Affinity of the Human Family*』를 출판했다. 이 거작에서 모건은 스미소니언 협회, 다양한 선교 기관들, 그리고 미 국무부의 도움으로 수집한 전 세계 언어들에서의 친족 명칭을 기술하고 분석했다(그림5.5). 다른 언어들의 친족 명칭들의 번역을 촉진하기 위해 모건은 그를 돕기로 동의한 수많은 외교관들, 선교사들, 자연사학자들에게 제공한 "민족학의 새로운 도구"를 발전시켰다. 그는 이 "정리표(schedule)가 모든 알려진 관계를 서술하기에 충분하면서도 단순하고 이해하기 쉬운 방법으로 되어 있다."라고 주장했다.[386] 골턴의 표기 체계와 유사한 방식으로 모건의 정리표는 -의 모친, -의 부친, -의 자, -의 녀, -의 형제, -의 자매, -의 남편, -의 아내라는 기초적인 관계의 제한된 집합들을 결합함으로써 모든 친족관계를 나타냈다. 그러므로 복잡한 관계뿐만 아니라 단순한 관계들 역시 이들 기초적인 용어들을 연결함으로써 번역될 수 있었다. 예를 들어 단순한 "내 아들"부터 "내 모친의 모친의 모친의 형제의 아들의 아들의 아들"에 이르기까지 말이다. 그러므로 모건의 정리표는 자그마치 5촌까지의 친족을 포괄하는 273개의 친족관계를 처리할 수 있었다.

스웨덴어부터 타밀어까지, 켈트어에서 이로쿼이어까지 각종 언어들의 친족관계 용어들을 그에 대한 구어식 영어 번역어들 및 저서 부록으로 수록된 셀 수 없이 많은 정리표들에서 사용한 자신의 분석적 용어와 비교함으로써, 모건은 서로 다른 자연 언어들에서 발견되는 친족관계 체계가 매우 다른 원리들을 따른다는 점을 증명할 수 있었다. 하지만 모건은 단순히 문헌학적 연구만을 추구한 것이 아니었다. 그는 그의 정리표가 "양적 ... 특성"을 갖고 있고 "자연의 법칙"(ordinance of nature)에 기초한 것이라고 주장했다. 그러므로 "가족관계가 결혼관계를 통한 종의 영속화에 의해 표현되는 유도 법칙의 덕성 내에 존재하는 것이 분명해졌다. 혈연 공동체를 바탕으로 한 혈족관계 체계는 이 관계들의 형식적인 표현이자 인준이다."[387] 모건은 친족관계 체계의 분석이 인류가 지나온 다른 진화적 단계들뿐만 아니라 오늘날 인류에게 펼쳐지고 있는 다른 진화 분기들도 밝히는 인류의 진화사에 대한 직접적인 접근을 제공한다고 믿었다.[388] 궁극적으로 친족관계 체계는 인종적, 문화적 다양성의 지표로 이용될 수 있었는데, 이는 이 체계들이 모든 사회의 문화적, 생물학적 재생산을 지탱하는 숨겨진 전달 메커니즘의 직접적인 표현이었기 때문이다.

오늘날 모건은 사회 인류학의 설립자 가운데 한 명으로 여겨진다. 그의 작업은 1860년대 이 분야의 형성기에 쓰인 다른 고전적 연구 출판물들의 끝자락에 속하는 것으로 나타난다. 스위스의 학자 요한 야콥 바흐호펜(Johann Jacob Bachofen)은 1861년 『모권*Mother Right*』에서 인류가 원시적, 난교적 성관계 단계, 모계제 단계, 그리고 가부장제 단계라는 세 개의 진화적 단계를 거쳤다는 가설을 제시했다. 같은 해에 영국령 인도 제국의 식민 정부의 자문이었던 헨리 제임스 섬너 메인(Henry James Sumner Maine)은 혼인 규칙과 영토 주장 사이의 긴밀하지만 복잡한 상호의존성에 주목하고 이를 기반으로 "정적"(stationary) 사회와 "진보적"(progressive) 사회를 구별하자고 제안했다. 4년 후에 존 퍼거슨 맥 레넌(John F. McLennan)은 『원시 결혼*Primitive Marriage*』에서 족외혼과 족내혼에 관한 분석적 구별을 도입했다. 동일하게 1865년에 모건, 바흐호펜, 메인, 맥레넌과 같이 법률가로 훈련받은 에드워드 타일러(Edward Tylor)는 그의 『인류의 초기 역사와 문명의 발달에 대한 연구*Researches into the Early History of Mankind and the Development of Civilization*』에서 사촌 간 결혼, 족외혼, 초서혼 사이의 관계를 명료화했다. 즉 모든 사회의 혼인, 혈통, 그리고 유전이 인류의 체질적 다양성의 경우와 같이 거의 강박적인 인류학적 탐구의 대상이 되었다. 전반적으로 이 연구들은 친족관계 체계가 단순히 혈연관계를 나타냄을 보여준 것은 아니었다. 이보다는 이런 관계들을 문화적 교환과 전달의 독자적 체계들에 통합시키고 이들을 구성하는 데 이용했다. 이것들은 크뢰버가 이후에 문화의 "초유기체적" 본성이라 불렀던 것에 대한 추가적인 증거였다.[389]

앞의 문단들에서 논의된 연구들은 19세기 널리 인용되었다. 다윈은 그의 『인간의 유래』(1871)에서 이 연구들을 논의했으며, 프리드리히 엥겔스도 그의 『가족, 사유재산, 국가의 기원*The Origin of the Family, Private Property, and the State*』(1884)에서 이들을 다루었다. 그러므로 초창기 사회 인류학에 친족관계를 도입한 연구 결과들은 19세기 말 가장 중요한 지적, 이데올로기적 조류에 간접적으로 반영되었다.[390] 하지만 이 주제의 극도로 복잡하고 가변적인 성격 때문에 해당 문헌들은 오직 소수만이 이해할 수 있었으며, 주로 전문가 청중을 대상으로 쓰였다. 이와 대조적으로 당대의 의학 및 정신의학 문헌들은 친족관계에 대한 많은 청중들의 이해에 더 즉각적인 효과를 가져왔다. 이런 맥락에서 친족관계는 "가족성 퇴행"의 원인을 드러내기 위해 분석되었고, 우생학적 관심들이 당시 성장하던 중산 계급 내에서의 계보학에 대한 거의 편재적(遍在的)인 관심과 결합했다. 이 관심들의 결합은 계보학적 자료가 전례 없는 규모로 수집되는 일을 이끌었다.

가족관계에 대한 정보들은 두 밀접히 연관된 방식들로 정신의학의 영역에 도입되었다. 한편으로 이런 개인적 세부사항들은 정양소(靜養所)에서 행정적 목적으로 수집된 것들로 19세기 초부터 이 정보의 요약문들이 제도적 통계 자료들을 채웠다.[391] 다른 한편으로 정신의학자들은 일찍부터 정신 질환이 (병적 소질 diathesis이라 불리는) 유전적 소인에 기인할 수 있으며 이런 질환들의 무차별적인 확산이 광범위한 퇴화를 야기할 것이라는 생각을 고무시켰다.[392] 그러므로 그들의 증례 보고는 보통 환자의 친척들의 정신 질환, 정신박약, 자살, 알코올 중독 유병률에 관한 정보를 포함했다.

당대의 제도적 기록들은 정신 질환을 앓는 환자들을 비슷한 질환을 앓은 친척이 그들의 부모인지, 조부모인지, 혹은 방계 친족인지에 따라 "직접적", "간접적", "격세유전적", "방계적"으로 유전되는 집단으로 구별했다. 많은 정신의학자들이 유전적 요인들에 높은 병인적 중요성을 부여했지만, 유전은 그들이 정신 질환의 "발생" 이력(developmental histories)이라 부른 것들로 기록한 많은 측면 가운데 오직 하나에 불과했다.[393]

19세기 중반부터 의학 및 정신의학 출판물들이 가족 구성원 내 질병 분포를 나타내는 계보학적 도표들을 포함하는 일이 점차 일반화되었다. 이와 관련해 가장 잘 알려진 사례는 1910년 카

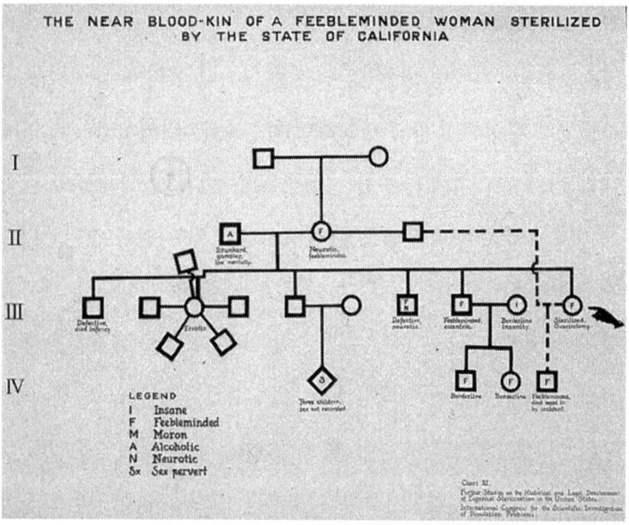

그림 5.6. 1892년의 족보. Francis Galton, *Hereditary Genius: An Inquiry into Its Laws and Consequences* (London: Macmillan, 1869), p. 204.

네기 협회(Carnegie Institution)의 후원 가운데 생물학자 찰스 B. 대븐포트(Charles B. Davenport)가 콜드스프링하버의 실험진화 연구소에 설립한 우생학기록보관소(Eugenics Record Office)에서 생산한 도표들이다(그림 5.6).[394] 이 도표들은 유전에 관한 의학적 연구 목적에서 만들어진 계보학적 표현(representation)들을 표준화하는 오랜 역사의 마지막을 보여주는 것이며, 그렇기에 이들은 계보를 나타내는 더 전통적인 형태와 근대적인 방식을 나누는 차이들을 드러내는 데 특히 적절하다.[395]

조상 관계를 그려내는 데에는 두 가지의 전통적인 방식이 존재했다. 하나는 조상표(*Ahnentafeln*)로 한 주어진 개인의 부모, 조부모, 증조부모와 그 위의 조상들을 나열하는 것이었다. 다른 하나는 가계도(*Stammbäume*)로 한 개인의 자녀, 손주, 증손주, 그 이후의 후손들을 도표화시키는 것이었다. 비록 이런 도표들이 더 많은 수의 개인들을 포괄하기 위해 빠르게 늘어났지만, 이것들은 일관되게 방계 친족을 제외했기에 특정 개인의 직계 조상이나 자손만을 나타냈다. 이와 대조적으로 19세기 말 의사들과 우생학자들 사이에서 쓰이게 된 가계도들은 기묘하게도 모든 종류의 관계들에 대해 열린 채로 남아있었다. 이 도표들은 유일한 특정 관계들만을 특정하는 것이 아니라 한 개인의 친족관계 전체 연결망을 포착하고자 했던 노력들을 드러낸다. 1900년 무렵의 전형적인 계보학적 도표들은 세대들의 선형적 연속으로 구조화되기는 했지만 계보학에서의 일반적인 선형 구조보다는 전기 회로의 약도들을 상기시키는 놀랄만한 정도의 이차원성(two-dimensionality)을 보였다.[396]

대븐포트와 원래는 농학자로 훈련받은 그의 조수 해리 맥러플린(Harry McLaughlin)이 우생학기록보관소에서 계보학적 도표들을 수집한 이유는 특정 가계에서의 멘델 유전 패턴에 관한 증거를 발견하는 것을 목표로 했기 때문이다. 그들의 데이터 수집 활동의 범위는 병원 관리자들뿐만 아니라 자신의 가족들의 가계도를 보내거나 우생학기록보관소의 자발적 “현장 조사원”으로서 가계 조사를 시행한 수많은 아마추어들의 기여에 의해 넓게 확장되었다. 과학적 호기심 이상의 것들이 이 수집 활동을 지탱했다. 많은 지역적, 국가적 계보학 협회와 조직들의 설립에서 예증되듯이 19세기 후반 중산 계급에게 가족 연구는 대중적인 여가 활동이 되었다. 취미로서의 계보 수집 활동은 의학적 맥락에서의 더 포괄적인 계보도 작성과 같이 부계와 모계 양쪽의 방계 친족들을 포함한 가족관계의 완전한 도표를 만들어내는 것을 목표로 했다. 이런 활동의 매력은 저명한 역사적 인물이 친척임을 밝힐 수 있다는 기대에 놓여 있었다. 때때로 이런 기대는 당시까지 생존하던 먼 친척들과 연락하게 만들었다.[397]

이런 계보학적 활동의 결과로 축적된 데이터는 전체 국민 혹은 민족의 "혈연관계의 상세 목록"을 만들어낼 가능성을 제기했다. 독일에서는 역사가 오토카 로렌츠(Ottokar Lorenz)가 처음으로 이 가능성을 인지하고 정신의학자들과 협력을 추진했다. 당시 전통적인 계보학은 오래되었지만 다소 한물간 주제로, 엄밀한 역사(학)의 시녀(a handmaiden of history proper) 정도로 여겨졌다. 로렌츠는 계보학의 학문적 복귀를 위해 1898년에 출간한 그의 『계보학 총론*Lehrbuch der gesammten wissenschaftlichen Genealogie*』에서 "과학적 계보학"에 대한 그의 비전을 자세히 설명했다. 이 책에서 그는 우생학자들의 퇴화에 대한 논의에 대한 다소간의 회의적 견해를 표현하고 골턴의 통계적 방법에 대한 의문을 제기하기도 했었다. 그는 화학과의 헐거운 대조 가운데 계보학이 "역사적 사건들의 원소"라고 주장했다. 예를 들어 특정한 기질들을 지닌 국민 혹은 민족과 계급들의 존재와 합스부르크 립과 같이 가계 내에서 비규칙적, "격세유전적"으로 재발하여 계보학자들의 관심을 사로잡았던 가족성 특이성들의 존재는 단순한 계보학적 원리들에 의해 설명될 수 있었다. 만약 조상표에서 한 개인의 조상을 추적한다면 보통 조상의 수는 기하학적으로 증가하지 않을 것인데, 왜냐하면 사촌과 같은 근친 간의 결혼은 "조상의 상실"(*Ahnenverlust*)을 가져오고 그에 따라 생물학적 유산이 좁혀지는 일을 이끌 것이기 때문이다. 로렌츠의 일반적인 보수적 신조는 "사랑은 조상의 손실과 함께 사회적으로 동등한 경우에 가장 잘 결실을 맺게 된다"는 것이었다.[398]

로렌츠는 조상 손실 이론을 추구하는 것 이외에도 계보학적 자료의 체계적 수집에 헌신하는 활동에 정신의학자들과 역사학자들이 힘을 모으기를 요구했고, 에밀 크라펠린(Emil Kraepelin)이나 로베르트 좀머(Robert Sommer) 같은 정신의학자들이 이런 요청에 열정적으로 응했다. 1904년에 독일 개인사 및 가족사 중앙보관소(*Zentralstelle für deutsche Personen-und Familiengeschichte*)가 설립되고, 많은 병원들과 정신의학 기관들은 그들의 환자들에 대한 계보 자료들을 수집하기 시작했다. 곧장 데이터 표준화 문제가 명백해졌지만 말이다. 1917년에는 경험적 자료를 국가적 규모에서 수집하고 가공할 능력을 지닌 연구 기관이 당시 록펠러 재단과 카이저 빌헬름 협회의 재정적 후원을 받던 뮌헨의 독일 정신의학연구소의 계보학-인구학 부서의 창설로 만들어졌다.[399]

독일 학계는 이런 제도적 발전들을 수반한 계보학적 기록들의 창출과 분석을 위한 적절한 표준들과 방법론들을 둘러싼 논쟁들 가운데 역사가 베른트 가즈마이어(Bernd Gausemeier)에 의해 최근에 밝혀진 중요한 전환점에 도달했다. 축적된 계보 데이터를 종합하기 시작하자 단순히 개인들의 혈통에 대한 윤곽을 그리는 것을 넘어 전체 집단에 대한 통계적 분석의 도구로 계보학을 이용할 가능성이 제기되었다. 초기의 계보학적 기록 수집 활동의 기본 관념은 정신의학자 빌헬름 스트로마이어(Wilhelm Strohmeyer)가 말했듯이 "너비보다는 깊이에 좀 더 천착"하는 것이었으며, 결과적으로 이런 계보학적 활동은 콜드 스프링 하버의 우생학기록보관소의 활동과 유사했다.[400] 하지만 1920년대가 되자 독일 정신의학연구소 계보학-인구학 부서의 소장이었던 에른스트 뤼딘(Ernst Rüdin)은 슈투트가르트의 의사 빌헬름 바인베르크(Wilhelm Weinberg)와 영국 수학자 고드프리 해롤드 하디(Godfrey Harold Hardy)에 의해 유도된 결론들에 기초해 급진적으로 다른 접근을 추구하기 시작했다. 1908년에 바인베르크와 하디는 서로 독립적으로 진화적 선택이나 돌연변이가 없는 한 집단 내의 대립 유전자의 발생 빈도가 항상적으로 유지된다는 점을 보였다. 소위 하디-바인베르크 법칙을 토대로 삼아 뤼딘은 그의 정신분열증의 유전력에 관한 연구의 초점을 가계도 이해에서 전체 세대들의 재구성으로 옮겼다. 다소 단순화하자면 그의 방법은 환자의 부모와 형제자매들뿐만 아니라 수천 명의 환자들의 코호트에 대한 유병률을 기록하는 것으로 이루어져 있었다. 형제자매들 사이의 질병 발병 빈도가 하디-바인베르크 법칙으로부터 유도된 빈도(양친이 건강할 때는 25%, 양친 가운데 한 쪽이 정신분열증을 앓고 있다면 25%)에 상응하는지를 검토함으로써, 그는 정신분열증이 열성 멘델 형질처럼 작용하는지에 대해 결론을 내릴 수 있었다.[401] 그러므로 한 단일한 분석적 획(analytic stroke)에서 두 세대는 마치 그들이 수없이 독립적으로 시행된 멘델식 육종 실험의 산물인 것처럼 다뤄졌다.

프란츠 보아스는 인류 집단 유전학의 이런 초기 연구들에 깔려있는 분석적-구성적 관점을 전형적으로 보여주는 "가계"(family line)라는 흥미로운 개념을 채용했다. 미국이민위원회(U.S. Immigration Commission)를 위해 실시한 대규모의 신체계측 연구를 기반으로 보아스는 1910년에 두개지수나 신장과 같은 체질적 형질들이 다양한 종족적, "인종적" 기원을 가진 이민자들의 미국에서 출생한 자손들에게서 작지만 유의미한 정도로 변화했음을 증명할 수 있었다. 그 결과 인종적 형질들은 일반적으로 불안정한 것으로 나타났다.[402] 보아스와 그의 조수들은 뉴욕시의 학교들과 인근의 엘리스 섬의 18,000명으로부터 수집한 원자료를 훗날 뤼딘이 사용한 방법들과 유사한 방식으로 분석했다. 이들은 보아스가 "가계"라고 불렀던 단위로 부모와 자손들을 한 그룹으로 묶었다. 이후에 보아스가 반복해서 강조했듯이, 인종과 가계라는 두 개념 사이에는 긴장이 존재했다. 그의 이민자 연구에서 일상적 용어로서의 "인종"-그는 여기서 동유럽 유대인, 시칠리아인, 나폴리인, 체코인, 폴란드인, 그리고 스코틀랜드인을 구별했다-은 일반적으로 매우 다른 가계들의 집합체들로 이루어져 있고, 거꾸로 한 단일한 가계는 보아스가 그의 독일인 동료 오이겐 피셔(Eugen Fischer)에게 지적하기 좋아했던 것처럼 서로 구별되는 인종들에 속하는 개인들로 이루어져 있을 것이었다. 1913년에 출판된 서남아프리카의 작은 아프리카-유럽 "혼혈" 집단인 "레호보스 바스터"(Rehobother Bastards)에 대한 연구에서 피셔는 눈 색깔과 같은 "인종적" 형질들도 멘델 유전의 패턴을 따른다는 점을 보여주었다. 피셔에게 레호보스 바스터는 "혼혈 인종"의 전형적인 경우를 이루었다.[403] 이와 달리 보아스는 이들이 족내혼을 할 뿐만 아니라 특정 지역에 한정된 집단으로, 집단 내부에서 반복해서 결혼하는 적은 수의 가계들로만 이루어져 있기 때문에 "인종의 순수성"에 가까워진 것임을 지적했다.[404]

이런 계보학적, 통계적 분석들은 집단 유전학이 이후에 인류 유전의 내부 메커니즘을 해명할 수 있게 했다. 그러나 유전의 정수를 들춰내기 위해 인간 생식에 직접적, 선별적으로 개입하는 것은 불가능한 일로 남았다. 이 새로운 과학의 실천가들은 대신에 과거에 일어난 사건들과 경과들에 의존해 마치 그들이 실험을 수행한 것처럼 이 과거의 일들을 후향적으로 분석해야만 했다. 이는 다윈이 선택한 방법이기도 했다.[405] 이런 연구에는 재료의 부족 같은 것은 없었다. 예를 들어 베로니카 립하르트가 보여주었듯이 1900년경 "유대인의 생물학"에 관한 많은 연구들이 동일한 접근법을 택했다. 이런 연구들 모두가 당시 일반적인 반유대주의에 영감을 받아 이뤄진 것은 아니었다. 유대인들은 그들의 종교적으로 동기가 부여된 족내혼과 유럽 내 게토들에의 그들의 비자발적인 고립의 결과 수세기 동안 "순수한 인종"으로 남게 되었다고 주장하는 지배적인 "생명역사적 내러티브" 때문에 이상적인 연구 대상으로 여겨졌다.[406]

일반적으로 이런 생명역사적 내러티브들은 이데올로기적으로 모호하고 다양한 목적을 위해 도구화될 수 있었다. 대부분의 경우 이들은 특정 사회적 집단이나 국민, 민족, 혹은 인종에 대한 한 개인의 소속을 확고히 하는 데 이용되었다. 19세기 인류학에서 "다원설"(polygenism)과 "일원설"(monogenism)을 둘러싼 논쟁은 생명역사적 내러티브들의 이데올로기적 이용에 관해 특히 흥미로운 사실을 드러낸다. 오늘날의 관점에서 이 논쟁은 완전히 잘못된 게 아니라면 학문적으로 이상하게 보인다. 왜냐하면 분명한 공통 기반에 부적절한 강조들이 놓여 있었기 때문이다. 다원론자들은 인종이 서로 다른 구별되는 종이라고 본 반면, 일원론자들은 혼혈 인종의 생식력을 모든 인간은 단일 종에 속한다는 반대 주장의 증거로 인용했다. 그러나 이 논쟁의 참여자 거의 모두가, 즉 인종이 단일종의 변종이라는 입장만큼이나 인종이 서로 구별되는 다른 종이라는 관점을 지지하는 사람들도 모든 종들의 공통 조상의 존재를 믿었고, 결국 모든 인간은 공통 조상을 공유해야만 함을 암암리에 인정했다.[407] 고로 이 논쟁의 이데올로기적 의미(ideological import)는 서로 구별되는 인종의 존재 여부에 대한 함의에 놓여 있지 않았다. 다원론자와 일원론자 간의 충돌은 이보다는 노예제와 식민 통치의 정당성에 관한 정치적 논의들과 긴밀히 결부된 데서 논쟁적인 것이었다.[408]

그러나 이데올로기적 동기는 이 장에서 서술된 분석적 관점들이 어떻게 만들어졌는지를 설명하지 못한다. 인종과 민족, 국민들을 결국 느슨한 형태의 상관관계를 맺지만 셀 수 있고 예측 가능한 부류들(element)로 용해시켰던 이런 관점들은 애초부터 인종 개념의 인식적 정당성에 대해 회의적이던 보아스와 같은 과학자들뿐만 아니라 피셔나 뤼딘처럼 노골적인 인종주의 과학자들에 의해서도 지지되었다. 이런 분석적 접근들의 흥기(興起)를 이해하기 위해서는 인종주의자든 아니었든 인류학자들 대다수가 관련된 정치적 통제 도구를 제공하기 위해 사회적 변화 과정을 이해하고 싶어했음을 인지해야만 한다.[409] 타일러의 유명한 경구에 따르면, 인류학은 "개혁가의 과학"으로 이해되었다.[410] 이런 목표 하에서 인류학자들은 현재의 상황(*status quo*)을 단순히 기술하는 것만으로는 만족할 수 없었다. 집단들이 다양한 정도의 안전성의 독립 인자들의 역동적인 집합으로 개념화되어야만 그 집단들의 발달 경로에 영향을 미치는 것을 기대할 수 있었다. 많은 연구자들에게 유전의 통계적, 계보학적 분석에 의해 열린 인식론적 공간은 "유전 가능한" 인자들의 발견, 탐구, 조작을 허용했기 때문에 중요했다. 우생학 담론이 사회적 관계의 "구성화"를 낳았다는 전통적인 설명과 달리, 우리는 이 장에서 서술한 분석적 절차들이 "순도"(purity)뿐만 아니라 새로운 강력한 화합물을 만들 기대 가운데 이루어진, 복합 화학 혼합물의 구성 성분들을 분리하는 데 이용되는 분별법(fractionation)의 화학적 과정과 훨씬 더 유사하다고 제안한다.[411]

1930-40년대 집단 유전학에서의 진보는 2차 세계 대전 이후의 인종 분류를 보다 심화시켰다. 결국 잔학한 행위는 "인종"의 이름으로 이루어졌고, 인류 유전학자들은 자신 있게 인종이 실제로 존재하지 않는다고 주장할 수 있게 되었다.[412] 이 주장은 오늘날 종종 학계의 시선에서 볼 때 편향적인 "보통 사람"의 탓에서 기인하는 유형론적 인종 개념에 초점을 맞추었다. 과학자들은 돌연변이, 자연선택, 선택교배, 지리적 격리, 이종교배라는 근원적인 과정에 의해 한시적으로만 "인종들"이 출현하게 되는 인간 집단에 대한 보다 역동적인 이해에 관심이 있는 것처럼 행동했다. 러시아계 미국인인 집단 유전학자이자 진화 생물학자 테오도시우스 도브잔스키는 이런 관점을 다음의 강력한 공식으로 요약했다. 그는 "인종은 존재의 상태가 아니라 되어가는 과정의 상태이다."[413] 더 일반적으로 말해, 인종처럼 분명한 생물학적, 사회적 중요성을 가진 것처럼 보이는 범주들은 "재생산(sexual life)의 합리화"에 호의적인 것으로 용해되었다.[414] 한 세기 이상 생명과학의 중심이 되어온 개념인 유전자는 이런 일상의 범주의 해체와 새로운 인식론적 대상으로 유전의 인식론적 공간에 수반된 응결화 과정의 결과였다.

제 6 장

유전을 분과화하기

19세기 후반 생명과학은 어느 정도 구별된 활동 영역들로 분할되었다. 생리학은 점차 비교해부학과 형태학으로부터 분리되었으며, 세포학과 미생물학과 같은 새로운 분야들이 출현했고, 자연사는 진화 생물학으로 바뀌었다. 각각의 새로운 분과들은 각기 주된 연구 재료와 표준적인 방법들을 발전시키고 전개했다. 동시에 생물학 연구의 지평에서의 이런 분화는 전체를 아우르는 관점의 필요성을 낳았다. 클로드 베르나르의 1878년 강의인 「동식물에서 공통된 생명 현상The Phenomena of Life Common to Animals and Plants」은 이런 도전에 대한 초창기 대응 가운데 하나였고, 이어서 제목에 "일반 생물학"이란 개념을 포함시키는 기고문들이 점차 늘어났다.[415] 생명에 관한 과학, 즉 생물학은 1800년경에 물리학 및 화학과 함께, 그리고 동시에 그와 대조되게 조직화되고 생식하는 물체들*의 다양성 분석을 목적으로 확립되었

* 역주: 생명체를 가리킨다.

다. 반면 1900년경의 생물학은 더 이상 그 자체로 무생물의 세계와 대비되는 것으로 정의되지 않았다. 그 대신 생물학은 이제 동일한 이론적 관점 하에서 모든 생명체를 다루는 활동을 허용하는 수준에서 정의되는 것에 초점을 맞추었다. 이런 발전의 결과 가운데 하나는 "모델생물"(model organism)이라 불리는 대상이 생물학적 연구에 도입된 것이다. 요점만 말하자면 이제 생물학은 생명체의 가장 일반적인 특성들의 실험적 특성 규명을 촉진하는 고도로 특이한 형질들(idiosyncratic qualities)을 소유한 특정 유기체에 초점을 맞춤으로써 자신의 연구 아젠다를 추구했다.

1900년에 일어난 이 심대한 변화는 유전 현상에 대한 논의에서 특별히 눈에 띈다. 반세기 동안 주로 진화적, 발생론적 관심들, 세포학적 관찰들, 그리고 인류 집단에 대한 사회정치적, 문화적 관심들뿐만 아니라 인류학적 관심들에 의해 주로 영감을 받아 가열된 논쟁들과 광범한 추측들은 이 분야를 활성화시켰다. 20세기의 첫 십년이 지나지 않는 기간 동안에 처음에는 완두콩(*Pisum*)과 같은 식물들을, 이후에는 초파리(*Drosophila*) 같은 동물들을 모델생물로 삼은 독특한 실험 분야가 구체화되기 시작했다. 그간 이 과정에서 일어난 핵심 사건들은 수차례 서술되었으며, 그 전반적인 발전의 양상은 과학혁명의 긴 역사에 위치되어 왔다.[416] 1906년 런던에서 열린 제3회 식물 교잡 회의(International Conference on Plant Hybridization)에서 영국의 생물학자 윌리엄 베이트슨(William Bateson)은 이 새로운 분야를 "유전학"이란 이름으로 부르기를 제안했고, 1910년에는 레지널드 퍼넷(Reginald Punnett)과 『유전학회지*Journal of Genetics*』를 창간했다. 1909년에 덴마크의 식물학자이자 코펜하겐 대학교에서 식물 생리학을 가르치던 빌헬름 요한센(Wilhelm Johannsen)은 이 새로 등장한 분야의 연구를 위한 구성단위로 "유전자"(gene)라는 이름을 고안했다. 요한센이 보았던 것처럼, 유전학의 발전은 두 실험적 실천들의 결합을 토대로 출현했다. 하나는 "순수한" 동식물 계통의 생산이고 다른 하나는 이렇게 만들어진 순계들(pure lines)의 이종교배였다. 두 실천들 모두 응용 축산학과 식물 육종학에 토대를 두고 있었지만, 1900년 이전에는 이들 가운데 어떤 것도 한 세대에서 다음 세대로의 전달을 체계적으로 검토할 실험적 도구로 이용되지 않았다. 유일한 예외가 자신의 실험 결과를 통계적으로 평가할 수 있도록 관련 기호 체계를 발전시킨 그레고르 멘델의 연구였다. 그러나 그가 교배시킨 여러 세대의 완두콩들에서 관찰한 규칙은 (결국 그의 발견이 19세기 후반이 되어서야 인정받았다는 점에서) 유전 과정의 일반 모델로 승인되지 않았다. 우리가 보게 될 것과 같이, 멘델 자신은 본인의 연구 결과를 일반화하는 데 주저했다.

5장에서 우리의 목표는 의학적, 생명정치적 맥락에서 생물학적 유전에 대한 사고가 19세기에 만연해 있었음을 포착하는 데 있었다. 이 장에서는 유전의 인식론적 공간이 어떻게 실험 유전학의 확립과 함께 몇몇 한정된 인식론적 대상들로 응축되었는지 검토한다. 이미 농업에서 이용되어 왔거나 크기가 작고 생식 속도가 빠른 것 같이 실험 활동에 적합한 특성을 보이는 동식물 모델들에 대한 연구가 점차 많이 수행되기 시작했다. 3장에서 보았듯이 18세기에 식물원과 같은 학술 기관들은 유전에 대한 생물학적 담론을 초점으로 하는 아종 변이의 영역에서의 현상들을 생산하고 발견하는 데 결정적인 역할을 담당했다. 19세기 말에 이르면 대학 생물학과 2차 산업혁명의 생명공학 기술들 사이의 결합이 유전의 인식론적 공간을 재구성했다.[417] 그 결과 등장한 새로운 연구 실천들은 대규모로 추진되었다. 생화학, 미생물학, 순종교배(pure breeding)와 이종교배의 기법들은 종과 개체 사이의 전통적인 이분법을 전복시키는 생명 현상의 한 영역을 밝혀내는 데 기여했다.[418] 유전학의 출현으로 생물학은 기초 과학이자 엄청난 응용 가능성을 갖고 있는 실험 분야를 갖게 되었다. 이는 20세기 후반에 분자 유전 기술과 유전체학의 부상과 함께 다른 맥락, 다른 수준에서 다시금 반복되었던 과정이었다.[419]

이런 발전들에 대한 우리의 분석은 상대적으로 고립된 과학 공동체 내에서 급작스럽게 패러다임 전환이 일어난다는 과학혁명의 일반적인 상에 대해 의구심을 불러일으킨다. 우선 우리는 그레고르 멘델에 초점을 맞추어 그의 연구 가운데 실제로 새로운 측면이 무엇이었으며 그럼에도 불구하고 그가 동시대인과 공유했던 것은 무엇인지에 초점을 맞춘다. 이후에는 19세기 후반 동식물 육종학과 세균학의 역사에 초점을 맞춘다. 앞으로 보게될 것과 같이, 멘델주의와 이후에 관련되는 수많은 요소들이 이들 맥락들로부터 유래되었다. 이후의 절들은 멘델의 연구가 막 등장하던 시기에 "고전" 유전학이라 불리던 활동이 무엇인지를 다룬다. 그 결과 이 분야가 단일하지 않았다는 사실이 분명해질 것이다. 고전유전학은 개념적 양가성과 계속해서 변화하는 연구 실천들로 특징지어진다. 그러므로 이는 분과 정체성을 주조해내는 데 도움을 줄 뿐만 아니라 발생학과 진화론 같은 이웃 분야들에도 곧 채택된 연구 전략들과 기술들의 느슨한 총체로 볼 경우에 더 잘 이해된다.

그레고르 멘델과 교배 육종가들

많은 논평자들은 1866년 『브르노 자연사회 회보*Verhandlungen des Naturforschenden Vereines in Brünn*』의 4권에 실린 멘델의 실험이 동시대 생물학자들에 의해 인지되지 못했다고 개탄한다. 예를 들어 이 연구가 다윈이 그의 진화론의 잃어버린 고리인 유전에 관한 좋은 이론을 제공해줄 수 있었는데도 말이다. 그러나 멘델 스스로는 이 모든 것을 다르게 보았을 것이다. 3장에서 간단히 언급했듯이 그는 자신의 완두콩에 관한 연구를 이종교배에 관한 오래되었지만 좁은 연구 전통 내에서의 "세부적인 실험"으로 소개했다.[420] 식물학자들은 린네의 "항상적 변종" 발견을 좇아 이종교배가 종의 가능한 발생, 혹은 종의 "변형"(transmutation)에서 맡는 역할을 연구해왔다. 이후에 이종교배에 관한 실험 연구들은 점차 광범위해졌다. 예를 들어 1849년에 출판된 저술 「식물계에서의 잡종 발생에 관한 실험과 관찰*Versuche und Beobachtungen über die Bastarderzeugung im Pflanzenreich*」이 멘델의 시대에 식물 이종교배 연구의 기준점이 될 정도로 알려져 있던 카를 프리드리히 개르트너는 700개 이상의 식물 종들에 대해 만 번이 넘는 별도의 실험을 수행했다. 짐작건대, 멘델은 비엔나에서 식물 지리학자이자 세포 이론의 초창기 지지자였던 프란츠 웅거(Franz Unger)를 포함한 그의 다른 선생들로부터 지도를 받으면서 이 전통과 접촉하게 되었을 것이다. 웅거는 식물 이식(transplantation) 실험 및 양적 생물지리학 연구와 고식물학 연구에 기초한 "발생의 법칙"을 체계화함으로써 식물 유기체의 "물리학"을 해결하기를 원했다. 웅거 자신은 멘델이 그의 이종교배 논문을 출판한 후 여러 차례 편지를 교환한 카를 네겔리의 영향

을 받았다.[421]

비록 멘델의 연구가 이 전통의 일부에 속하기는 했지만, 그의 실험만이 갖고 있는 독특한 측면들도 존재했다. 멘델의 실험이 동시대 식물학자들의 이종교배 연구들과 어떻게 연관되는지는 멘델의 연구를 그의 프랑스인 동료 샤를 노댕(Charles Naudin)이 멘델과 같은 시기에 파리에서 수행한 실험과 비교할 때 가장 잘 드러난다. 19세기 중반 가장 숙련된 식물 육종가 중에 한 명이었던 노댕은 국립자연사박물관에서 일하면서 1854년부터 원예학에 관한 제반 사항들을 총괄하는 책임을 맡았다. 1870년대 초에 노댕은 외래 식물의 기후 순응을 실험하기 위해 만들어진 정원에서 연구하기 위해 프랑스 피레네 산맥으로 이주했다. 1876년에 그는 앙티브에서 구스타브 튀레(Gustave Thuret)가 세운 식물원의 책임자가 되었다.

여기서 우리가 살피는 연구는 "생식력과 그들의 형질의 영속성 혹은 비영속성에 관한 관점에서의 잡종 식물[의] 연구"로 제안된 파리 과학 아카데미 현상공모에 노댕이 응모한 것이다.[422] 영속적인 잡종(perpetual hybrids)은 얻을 수만 있다면 농업에서 매우 중요한 것이었다. 우리가 3장에서 보았듯이 이종교배에 관한 유사한 현상 공모들이 쾰로이터와 개르트너의 연구가 추진되는 데 동기를 부여했다.[423] 노댕은 그의 식물 교배의 결과의 영속성을 여러 세대 동안 추적하고 이들의 형질을 꼼꼼하게 기록하여 평가했다. 그의 실험은 방대했고 프랑스 농부와 정원사들의 관심을 끌만한 다양한 채소들과 관상용 식물들을 포함했다. 그의 보고서는 적어도 40번 이상의 다른 이종교배에 대해 기록했지만, 각 교배로부터 얻는 후손 종자가 수십 개를 넘는 경우는 드물었다. 노댕은 게다가 그 이전의 다른 식물 이종교배 연구자들과 같이 개별적이고 정확히 탐지 가능한 형질들보다는 부모와 자손의 전반적인 형질을 비교함으로써 후손들의 자질(habitus)을 파악하는 데 보다 초점을 맞추었다. 노댕은 경험적 규칙으로 이종교배를 통해 만들어진 후손 첫 세대는 다소 획일적으로 부모 중 한쪽을 닮은 형태의 존재로서 대체로 한쪽이 다른 쪽보다 "우세한" 것으로 나타난 반면, 다음 세대부터는 해당 잡종 형태가 "와해되어" 일부 개체들은 두 부모 종들의 원래 형태를 다시금 닮아간다는 점을 관찰했다. 노댕은 각 종마다 그 형질을 결정하는 "종적 본질"이 내재하며 이 본질이 결국에는 강제된 혼합에 대해 스스로의 효력을 다시 발휘한다고 가정함으로써 이를 설명했다.[424]

멘델은 노댕과 같은 동시대인들과 달리 완두콩(*Pisum sativum*)이라는 단일 종의 몇몇 항상적 변종들에 대한 8년에 걸친 일련의 교배 실험들의 결과들을 보고했다. 그는 게다가 적은 수의 잘 정의된 형질의 짝들에 초점을 맞추었고, 그의 식물들의 인공적, 실험적 수정을 엄격히 통제했다. 그의 보고서 서문에서 언명했듯이 멘델은 "잡종의 형성과 발달에 관해 일반적으로 적용 가능한 법칙"을 고안하는 일에 착수해왔다.[425] 그의 논문에 따르면, 멘델은 처음에 "항시 다른 형질들을" 보이는 부모 식물들을 주의 깊게 선택했고, 이후에는 후손 식물들이 생식력을 완벽히 유지하는 개체들에 초점을 맞추었다. 다음으로 그는 이후 세대들의 형태의 "수적 비율들"을 결정하는 것을 연구 목표로 삼아 통계적 비율을 도출할 목적으로 많은 수의 잡종들과 그들의 이후 자손 개체들을 재배했다.[426] 셋째로 그는 두 대안적 형질들이 생식 세포를 통해 독립적으로 전달되는 구별되는 인자들에 기초한다는 가정을 나타내는 데 대수 기호를 이용했다. 그가 여러 형질 짝들을 다룰 때 대수 기호 체계는 그 결과 도출되는 순열들을 모두 자세히 나타내는 데 도움을 주었다. 더 중요하게도, 그의 보고의 주된 초점이었던 우성-열성 형질 쌍의 경우 이 표기법이 식물의 유전적 조성과 그것의 외형을 구별할 수 있게 했다. 마지막으로, 멘델은 형질들을 결정하는 유전인자들이 생식 세포의 형성기에 자유롭게 교환될 수 있고 무작위로 분배된다고 가정했다. 4장에서 다루었던 그와 동시대인들의 관점과 달리, 멘델은 난자와 화분 세포들이 후손의 형질을 결정하는 한 쌍의 유전인자들 중 하나만을 갖고 있다고 가정했다. 그러므로 각 개별 후손에 대한 이런 인자들의 분리는 뚜렷하고 명백했지만 무작위로 발생했기 때문에 형질 분산의 규칙은 전체로서의 후손 집단에게 통계적으로만 결정될 수 있었다.

하지만 그의 법칙의 범위에 한해서는 멘델의 주장은 노댕의 것과 매우 유사했다. 노댕은 그가 교배한 종들의 "종적 본질"이 항구적으로 혼합적이지 않고 그렇기에 잡종 역시 영속되지 않는다고 주장했다. 개별 인자들의 수준에서라도 멘델 역시 그의 실험을 토대로 유사하게 결론지었다. 수정된 세포에서 "서로 배치되는 인자들 간의 배열"은 "잡종 식물의 생애를 넘어서"지 않는 일시적인 것인 반면, 같은 종이나 변종의 개체들의 동일한 인자들은 수정을 "완전히, 영구적으로 매개해... 독자적으로 생존 가능한 결합체"(viable union)**에 들어간다."[427] 그러므로 멘델에게 잡

** 역주: 생식세포를 가리킨다.

종의 특성은 첫 세대에서는 우성 형질만 획일적으로 나타나며, 다음 세대에서는 3:1의 비율로 분리되어 식물들 가운데 1/4은 다시금 열성 형질을 보이게 된다. 이 모든 것에도 불구하고, 그가 뮌헨의 네겔리와 주고받은 서신과 그의 조팝나물(*Hieracium*)의 이종교배 실험에 관한 두 번째 식물학 연구 출판물에서 분명하게 드러나는 것은 그가 근본적으로 "항상적 잡종"의 가능성에 대한 관심을 유지했다는 점이다. 그의 조밥나물 잡종은 서로 대립되는 부모의 유전적 요인들이 잡종 결합체(hybrid union)에 포함되어 둘 간의 안정된 절충이 이루어질 가능성을 시사하면서도, 그의 잡종에 대한 법칙의 보편적 적용가능성에 대해 의구심을 불러일으키는 것으로 나타났다.[428]

가계도와 순종 사육(pure cultures): 농업-산업적 맥락에서의 육종

콜레주 드 프랑스에서의 그의 취임 기념 강연에서 미셸 푸코는 멘델이 "당시의 생물학과 완전히 낯선 대상들에 대해 말하고, 낯선 연구 방법들을 활용하며, 낯선 이론적 관점에 자신을 위치시켰다"라고 주장하며 "진정한 괴물"이라고 불렀다. 푸코에 따르면, 멘델은 그러므로 그의 시대의 생물학적 담론의 "진실의 영역 안에"(*dans le vrai*) 있지 않았던 것이다.[429] 이 해석으로 푸코는 멘델과 동시대인들이 그의 연구 결과의 중요성을 인지할 수 없었다는 데 몇 번이고 놀라는 과학사학자들과 스스로를 분리시켰다. 하지만 그럼으로써 푸코는 멘델을 어떠한 과학 연구 네트워크와도 무관한, 속세로부터 동떨어진, 혹사에세는 원예 품종에만 몰두하는 수도사로 그리는 또 다른 클리셰를 강화한다. 그러나 우리는 멘델의 실험들이 잘 확립된 연구 전통과 연결되어 있고, 적어도 뮌헨의 유명한 식물학자 네겔리 이외의 사람들에게도 주목과 관심을 끌었음을 보았다. 멘델은 게다가 그가 올로모우츠 대학(Palacký University Olomouc)과 비엔나 대학에서 과학 교육을 받는 동안 조합수학, 물리 실험의 원리, 그리고 앞서 언급 했듯이 당대의 세포 이론과 진화론에 대해 학습했다. 이에 더해 그는 양 사육과 과수 육종뿐만 아니라 관련 과학 연구 증진을 도모하는 여러 협회들의 활동적인 구성원이었다. 이런 협회들은 과학자들, 과학에 대해 교육 받은 공무원들, 산업가들, 신사 농부들, 그리고 육종가들로 채워졌다. 유전에 관한 질문들이 이런 협회들의 협회지에서 광범위하게 논의되었다. 비체슬라프 오렐(Vítězslav Orel)이 쓴 멘델의 전기가 보여주듯이, 19세기 중반 직물업과 양조업에 조직의 경제 활동을 집중하던 브르노의 아우구스티노 수도회는 당시 유럽 대륙에서 가장 진보된 정원, 농업 및 목축업, 산업 지평을 보이던 지역 중 하나인 모라비아의 농업 발전 운동과 긴밀히 연관되어 있었다.[430]

이 같은 맥락을 고려하면서도 멘델을 계속 "괴물"이라고 부르고 싶다면, 푸코의 이 같은 용어는 멘델의 실험에만 적용되어야 한다. 위에서 서술했듯이 멘델의 실험에서 특이하고 낯선 점은 멘델이 이전에는 결합되지 않던 방식으로 조합론적, 통계학적 절차들, 물리 실험 방법론, 세포이론, 진보된 육종 기법들과 같은 여러 요인들을 결합했다는 것이다. 1900년 무렵이 되면 이런 특수한 결합들과 이것들이 낳은 결과들에 대한 더욱 수용적인 기반이 마련되었다. 19세기 후반에 이르러 북미와 유럽 전역에 농업시험장이 설립되었다. 기술 연구소의 설립을 이끈 더 광범한 운동의 맥락에서 이 시험장들은 과학적 기관이자 현장-기반 기관으로 여겨졌다. 따라서 이 기관들은 더 전통적인 의미의 대학 생물학과 2차 산업혁명기의 생명기술들 간의 상호작용을 위한 생산적인 장소를 제공했다. 결국 동식물 육종은 미생물학과 같은 선진 학문 분야들에 접근할 수 있게 되었다.[431]

먼저 동식물 육종부터 살펴보자. 우선 첫째로 멘델의 실험은 (멘델의 상급자이자 멘토였던 시릴 나프(Cyril Napp))가 회원이었던 "양 사육의 친구들, 전문가들, 그리고 업자들 협회"(*Verein der Freunde, Kenner und Beförderer der Schafzucht*)라는 양 사육 관련 경제 활동을 증진시키는 방식을 모색하던 지역 협회 내에서 전개되던 논쟁에 영향을 받았다. 이 협회의 영향은 멘델의 출판물들의 용어 선택에서 바로 나타난다.[432] 물론 아우구스티누스 수도원의 존재감이 협회에서 활동하던 수도원장에 의해 눈에 띄게 나타났던 합당한 이유들이 있었다. 수도원은 가장 큰 지역 경제 사업체였다. 체계적인 근친교배와 이계교배를 통해 모라비아 양 사육업자들은 탁월한 품질의 양모를 생산할 수 있는 소위 메리노 품종이라 불리는 종을 만들었다. 이들의 논쟁의 요점 가운데 하나는 어떻게 가장 잘 근친교배와 이종교배의 균형을 맞추는지에 관한 질문이었다. 퇴화와 통제 불가능한 변종은 피해야만 했다. 이런 우려들이 그의 실험들이 자화수정(self-fertilization, 가장 극단적인 형태의 근친교배)과 인공적 이종교배 사이를 체계적으로 오가는 멘델의 실험 프로토콜에 직접적으로 반영되었다.

19세기 동안 동식물 육종가들은 유전을 주로 자신들의 목적을 위해 그들이 조작 및 통제할 수 있는 "힘"으로 보았다. 독일산 색스니(작센) 양 품종이 1825년에 호주에 전래되어 호주 국가 경제 성립에 핵심적인 역할을 맡았던 것처럼[433] 상품 판매 시장의 팽창과 함께 형질의 안정성, 바꿔 말해 그들의 "유전력"이 중요해지면서 육종의 궁극적인 목적이 되었다.[434] 이런 노력들은 농업적으로 유용한 작물을 육종하는 데 중요한 혁신들 또한 이끌었다. 전통적으로 소작농이나 지주였던 육종가들은 가장 최적의 품질로 여겨지는 작물들의 종자를 골라 다음 철의 파종을 위해 따로 떼어두곤 했다. 이런 선택 과정의 결과 취합된 종자 집단을 소위 원시품종(landraces)이라고 불렀는데, 이 종자들은 그 이질성 덕분에 기상 이변이나 병충해에 강한 저항성을 보였지만, 표준화된 원료를 요구하는 준산업적 농업에는 적합하지 않았다. 자화수정 작물들에 한해서는 이 어려움이 오늘날 계통 육종법(pedigree breeding), 혹은 순종교배법이라고 불리는 절차가 프랑스의 가족사업체인 빌모린(Vilmorin)에 의해 고안되면서 극복되었다.[435] 출발점은 개별 작물의 종자였다. 후손들은 검사를 통해 어떠한 변이라도 일어날 경우 반복해서 선별되었다. 문제가 되는 작물이 자화수정되는 것이라는 점에서 이종교배에 의한 변이는 무시해도 될 만큼 작았다. 빌헬름 요한센의 표현에 따르면, 그 결과 얻어지는 계통 육종(pedigree cultures)에서는 "'어버이'(father)가 의심의 여지없이 확실했다."[436] 멘델은 유사하게 자화수정 작물을 이용해 그의 실험 과정에서 이들을 인공적으로 수정시키기 전에 여러 해 동안 그 변종들의 "안정성"을 검사했다. 멘델의 연구는 그러므로 전문 작물 육종가들에 의해 당시 막 개발된 획기적인 기법들 가운데 일부를 통합한 것이었다.

새로운 육종 기술의 발전 이외에도 당대 동식물 육종은 이전의 인류학과 우생학에 관한 장에서 서술했던 것과 유사한 새로운 기재 방식과 계산법들을 적용하는 데 연루되었다. 육종가 협회들은 중앙 육종 기록부(register)를 만들고 그들의 협회보에 세부적인 계통도들과 통계표들을 출판했다. 육종학과 인간 과학 사이의 유사성에는 심층적인 이유가 존재했다. 19세기 후반부터 동물 육종가들은 사촌 결혼 같은 당대의 가족계획에 관한 전략들에 주목하고 이들을 때때로 이용하기도 했다. 잘 알려져 있듯이, 우생학자들은 거꾸로 동식물 육종 연구들이 산출한 구체적인 모델들에 대한 번식 판타지(breeding fantasies)를 탐닉했다.[437] 19세기 말에 이르러 설립된 농업시험장들에서의 육종 실험의 체계적이고 양적인 도표화와 목록화는 "과학적 육종"이라는 용어가 널리 받아들여질 정도로 강도 높게 이루어졌다. 예를 들어 1890년대 초에 스웨덴 종자 육종 협회(Swedish Seed Breeding Association)는 스발뢰브의 시험장에서 계통육종법에 의해 만들어진 2천 개의 다른 곡류 품종들을 재배했다. 이 품종들 각각의 발생 및 발달이 그 형질의 양적 측정들을 통해 추적 관찰되었으며, 때때로 특별한 측정 기구들을 사용해서 이런 측정들이 이루어지기도 했다. 해마다 측정 결과들은 "계통도 기록", "현장 노트", "분석 일지"로 이루어진 복잡한 "기록부"에 기입되었다.[438] 멘델주의가 20세기 초에 이런 기관들에서 번성하게 된 것은 우연이 아니다.[439]

멘델 유전학과 응용 육종 연구 간의 생산적인 상호작용은 아마도 동물 사육가들과 식물 육종가들이 새로운 과학의 수용자일 뿐만 아니라 새로운 계통적 구성물들을 만들어내는 데 적극적으로 관여했다는 점에 달려 있었을 것이다. 20세기의 첫 십 년간은 이런 구성물들과 연관하여 유전학에 두 기본 개념이 도입되었다. 하나는 요한센의 "순계"(pure line) 개념으로, 이는 어느 정도 빌모린의 "계통"(pedigree)에 상응한다. 다른 하나는 "복제"(clone)로, 이 개념은 미 농무부 식물 육종 실험실(Plant Breeding Laboratory)의 식물학자 허버트 J. 웨버(Herbert J. Webber)에 의해 무성 생식 집단을 위해 도입된 개념이다.[440] 이 개념들은 영속성과 같은 후손의 특징들 대신 이용된 계보학적 구성물들을 중심으로 조직되었다. 예를 들어 "순계"는 자화수정에 의해서만 만들어진 계통으로 정의되었다.

"순계"라는 관념은 이런 개념들의 발전을 전형적으로 보여주는 동시에 놀라울 수도 있는 더 넓은 맥락의 한 국면을 드러내기도 한다. 우리가 아래에서 논의할 "유전형" 이론을 만든 요한센은 약제상 견습 수련과 뒤이은 식물학 연구 이후 1881년 칼스버그 양조장 연구 실험실의 화학 부서에서 보리의 발아와 후발효(maturation)와 관련한 질소의 역할을 탐구하면서 그의 과학 연구 경력을 시작했다. 1887년에 그는 코펜하겐에 있는 왕립수의농업대학(Royal Veterinary and Agricultural College)의 식물 생리학 교수(lecturer)가 되었지만 칼스버그 실험실과 육종 실험과 관련한 협력 관계를 지속했다. 이런 맥락에서 그는 아마 처음으로 가계도 방법을 응용했을 것이다. 비록 이후의 저술들에서 그는 다른 데서 순계 개념과 우연히 마주했다고 주장했지만 말이다.[441] 또 1880년대 초 칼스버그 실험실의 에밀 크리스티안 한센(Emil Christian Hansen)은 순수 세균 배양을 얻기 위해 루이 파스퇴르(Louis Pasteur)와 로베르트 코흐(Robert Koch)의 방법을 채택하기도 했다. 파스퇴르와 코흐는 전염병의 진단과 치료를 위해 이런 배양 방법을 발전시켰다. 한센은 같은 방법을 양조용 효모에 적용했다. 희석이나 현미경을 이용하는 방식으로 분리된 개별 효모균들이 소독한 배양액에 놓였다. 요한센은 1901년에 그의 스승 오이겐 바르밍(Eugen Warming)과 함께 출판한 식물 생리학 교과서에서 이런 식으로 페트리 접시에서 "다양한 실용적 가치를 지닌 효모균 종들 혹은 변종들(races) 전체"가 생산될 수 있다고 적었다.[442] 몇 년 내로 한센의 효모균 "변종들"은 전 세계 양조장으로 침투하게 되었다. 칼스버그 하면효모 1번과 2번은 덴마크, 독일, 북미, 호주, 인디아 등지에서 상대적으로 균질한 품질의 맥주 생산을 촉진시켰다.[443]

이 에피소드는 유전학이 등장하는 데 필요했던 19세기 말의 약물과 백신뿐만 아니라 유기 원료 및 식품 농업 관련 산업에서의 대량 생산의 시작과 같은 경제적, 사회적 조건들의 일부를 드러낸다. 예를 들어 빌모린사는 1900년경 400명의 직원을 보유하고 있었다. 이들 사업들에는 결국 전문가 문화의 발전을 심화시킨 노동 분업과 관료적 통제가 점차 중요한 역할을 맡게 되었다. 이제 분석, 정확성, 계산가능성, 그리고 예측가능성이 주요 우선순위가 되었다. 널리 퍼진 캐치프레이즈는 "순도"(purity)였다. 순도는 통제의 도구였는데, 왜냐하면 작업 공정의 생산성이 "순수" 재료의 투입과 관련해서 측정되었기 때문이다. 그리고 "순수" 재료의 투입은 시공간에 관계없이 확인되고, 특정되며, 재생산이 가능한 물품의 특성 및 생산을 "고정"하는 것을 촉진시켰다. 끊임없는 변이들의 연속군집 대신, 전통적인 원시품종 같이 "불순한" 상품들에서 종종 일어나는 예측불가능한 상호작용에 대한 걱정 없이 결합되는 별개의 안정된 생명체들을 작업 대상으로 삼았다.[444] "순도"는 유기체의 판매될 수 있는 품질이 되었다. 이에 수반해서 19세기 말에는 판매를 증진시키는 순도에

대한 약속들이 상표, 품질 인증, 특허를 수단으로 해서 점차 통제되고 보장되기 시작했다.[445]

그러므로 멘델주의자들이 자신들의 신생 분야를 인공 염료와 약물 창조를 통해 지난 수십 년간 주목을 끌던 합성 화학 분야와 비교한 것은 이해할만하다.[446] 이런 견지에서 볼 때 소위 멘델 법칙의 재발견자라고 불리는 세 사람 가운데 두 명이 응용 식물학 분야에서 활동적이었다는 사실은 놀랍지 않다. 에리히 폰 체르마크-자이네크(Erich von Tschermak-Seysenegg)는 작물 육종 경력을 갖고 있었으며, 오스트리아 제국에서 농업과 원예 분야에서의 새로운 유전학에 관한 최초의 영향력 있는 옹호자 가운데 한 명이었다. 그는 1903년 비엔나 부근의 그로스엔제르스도르프에 작물육종시험소를 세운 이후 보헤미아, 모라비아, 서부 헝가리, 니더외스터라이히에 프랑스, 벨기에, 네덜란드, 스웨덴, 미국, 독일 여행 중에 방문한 유사한 기관들을 모델로 삼아 20개가 넘는 시험장 설립을 주도했다.[447] 휴고 더프리스는 뷔르츠부르크의 식물생리학자 율리우스 삭스(Julius Sachs) 밑에서 공부했다. 그는 당시 프로이센 농림부를 위해 농업과 관련된 작물들에 관한 연구서들을 쓰기도 했다.[448] 게다가 더프리스는 미생물학자 마리티누스 빌럼 베이에링크(Martinus Willem Beijerinck)와도 주기적으로 연락했다. 베이에링크는 델프트 공과대학교로 자리를 옮기는 1895년 전까지 네덜란드 효모 스피리츠 공장(Nederlandsche Gist en Spiritus Fabriek)에서 근무했었다. 그는 더프리스가 돌연변이를 연구하는 데 영감을 주었으며 1899년에는 멘델의 논문을 알려주기도 했다.[449] 그러므로 1900년 이후에 멘델 유전학을 받아들인 이 생물학자들은 멘델의 동시대인들과는 다른 생명체들, 새로운 형태의 생명체들이 번성하는 세계에 살았던 것이다.

기적의 해 1900년과 그 후의 10년

멘델이 완두콩에 관한 그의 실험 결과를 출판했을 때, 그는 이 결과들이 잡종들에만 적용되는 특수 법칙을 용인하는 것으로 보았다. 만약 이 1866년 발견의 상황을 1900년경의 "재발견"과 비교한다면, 불연속성은 정확히 멘델의 법칙에 대한 해석에 놓여 있다. 칼 코렌스의 "멘델의 규칙"에 관한 출판물이나 더프리스의 "분리의 법칙"에 관한 보고서는 제목에 "잡종"(hybrid)과 "혼종"(race bastard)과 같은 개념을 싣고 있긴 했지만, 둘 모두 분명하게 유전에 관한 *일반 법칙*으로 멘델의 법칙을 해석했다.[450] 이런 측면은 다른 연구자들에 의해 즉각적으로 인지되었으며, 이 점은 다음과 같이 시작하는 윌리엄 베이트슨의 위의 저자들에 대한 대응에서 분명하게 드러난다. "유전 법칙의 정확한 결정은 아마도 예측할 수 있는 자연 지식의 그 어떤 진보보다 인간의 세계에 대한 전망과 인간이 자연에 대해 행사할 수 있는 힘을 더 많이 변화시킬 것이다."[451] 잡종 유전의 맥락에서 조합 기호 체계와 유전적 과정의 단위로 "인자"이라는 형식적 대상의 정의를 데이터의 통계적, 양적 처리와 결합시킨 멘델의 삼중 성취는 지금까지 큰 주목을 받지 못했다. 이 같은 성취는 유전 과정을 재고하는 데 열렬히 받아들여졌다. 이런 관점에서 이종교배로 인한 조악화(bastardization)를 생식의 특수한 사례로 생각하고 종-기반 성적 생식의 일반 과정과 분석적으로 구별하는 경향이 사라지기 시작했다. 고등생물의 성적 재생산 현상은 유기체의 유전적 구성에 연관된 것들을 이해하는 데 도움을 주는 보편적인 도구로 바꿔었다. 베이트슨은 일찍이 이종교배와 이화수정을 "과학적 탐구의 방법"으로 말했던 1899년에 이를 깨닫고 있었다.[452] 8년 후 케임브리지 대학교에서의 기조 강연에서 그는 유사한 점을 강조했다.

> 처음으로 *변이(Variation)*와 *복귀변이(Reversion)*가 구체적이고 뚜렷한 의미를 갖게 되었다. 지금까지 이 용어들은 모든 진화론 논쟁들 가운데 마술사가 바라는 것만큼이나 조금, 혹은 많이 시연될 편리한 요정(convenient genii)처럼 가만히 있었다. 이들의 존재가 덧없이 여겨지던 시대는 지났다. 우리는 변이를 명확한 생리학적 사건으로, 하나 혹은 그 이상의 명확한 인자들의 증감으로 스스로를 만드는 것으로 이해한다. 복귀변이는 인자들 전체를 혈통(race)의 역사에서 이전에 존재했던 것들로 되돌려 놓는 것으로 본다.[453]

이런 배경을 고려하면 1900-1910년 사이에 독일어권 국가들, 스칸디나비아 국가들, 대영제국, 북미에서 유전에 관한 멘델주의 실험이 급격히 확산된 것이 이해될 만하다. 이는 유전의 지식 레짐의 보다 일반적인 전환을 드러낸다. 4장에서 우리는 19세기의 진화론과 유전 이론의 종합을 검토하면서 유전에 관한 생물학적 사고가 형성되는 인식론적 공간에 대해 말했다. 이제 1900년 무렵에 우리가 관찰하는 것은 과거의 다소 예외적이고 변덕스러운 것으로 여겨지던 유전 현상을 인식론적 대상의 일반화된 모델로 응축시키는 실험 시스템들의 확립이다. 궁극적으로 생명과학의 가장 중요한 자리를 차지할 이런 실험 시스템들의 성공은 그들의 한계에 의해 설명될 수 있다. 원생 동물학자이자 생명신학자 막스 하트만(Max Hartmann)의 표현으로는 이런 시스템들은 생물학자들이 "정밀 귀납"(exact induction)을 통해 "귀납의 일반화"라는 공간을 떠나 실험적 형태로 일반 생물학의 기초 질문들을 다룰 수 있게 해준다.[454] 이런 전환의 결과 모델생물에 대한 연구들이 심화되고 새로운 시각으로 나타났다. 그러나 유전학이라는 새로운 실험과학은 그 시작부터 우리가 유전 단위의 본성에 관한 요한센과 코렌스의 고찰을 사례로 간략히 소개할 개념적 문제들에 직면했다.[455]

1911년 요한센은 『아메리칸 내추럴리스트*American Naturalist*』에 이 분야의 핵심 용어들을 만들어내는 데 기여하는 동시에 20세기의 첫 십 년 동안 유전학에 의해 확립된 지식들이 무엇인지를 요약했다. 앞서 언급했듯이 그는 "유전학과 관련된 질문들에 대한 모든 참된 분석적 실험들"이란 좁은 의미에서의 유전에 관한 유전적 연구가 두 가지의 실험적 토대에 기초하고 있다고 생각했다. 하나는 그가 1892년부터 1905년 사이 코펜하겐 농학대학에서 강낭콩(*Phaseolus vulgaris*)을 이용한 그의 주요 실험 활동이었던 순계의 육종이었다. 다른 하나는 멘델에 의해 도입된 바와 같은 교배 실험이었다.[456] 그가 『정밀 유전학 원리*Elemente der exakten Erblichkeitslehre*』 초판의 서문에서 지적한 바와 같이, 이런 실험적 전략들은 "유전에 관한 거대하고 불명확한 영역"으로부터 "더 좁은 분야"를 "더 정밀하게 분계"함으로써 분리할 수 있게 만들었다.[457] 요한센에 따르면 배양을 정제하고 이들을 교배시키는 것은 유전적 "전달"이라는 관념을 구식으로 만들었는데, 이는 특히 부모가 그들의 개인적 형질을 자손에게 전달한다는 의미에서 그러했다. 그에게 이 기법들의 발전은 "조상과 후손 모두의 소질들이 이들을 발생시킨 '생식 물질', 예를 들어 생식 세포와 같은 것의 본성"에 의해 "꽤나 같은 방식으로 결정된다"는 데서 정반대의 시각이 자리를 잡을 수 있게 했다.[458] 골턴과 네겔리가 오래전에 이미 동일한 급진적인 진술을 제시했었지만, 여기서 요한센은 그들을 인용하지 않았다. 대신에 요한센은 구식의 전달 사고에서 새로운 유전학적 사고로의 전환을 플로지스톤 개념에 기초한 화학에서 산소 개념에 기초한 화학으로의 전환과 비교했다. 이런 비교는 아마도 그의 제약사로서의 교육 경험과 에밀 크리스티안 한센이 효모 배양을 정제하던 칼스버그 실험실에서 요한 킬달(Johan Kjeldahl)의 조수 화학자로 일했던 경험 덕분에 가능했을 것이다.

요한센은 "유전형"을 "생식 세포나 수정란 내부에 있는 모든 '유전자들'(genes)의 총합"으로 정의했다.[459] 그러나 비록 멘델식 교배 실험은 유전자 개념이 "실재를 포괄한다"는 점을 시사했지만, 당분간 "'유전자'의 본성에 대해 어떤 가설도 제안할 가치가 없는" 상태로 남아있을 것이라고 확신했다. 특히 그는 "바이스만 학파의 형태학적으로 몽상적인 추론들"을 공격했다.[460] 심지어 그는 "유전자" 개념을 따옴표로 표기하는 데 찬동했는데, 왜냐하면 그는 그 개념을 지나친 구상화로 여겨서 "유전형적"(genotypical) 차이나 "유전차"(遺傳差, genodifference)라고 이야기하는 것을 선호했기 때문이다.[461] 네겔리와 바이스만은 끊임없이 유전질이나 생식질이 역사적 구조를 소유하고 있음을 강조하고 이를 역사적 개체로 이해해야 한다고 강조한 반면, 요한센은 유전형을 "비역사적인" 개념으로 상정했다. 그에게 "유전형"은 화학에서의 분자나 물리학에서의 원자와 같이 세대를 거쳐도 어떤 식으로든 유기체에 동일하게 남아 있어 실험 가능한 대상이었다.[462] 그러므로 그는 유전자를 복잡한 화학적 물질로 비유했지만, 동시에 그것의 특정한 물질적 구조에 대해 추론하기를 거부했다. 프레데릭 처칠의 표현을 따르자면 요한센은 유전자를 탐구하기 위한 연구 가운데 유전의 "수직적" 분석에 초점을 맞추고 유전 단위 간의 관계와 상호작용에 관한 "수평적 분석"은 삼갔던 것이다.[463] 어쨌든 요한센이 스스로 순계를 만드는 일에만 집중하고 그의 실험에서 유전학의 두 번째 핵심 기법을 사용하지 않은 것이 눈에 띈다. 바로 이종교배이다.

카를 코렌스는 20세기의 전환기에 실험적 도구로 이종교배를 채택한 식물학자 가운데 두각을 드러낸다. 그는 네겔리의 마지막 제자 가운데 한 명으로 뮌헨에서 공부했다. 흥미롭게도 코렌스는 잡종의 유전적 행태에 관심이 있어서 이종교배 실험을 시작한 것이 아니었다. 그는 대신에 이를 통해 크세니아(xenia)에 관한 수수께끼를 풀고 싶어했다. 어떤 식물들은 다른 변종으로부터 온 화분과 수정한 이후 변종의 형질이 다음 세대의 개체만이 아니라 이미 모체 식물의 씨앗과 열매에서도 나타난다. 이 현상은 일찍이 다윈의 관심을 끌기도 했었는데, 코렌스는 이에 관한 연구가 수정의 생리에 관한 통찰들을 제공해 줄 것이라고 기대했다. 그가 노년에 쓴 짧은 자서전에서 코렌스는 이에 관한 연구로 "내가 튀빙겐에서 객원 강사(*Privatdozent*)로 근무하던 10년간 나의 연구와 출판물들은 대체로 이미 탐구된 경로들을 좇았다. 그밖에 하빌리타치온(*Habilitation*) 통과로 시문원을 이용할 가능성이 생기자마자 남들 모르게 우리가 오늘날 '유전적'이라고 부를, 내 머리 속에서 이미 오래전부터 맴돌던 다양한 실험들을 수행하기 시작했다"라고 썼다. 자서전의 종반부에서 그는 이런 초기 시도들을 "수선"(*Allotria*)이라고 말했다.[464] 하지만 초기에는 크세니아 이외에, 그리고 이후에는 크세니아 대신에, 코렌스는 점차 그의 잡종의 자손에서 특정 형질에 대해 나타나는 통계적 규칙성을 인식하고 관심을 갖게 되었다. 1894년과 1899년 사이에 그는 많은 수의 옥수수 변종들을 교배시켰고, 1896년과 1899년 사이에는 완두콩 변종들을 교배시켰다. 그는 선행 연구에서 이 식물들에 대한 크세니아 현상을 기술했기 때문에 이 두 종을 선택했다. 그러나 적어도 완두의 경우에는 크세니아를 발견하려던 시도가 실패로 끝나고 말았다. 대신에 암스테르담의 더프리스나 그처럼 크세니아 연구를 수행하다 이후 이로부터 멀어진 비엔나의 체르마크와 같이 코렌스는 완두 잡종 후손들에게서 멘델 비율이 나타남을 발견했다.[465]

요한센처럼 코렌스는 학문적 선조들의 연구에 대한 지나치게 포괄적인 이론적 종합들을 의도적으로 멀리하는 새로운 세대의 생물학자들의 일부였다. 그들은 자신들의 고찰을 특정하게 국한된 현상들로 한정시키고 특정 실험 결과들에 대한 설명들을 찾았다. 그럼에도 불구하고 그의 결론은 중대한 의미를 가졌다.[466] 유전질이나 생식질이 (네겔리와 바이스만의 정신에 입각해) "구조"를 갖고 있다는 가정과 (더프리스를 좇아) 유전 인자들이 자유롭게 혼합되고 교환가능하다는 생각 사이의 절충안을 면밀히 검토하면서, 코렌스는 이를테면 요한센의 유전(형)과 표현(형) 간의 구별을 예견하며 "소인"과 "형질"을 구별했다. 코렌스에 따르면 유전에 관한 질문에 관심 있는 생물학자들은 관찰될 수 있는 "형질의 행태로부터" 비가시적인 것으로 남아 있는 "그 소인의 행태"에 대한 "결론을 도출"해야 했다.[467] 멘델에 뒤이은 실험들은 가시적인 현상의 기저를 이루는 비가시적인 대응항을 겨냥했다. 목표는 "형질"이 아니라 "소인"에 관한 진술을 만드는 것이었다.

코렌스는 그의 실험으로부터 두 가지 결론을 도출했다. "(1) 각 형질에는 *특정한, 개별화된* 소인이 존재하며, (2) 한 친족 [*Sippe*]의 생식질 내의 개별 소인들은 다른 소인들과 긴밀히 연합될 수 없다."[468] 이외에도 그는 두 생식 세포 내에 존재하는 상보적인 소인들이 수정의 결과로 만들어진 수정란(resulting zygote)에서 혼합되지 않으며, 이보다는 염색체의 이후 감수 분열 과정에서 분리되는 개별화된 단위로 남아 다시금 다른 생식세포들에 분배될 수 있다고 가정했다. 코렌스의 관점에 대한 요약은 두 가지 중요한 점을 제기한다. 첫째, 코렌스의 "소인"은 다윈과 골턴의 "제뮬", 네겔리의 "마이셀", 더프리스의 "판겐", 혹은 바이스만의 "비오포어"와 달리 세포나 세포핵에서의 여러 다른 사본들이 아니라 단일한, 개별적인 사본들이었다. 둘째, 그의 단위는 고차원의 유전적 구조에 고정되고 묶이는 것이 아니었다. 하지만 이 점에서 더프리스를 따르는 것은 코렌스에게 그것이 "바이스만이 더프리스에 반대해 강조했던 것처럼, 내 의견 역시 그러한데, 소인의 발생적 순서(developmental sequence)가 어떻게 결정되는지는 파악 불가능한 것으로 남아있"어야만 함을 의미했다. "이 점에 대한 인식이 바이스만과 네겔리를 유전질에서의 소인들의 단단한 연결에 [대한 가정으로] 이끌었다."[469] 코렌스의 딜레마는 유전직 단위들이 서로 독립적이라고 가정한다면 유전적 전달의 과정에 관한 진술들이 더 이상 발생의 과정에 대한 진술을 함축하지 않게 되는 것이었다. 왜냐하면 후자의 경우는 정확한 시공간적 질서를 준수해야만 하는 사건의 순서에 의존했기 때문이다. 코렌스는 한 단일 소인이 유기체 내에서의 다른 위치들에서, 그리고 다른 발생 단계에서 다른 종류의 형질을 촉발시킬 수 있다는 관찰을 토대로 이 난관을 해결하려 시도했다. 이는 그를 다음과 같은 제안으로 이끌었다.

> 이 명백한 모순을 해소하려 시도하면서 나는 내가 여기서 밝히려 하는 한 관점에 의존해 왔다. 비록 나는 그것이 이단적으로 여겨질 것임을 알지만 말이다. 나는 항구적 결합이 없는 소인들의 위치를 세포핵, 특히 염색체 내부에 두자고 제안했다. 이외에도 나는 세포핵 외부의 원형질에 이 소인들의 배치를 관장하는 메커니즘이 존재한다고 가정했다. 이렇게 한다면 만화경(kaleidoscope) 안에 들어 있는 색색의 작은 돌들처럼 소인들이 서로 섞이면서도 동시에 올바른 장소에서 발현될 수 있게 된다.[470]

그러므로 코렌스는 전달과 발생을 분리했다. 이는 유전형이라는 용어가 시사하듯 유전자의 수준에서 기저를 이루는 유형에 대한 생각을 포기하지 않았던 요한센보다 아마도 훨씬 급진적으로 나아간 것이었다. 네겔리와 바이스만은 해결책으로 발생의 질서를 생식질의 구조에서 기인하는 것으로 상정했다. 반면 코렌스는 유전적 소인의 효과가 발현될 수 있는 분리된 생리적 공간을 상정했다. 그러나 전달과 발생이라는 두 질서 간의 관계뿐만 아니라 이 생리적 공간의 구조는 당분간 불분명한 것으로 남아 있을 것이었다. 코렌스는 후속 연구 과정에서 점차 더 많이 관심을 갖게 되었으면서도 그가 가정한 원형질의 "메커니즘"에 대해 추측하는 것을 삼갔다. 예를 들어 그는 다음의 종류의 상관관계들을 통해 유전적 소인의 생리적, 발생적 효과에 대해 더 많이 배우기를 원했다. 그의 실험이 보여주었듯이, 녹색 씨앗의 완두 종자를 노란 씨앗이 우성인 품종과 교배시킨 경우 노란 씨앗의 완두가 나왔다. 그러나 멘델이 일찍이 관찰했듯이 콩바구미의 유충에 의해 완두가 공격을 받은 경우에도 씨앗이 노랗게 되었다. 코렌스는 "화학적 영향"이 씨앗 색의 변화를 야기한 원인이라고 결론짓고, 이런 사례들이 실험적 탐구에 특히 적합하다고 생각했다. 하지만 요한센과 같이 코렌스는 화학적 개념화를 매우 좋아했음에도 불구하고 유전적 소인의 구조 혹은 구성에 관해서는 침묵했다. 당시 통용되는 몇몇 추정들과 달리 그는 유전적 요인들을 "미생물과 거의 동등한 것"으로 상정하기를 거부했다. 그는 자신이 "또 다른 개념 형성을 위한 블록재를 모으는 걸" 좋아한다고 말할 때 바이스만의 비오포어를 생각하고 있었다.[471] 요한센과 같이 코렌스는 19세기의 원대한 이론적 설계들에서 유전적 단위에 부여했던 생기적 특질들을 확고하게 축출했다.[472]

코렌스는 그의 실험을 바탕으로 유전적 단위가 본질적으로 자유롭게 재결합할 수 있다는 관점의 초창기 지지자가 되었다(그림6.1). 그러나 동시에 그는 유전적 요인들의 "결합"(coupling) 현상을 처음으로 기술한 사람 가운데 한 명이기도 했다.[473] 그는 유전의 염색체 이론에 관한 자신의 판본과 연결해서 이런 연관(linkage)의 사례들을 실명했다. 이 이론에 따르면, 줄에 날린 목걸이처럼 짜인 쌍쌍의 소인들이 때때로 하나의 군(group)으로 그들의 위치에서 고정될 수 있으며 그러므로 생식 세포가 형성될

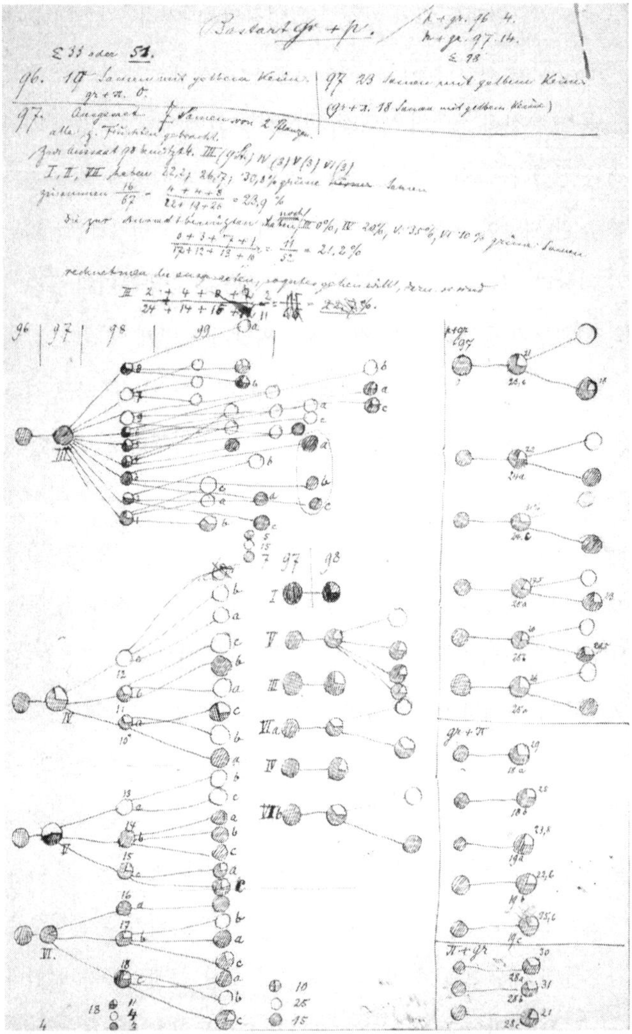

그림 6.1. 완두 품종 "녹색 완두"(Grüne Folger)와 "푸른 완두"(Purpurschote)의 교잡에 관한 칼 코렌스의 논문 "Bastart gr + p"에 실린 실험 프로토콜. 출처는 Max Planck Society, Carl Correns papers, iii. Abt., Rep. 17, Nr. 115, loose sheet, not dated. Archive of the Max Planck Society의 허가를 받아 수록되었다.

때 함께 분리되도록 만들어졌다. 만약 멘델 규칙의 "재발견" 이후의 첫 십 년 동안의 코렌스의 연구를 검토한다면 그는 멘델의 규칙과 관련한 복잡한 사례들 및 명백한 예외들을 분석하는 전략을 추구했다. 이 사례들은 유전 단위에 대한 "세포핵"의 독점과 분리 시에 이들 단위들이 어느 정도 남아있다는 사실 모두를 용인했다. 코렌스는 심지어 브리오니아(*Bryonia*)의 복잡한 성 결정 패턴도 멘델의 분리 법칙에 의해 설명될 수 있음을 보였다. 반면에 다양한 종류로 이뤄진 식물들에 대한 실험에서 코렌스는 세포질을 통해 전달되는 것으로 나타나는 엽록소 변이 같은 현상에 맞닥뜨렸다. 그것은 세포질의 색소체를 통한 것이었다. 심지어 이런 발견조차 "진정한 유전에 대해서는 세포핵만이 원인이 된다"는 그의 확고한 신념을 흔들 수 없었다.[474] 그러나 이런 관찰들은 그를 이후 20년간 유전에서의 세포질의 역할을 탐구하도록 이끌었고, 이 연구는 훗날 코렌스가 1913년에 설립된 이래 줄곧 근무한 카이저 빌헬름 생물학 연구소에서 그의 후계자 프리츠 폰 베트슈타인이 이을 것이었다.

잠시 요한센의 이야기로 돌아가 보자. 비록 그가 유전자 개념을 도입하긴 했지만 그는 결코 한 종의 모든 기본적인 조직적 특성들은커녕 모든 유기체적 형질들 또한 유전자로 환원될 수 없다고 보았다. 그는 "전체 조직이 결코 유전자들로 '분리되지는' 않을 것"이라고 생각했다.[475] 요한센과 코렌스도 같은 문제에 직면했다. 멘델주의 실험에서 유전적 소인, 즉 유전자는 원자론적으로 다뤄질 수 있었다. 그러나 요한센이나 코렌스 모두 유기체가 단순히 유전자 혹은 유전자에 의해 결정되는 형질들의 모자이크(mosaic)라는 결론으로 도약할 준비는 되어있지 않았다. 18

세기 말 무렵의 용어에 의존하자면 생명체의 "생식"은 분석적 형태에 적합했으나 그들의 "조직화"는 멘델주의적 이해에 저항했다. 코렌스는 세포질에 조직화를 소속시켜 세포질이 조율된 방식으로 개별 유전자의 활동들을 어느 정도 유발하는 것으로 설명했다. 원론적으로 이런 조직화는 생리학적 실험의 대상이 될 수 있었다. 이와 달리 요한센은 조직화를 유전형의 발현으로 이해했다. 하지만 요한센의 대응의 대가는 다소간의 모호함이었다. 오직 특정한 유전자와 관련된 표현형적 형질들만이 "분리" 법칙의 대상으로 멘델주의 실험에 의해 다루어질 수 있었다. 반면에 조직화를 보장하기 때문에 요한센이 아직 포기할 준비가 안 되었던 "유형"(type) 그 자체는 멘델주의 실험을 이용한 접근법으로 탐구될 수 없었다. 만년기인 1923년에도 요한센은 유전학의 진보에 대한 비판적 검토 과정에서 "개인적으로 나는 분리 인자들로 나눠질 수 없는 대단히 중심적인 '어떤 것'이 있다고 믿는다"라고 썼다.[476]

요한센은 그럼에도 불구하고 유전을 "조상과 후손에게서의 동일한 유전자들의 존재"로 명확하게 정의했다.[477] 사실 유전자의 내적 본성은 순계를 이용한 실험과 이들 간 이종교배에 대한 분석에 한해선 중요치 않은 문제였다. 이런 까닭에 이 새로운 분야는 종종 "형식 유전학"(formal genetics)으로 불리기도 했다. 그러나 이들의 형식적 기능화를 보장하기 위해서는 이종교배 프로그램이 수립된 기반 하에서 정제하는 일과 관련해 엄청난 양의 실제 작업들이 이루어져야 했다. 이 연구 프로그램들은 실험실과 농업시험장에서 만들어 모델생물을 공급하는 형태로 유전적 균질성이 유지되는 것을 요구했다. 생명체의 "순수 배양"은 유기체에 관한 실험 활동의 가장 중요한 전제 조건이 되었다. 오직 이것들의 도움을 통해서만 "유전자"는 준-조작가능한 인식론적 사물의 외형을 갖출 수 있었다.

노랑초파리(*Drosophila melanogaster*)와 유전자의 구상화

유전에 자손으로 부모의 형질을 전달하는 것을 포함시키려는 견해에 대해 요한센이 반대했음에도 불구하고, "전달 유전학"(transmission genetics)이라는 표현은 널리 유행했다. 고로 유전에 관한 연구는 진화 및 배아 발생에 관한 질문들과 거리를 두었다. 비록 전달, 진화, 발생이 서로 연관된 채 남아있더라도, 이들은 각자 독자적으로 분석될 수 있는 것처럼 보이는 세 개의 다른 역동적인 체제들로 분리되었다. 전달 유전학의 약진(과 아마도 우리가 절정기apotheosis라고도 할 만한 것)은 노랑초파리를 모델생물로 확립하고 추구한 연구 프로그램이 등장하면서였다(그림 6.2). 이 연구 프로그램은 1910-1930년 사이에 토머스 헌트 모건(Thomas Hunt Morgan)에 의해 처음에는 뉴욕의 컬럼비아 대학교에서, 이후에는 파사데나의 캘리포니아 공과대학교에서 이루어졌다.[478] 한정된 공간 내에서 상대적으로 쉽게 대량 사육의 형태로 기르는 것이 가능하고 해마다 2-30회의 생식주기를 갖는 모델생물의 채택의 중요성은 결코 간과될 수 없다.[479]

모건과 동료들이 유전자에 특정 염색체와 연관된 무리에 연결되는 역할을 부여하는 데 성공하면서, 초파리의 네 염색체 쌍이 포괄적인 유전자 지도 제작 시도의 주요한 초점이 되었다. 이 프로젝트는 다음의 두 가정을 기초로 진행되었다. 첫째, 유전자는 염색체에 연속적으로 배열되어 있다. 둘째, 상동 염색체 간의

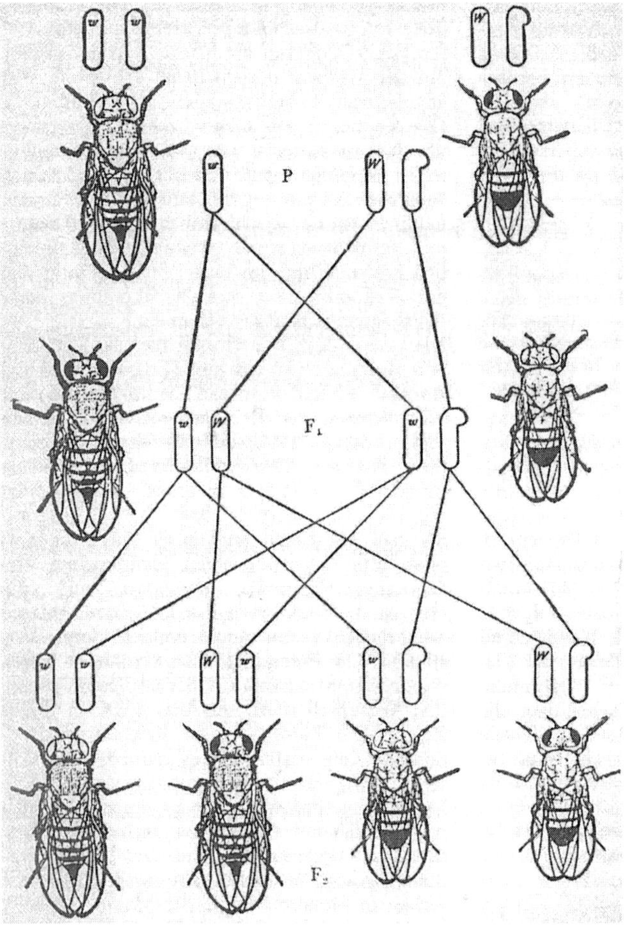

그림 6.2. 흰 눈과 빨간 눈 초파리 돌연변이를 교잡해 반성유전을 설명하는 도식. Thomas hunt Morgan, Alfred Sturtevant, Hermann J. Muller, and Calvin Bridges, *The Mechanism of Mendelian Heredity* (New York: Henry Holt & co., 1915), fig. 10.

재조합(recombination) 빈도, 바꿔 말해 확립된 연관군의 분리 빈도는 유전자의 상대적인 위치를 알아내고 유전자들 사이의 상대적 거리를 측정하는 것을 가능하게 해준다. 보다 정확히 하자면, 이 종류의 연구들에서 재조합은 전달을 수반하는 현상으로 나타났다. 수년간 대량 사육한 초파리들에게서 점점 더 많은 돌연변이들이 나타났으며, 그에 대한 연구 결과들이 더해지면서 유전자좌 저장고의 지도가 그 어떤 때보다 촘촘하게 그려질 수 있었다. 이 체계에서 유전자는 전달의 단위일 뿐만 아니라 돌연변이와 재조합의 단위이기도 했다. 초파리 유전학자들은 생물학에서 전례가 없는 규모로 실험을 수행했다. 그들의 연구의 실행 계획(logistics) 역시 참신했다. 모건은 초파리를 중심으로 전체 연구 그룹을 모았다. 이 연구 팀의 초창기 구성원들에는 앨프리드 스터트번트(Alfred Sturtevant), 캘빈 브리지스(Calvin Bridges), 그리고 허먼 조지프 멀러(Hermann Joseph Muller)가 있었다. 모건은 전 세계 과학자들이 초파리로 연구하는 일을 장려했다. 소식지는 초파리 연구자들이 늘 최신 연구 동향을 잘 알 수 있게 했으며, 이 연구 공동체는 실험실 간의 효율적인 의사소통을 장려하기 위해 공통의 용어를 사용하기로 동의했다.

생물학적으로 인간과 거리가 멀고 어떠한 즉각적인 농업적 이득도 가져오지 않는 모델생물에 대한 초점은 유전학을 학문 분야(academic subject)로 확립시키는 데 기여했다. 하지만 곧 옥수수(*Zea mays*)가 유전 연구 의제 목록에 추가되었고, 포유류인 생쥐 역시 여기에 포함되었다. 옥수수 유전학은 농업과의 교량을 놓았고 생쥐를 이용한 실험은 이후 의학유전학에 지속적인 충격을 가져왔다.[480] 유전 교배 실험에서 이들 모델생물 각각은 연구 대상이자 이를 탐구하는 데 이용되는 정밀기기였다. 이런 이중 기능을 수행하기 위한 전제 조건으로 모델생물은 그 유전적 구조가 오직 단일하고 잘 정의된 측면에서만 이상적으로 차이를 나타내며, 그렇지 않은 경우에는 같은 조건에 동등하게 반응한다고 가정할 수 있는 순수 배양으로부터 얻어지는 것이었다. 그렇기에 유기체의 발생에서 유전자의 변이 (대립 유전자)가 "차이를 낳는"다는 유전자에 대한 순전히 도구적인 이해가 발생 유전학자들 사이에서 널리 공유되었다.[481]

유전적으로 균질적인 집단들, 그러므로 유전적 모델생물들은 멘델의 실험을 좇아 이루어지는 교배 활동의 결정적인 전제조건이었다. 멘델 자신은 본인의 이종교배 실험에서 "항구적으로 다른" 형질들을보이는 변종들을 필요로 했다. 이런 요구는 첫 잡종세대의 중간 형질을 제외하고는 두 변종 계통들이 교배되었을 때 실제적으로 새로운 형질을 발생시키지 않는 결과를 가져왔다. 오직 오랫동안 지속된 이종교배만이 한 품종에서 나타난 특정한 형질을 다른 품종으로 전달하는, 그러므로 새로운 조합의 형질을 가진 식물의 순종을 얻을 수 있게 한다고, 혹은 적어도 그렇게 경험적으로 제안되었다. 하지만 멘델주의 실험과 요한센의 방법에 따른 순계 확립이 요구되던 대량 사육은 완전히 새로운 변이의 "자생적" 출현을 관찰할 가능성을 나타냈다. 이 새로운 변이들은 영속성(constancy)과 관련해 선택되고 검토될 수 있는 것으로, 우리가 이미 논했듯이 육종가들에게 낯설지 않은 일이었다. 이 변이들은 더프리스의 『돌연변이론*Mutation Theory*』을 좇아 "돌연변이"로 불리게 되었다. "식물계의 종의 기원에 관한 실험과 관찰"이라는 부제가 달린 이 기념비적인 두 권짜리 저술에서 더프리스는 돌연변이가 종 형성의 진화 과정에서 단독으로 핵심적인 역할을 수행할 수 있다고 주장했다.[482]

또한 실험 배양에서 이용된 품종들은 모두 하드웨어의 한 종류로 유지되는 유전적 지식 "패키지"의 물질적 자원이었다. 그러므로 물질화된 유전적 지식은 새로운 실험적 배열로 도입될 수 있었다. 이런 가능성은 연구자들이 먼 거리에 있는 이들과 그들의 연구 결과를 정합적으로 관련 짓는 일을 돕는 실험 연구 네트워크의 창출을 이끌었다.[483] 이 점에서 유전학의 인식론적 대상이 점차 도구로 구체화되고 전환되었다. 요한센이 그의 논문 「유전에 대한 유전형적 이해The Genotype Conception of Heredity」를 『아메리칸 내추럴리스트』에 출간했을 때, 짚신벌레 배양(*Paramecium* cultures)과 관련해 연구 중이던 원생동물학자 허버트 스펜서 제닝스(Herbert Spencer Jennings)는 요한센의 회의주의적인 태도를 혹평했다. 같은 호의 논문에서 제닝스는 유전형과 관련해 "우리가 무엇이라고 부르든지 간에 이것들은 개, 고양이, 말과 같은 다른 다양한 존재들만큼 확고한 구체적인 실재"라고 주장했다.[484]

대량 사육에서의 자생적 변이들의 탐지 및 축적과 평행해서 새로이 발견된 방사능의 원천들, 라듐과 X선 같은 것들은 20세기의 첫 십 년간 돌연변이를 일으키는 데 이용되었다. 콜드 스프링 하버의 식물학자 앨버트 블레이크슬리(Albert Blakeslee)는 라듐을 이용해 염색체 이상을 유발시키는 연구의 선구자 중에 한 명이었다.[485] 그렇지만 허먼 J. 뮐러와 루이스 스태들러(Lewis Stadler)가 당시 널리 사용되던 두 유전적 모델생물인 초파리와 옥수수의 X선 유발 돌연변이를 만들어내는 데 성공하는 데에는 1920년대 말까지 기다려야 했다. 니콜라이 티모페예프-레소프스키(Nikolai Timofeeff-Ressovsky), 베를린의 카를 짐머(Karl Zimmer), 막스 델브뤽(Max Delbrück)이 함께 발선시킨 소위 유전 표적설(*Treffertheorie*) 역시 초파리에 대한 X선 실험을 토대로 한 것이었다.[486]

표준화된 모델생물에 대한 수요에 따라 제도적 기반이 마련되었다. 모델생물을 공급하는 식물원과 동물 훈련소(animal stables)가 세워졌던 것이다. 이런 장소들은 생쥐 품종과 관련해 1929년 클라렌스 C. 리틀(Clarence C. Little)이 세운 메인주 바하버의 잭슨기념연구소(Jackson Memorial Laboratory) 같은 상업적 기관으로 운영되거나,[487] 독일과학비상대책기구(*Notgemeinschaft für die Deutsche Wissenschaft*)와 같이 "연구에 필요한 공동체 활동"을 후원하는 연구 지원 조직들의 재정적 지원을 받아 운영되었다.[488]

유전 실험에 이용될 수 있는 변이들을 찾는 활동은 새로운 구별들의 도입을 증진시켰다. 과거의 네겔리와 당시의 모건은 이미 유전적 변이와 비유전적 변형을 구별했다. 빅터 욜로스(Victor Jollos)가 원생동물 짚신벌레를 이용해 수행한 연구는 유전학자들에게 그가 "지속변이"(*Dauermodifikationen*)라고 부른 것을 깨닫게 했다. 지속변이는 유전의 세포질 형태의 맥락에서 논의되는 상대적으로 안정된 변화들을 가리켰다.[489] 욜로스에 따르면 이런 지속되는 변형들은 한 세대에서 선택되어 다음 세대로 전달되었으며, 이들은 보통 많은 세대가 지나야 하긴 했지만 결국에는 다시 사라지고 마는 세포핵에서의 변형들과는 달랐다. 에르빈 바우어(Erwin Baur)는 베를린 농과대학에서의 금어초(*Antirrhinum majus*) 확대 재배 실험을 통해 멘델 실험에서 이용되는 "계승적" 돌연변이(factorial mutations)와 그가 "소돌연변이"(*Kleinmutationen*)라고 부른 것을 구별할 수 있게 되었다. 바우어는 이후에 연구소 이름에 "유전과학"(*Vererbungswissenschaft*)이란 용어를 사용한 최초의 독일 연구소를 이끌었다. 소돌연변이는 매우 작은 형태학적, 생리학적 변화들로 그 지속성에도 불구하고 오직 특정한 종류의 모델생물만을 다룬 경험이 있는 연구자들에 의해서만 인지될 수 있는 것이었다.[490] 훗날 그의 과일 품종 육종에서의 성공은 전설이 되었다.

전반적으로 고전유전학은 점차 고해상도(higher resolution)로 나아가는 경향을 발전시켰다. 멀러에게 티모페예프-레소프스키, 짐머, 델브뤽의 표적설은 유전자의 분자적 차원을 탐구할 희망을 주었다. 그는 이런 목표를 염두에 두고 가장 복잡한 초파리 변종들에 대해 그 어떤 때보다도 복잡한 실험들을 텍사스 오스틴에서 베를린, 모스크바, 에딘버러, 그리고 마침내 미국으로 돌아오는 이직과 긴 학문적 여정 동안 계속해서 수행했다.[491] 비록 멀러 자신은 이 수준의 해상도를 얻는 데에 미치지 못했지만, 1950년대 말 시모어 벤저(Seymour Benzer)는 마침내 박테리오파지 T4(bacteriophage T4)의 선명한 구조를 지도화하는 데 성공했다. 벤저가 본인의 연구를 통해 기능의 단위로서의 유전자(*시스트론cistron*)가 돌연변이의 단위(*뮤톤muton*)와 재조합의 단위(*레콘recon*)로서의 유전자와 결코 일치하지 않음을 증명하면서 "유전자"는 "입에 담을 수 없는 말"이라는 결론에 도달했다는 사실은 언급해 둘 만하다.[492] 콜드 스프링 하버에서 바바라 맥클린톡(Barbara McClintock)이 수행한 옥수수 잎의 색 변이에 관한 연구도 유사하게 분자적 차원에 근접해갔다. 맥클린톡의 "도약 유전자"의 발견은 그녀가 늦게나마 노벨생리학상을 수상(1983)하게 만들었다.[493]

요점만 말하자면, 고전유전학의 유전자 지도 만들기 프로젝트는 가능한 많은 유전자좌를 찾아내는 것을 목표로 삼았으며,

실천의 차원에서 이는 대립형질의 돌연변이를 이용해서만 가능했다. 다른 한편 생리 및 발생 유전학자들은 특정한 대사 및 발달 과정에서 유전자 작용의 단계적 반응(cascades)을 분해하는 데 관심을 가졌다. 이들은 처음에는 멘델주의 분석이 적용될 수 없는 복합 형질의 경우도 결국에는 여러 유전 인자들로 분해되어 교잡 분석을 통해 접근 가능해질 것이라고 믿었다. 이 연구 프로그램은 오직 부분적으로만 성공적이었으며, 종국에는 돌연변이생성(mutagenesis) 실험의 한계를 드러냈다. 방사능이나 화학 물질의 영향을 수단으로 삼아 인공적으로 만들어진 많은 유기적 변동들은 독자적으로 생존 가능하지 않거나 불임을 야기했으며, 그렇기에 이런 변동들은 고전유전학의 연구 대상으로 삼을 수도, 분석 기구로 사용할 수도 없었다.

세포학 역시 유전자를 위치를 탐지하고 측정할 수 있는 존재로 구체화하는 데 기여했다. 멘델 규칙의 재해석과 평행해서 유전의 기저에 있는 단위가 어떻게든 세포핵의 구성 요소이자 염색체 내부에 위치해 있다는 가정이 퍼지기 시작했다. 우리가 4장에서 이야기했듯이, 세포학은 1880년대 중반부터 유전 담론에 관여하게 되었다. 테오도르 보베리는 20세기의 첫 해에 월터 서턴(Walter Sutton)과 동시에 "유전의 염색체 이론"이라고 알려질 것에 대한 기초를 닦았다. 보베리는 또 당시까지 현미경 관찰로 한정되어 있던 분야인 세포학에 실험적 접근을 도입했다. 나폴리의 동물시험소(Zoological Station)에서 아내 마르셀라 보베리(Marcella Boveri)와 함께 수행한 성게 난자의 중복 수정(double fertilization)에 관한 그의 실험은 상동 염색체들이 동등하지만(equivalent) 질적으로 다르며 생식 세포에 무작위로 분포되어 있

음을 보여주었다.[494]

그러므로 세포학에서의 실험적 발견은 사육 실험의 결과와 아주 유사했다. 유전 단위, 즉 새로운 과학의 기본 단위가 초소형의 물질적 구조로 이루어져 있다는 주장조차 가설적인 것으로 남아 있었지만, 그럼에도 거시적인 염색체 상에서의 변화가 표현형에서의 변화와 함께 진행된다는 진단을 입증하는 것은 가능했다. 예를 들어, 에미 슈타인(Emmy Stein)이 베를린의 바우어 실험실에서 수행한 금어초에 관한 방사선 실험이나 블레이크슬리의 방사성 물질로 처리된 흰독말풀(*Datura*)[495]에 관한 초기 실험에 의해 잘 드러나듯이, 염색체 이상은 실험 세포유전학의 핵심적인 도구가 되었다. 이외에도 배수성(polyploidy) 현상, 즉 많은 배양 식물들에서 발견되는 전체 염색체 집합의 수가 배수(倍數)가 되는 현상은 표현형적 효과에 대한 유전학적 해석을 요구했다.

1920년대 말 모건의 학생이었던 멀러는 앞에서 언급했듯이 멘델의 규칙에 따라 자손에게 전달되는 X선 유발 돌연변이를 만들어내는 데 성공했다. 이 성취가 이루어지던 초창기에 방사선 유전학은 독립적인 전문 분야로 확립되었다. 이윽고 이 분야의 활동은 역치 값과 선량 효과를 결정하는 데 점차 집중하게 되었다. 그러나 이 결과들은 물리적 영향 및 전달에 의해 유전적 요인들이 변형될 수 있음을 보임으로써 이 요인들의 물질성을 믿게 하는 사례 증거들을 강화했지만, 이런 변화들을 야기하는 유전 물질의 본성에 대해서는 어떠한 통찰도 제공하지 않았다. 1950년에 멘델 연구의 "재발견" 50주년 기념행사에서 멀러는 다음과 같이 고백했다.

유전 이론의 참된 핵심은 여전히 거의 알려지지 않은 채 숨겨져 있다. 우리는 아직 유전자를 유전자로 만드는 특별한 속성 아래 깔려 있는 메커니즘에 대한 실제 지식을 갖추지 못했다. 자신과 동일한 또 다른 구조의 합성을 야기하는 능력, 원래 유전자의 돌연변이도 복제된 딸 유전자 등. . . 우리는 이런 것들의 화학적 기전을 알지 못한다.[496]

이같은 진단에도 불구하고 세포 유전학과 형식 유전학이 연결되기 시작했다. 1930년대 동안 동물학자 티오필러스 페인터(Theophilus Painter)는 초파리의 침샘 세포의 거대 염색체의 분염 패턴(banding pattern)에서의 변화와 모건의 형식 유전자 지도에서의 유전자좌의 변화 사이의 연관성을 보여주는 데 성공했다. 바바라 맥클린톡은 방사선에 의해 유발되는 염색체 전위, 역위, 결실을 광학현미경으로 확인하고 이를 옥수수 작물의 상응하는 형질 변화와 연관시켰다. 모건과 스터트반트는 초파리 눈에서의 형질 변화를 유전자의 염색체 중복의 결과에 기인한 것일 수 있다는 "Bar 돌연변이"와 같은 돌연변이들을 서술했다. 발생에 있어서 "위치효과"(position effect)라 불리는 것 또한 상당한 주목을 받았다. 눈 색깔과 해당 유전자의 발현은 염색체에 유전자가 점유하고 있는 위치에 따라 다양할 수 있었다. 그러나 유전자의 기능이 염색체에서의 해당 유전자의 위치에 의존한다면, 리처드 골드슈미트(Richard Goldschmidt)와 다른 연구자들이 주장했듯이 그것의 생리적, 발생학적 기능이 단순히 미립자적 형태를 지닐 것으로 가정되는 유전 단위의 성질들(properties)이 아니라 전체 유전 물질 조직에 의존하는 것일지도 모른다고 추측할 수 있었다.[497] 우리가 살펴본 것처럼 요한센은 이 가능성을 허용했을 뿐만 아니라 심지어 주장하기도 했다.

고전유전학: 제약과 확장

멀러는 유전자의 두 기본적인 특성을 구별했다. 하나는 복제를 허용하는 자가촉매(autocatalysis)이고 다른 하나는 표현형적 효과, 즉 형질의 발현을 담당하는 이종촉매(heterocatalysis)이다. 그러나 교배 실험이나 현미경을 이용한 세포유전학적 연구들 중 어떤 것도 이 두 특성에 관한 결정적인 통찰을 제공하지 않는다는 점이 분명했다. 1930년대 말 여전히 베를린에 머무르면서 유전자 돌연변이와 유전자 구조의 본성을 고찰하던 막스 델브뤽은 자가촉매 문제와 유전자 중복에 대해 박테리오파지로 알려진 세균 바이러스를 연구하는 것이 유익하다는 사실을 깨달았다.[498] 델브뤽은 과거 파사데나에 있던 모건의 실험실을 방문했을 때 초파리 연구에 의해 제안된 선택지들에 대해 실망했었다. 대신 델브뤽은 박테리오파지에서 유전 물질이 자연 발생하는 가장 단순한 모델을 발견했다. 이 물질은 감염된 세균이 온전히 파지를 증식시키는 데에만 몰두하도록 바꿀 수 있었으며, 해당 세균은 이런 재프로그램화의 결과로 최종적으로는 사멸했다. 하지만 초기에 파지 시스템은 그것이 대체하기로 의도된 고전 초파리 유전학만큼이나 형식적인 형태로 남아있었다. 이 파지 시스템에 대해 우리는 다음 장에서 더 자세히 다룰 예정인데, 왜냐하면 파지가 분자생물학 시대의 시작을 열었기 때문이다.

그리고 1920년대 말과 1930년대 초에 괴팅겐의 알프레트 퀸(Alfred Kühn), 에른스트 카스파리(Ernst Caspari), 그리고 그들의 연구팀은 이종촉매 문제로 관심을 돌리고 있었다. 이들은 유전자 작용을 해명하고 싶어 했으며, 퀸은 특히 유전학의 방향을 생리학적, 발생학적 연구로 전환하기를 원했다. 카스파리, 에른스트 플라게(Ernst Plagge), 에리히 벡커(Erich Becker)와 함께 그는 지중해밀가루명나방(*Ephestia kühniella*)의 야생형(wild-type) 개체들과 눈 색깔 색소의 돌연변이들 간의 장기 이식과 확산성 물질(diffusible substance)에 대한 분석을 통해 "유전자 작용 사슬"(gene action chains)과 "기질 사슬"(substrate chains)에 대한 구별이 필요함을 보였다. 퀸은 유전자가 특정한 물질대사 단계반응(metabolic cascade)을 촉진하는 발효소(醱酵素)에 의한 "1차 반응"을 통해 작용했음을 보였다(그림 6.3). 그는 유전학의 미래를 다음의 연결을 설명하는 데서 보았다.

> 우리는 이제 막 거대한 연구 분야의 출발점에 서있다. 이 분야를 밝히는 일은 여전히 많은 생물학적-생화학적 협력을 요구한다. 그러나 유전적 소인들의 작용에 대한 일반적인 특성들은 이미 수평선 위로 나타나고 있다. 유전적 형질들의 발현에 관한 이해는 어느 정도 정적이고 전성적인 개념에서는 역동적이며 후성적인 방식으로 변화하고 있다. 염색체 내 특정한 유전자좌를 특정한 형질과 맞추어 지도화한 개별 유전자들의 형식적 상관관계는 오직 제한된 의미만을 갖는다. 말하자면 형질이 발현되는 모든 단계들은 유전자 작용을 방출하는 반응 사슬의 네트워크의 매듭이라고 할 수 있다. 같은 작용 사슬 내의, 그리고 같은 매듭 안의 다른 작용 사슬 내의 다른 유전자들이 그대로 유지되는 한에서만, 한 형질이 한 유전자와 단순한 상관관계를 갖는 것처럼 보인다. 오직 단일 돌연변이들 다수에 대한 계통적으로(methodically) 수행된 유전적, 발생학적, 생리학적 분석만이 유전적

소인들(Wirkgetriebe der Erbanlagen)의 효과들의 부산함을 점진적으로 드러낼 수 있다.[499]

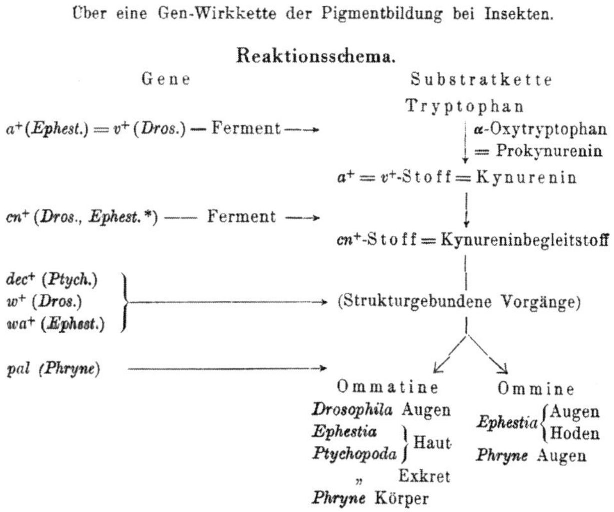

그림 6.3. 유전자 작용 사슬(Gene-action chain)과 기질 사슬(substrate chain) 사이 관계를 설명하는 다이어그램. Alfred Kühn, *Über eine Gen-Wirkkette*, 1941.

이전 사례들과 마찬가지로 퀸에 의해 구상된 유전 프로그램이 성공하는 데 전제조건은 유전적으로 균질한 모델생물 시스템이었다. 퀸의 실험 시스템은 밀가루명나방에 기초했다. 조지 비들(George Beadle)과 보리스 에프루시(Boris Ephrussi)가 유사한 연구를 착수한 초파리와 비교해서 밀가루명나방은 이식실험이 상대적으로 쉽다는 장점을 갖고 있었다. 단점은 나방의 염색체 패턴이 세포학적으로 복잡하여 분석하기 어렵다는 것이었다.

퀸은 그의 실험을 당시 전달 유전학에 널리 공유되고 있다고 여기던 "전성론적" 경향과 원자론으로부터 벗어나는 첫 단계로 여겼다. 대신에 그는 이종촉매 연구라는 의미에서 "후성유전학"(epigenetics)의 확립을 요청했다. 이 분야는 유전자 작용의 이해를 위해 형식 유전학적, 발생론적, 생리학적 분석을 결합할 것이었다. 위의 문장에서 언급된 표현을 인용하자면, 퀸에게는 "유전적 효과들의 부산함"은 유전자 작용 사슬과 기질 사슬 모두로부터 나온 것이었다. 그러나 다시, 퀸의 명나방 시스템은 유전자 작용의 시작점인 가설상의 유전자-효소 관계의 분자적 메커니즘 연구에 적합한 대상이 아니었다. 그의 시스템에서 확인된 "일차 반응" 역시 그의 연구 범위를 넘어선 채로 남아 있었다.

전달 유전학의 연구 실천은 사실상 표현형의 확인 가능한 측면들을 유전형의 형식적 구조에 대해 암시하는 실마리로 해석하는 것에 한정된 채로 남아있었다. 어떻게 유전자가 표현형에 작용하는지에 대한 질문은 유전자의 물질적 구조에 대한 질문과 같이 답해지지 않은 채 무시되었다. 그렇기에 레니 모스(Lenny Moss)는 올바르게도 고전유전학의 "유전자-p" 관점 (p는 예측의 predictive 의미뿐만 아니라 전성론적preformationist이라는 의미도 담고 있다)을 다음 수십 년간 전개된 분자유전학의 특징이 되는 "유전자-d" 관점(d는 발생론적developmental임을 의미한다)과 구별했다. 후자의 관점에서 유전자는 기본적으로 유기체의 발생론적 자원으로 이해되었다.[500] 모건 스스로가 그의 연구 프로그램의 형식주의적 성격을 결코 잊지 않았다는 점은 언급할 가치가 있다. 1939년이라는 늦은 시기에 그는 그의 노벨상 수상 강연에서 다음과 같이 선언했다. "유전 실험이 이루어지는 수준에서는 유전자가 가설적인 단위인지, 혹은 물질적 입자인지는 어떠한 차이도 만들어내지 않습니다."[501]

고전 혹은 형식 유전학의 근본적인 매력은 그 양적인 성격과 결과가 갖는 분명한 정밀성에 있었다. 그러므로 로널드 피셔(Ronald Fisher), J. B. S. 할데인(J. B. S. Haldane), 그리고 슈얼 라이트(Sewall Wright)가 고전유전학의 추상적 유전자 개념을 통해 집단의 유전적 구조에 대한 돌연변이와 자연선택의 효과에 관한 정교한 수학적 모델을 발전시킨 일은 우연은 아니다.[502] 특히 더 프리스의 돌연변이 이론의 여파로 한동안 돌연변이에 대한 멘델 유전 논의는 진화론의 대안적 이론으로 퍼졌다. 이 이론은 생물측정학파에 의해 제시된, 다윈주의적 관점이나 반다윈주의적 관점에 기초한 점진주의뿐만 아니라 다윈의 자연선택설도 한물간 구식으로 만들었다. 이제 진화는 집단의 유전적 풀의 유전 빈도 변화라는 유전학적인 것으로 재정의되었다. 이 재정의는 1908년에 바인베르크와 하디가 도출한 정리, 돌연변이, 환경압력, 선택 교배와 같은 진화론적 요인들로부터 자유로운 이상적인 집단의 경우 유전적 평형(genetic equilibrium)을 유지한다는 하디-바인베르크 원리에 의존했다. 이 정리와 관련해 장 기용은 "진화 역학의 출발점"인 관성의 법칙에 해당한다고 말했다.[503] 하디-바인베르크 원리는 신다윈주의와 1930년대 소위 진화론적 종합의 토대가 되었다.[504] 19세기 유전 담론의 결정점이었다가 20세기 초 고전유전학에 의해 뒷전으로 밀려났던 다윈의 진화론이 집단 유전학의 형태로 복귀하게 된 것이다.

동시에 이런 발전들은 유전자 개념이 계속해서 여러 조작적 정의들을 포함했음을 드러낸다. 실험의 맥락에 따라 유전학의 대상은 전달의 단위, 재조합의 단위, 돌연변이의 단위, 기능이 단위로 달리 정의되었고, 실험 활동에서 이들 다른 단위들이 결합된 경우에도 본래 그들 사이에서 존재할 것으로 가정되던 일대

일 관계가 일어나는 일은 드물었다. 그렇기에 고전유전학의 가장 중요한 유산 가운데 하나였던 자기촉매와 이종촉매는 그 화학적 어감에도 불구하고 대체로 형식적, 조작적 개념의 형태로만 남았다. 고전유전학을 현상학적 과학이라고 말할 수도 있을 것이다. 실제로 탐구될 수 있는 표현형으로부터 변형이 가해질 수는 있지만 눈에 보이게 만들 수는 없는 유전형에 대한 추론들을 이끌어낸다는 점에서 말이다. 그러나 고전유전학의 진의(眞義)는 표현형 너머를 향해 있었다. 비록 교배 테크닉이나 실험 세포학이 그 분야의 인식론적 대상을 *물질적*으로 응축시키는 도구를 제공하지 못했지만, 그 노력의 기저에 깔려 있는 "실제" 목표를 계속해서 언급했다. 우리는 다음 장에서 어떻게 분자생물학이 이런 노력에 성공했는지를 보일 것이다.

그 전에 제도적 발전에 관한 몇 가지 관찰들을 정리하는 것이 적절해 보인다. 교수좌, 학회, 전문 학술잡지들은 일반적으로 한 과학 분과의 제도화의 정도와 관련해 좋은 지표들이다. 여기서 사례로 삼는 독일의 유전학의 경우 이 종류의 상세한 분석은 조너선 하우드(Jonathan Harwood)에 의해 이루어졌다.[505] 그의 저작 『과학적 사고의 스타일: 독일 유전학 공동체, 1900-1933 *Styles of Scientific Thought: The German Genetics Community, 1900-1933*』는 독일 유전학 공동체가 형성되던 시기에 학문적 연구 스타일과 실용적 연구 스타일 사이의 충돌이 존재했고, 이런 충돌이 오히려 생산적인 것으로 드러났음을 기술한다.[506] 예를 들어 원래 의학 교육을 받고 식물 유전학 확립에 중요한 역할을 맡은 에르빈 바우어는 1908년에 세계에서 최초의 유전학 학술잡지인 『혈통과 유전에 관한 귀납 과학 저널 *Zeitschrift für inductive*

Abstammungs und Vererbungslehre』을 창간했다. 1907년에 바우어는 베를린 대학교에서 처음으로 유전학 강좌를 개설하기도 했다. 1914년에 그는 베를린 농과대학에 유전과학연구소(Institute for the Science of Heredity)를 세우고 초대 소장이 되었다. 1921년에는 카를 코렌스 및 리처드 골드슈미트와 함께 독일 유전과학 학회(Deutsche Gesellschaft für Vererbungswissenschaft)를 창립했다. 1928년에는 뮌헨베르크에 새로 세워진 카이저빌헬름 식물육종 연구소(Kaiser Wilhelm Institute for Plant Breeding Research)의 초대 소장이 되어 이른 나이에 사망한 1933년까지 활동했다.

비록 유전학이라는 용어가 독일어로 자리 잡지는 않았던 시기였지만, 바우어가 창간한 학술잡지의 이름은 유전학과 진화를 명시적으로 연결시켰다. 바우어는 진화 생물학이 유전학을 통해 귀납 혹은 실험 과학으로 개편되어야 한다는 입장을 고수했다. 1930년대 말부터 1940년대 초 사이의 진화론적 종합의 설계자들,[507] 그리고 이들을 따라 많은 생물학사가들은 대체로 유전학, 진화생물학, 발생생물학이 20세기 전환기 이후에 서로 거리가 멀어지다 진화생물학이 집단 유전학에서 중요해지는 한편 발생생물학으로부터 분자유전학이 출현하게 된 이후에야 다시 결합하기 시작한 것처럼 당시 상황을 그린다.[508] 이런 관점이 전체적으로 역사서술이 만들어 낸 인공물이라고 의심할 만한 이유들이 있지만, 그럼에도 불구하고 유전학의 역사서술 방식에 커다란 영향을 끼쳤다.[509] 만약 이처럼 분야 간 분리가 조금이라도 존재했다면, 이런 분리는 미국, 영국, 프랑스, 독일 등 나라마다 다른 형태를 취했을 것이다. 사실 우리가 오늘날 유전적인 것으로 생각하는 연구의 상당 부분은 20세기의 첫 수십 년 동안 동물학 및 식물학

전공 교실들과 연구소들에서 이루어졌다. 독일에서 주요 연구 초점 중 하나는 보베리로 대표되는 실험적 세포유전학이었다. 다른 한편으로, 골드슈미트, 코렌스, 하트만은 1913년 이래 그들의 제도적 기반인 베를린 달렘에 위치한 카이저빌헬름 생물학 연구소에서 생리학 중심의 유전학 연구 프로그램을 전개했다. 5년 전 다른 국가적 맥락에서 윌리엄 베이트슨은 "특정한 종류의 생리학적 문제들, 유전학이라는 용어로 표기되는 연구에 전념하는 피수여자라는 이해" 하에 "생물학 교수직"을 수여받았다.[510]

베이트슨의 케임브리지대 교수좌와 베를린의 카이저빌헬름 연구소가 그들의 이름에 "생물학"이라는 단어를 포함시켰다는 것은 당시 유전학이 실험적 "일반 생물학"의 한 종류로 여겨졌음을 시사한다. 그러나 당시 대학에서는 생물학에 대한 고전적인 구분, 동물학과 식물학으로의 구분이 대체로 유지되고 있었다. 이와 대조적으로 카이저빌헬름 생물학 연구소에서는 유전학적 질문들에 대한 동물학 (골드슈미트), 식물학 (코렌스), 원생동물학 (하트만) 연구가 합쳐졌다. 흥미롭게도 이 연구소의 연구들은 어떻게 해서든 성의 생리학적, 발생학적 연구를 중심 주제로 다루었다.[511] 1927년에 기초 연구와 응용 연구 사이의 교차점에 선 기관으로 스스로를 자리매김한 카이저 빌헬름 협회는 인류 유전학 연구소인 카이저빌헬름 인류학, 인류 유전학, 우생학 연구소 (Kaiser Wilhelm Institute for Anthropology, Human Genetics, and Eugenics) 또한 설립했다. 코렌스와 골드슈미트뿐만 아니라 바우어 또한 협회가 이 기관을 설립하도록 압력을 행사했다. 연구소의 첫 소장인 오이겐 피셔는 보통 우생학적 동기를 부여받은 인류 유전학의 초기 대표자로 이해된다. 5장에서 개괄했듯이, 에른스트 뤼딘의 독일 정신의학연구소의 계보학-인구학 부서 (이후 카이저빌헬름 뇌과학 및 정신의학 연구소)뿐만 아니라 이 연구소 또한 독일 바이마르 공화국 및 국가사회주의 시대의 비교 유전 병리학과 인종 위생에서 중요한 역할을 담당했던 인류 집단 유전학과 형제자매 연구에 초점을 맞추었다.[512] 베를린 부흐 지역의 카이저빌헬름뇌연구소도 진화 집단 유전학에 초점을 둔 연구부서를 갖고 있었다. 니콜라이 티모페에프-레소프스키가 이끌던 이 부서는 1920년대 독일 초파리 유전학의 허브가 되었다. 요약하자면 카이저빌헬름협회의 생물학 관련 연구소들과 부서들이 20세기의 첫 수십 년간 독일에서 유전학이 생리 유전학, 집단 유전학, 인류 유전학을 핵심으로 삼고 확립되는 배후의 중요 동인이었던 것으로 나타난다.

고전유전학은 우생학적 사고가 독일과 유럽의 다른 국가들, 그리고 미국과 캐나다에서 자기 증명적인 연구의 지평을 형성하던 사회정치적 맥락에 뿌리를 두었다. 하지만 새로운 실험 절차들은 인간에게 적용할 우생학에 대한 연관성을 거의 갖지 않았다. 일라나 뢰비(Ilana Löwy)와 장 폴 고디예(Jean-Paul Gaudillière)는 의학유전학에 한해 "병원의 종잡을 수 없는 '멘델주의화'"(elusive Mendelization)에 대해 논했다. 이들은 역학에 한해서는 유전, 감염, 면역에 관한 질문들이 질환의 전파와 관련해 수직적, 수평적 차원에서 분리 불가능한 방식으로 혼란스럽게 남아 있었다고 주장했다.[513] 다른 응용 분야에도 유사한 주장을 펼칠 수 있다. 멘델주의가 식물 육종과 같은 분야를 곧장 점령하게 되지 않았으며,[514] 심지어 동물 사육은 무관하게 남았다.[515] 빈 근처의 그로스엔저도르프와 스웨덴 스발뢰브의 식물 육종시험장들과 1923년에 코넬 대학교의 일부가 되는 뉴욕주 농업시험장 정도가 예외적인 사례일 것이다. 20세기 중반까지 미생물학의 영역에서 세균이, 원생동물학 분야에서 진핵의 단세포 생물 유전 연구의 대상으로 이루어져 왔는데, 이 분야들의 경우에도 고전유전학의 영향이란 본질적으로 같다. 대개 이들 유기체들의 비멘델 유전이 수십 년간 대안적으로 일반화가 가능한 모델로 탐구되었다.[516] 우리가 살펴보았듯이 19세기 말 이전에 이 모든 연구 및 활동 분야들은 유전에 관한 탐구에 좌우되어 왔으며, 덕분에 멘델 유전학 수용의 토대를 마련할 수 있었다. 그러나 이 분야들에서 관찰하는 복잡한 현상들은 고전유전학이 하나의 과학 분과로 확립된 이후에도 종종 멘델주의적 이해를 벗어났다. 이런 상황은 오직 1945년 이후에야 바뀔 것이었다.

새로운 유전학의 메시지는 의심의 여지없이 조르주 캉길렘이 한 때 "과학적 이데올로기"라고 불렀던,[517] 탐구의 분야들을 통제 하에 두고자 하는 이들에 대한 과장된 사고의 형태로서 가장 즉각적으로 효과적인 것이었다. 그러므로 이 사고의 양태에 의해 제시된 해결책들은 (당장) 고려 하에 있는 대상들과는 공약불가능한 경향이 있었지만, 그럼에도 불구하고 바로 그 과도함(exorbitance)을 통해 지향점이자 행동 모델(action models)로 기능할 수 있었다. 이 새로운 분과 내에서의 담론적 분화 역시 과소평가 될 수 없다. 유전학은 곧 이론적 지향을 보이는 집단 유전학과 실용성을 지향한 전달 유전학으로 분리되었다. 당시 후자는 진화 생물학, 발달 생물학, 생리학과 수사적으로 거리를 두는 위치를 점했다. 그러나 바로 이 점이 적어도 이론적으로는 유전학, 진화생물학, 발달생물학을 양립가능하게 하는 수사적 위치라는 것도 사실이었다. 퀸, 비들, 에프루시 같은 과학자들의 연구는 종국에 이르러서는 이들 분야들의 직접적인 연결을 종용했다. 예를 들어 제임스 그리세머(James Griesemer)는 초창기 유전학자들 대부분이 발생, 진화, 유전에 관한 질문을 분리시키고 싶어 하지 않았으며, 그들이 어떻게 유전자가 전달되는지에 관한 탐구의 시작부터 발생학적, 진화론적 "불변자들"(invariants)을 염두에 두고 있었다고 주장한다.[518]

그러므로 분야로서의 고전유전학의 성립은 모건 스타일의 순수 전달 유전학과 같이 상대적으로 좁은 분야나 멘델 유전의 규칙에 굴복한 생물학적 유전의 전 영역으로 환원할 수 없다. 잘 알려져 있듯이 소련에서 스탈린 체제가 한창일 때 일반적으로 "멘델주의"는 "자본주의 과학"이라는 의심을 받았으며, 이반 블라디미로비치 미추린(Ivan Vladimirovitch Mitchurin)부터 트로핌 리센코(Trofim Lysenko)에 이르기까지 식물 육종의 러시아적 전통에 기반을 둔 적응과 순응화(acclimatization)에 관한 실용 생물학의 이름으로 공격 받았다. 이 이야기는 점차 어떻게든 과학 연구의 독립성에 대해 정치적으로 동기를 부여받은 조작들에 대한 경고로 부활했다.[519] 그와 함께 지식의 사회적 구성과 형성은 개탄스럽기는 하지만 가끔씩 일어나는 예외가 된다. 이와 달리 이 장에 이어 다음 장에서 우리는 유전 지식이 생물학적 분야로 결정화되는 것이 단순히 새로운 실험 레짐만 요구했던 것이 아니라, 사회적, 경제적 삶의 핵심적 질문들에 대해 생물학적 해결책을 발견하게 되면서 이뤄질 것임을 살핀다. 물론 필요하기는 했지만, 이런 해결책들이 결국 가장 바람직한 궁극의 방안이라는 생각(에 집착한 것이 아니라면)이 만연한 사회문화적 맥락에서 만들어졌다는 점 또한 보일 것이다.

제 7 장

유전과 분자생물학

20세기는 마땅하게도 유전자의 세기로 불려왔다.[520] 유전학은 이 세기의 생명과학과 의과학에만 그 흔적을 남긴 것이 아니다. 그것을 조직화하는 대상인 유전자가 그 모든 종류의 다양한 단위들로서, 사회, 문화, 정치의 영역에 다양한 의미로 퍼져나간 유전 담론의 인식론적 중핵을 형성했다. 유전학의 발전은 그 자신의 역사적 단절을 낳았지만, 동시에 그 세기의 국민국가, 세계 대전, 냉전의 역사에 단단히 자리한 채 남아 있었다. 앞의 두 장에서 우리는 20세기의 첫 십 년 동안 등장해서 1940년대까지 줄곧 유전 담론의 경향을 지배한 고전유전학과의 상호 관계를 여러 수준에서 추적해왔다.

이후의 역사는 오늘날까지 선형적인 연속의 형태로 이어지는 이야기로 다루어질 수 없다. 이 책의 마지막 두 장은 유전의 분자유전학적 담론으로의 전환에 대한 전체적인 그림과 다차원적인 패치워크의 조각들을 파악하려는 노력을 통해 전체적인 개요를 그려보려 한다. 이런 전환은 연속적으로나 의식적으로 계획된 방식으로 일어난 것이 아니라 유전학 담론의 가장자리에서의 발전에 의해 구성되었다. 그럼에도 불구하고, 종국에는 이런 전환이 영향을 끼치지 않는 곳이 거의 없게 되었다. 1960년대 중반이라는 변혁의 시대에도 고전유전학의 전통 안에서 과학적 삶을 영유하던 이들마저도 결국에는 이런 전환을 깨닫게 되었다. 예를 들어 저명한 독일인 유전학자 한스 스투베(Hans Stube)는 그의 『유전학사*History of Genetics*』(1965)의 말미에 그가 "오늘날 유전학의 새로운, 역동적인 시대를 나타내는 새로운 문제들"이라고 부른 것에 주목했다.[521] 이 시기에 유전 담론은 분자화되고 그 주요 구성 요소들은 우리가 아래에서 조금 더 상세히 다룰 새로운 실험 문화에 편입되었다.[522] 이번 장과 마지막 장에서 우리는 분자유전학에 대한 이런 압축적 역사를 20세기의 유전학의 세 번째 국면, 유전자 기술(gene technology)과 유전체학(genomics)이 주요 표어가 되는 시기에 대한 개요와 함께 알아볼 것이다. 이 마지막 전환은 특정한 문화적, 분과적 배치 하에서 일어났다.

유전학의 분자화는 신품종 생산과 교배 실험, 잡종 자손 품종에 대한 통계적 분석이 현미경 세포학과 결합된 고전유전학의 실험 레짐에서 발생한 것이 아니었다. 이보다는 고전유전학의 발전과 평행하게 일어났지만 대체로 독립적인 기원을 갖고 생물학 전반에 걸쳐 일어났던 분자화의 일부였다. 1960년대 후반에 확립된 분자유전학의 관점에서 분자생물학의 역사는 종종 유전자를 중심으로 설명되어왔다.[523] 그러나 생물학의 분자화는 이보다 더 넓은 변화 과정으로 이해되어야 한다. 우선 분자생물학은 생명 현상 분석에 대한 새로운 물리적, 화학적 방법들의 총체를 전유했다. 그 결과 전통적인 분석화학과 물리역학의 범위를 넘어서는 현상들이 생물학적 탐구 영역에 들어오게 되었다. 게다가 많은 사례에서 기법의 발전이나 생명현상에 이 기법들을 적용하는 데 동기를 부여한 질문들은 유전학과 어떤 관련도 없었다. 대신 생물학적으로 유관한 분자들에 대한 단순한 원자조성비 탐구를 넘어서 그 형태와 기능을 이해하는 것이 목표였다. 이런 식으로 비타민, 호르몬, 항체, 효소, 항생물질과 같이 최근에 발견된 생활성 물질들 전체를 특정지을 수 있게 하는 새로운 연구 기술과 실험 시스템의 아상블라주가 형태를 갖추게 되었다. 1930년대 말이 되자 유전자가 이 탐구 물질 목록에 포함되었으며, 이에 대한 분자 분석이 가능해지기 위해서는 왓슨과 크릭이 DNA 이중나선을 발견하는 1950년대까지 기다려야 했다.[524]

이러한 분석적 탐구가 이루어지던 초기 맥락에서 "자물쇠와 열쇠"(lock and key)의 원리로 서술되는 생물학적 특이성(biological specificity)에 대한 새로운 개념이 출현했다. 1894년에 에밀 피셔(Emil Fischer)가 효소와 기질의 관계를 기술하면서 이 모델을 처음으로 제안했다.[525] 먼저 분비샘으로부터 특정 장기나 체강으로 분비되는 효소들이 규명되었다. 그 뒤에 세포의 대사작용 가운데 생체촉매로 기능하는 효소들이 생화학(biochemistry)이라고 불리는 새로운 생물학-화학 전문 분과의 주요 연구 대상이 되었다.[526] 생물학적 특이성에 대한 자물쇠와 열쇠라는 심상은 효소학뿐만 아니라 면역학과 내분비학 같은 여러 실험 분과들에 유용한 것으로 드러났다. 그러나 분자유전학의 핵심 영역에서 자물쇠와 열쇠 모델은 생물학적 특이성에 대한 다른 종류의 심상, 바로 정보(information)에 의해 대체되었다. 그러므로 자물쇠와 열쇠 원리는 생물학의 분자화를 촉진했지만, 가스통 바슐라르(Gaston Bachelard)의 표현을 빌리자면 그 생생한 이미지로 인해 새로운 관점을 채택하기 어렵게 만들어 유전학이 분자화하는 데 "인식론적 장애"로 작용했다.[527]

이런 발전들을 종합해 본다면 우리는 고전유전학과 동시에 평행하는 새로운 생물학적 연구 문화가 설립되었음을 목도하게 된다. 이 두 연구 문화의 결합이 마침내 분자유전학을 낳았던 것이다.[528] 이 분야의 독특한 특징 가운데 일부는 20세기 첫 반세기 동안의 실용적 맥락들에 기인한 것이다. 첫째, 비록 서로 다른 방식이기는 했으나 기초 연구와 산업계 사이의 긴밀한 협력이 분자화 과정의 물질적 측면과 화학적 측면 모두를 형성했다.[529] 독일에서 비타민과 그것의 치료 목적의 사용에 관한 연구는 머크나 바이어(Bayer AG, 한국명은 바이엘) 같은 제약회사들과의 긴밀한 협조 하에 괴팅겐 대학교의 아돌프 빈다우스(Adolf Windaus)와 같은 이들이 대학 연구 실험실에서 수행되었다. 또 다른 사례는 비다우스의 제자 아돌프 부테난트(Adolf Butenandt)가 연구-중심 기업들인 셰링(Schering)이나 이게파르벤(I. G. Farben)과 진행한 협력 연구다. 부테난트는 처음에는 괴팅겐에서, 이후에는 단치히, 마침내 베를린의 카이저빌헬름 생화학 연구소에서 성호르몬의 구조와 합성에 대해 연구했다.[530] 스위스에서도 취리히 연방공과대학의 레오폴드 루지치카(Leopold Ruzicka)와 바젤의 시바(CIBA)사 사이에서 유사한 종류의 협력 활동이 이루어졌다.[531] 영국, 프랑스, 네덜란드와 같은 다른 유럽 국가들에서도 비교할 만한 산학 협력들이 존재했다.[532] 1920년대 독일에서 여러 카이저빌헬름 연구소들은 특히 섬유와 가

죽 같은 특정 유기물질에 대한 분자적 분석을 진행했다. 이 연구소들 역시 유관 산업 분야들과 긴밀하게 협력했다. 이런 분자화 과정의 물리학적 측면은 베를린의 지멘스-할스케(Siemens & Halske) 기업의 에른스트 루스카(Ernst Ruska)에 의한 전자 현미경의 발전에서 예증된다. 전자 현미경의 생물학적 응용은 후일 베를린 달렘의 제국생물학연구소(*Biologische Reichsanstalt*)의 생물학자들과 협력했던 베를린 샤리테(Charité)의 의사들에 의해 탐구되었다. 1920년대 말과 1930년대 초 사이에 스웨덴 웁살라에서 분석용 초원심분리기(ultracentrifuge)를 개발한 테오도르 스베드베리(Theodor Svedberg)는 과학-산업 협력의 확고한 옹호자였다.[533] 미국에서는 뉴저지 캠던의 RCA(Radio Corporation of America)의 실험실과 텔레비전의 선구자 블라디미르 즈보르킨(Vladimir Zworykin), 그리고 생물학자 토머스 앤더슨(Thomas Anderson) 사이에서 협력이 이루어졌다.[534] 영국에서는 방직 산업계가 리즈에서 케라틴과 콜라겐 같은 섬유에 대한 X선 분석을 수행하던 윌리엄 에이츠버리(William Astbury)를 후원했다. 1930년대 말에 에이츠버리는 스톡홀름의 토르비외른 카스페르손(Torbjörn Caspersson)으로부터 얻은 시료들을 활용해서 데옥시리보 핵산(DNA)으로 자신의 연구를 확대했다.[535] 이런 산학 협력들의 다른 사례들도 생물학의 분자화를 일으킨 배경으로 추가될 수 있다.

분자유전학의 출현과 관련한 두 번째 중심적인 맥락은 피터 키팅(Peter Keating)과 알베르도 캠브로시오(Alberto Cambrosio)가 고안한 표현을 사용하자면 생물학과 의학에서의 분자적 관점의 진보가 "생의학적 플랫폼"(biomedical platforms)의 형태로 이루어졌다는 것이다.[536] 키팅과 캠브로시오는 과학적 플랫폼을 각기 다른 작업 문화(working cultures)에서 활동하지만 동일한 공통 연구 아젠다에 초점을 맞추는 전문가들로 이루어진 국소적으로 관계망을 형성한 그룹으로 정의한다. 뉴욕의 록펠러 연구소와 같은 연구중심 병원들에서 생물학의 분자화는 연구와 병원 사이에 위치한 다른 분과 영역들 내에서 이루어졌다. 특히 이런 분자화는 병리학자이자 바이러스 학자인 페이턴 라우스(Peyton Rous), 종양학자이자 세포학자인 알베르 클로드(Albert Claude), 그리고 의사이자 세균학자였던 오스왈드 에이버리(Oswald Avery)와 그의 연구 그룹과 같은 연구자들의 활동을 통해 미생물학과 면역학에서 두드러지게 이루어졌다.[537] 같은 일이 생화학자 프리츠 리프만(Fritz Lipmann)과 종양학자 조지프 아우브(Joseph Aub)와 폴 자메크닉(Paul Zamecnik)이 활발히 연구하던 보스턴의 매사추세츠 종합병원이나[538] 의사이자 생물학자였던 피에르 레펭(Pierre Lépine)이 다른 연구자들과 함께 근무하던 파리의 파스퇴르 연구소,[539] 세균학자 프레데릭 그리피스(Frederick Griffith)의 런던의 보건부 병리학 연구소(Pathological Laboratories of the Ministry of Health)에서도 동일하게 일어났다.

분자유전학의 출현과 관련해 가장 중요한 실용적 필요성은 아마 암 연구에서 나왔을 것이다.[540] 위생학, 세균학, 면역학이 전염병의 위력을 낮추고 심지어 일부 전염병에 대한 치료법도 제공하게 된 후 19세기 말부터 암에 대한 연구와 치료의 중요성이 새롭게 강조되었다. 20세기 초에 종양학은 여러 악성 종양의 병인이 감염부터 유전과 환경적 스트레스에 이르기까지 다양하다는 것을 인지하기 시작했다. 공적 연구 지원 기관뿐만 아니라 민간 조직들로부터도 점점 더 많은 후원을 이끌어내며 빠르게 성장했던 분야에서 다양한 연구 방안들이 등장했다. 수술을 보완하기 위해 X선, 방사선 치료, 화학요법과 같은 여러 기법들이 동원되었지만 종양 성장의 세포적, 분자적 기반에 대해 더 많이 알아야만 장기적인 관점에서 이 기법들이 효과적으로 이용될 수 있다는 것이 분명해졌다. 분자생물학의 새로이 부상하는 실험실 문화에 대한 앞으로의 서술에서 우리는 계속해서 암 연구와 마주치게 될 것이다. 유전 담론은 새로운 연구 기술의 출현기에 거의 어떤 역할도 맡지 않았다. 그러므로 유전 담론에 대한 서술은 잠시 줄어들겠지만, 그럼에도 불구하고 유전 담론의 전유와 이런 새로운 연구 환경에 상응하는 전환이 일어나지 않았다면 분자유전학이라는 것은 상상도 할 수 없을 것이었다.

새로운 연구 기술의 지평

신기술의 등장과 발전은 생물학의 분자화의 가장 중요한 전제 조건 가운데 하나였다. 테리 신(Terry Shinn)과 베른바르트 외르게스(Bernward Joerges)는 세포 현미경 관찰법과 생리학에서의 그래픽 기록 장치와 같이 19세기에 출현한 연구 기술들에 주목해 20세기를 거치는 동안 연구에서 점차 지배적이게 된 기술들이 애초부터 과학 연구와 산업 간의 틈새 공간에 위치했음을 보였다. 이 틈새 공간에서 연구와 산업계를 가로지르는 연구 기술의 횡단적 응용의 성격이 발전하게 되면서 과학과 기술 간의 긴밀한 연관과 관련된 발전의 가속화를 가져왔다.[541] 이 과정에서 과학적 기구 개발이 새로운 동력을 얻어 산업계 스스로의 한 분야가 되었다. 요약하자면, 과학과 기술의 교차(interlacing)가 새로운 동학을 만들었다. 이런 맥락에서 연구 기술은 어떤 초과(excess)를 만들어 낸다는 점으로 특징지어질 수 있다. 새로운 연구 기술들로 연구를 수행하면 그 전에는 제기조차 되지 않던 새로운 질문들을 만들어진다는 점에서 말이다. 이 점에서 연구 기술은 언제나 연구를 가능하게 하는 기술이기도 하다.[542]

수많은 생물학사가들이 강조해왔듯, 새로운 연구 기술은 분자생물학이 부상하는 동안 중심적인 역할을 수행했다. 리처드 버리언(Richard Burian)에게 분자생물학의 핵심은 "셀수 없이 많은 기술들"이었다.[543] 유사하게 릴리 케이(Lily Kay)도 새로운 "기술적 지평"(technological landscape)에 대해 언급했다.[544] 지평이라는 그녀의 개념 아래서 기술은 과학에 외재적인 것이 아니라 과학적 사고를 할 수 있도록 만드는, 과학에 내장된 존재이다. 우리는 아래에서 이 같은 일련의 생물물리학의 기술들을 살필 것이다. 이 기술들은 새로운 분자유전학의 전제조건이었지만, 앞서 말했듯이 처음 등장했을 때에는 유전학이나 유전에 관한 질문과는 거의 무관했다.

1920년대에 등장해 생체거대분자에 대한 개념이 출현하는 데 산파 역할을 한 분석형 초원심분리법(analytical ultracentrifugation) 사례가 이를 잘 보여준다. 1920년대가 되어서야 비로소 헤르만 슈타우딩거(Hermann Staudinger)에 의해 도입된 거대분자(macromolecule) 개념이 교질(colloids) 혹은 교질 원형질(colloidal protoplasm) 개념을 대체할 수 있었다.[545] 이전에는 원형질 개념이 20세기 초 생화학뿐만 아니라 19세기 말의 유전 이론들에서도 지배적이었다. 이 개념의 핵심은 젤 같은 점밀성을 지닌 세포질이 비율, 조성, 그리고 밀도가 변화하는 보다 작은 분자들을 포함하고 있을 것이라는 교질 화학에서 비롯되었다. 교질 화학자 테오도르 스베드베리가 혈청학자 로빈 포레우스(Robin Fåhræus)와 협력하여 고안하고 확립시킨 분석형 초원심분리 기술은 이 같은 이해에 종지부를 찍었다.[546] 초원심분리기는 비록 교질 분석을 위해 개발되었지만, 헤모글로빈과 같은 단백질에 적용했을 때 놀라운 결과를 나타냈다. 원심분리기의 중력장에서 단백질은 상대적으로 분명하게 정의된, 고분자 질량을 가진 단입자(discrete particle)와 같은 모습을 보였다. 초원심분리법은 그러므로 당시까지 실험적 분석이 어렵던 생명체의 조직화의 수준에서 양적 정밀 분석을 가능하게 만들었다. 게다가 이 기법은 1930년대 초에 때때로 "분자 생물학"이라 불리는 영역을 정의하는 핵심 연구 기술이 되었다. 물론 "분자생물학"이라는 분과 명칭이 널리 퍼진 것은 20세기 중반에 이르러서였지만 말이다. 이전까지는 다른 분야의 전문성이 공존하는 것을 반영해 "물리 생물학", "생물물리학", 혹은 "생물 물리 화학" 같은 혼성적 이름들이 사용되는 것이 꽤 흔한 일이었다.

이 사례는 기술 형성과 개념 형성이 어떻게 밀접하게 관계를 맺는지를 보여준다. 이들의 상호얽힘은 연구 기술들과 연관된 "초과"를 야기하는 특징, 즉 개념적 과잉(conceptual surplus)을 생산하는 능력으로도 나타난다. 거대분자 분석을 위해서는 스웨덴 생화학자 아르네 티셀리우스(Arne Tiselius)의 전기영동 장치의 개발도 중요했다. 서로 다른 거대분자 혼합물을 정전하의 차이를 이용해 분리할 수 있었다.[547] 스베드베리의 학생인 티셀리우스 역시 웁살라 대학에서 연구를 수행했으며, 자신의 전기영동 장치로 혈청 단백질을 시험하고 이에 맞추어 조정했다. 복잡한 광학적 요소를 가진 분석형 원심분리기보다 훨씬 다루기 쉬웠던 분취 고속 원심분리기(preparative high-speed centrifugation)가 곧 여러 분리 문제에 활용되었다. 특히 이 연구 기술은 오랫동안 세포학적 수단으로 탐구되어 온 미토콘드리아 같은 여러 세포 성분들과 새로 발견된 마이크로솜(microsomes)을 분리할 수 있게 만들었다. 이런 혁신에 따라 세포질의 성분들의 분별 분획을 기반으로 시험관 환경에서 수행되는 세포 생화학이 출현했다. 뉴욕 록펠러 연구소의 알베르 클로드와 동료 롤린 호치키스(Rollin Hotchkiss), 발터 슈나이더(Walter Schneider), 그리고 조지 호지붐(George Hogeboom)은 이 분야에서 선구적인 연구를 수행했다.[548]

케임브리지의 헨리와 로렌스 브랙(Lawrence Bragg)에 의한 X선 구조 분석은 초기에는 작은 분자의 결정에만 응용되었지만 이후 산업 섬유 연구에 이용되면서 생체거대분자의 구조 분석 역시 가능할 것이라는 전망이 제기되었다. X선 구조 분석 기술은 여러 국제 연구 중심지들에서 생물학적 연구 도구가 되었다. 캘리포니아 공과대학교의 라이너스 폴링(Linus Pauling)은 이 기술을 활용해 단백질의 알파 나선형 구조를 확인했다.[549] 케임브리지대 캐번디시 연구소의 로렌스 브랙, 막스 페루츠(Max Perutz), 그리고 존 켄드류(John Kendrew)는 헤모글로빈과 마이오글로빈의 분자 구조(molecular configuration)를 밝히는 방법을 찾았다.[550] 리즈 대학교의 윌리엄 애스트버리는 케라틴과 DNA 해석의 전문가였다. 런던 버크벡 칼리지의 존 데스몬드 버날(John Desmond Bernal)은 담배모자이크바이러스(tobacco mosaic virus, TMV)에 초점을 맞추었다. 베를린 달렘의 카이저빌헬름 섬유 연구소의 마이클 폴라니(Michael Polanyi)와 헤르만 마르크

(Hermann Mark)는 셀룰로오스, 실크, 견사, 그리고 양모의 특성 감별에 진력했다.[551] 스톡홀름의 토스비에른 카르페손과 캘리포니아 공과대학교의 잭 슐츠는 자외복사선을 이용한 특수한 종류의 현미경을 개발했고, 이는 세포와 세포 구획에 있는 DNA와 RNA의 위치를 가시화하고 알아내는 것을 가능하게 했다. 1940년대 초에는 생물학 표본에 전자 현미경을 처음으로 응용한 사례들이 보고되었다. 독일의 헬무트 루스카(Helmut Ruska), 구스타프 카우쉐(Gustav Kausche), 에드가 판쿠흐(Edgar Pfankuch)는 TMV에, 미국의 토머스 앤더슨(Thomas Anderson)과 살바도르 루리아(Salvador Luria)가 박테리오파지에 전자 현미경을 응용했다. 이런 연구 결과들은 TMV와 박테리오파지 같은 바이러스들과 대장균을 숙주세포로 삼는 T-파지(박테리오파지 T4) 같은 것들이 입자성 물질이라는 관점을 굳히는 데 기여했다.

이들 사례들은 생체거대분자의 세계를 드러내는 일이 새로운 생물물리 연구 기술에 얼마나 강하게 의존했는지, 그리고 결국 이런 기술들의 발전이 어떻게 과학 연구의 최첨단에서 일어나고 있었는지에 대한 실마리를 얻게 한다. 거대분자의 구조와 세포 내 분포에 대한 새로운 시각만이 이 기술들을 사용하게 된 유일한 배경은 아니었다. 이 거대분자들은 새로운 기술의 해상력을 시험해볼 수 있는 연구 대상이기도 했으며, 이를 통해 전처리 과정의 기술 발전이 촉진되기도 했다. 이는 더 심화된 기술적 발전, 특히 전처리 절차와 관련된 발전을 가져왔으며, 이런 발전 없이 생물체 지향성 연구는 가능하지 않았을 것이다. 결정적으로 이 연구의 주요 취지는 단순히 특정 기술에 깔려 있는 물리적 원리를 확실하게 표현하는 데 있지 않았다. 연구의 초점은 생물학 연구 대상들의 단순한 물리적 혹은 화학적 인자들이 아니라 그것들의 본래 상태가 반영된 생물학적 속성을 결정하는 실험기구와 생물학적 대상 사이의 가변적인 경계면을 탐구하는 것이었다. 연구 기구와 연구 대상 사이의 상호 "조정"은 처음에는 기본적인 실행가능성과, 이후에는 상호 조정의 지속적인 과정에서 발생했다.[552] 이는 생명과학에서 선례가 없던 물리학자, 화학자, 생물학자, 기구 제작자, 엔지니어 집단 사이의 협력과 간학제적 연구 분야의 창출이 어떻게 거대분자 지향 생물학의 맥락에서 점차 중요한 역할을 맡게 되었는지에 대해 설명해준다. 대개 이런 연구들은 구성 요소가 되는 기술들(constitutive technologies)과 함께 선재하던 분야와 국가 경계 내에 잘 들어맞지 않는다. 이는 왜 이 분야들의 핵심 출판물들이 다른 분야와 다른 국적을 가진 둘 혹은 그 이상의 연구자들의 이름을 싣고 있는지도 설명해준다.[553]

미국에서 초학제적(transdisciplinary) 주제들에 대한 연구를 장려한 것은 록펠러 재단이었다. 1932년부터 1955년 사이에 자연과학 부문(Natural Science Division)의 책임자 워렌 위버(Warren Weaver)는 물리학자들과 화학자들이 생물학적 문제들을 이해하고 익히도록 그들을 격려했다.[554] 록펠러 재단의 영향은 미국으로 한정되지 않고 유럽 전역, 특히 영국, 프랑스, 독일까지 뻗쳤다. 1932년과 1959년 사이에 록펠러재단의 자연과학 부문은 9,000만 달러를 과학 연구 지원에 사용했고, 해당 연구비의 대부분이 생명과학, 사실상 생물물리학과 생화학 연구들에게 배당되었다.[555] 1953년 DNA의 이중 나선 구조 발견과 1965년 유전암호의 해명 사이의 분자생물학적 성취를 강조하는 18명의 노벨상 수상자 가운데 적어도 17명이 과거 워렌 위버의 후원 하에 록

펠러 재단에게 연구비를 과거 수십 년 동안 지원을 받아 온 과학자들이었다.[556]

릴리 케이가 강조했던 것처럼, 전간기에 록펠러 재단의 생물학 중심의 지원 정책은 인간 존재에 대한 생물학적 구성(biological constitution)과 생물학적 기능에 대한 통제가 결국 효과적인 사회 통제 수단을 제공할 것이라는 확신에 의해 유지되었다. "분자생물학"이라는 용어를 고안한 사람들 가운데 한 명인 위버도 비록 그것이 단기간에 실현될 것으로 기대하지는 않았지만 동일한 확신을 공유했다. 연구 정책을 수행하면서 위버는 이 비전을 실현하기 위한 물리적, 화학적 전제조건들이 부족하다고 여겼다.[557] 그럼에도 전간기의 생명과학의 동원은 생물학 연구의 지평에 비가역적인 변화를 가져왔다. 이런 동원은 제2차 세계 대전 동안, 그리고 실제적으로 단절 없이 냉전기에도 이어졌으며, 분자생물학 연구의 공적 자금 지원은 전례가 없을만한 수준에 도달했다.[558]

실험 시스템(Experimental Systems)

전술한 "조정(calibration)" 활동에 관해서 특정 연구 기술의 핵심 기구들은 보통 조작이 복잡하며 이들을 유지하기 위해 매우 노동집약적인 활동을 요구한다. 하지만 기구는 보통 그것이 개발되는 중일 때에만 주요 연구 관심 대상이 된다. 연구 기술들이 수용되기 위해서는 다른 실험 시스템들의 일부가 되어야 할 필요가 있다. 그러므로 작동하는 실험 시스템의 인식론적 관심은 일반적인 특성을 가정하는 경향을 보이는 기구들에 주목하지 않는다. 우리가 아래에서 보여줄 것과 같이, 분자생물학 연구를 정의했던 것들이 바로 경계 조건들을 제공하기는 하지만 그 자체로는 기구가 아닌 실험 시스템이었음을 보여줄 것이다.[559] 여기서 우리는 생물학의 분자화와 20세기 중반부터는 유전학과 유전의 분자화를 수반했던 특정한 실험 시스템들의 영향들을 좀 더 자세하게 서술하고 싶다.

체외 혹은 시험관 시스템(in vitro or test-tube systems)은 세포를 분자적 수준에서 분석하는 일을 가능하게 만들었다. 세포 이하의 수준에 대한 실험적 접근이 가능해진 것은 4장에서 소개한 것처럼 세포핵과 제핵세포를 분리하고 재조합하는 것을 목적으로 수행한 보베리의 초창기 교반실험의 연장선상에서 이해될 수 있다. 체외 실험 시스템은 세포질 자체를 분별하는 것을 목표로 삼으면서 결정적인 단계로 나아갔다. 이 가운데 많은 시도들이 암 연구에서, 즉 의학적-임상적 맥락에서 시작되었다. 예를 들어 1920년대에 벨기에 출신 의사 알베르 클로드는 뉴욕의 록펠러 연구소에서 라우스 육종 바이러스의 미립자적 성질에 대해 연구하고 있었다. 연구 과정에서 그는 균질화 조직의 분별 고속 원심분리법을 사용하면서 바이러스만이 아니라 건강한 세포 내 샘물질의 특성을 규명하는 데에서까지 연구 대상을 확대했다.[560] 이 연구 결과 분리되고 잘 특징지어진 미토콘드리아와 "마이크로좀"(microsome)이라고 불리게 된 침전물에 대한 효소학적 분석이 가능해졌다. 제2차 세계 대전 직후 암 연구의 맥락에서 단백질 생합성 문제에 헌신하는 여러 연구 그룹들이 원심분리기법에 의한 세포 추출과 세포의 구성 성분의 분리 기법을 활용했다. 여기서 보스턴 메사추세츠 종합 병원의 폴 자메크닉과 말론 호글랜드(Mahlon Hoagland)를 위시한 연구자 집단의 연구가 특별히 중요하다. 10여 년간 이 그룹의 연구 궤적은 조직 박편에서 온전한 세포기관(intact organelles)으로, 최종적으로는 세포질에 포함된 거대분자로 좁혀졌다. 우리가 보게 될 것처럼 이들은 바로 이 지점에서 분자유전학의 핵심으로 나아갔다.[561]

자메크닉과 호글랜드의 연구는 20세기 첫 반세기 동안 생리학적 체외 연구로 나아가는 일반적인 경향을 공유했다. 체외 및 체내 시스템 사이의 구별은 에두아르트 뷰흐너(Eduard Buchner)와 같은 화학자들이 샘효소(glandular enzyme)뿐만 아니라 세포간 효소, 혹은 "발효소"가 적어도 특정한 버퍼(buffer) 환경에서는 세포의 외부인 시험관에서 기능할 수 있음을 증명한 1900년경에 확립되었다. 다시금 이런 발전을 케이가 의미한 바를 따라 실험적 "지평" 혹은 "환경"의 출현으로 규정할 수 있다. 물론 유기체 일부를 대상으로 실험하거나 시료를 추출하는 전처리 작업은 생물학뿐만 아니라 의학에서도 오랜 전통을 갖는 활동이었다. 그러나 20세기 초 체외 시스템을 이용한 연구는 이러한 전통과 다른 목적과 방식으로 틀지어졌다. 이는 클로드 베르나르 같은 19세기 생리학자들이 극렬히 반대했던 생각, 바로 세포 추출물이 "생물계를 반복하거나 혹은 반영한다"는 가정에 의존했다.[562] 인공 환경은 이 같은 추출물들을 위해 조성되었고, 그러므로 생체 내부에서 정상적으로 일어나는 과정들을 특정하는 작업을 촉진했다.

그렇기에 시험관 시스템은 유기체적, 세포적 지식 레짐에서 세포 이하의 차원, 그리고 마침내 분사적 지식 레짐으로 전환되는 데 중요했다. 그러나 이런 맥락에서 체외 시스템들은 대사 작용의 네트워크의 일부 특성들이나 요소들을 강화하고 다른 특성들과 인자들을 제거하는 전형적으로 단순화된 시스템이었다는 점이 중요하게 언급되어야 한다. 이 단순화는 필연적으로 체외 시스템이 실험적 인공물을 생산하게 만드는 경향을 수반한다. 그러므로 시험관 환경에서 얻어지는 결과는 다시 체내 조건과 관련해서 검토되는 일이 필요하다. 그러나 체내(in vivo)의 상황, 다시 말해 생명 시스템(living system)은 더 복잡하고 덜 단순화된 실험 시스템들에 의해서만 구현될 수 있고, 따라서 이는 실험 시스템의 복잡화를 야기한다. 20세기 생물학사, 특히 분자생물학사의 대부분은 이 같은 팽창하는 나선, 즉 실험 시스템의 반복되는 팽창을 가져오는 견제와 균형의 게임으로 포착될 수 있다.

체외 생화학의 성공은 20세기 중반 무렵 생물학적으로 동기부여된 시험관 화학에 극적인 변화를 가져온 추가적인 기술들의 도입에 달려있었다. 특정 분자들과 거대분자들의 구성 요소들에 대한 방사능 표지 기법과 대사 작용 과정에 대한 분석에서 이런 분자 물질들을 추적자(tracers)로 사용하는 것이 바로 그것이다. 우리가 앞의 절보다 여기서 이 기법을 검토하는 이유는 이것의 효과가 분명하게 육안으로 살피는 기구들과 현저하게 달랐기 때문이다. 가령 연구자들은 방사성 동위원소로 표지된 분자가 관찰하고자 하는 대사과정의 일부가 되었다고 해석하거나, 혹은 그 분자들이 모세혈관계를 통과했다고 여길 수도 있다. 표지 기법은 분자적임에도 불구하고 본성상 거대 기술 시스템에 의존해야만 했다. 1930년대에 사이클로트론이 만들어지고 나서야 방사성 인, 황, 수소, 마지막으로 방사성 탄소의 생산이 가능해졌기 때문이다. 생물학 실험에 요구되는 더 많은 양의 동위원소가 1945년 이후 미국에서 첫 번째 원자로의 부산물로 이용 가능해졌으며

이에 따라 새로운 측정 기술들도 뒤이어 등장했다.[563]

2차 대전 이후 미국 원자력위원회(Atomic Energy Commission)는 생물학과 의학에서의 방사성 동위원소의 사용을 "평화를 위한 원자력"(Atoms for Peace) 캠페인의 일부로 추진했다.[564] 표지 기술이 널리 보급되어 활용되었다는 점을 가장 잘 보여주는 것이 다음의 통계이다. 1945년과 1956년 사이에 『미국 생화학 저널*American Journal of Biological Chemistry*』에 출판된 논문들 가운데 방사성 동위원소를 사용한 연구가 1%에서 40%로 증가했다.[565] 곧 방사성 표지들을 통합한 복합분자들이 생물학적 시스템에서 표지자로 사용 가능하게 되었다. 이 분자들은 초기에는 연구실험실에서 자체 합성되었지만 새로 형성되던 화학 동위원소 산업계는 여기에서 상업적 기회를 발견하고 곧장 뛰어들었다. 그 결과 방사성 동위원소로 표지된 단백질의 구성물질(아미노산)과 핵산의 구성물질(뉴클레오타이드)이 구매할 수 있는 상업적 제품이 되었다. 방사선 붕괴를 겪기 전까지 이 분자들의 화학적, 생리학적 특성들은 표지되지 않은 동일한 종류의 분자들의 특성들과 사실상 동일했다. 그렇기에 이 방사성 동위원소로 표지된 분자들을 대사 과정에서 화학 변화가 이뤄질 때의 탐침으로 생체 내에 투여하면 생물 시스템 내에서 대사 작용의 결과로 표지 분자들이 소멸하는 위치를 실험적으로 탐지할 수 있었다.

이런 식으로 방사성 추적 기법(radioactive tracing)은 생화학적인 전자 현미경으로 기능했다. 한편으로 이 기술은 세포 내에서뿐만 아니라 여러 세포 성분들을 여전히 다량으로 포함하고 있는, 상대적으로 열악한 시험관 환경에서도 아미노산이나 뉴클레오타이드를 단백질이나 핵산에 통합시키는 것과 같은 특정한 반응을 추적할 수 있었다. 이 같은 시험관 실험 끝에 연구자는 연구 시료로부터 비병합된 자유 방사능을 손쉽게 제거할 수 있었다. 그리고 이에 대한 측정이 미량화학적인 방법들 대신 방사성 붕괴에 대한 실사(physical counting)로 이루어졌기 때문에 전처리와 분석 화학의 절차들을 크게 줄일 수 있었다. 다른 한편으로, 이 기법은 분석 화학에서 다루는 측정 범위와 비교했을 때 매우 큰 규모로 측정 민감도를 높였다.

원심분리기-보조 분별 세포 분획법과 방사성 표지 추적 기법의 결합은 거대분자의 세포 합성을 체외 생화학의 영역으로 가져오게 했다. 그러므로 생화학의 실험 시스템은 2차 대전 이후 급격히 성장하던 분자유전학의 핵심 가운데 하나로 성장했다.[566] 생화학 기법들은 다음과 같은 특별한 장점을 제공했다. 시험관 실험을 위한 처리 과정에서 연구의 관심대상인 생물학적 기능이 상당히 약화되는데, 방사성 표지 추적 기법은 이런 기능 상실을 상쇄할 수 있게 했다. 생물학적 활동에 관해 세포액이 잃은 것은 말하자면 "방사능"의 언어로 복원될 수 있었다. 그러므로 방사능을 생물학의 실험실 문화에 도입하는 것은 실험실 시스템의 구성뿐만 아니라 총체로서 실험실 생활(laboratory life)에도 영향을 끼쳤다. 예를 들어 생물학적 시료들에서 사라지는 힘에 대한 방사성 표지 추적은 오염되지 않은 환경에서만 탐지 가능했다. 그러므로 실험실을 통한 방사능의 "음성 추적"(negative traces)의 확산은 어떤 일이 있어도 피해야만 했다. 그렇지 않고서는 자연 방사선이 높은 데서는 실험에 필요한 잠재적인 신호가 사라질 것이었다. 그러므로 이 기법들은 완전히 새로운 실험실 레짐을 요구했을 뿐만 아니라, 실험의 조직과 산물 그 자체에도 새로운 결과를 가져왔다.

생물 시스템에 대한 방사성 표지 추적 기법은 단일한 기구나 물질로 환원될 수 없다. 이 기법은 실험 시스템의 전체 지평에 널리 퍼져 있었으며, 동시에 그 윤곽을 형성했다.[567] 추적자 기술은 액체섬광계수기(liquid scintillation counters) 같은 새로운 측정 기구들의 발전에 불을 붙였다. 이런 기구들이 실험 시스템에 통합되면서 결국 시스템의 연구 영역과 특성을 변화시켰다.[568] 생물학자들, 화학자들, 물리학자들, 그리고 엔지니어들의 물질적으로 매개된 지식들은 동위원소 생산의 물리학과 방사성 표지의 화학, 액체섬광계수기 측정의 화학, 광증배(photomultiplying)의 물리학, 전자공학, 생체 시료 추출(preparation)과 결합하여 역사적으로 매혹적인 주제인 분자생물학의 악명 높은 간학제성에 기여했다. 게다가 추적 기술은 생물학적 실험의 한 형태, "생활양식"(life form)으로의 생물 실험실 문화라는 고전유전학에서는 낯선 형태를 요구했다. 아마 방사능 돌연변이를 만드는 데 관련된 고전유전학의 일부는 예외겠지만 말이다. 그리고 이 기술에 대한 매혹은 본성상 간학제적인 것 외에도 실험실 간 인력과 물질의 전례 없는 정도의 순환에 기초한 국제성을 띠는 형태로 이루어졌다.[569]

새로운 모델생물

생물학과 유전 지식의 분자화는 새로운 모델생물의 도입과도 밀접한 관련이 있었다. 분자 시대의 결정적인 실험적 발견이나 개념들 가운데 어떠한 것도 초파리나 고전유전학과 관련된 다른 생물과 연결되지 않았다. 아마 한 가지 예외라면 바바라 맥클린톡이 옥수수를 사용한 연구에서 발견한 "도약 유전자"(jumping genes) 정도일 것이다.[570] 체외 생물학은 1920년대 이래 악성 종양 연구에 이용되어 온 생쥐와 쥐, 그리고 기니피그 같은 다른 모델생물의 중요성을 강화했다. 특히 쥐는 2차 대전 이전과 전쟁기 및 그 직후에 록펠러 연구소, 매사추세츠 종합 병원, 그리고 다른 여러 구미 대학들에서 수행된 생물학적-임상적 맥락의 암 연구의 유산으로 이해될 수 있다. 세포 성분과 단백질 생합성의 메커니즘 분석을 위한 시스템들 역시 이런 생물학적-임상적 맥락에서 발전했다. 단백질 생합성 분석을 위한 체외 시스템의 창출을 이끈 실험들은 원래 쥐의 정상 간과 악성종양이 생긴 간 사이의 단백질 생산 비율 차이가 존재하는지를 검토하는 연구에서 비롯되었다. 이 쥐의 간 시스템은 1960년대 초에 박테리아 추출물들, 특히 대장균(*Escherichia coli*)에서 추출한 것들로 대체되기 전까지 약 15년 동안 널리 사용되었다.[571] 대장균과 효모균에 기초한 체외 시스템은 1970년대 말 고등 생물에 대한 새로운 강조가 일어나며 유전학 연구의 또 다른 전환점이 오기까지 분자유전학의 가장 중요한 실험 시스템이 되었다. 이에 대해서는 8장에서 논의할 것이다.

모델생물은 다른 연구 기술과 마찬가지로 실험 시스템의 핵심적인 구성 요소이다. 모델생물은 종종 우연적인 상황에서 사용되기 시작하지만, 곧 그 자체의 동역학과 일시적 잔여물을 발전시킨다. 그것들이 사용되는 실험 시스템과 함께 모델생물이 체현한 지식은 연구자들이 모델생물에 일단 익숙해지고 의존적이게 되면 포기하기를 주저하게 되는 가치 있는 자산이다. 그러므로 특정 모델생물의 장기간의 사용은 인식론적 장애가 될 수도 있다. 어떤 유기체가 적절한 모델인지는 특정 시대의 과학적 관심의 중심부에 있는 인식론적 대상과 이와 관련해 이용 가능한 기술들에 달려있다. 연구 기술들처럼 모델생물 자체는 모델로 기능하기 위해 어느 정도 표준화되는 일이 필요하다. 균질적인 유전적 순종의 생산은 새로운 연구 기술의 발전만큼이나 20세기 의학 연구와 유전학에서 중요했으며, 그 결과 지금까지 역사적 고찰의 주요 초점이 되어 왔다.[572]

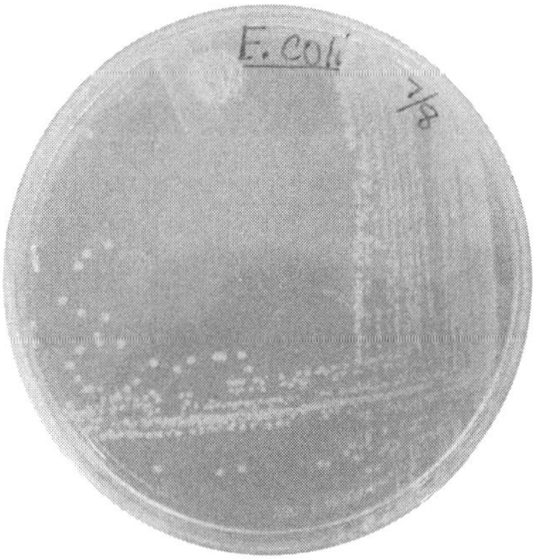

그림 7.1. 페트리 접시에 배양된 대장균(*Escherichia coli*). American Society for Microbiology의 허가를 받아 수록되었다.

우리가 여기서 고려하는 시기인 1930년대 후반부터 1960년대 사이에 유전학의 분자화는 모델생물로 선택된 바이러스, 세균, 하등 균류, 특히 대장균과 함께 TMV, T4 파지, 붉은빵곰팡이(*Neurospora crassa*), 그리고 폐렴균을 기반으로 이루어졌다(그림 7.1). 바이러스의 특성 규명은 이들이 "벌거벗은 유전자"를 나타낸다고 가정되었기 때문에 유전 담론과 특정한 연관성을 지닌다. 더 일반적으로, 이런 모델생물의 사용은 고등생물로는 구현될 수 없었던 새로운 탐구 기법을 활용하도록 촉진했으며, 그 중심에는 새로운 형태의 교잡 분석(crossing analysis)이 있었다.

프린스턴 소재 록펠러 연구소의 웬들 메러디스 스탠리(Wendell M. Stanley)가 1935년에 TMV의 속성과 관련해 단백질 분리와 결정을 선언한 일은 그야말로 돌풍이었다.[573] 한때 마르티누스 베이에링크(Martinus Beijerinck)에 의해 발견되었지만 아직 그 본성이 분명히 밝혀지지 않은 식물병리적 초박테리아(phytopathological ultra-bacterium)로 불렸던 액성전염물질(*contagium vivum fluidum*)이 결정 입자로 변형되었다. 광학 현미경으로는 보이지 않고, 세균 필터로도 얻을 수 없으며, 살균된 증식 배지에서는 배양이 불가능했던 바이러스가 1930년대 동안 유전 입자의 원형 모델이 되었다. 바이러스들은 감염된 세균 세포 내에 자가촉매적으로 생식하는 유전 물질 조각 같은 것으로 여겨졌다. 바이러스의 결정화는 물리학과 생물학, 화학과 유전학 사이의 경계를 확정적으로 무너뜨리는 상징처럼 여겨졌다. 이외에도 보고된 TMV 단백질은 유전물질의 성질이 단백질과 같을 것이라는 널리 퍼진 생각과 완벽하게 들어맞았다. 이러한 믿음은 농업 전문성을 가진 소수의 초기 분자생물학자 중 하나였던 영국 로담스테드 농사시험장의 농학자 프레데릭 보덴(Frederick Bawden)과 케임브리지의 노먼 피리(Norman Pirie)가 스탠리의 발견 이후 TMV 역시 RNA를 포함하고 있음을 발견했을 때에도 흔들리지 않았다. 어쨌든 RNA 성분은 바이러스 무게 전체의 5% 이하만 차지할 뿐이었다.

1930년대 말 당시 존재하던 모든 물리적 연구 기술들이 다른 어떤 모델생물들보다도 TMV에 가장 많이 응용되었다. 원심분리법(프린스턴의 스탠리)부터 X선 구조 분석(런던의 버날), 전자 현미경(베를린의 루스카)에 이르는 연구 기법들이 TMV 연구에 적용되었다. 베를린 달렘의 카이저빌헬름 생화학 연구소와 카이저빌헬름 생물학 연구소의 게하르트 쉬람(Gerhard Schramm)과 게오르그 멜셔스(Georg Melchers)의 연구팀은 1930년대 말부터 1940년대 초 사이에 TMV 입자의 성분을 분해했다가 재조립하는 시도를 처음으로 수행했다. 쉬람과 멜셔스가 그들의 연구를 튀빙겐의 막스플랑크 바이러스 연구소에서 이어가긴 했지만, 2차 대전 이후 생화학적 TMV 연구의 중심지는 캘리포니아 주립대학교 버클리 캠퍼스에 새로 설립된 스탠리의 바이러스 실험실이었다. 스탠리의 실험실에서는 하인츠 프렌켈 콘라트(Heinz Fraenkel-Conrat)가 연구를 진행했다.[574] 1950년대 중반에 두 집단은 TMV 입자의 RNA 성분이 감염성을 갖고 있기에 유전 물질이라는 점을 밝혔다.

스탠퍼드의 조지 비들은 붉은빵곰팡이의 대사 작용이 통제가 용이하며, 빠른 번식률을 보인다는 특징에 착안해 1937년에 이를 모델생물로 선택했다. 그 덕분에 그의 실험실은 생화학적 실험 기법을 적용한 유전학 분야에서 가장 생산적인 실험 시스템 중 하나의 중심지가 되었다.[575] 이전 장에서 기술한 바와 같이, 괴팅겐에서 퀸이 수행한 밀가루명나방의 눈색소 형성에 관한 생리유전학적 연구와 파사데나에서 비들과 에프루시가 초파리를 이용해 수행한 유사한 종류의 연구들은 이미 탁월한 성과들을 내고 있었다. 그러나 붉은빵곰팡이 시스템으로의 전이로 생화학적으로 결정적인 전환점이 올 수 있었던 데에는 (폴 버그Paul Berg와 맥신 싱어Maxine Singer가 쓴 비들의 전기에서 비들을 부를 때 사용한 표현인) "보기 드문 농사꾼"[576] 비들과 화학자 에드워드 테이텀(Edward Tatum)의 협업이 배경으로 놓여 있었다. 둘이 협업한 결과로 고전유전학적 교배 실험과 생화학적 분석이 효과적으로 결합되었던 것이다. 비들 연구팀은 X선을 사용해 더 이상 필수아미노산을 합성할 수 없는 수많은 곰팡이 돌연변이들을 만들었다. 연구팀은 이어서 이 결핍 돌연변이들을 체계적으로 재조합하여 화학적으로 규명될 수 있는 해당 아미노산과 그것들의 중간물질의 합성을 촉진할 수 있는 효소의 사슬의 존재를 가정하는 데 도달했다. 이 연구는 각각의 유전자가 물질대사 연쇄 중 하나의 단계를 맡는 효소를 생산하는 역할을 한다는 이후 "1유전자 1효소설"로 알려질 논의의 토대가 되었다.

제1차 세계 대전 말기에 영국의 세균학자 프레데릭 트워트(Frederick Twort)와 프랑스의 세균학자 펠릭스 데렐(Félix d'Hérelle)은 처음으로 세균을 감염시키는 바이러스 유사 물질을 규명하고, 세균 안에서 이 물질들을 증식시켜 세균들의 용균(lysis)을 유발했다.[577] 하지만 1920년대까지 대다수의 과학자들은 이에 관한 후속 연구에 관심을 보이지 않았다. 캘리포니아 공과대학교의 에모리 엘리스(Emory Ellis)가 유일한 후속 연구자였다. 1936년 록펠러재단 펠로십으로 막스 델브뤽이 캘리포니아에 도착했을 때, 그는 모건의 초파리 실험실을 거부하고 엘리스의 파지(phage) 연구에 마음을 빼앗겼다. 그는 파지의 극단적으로 짧은 증식 사이클과 놀랍도록 단순한 시각화 기법, 그리고 이 파지 시스템이 용균반 계수(plaque counting)와 연속 희석(serial dilution)을 통해 제공하는 수량화 가능성에 감명을 받았다. 이전 장에서 언급했듯이 물리학자로 훈련받은 델브뤽은 이미 유전자의 본성에 대해 고민해 오고 있었으며 베를린에 있는 동안 유전자 돌연변이에 관한 이론적 연구에 기여해왔다. 1940년대 캘리포니아 공과대학에서 델브뤽은 이탈리아 의사 살바도르 루리아와의 협력 가운데 파지 관련 연구 기술들을 양적 방법들(quantitative procedures)로 발전시켰다. 당시 실제로 모두가 그렇게 생각했듯이, 델브뤽은 유전자가 자가촉매적 속성을 가진 단백질들이며 파지가 바로 이런 유전자의 가장 단순한 모델을 나타낸다고 가정했다. 델브뤽과 루리아는 다른 고등 생물 같이 파지도 돌연변이를 겪으며 이런 돌연변이들이 환경적 변화보다는 배양 자생적으로 일어나고 배양 조건을 변경하여 "선택되게" 할 수 있음을 증명했다. 나아가 이 같은 연구 결과들은 파지 연구를 고전유전학과 연결시켰다. 파지 연구는 박테리아성 바이러스의 사용이 유전학을 분자 시대로 이끌 것이라는 기대를 키웠다.

지금까지 역사적 논의들은 델브뤽을 중심으로 모인 "파지 그룹"과 닐스 보어(Niels Bohr)와 에르빈 슈뢰딩거(Erwin Schrödinger)가 그에게 끼친 영향에 방점을 두었다.[578] 보어의 상보성에 관한 아이디어와 슈뢰딩거가 그의 책 『생명이란 무엇인가? *What is Life?*』에서 언급했던 "비주기적 결정체"의 형태로 유전될 수 있는 "코드-스크립트"(code-script)와 같은 개념 말이다.[579] 군터 스텐트(Gunther Stent)는 델브뤽을 위시한 파지 그룹을 분자유전학의 "정보적 사고"(informational thinking)의 요람으로 기술한다.[580] 이 점에 대해서는 다음 절에서 상세히 다룰 것이다. 델브뤽은 당시 부상하던 분자생물학의 선도적인 이론가들 가운데 하나였다. 그러나 회고적으로 보면 분자생물학의 역사에서 파지를 자리매김시킨 그의 기술적, 조직적 혁신 역시 그의 이론적 시각만큼이나 중요했다. 그와 동료들은 양적 기법들을 바이러스 복제 분석에 가져왔다. 이들은 T-파지만 연구하는 비공식적 그룹의 모든 구성원의 자발적 헌신을 수단으로 파지 시스템을 표준화했고 장기간의 국제 협력 네트워크를 만들었다. 1945년부터 콜드 스프링 하버 연구소에 개설된 전설적인 파지 강좌는 파지 그룹의 구성원 간의 지속적인 정보 교류와 해당 분야의 신진 인력을 수입하고 양성하는 일을 보장하는 데 유용했다. 델브뤽은 파지 시스템 작업으로 연구 공동체를 설립하는 방법을 알고 있었다. 그렇지만 이들의 노력이 유전자 본성에 대한 해명이라는 예견된 돌파구의 직접적인 원인은 아니었다.

20세기의 첫 반세기 동안 유전학이 취한 모든 경로는 콜드 스프링 하버 연구소를 경유했던 것처럼 보인다.[581] 1890년에 설립된 자선 재단인 카네기 협회는 1904년 콜드 스프링 하버에 실험진화연구소를 설립했다. 우리가 독일의 사례에서 본 것처럼, 연구소의 이름은 유전학과 진화의 긴밀한 연관에 대한 관념, 즉 유전학이 진화적 과정을 실험적으로 접근할 수 있는 분야라는 관념을 반영한 것이었다. 1910년에 찰스 대븐포트가 콜드 스프링 하버 연구소의 소장이 되었다. 생체계측주의자에서 멘델주의자가 된 대븐포트는 인간 유전의 측면들을 연구하면서 북미 우생학계의 선도적인 인물 가운데 한 명이 되었다.[582] 1915년에는 이전 장에서 언급되었던 흰독말풀의 라듐-유발 돌연변이에 관한 실험을 수행했던 식물학자 블레이크슬리가 콜드 스프링 하버 연구소로 오게 되었다. 오스트리아 헝가리 제국에서 농업을 연구했던 밀리슬라브 데메레츠(Milislav Demerec)는 코넬에서 옥수수 유전학자로 교육 받고 1920년대 초부터 롱아일랜드의 초파리에 관한 실험을 시작했는데, 1941년에는 블레이크슬리를 대신해 디렉터가 되었다. 그는 델브뤽의 영향을 받아 세균 및 파지 유전학으로 관심사를 전환했다. 그럼에도 그는 바바라 맥클린톡이 오랜 기간 수행한 옥수수에 대한 세포유전학적 연구도 계속해서 지원했다. 그의 주도 하에 "양적 생물학 심포지엄"(Symposia on Quantitative Biology)은 1940년대 유전학에 대한 분자 수준 연구의 중심지로 변모했다. 그러므로 콜드 스프링 하버의 과학 인력의 변화는 20세기 첫 반세기 동안 모델생물의 변환이라고 부를 만한 것을 반영했다. 인간에서 농업적으로 중요한 작물들로, 초파리로, 마침내 세균과 파지로의 변환 말이다.

유전자가 단백질로 이루어져 있다는 확신은 생화학적 붉은빵곰팡이 유전학 분야도, TMV의 연구 결과도, 파지 유전학에서도 도전받지 않았다. 다시 케이를 따르자면, 유전자의 "단백질 패러다임"으로부터의 전환은 세균 연구에 의해 시작되었다.[583] 그 전환 이후에야 TMV 연구와 파지 유전학이 그 결과로 등장한 핵산 패러다임을 강화하는 데 기여하게 되었다. 대개 록펠러 연구소의 오스왈드 에이버리가 독성 및 비독성 폐렴쌍구균(Streptococcus pneumoniae) 실험을 통해 DNA가 유전물질임을 알아냈다고 알려져 있다. 콜린 매클라우드(Colin MacLeod)와 매클린 맥카티(Maclyn McCarty)를 포함한 에이버리 주변의 의사 연구 그룹의 연구는 효율적으로 면역 혈청을 생산할 수 있는 의학적 배경을 갖고 있었다.[584] 그렇기에 연구소에서 이용가능한 모든 분석 관련 효소적, 생화학적 방법들은 이를 위해 동원되었다. 런던의 프레더릭 그리피스(Frederick Griffith)의 선행 연구를 좇아 록펠러 그룹은 서로의 형태로 변환이 가능한 탄수화물로 된 피막을 가진

S(smooth) 형과 피막이 없는 R(rough) 형을 구별해냈다. 그들은 베를린의 로버트 코흐 연구소의 프레드 노이펠트(Fred Neufeld)가 제안한 세균의 유형 분류를 주어진 것으로 받아들였다. 다른 유형은 서로 다른 종(species)으로, S형과 R형은 유형 내의 변이로 여겨졌다. 1928년에 그리피스는 살아 있는 I 유형의 R형이 II 유형의 S형에 의해 파괴된다고 보고했다. 그러나 에이버리는 당시 유형들의 지속성에 대한 확신 때문에 이 결과들을 받아들이기를 꺼려했다. 이 발견들은 처음에는 유전학적 용어로 논의되지 않았으며 (탐지 가능한 핵이 없는) 세균이 고등 생물의 그것과 유사한 유전적 패턴을 나타낼지 역시 당시까지는 분명치 않았다. 이때의 세균학의 언어는 한편으로는 음식물에 대한 대사 작용과 외재적 조건에 대한 대사 적응에, 다른 한편으로는 면역특이성에 대한 관념들의 전통 위에 서있었다. 이들 관념들은 세균의 형질이 전환되는 일을 야기하는 물질을 탐색하도록 했으며, 그리피스는 그의 실험을 통해 이 물질이 열에 민감하다는 것을 알게 되었다.

다시 에이버리가 형질전환 물질로 규정한 것의 핵심에 있던 것은 바로 체외 시스템이었다. 그는 폐렴쌍구균의 세포를 조심스럽게 쪼개고 필터를 이용해 세포벽으로부터 세포액을 분리하는데 성공했다. 그러자 비독형의 온전한 폐렴쌍구균을 독성형으로 형질 전환시키는 물질이 알코올로 여과된 액체로부터 침전했다. 에이버리는 이제 그리피스를 뒤로 한 채 효소학적, 화학적, 물리적 규명 기법들을 그의 세균 형질전환 시스템에 도입하게 되었다. 그는 형질전환을 만들어내는 물질이 어떤 종류의 것일지를 점차 좁혀나갔다. 모든 증거들은 디옥시리보핵산(DNA)이 형질

전환 물질임을 시사했고, 마침내 1944년에 이 발견에 대한 보고가 출판되었다. 이전까지는 자신의 연구를 대담한 유전적 가설과 연결시켜 보지 않았던 에이버리는 이 시점이 되어서야 그 연구의 유전적 함의를 인식할 수 있었다. 그를 그의 연구로 이끈 것은 유전적 함의보다는 생물학적 특이성, 이 사례에서는 세균의 질병을 야기하는 특성이 궁극적으로 화학적 특이성에 의존한다는 확신이었다.

델브뤽, 루리아, 비들, 그리고 폴링과 같은 선도적인 유전학자들, 생화학자들, 생물물리학자들은 에이버리의 보고에 큰 중요성을 부여하지 않았다. 상대적으로 단순하고 반복적인 구조로 가정되는 DNA가 유전 물질 후보로 적합하지 않다는 생각이 여전히 깊게 뿌리 박혀 있었다. 물론 예외는 있었다. 그러나 그의 프랑스인 동료 앙드레 부아뱅(André Boivin)이 일찌이 주장했던 것처럼, 에이버리의 실험이 "혁명"을 예고했다면 그것은 실로 조용한 혁명이었다.[585] 그렇게 핵산에 관한 1947년의 콜드 스프링 하버 심포지엄에서 19명의 연사 가운데 오직 3명만이 에이버리의 연구를 언급했다. 컬럼비아 대학의 생화학자 어윈 샤가프(Erwin Chargaff)는 에어비러의 연구 결과를 진지하게 받아들인 얼마 되지 않는 인물 중 하나였다. 그는 만약 DNA가 유전 물질이라면, 그것은 종 특이적이어야만 하고, 만약 그것이 종 특이적이라면, 종마다 염기 조성에서 차이를 보여야만 한다고 추론했다. 실제로 1940년대 말에 이르면 샤가프는 다른 종류의 미생물과 하등 균류는 DNA 조성이 다름을 보였다. 구아닌(G)/사이토신(C) 대 아데닌(A)/티민(T)의 비율은 종마다 달랐지만, 구아닌과 사이토신의 비율과 아데닌과 티민의 비율은 항상 대략 1:1의 비율로 유지되었다.[586] 샤가프는 우연히 분자 수준까지 파악할 수 있는 간단한 기법인 종이 크로마토그래피를 사용했다. 종이 크로마토그래피는 보통의 화학 실험실에서 쓰이는 기구들만을 필요로 했다. 그 단순성에도 불구하고 이는 주로 유기 분자와 그들의 성분을 분석하는 데 쓰였으며, 오직 1940년경에 이르러서야 아미노산을 분석하는 데 이용되기 시작했다.

붉은빵곰팡이 돌연변이, 파지 돌연변이, 그리고 폐렴쌍구균의 형질변환에 대한 분석과 함께 하등 생물의 유전학에 대한 윤곽이 만들어지게 되었다.[587] 이 분야는 1940년대 말 비들과 협력하던, 스탠퍼드에서 예일로 자리를 옮긴 에드워드 테이텀과 그의 제자 조슈아 레더버그(Joshua Lederberg)에 의해 분명하게 확립되었다. 1946년에 이들은 세균 간 유전 물질 교환에 대한 증거를 제공하는 실험을 보고했다. 스탠퍼드에서 비들과 함께 있던 시절부터 테이텀은 각각이 여러 대사 반응에서 결함을 가진 대장균 K12 균주의 여러 돌연변이들을 갖고 있었다. 레더버그는 돌연변이 쌍들을 하나의 증식 배지에 혼합 배양했으며, 이후 배양된 돌연변이들을 생존할 수 없는 최소 배지에 넣었다. 그는 최소 배지임에도 불구하고 일부 세균 콜로니가 증식하고, 유전적 결함이 뒤바뀌게 됨을 발견했다. 레더버그는 그가 가정했던 것처럼 원생동물들에게서 일어나는 것으로 알려진 생식의 한 방식인 "접합"(conjugation) 현상 동안 유전자 재조합이 일어났다고 결론지었다. 약 5년 후인 1950년대 초에 레더버그는 노턴 진더(Norton Zinder)와 함께 수행한 살모넬라에 관한 실험에서 박테리오파지들이 한 세균에서 다른 세균으로 세균 유전체 조각들을 실어 나를 수 있으며, 그 효과는 접합 현상에서 관찰된 것과 동일하다는 점을 발견했다. 파지와 세균 유전학의 결합 가운데 고전유전학적 교배는 완전히 새로운 형태를 가정하게 되었다. 이후 10년간 최초의 세균 및 파지 유전자 지도가 만들어졌다.[588] 초파리의 생식 사이클은 2주 정도였으나 세균은 최적의 배양 조건일 경우 증식하는 데 30분이면 충분했다. 이외에도 배지의 성분을 바꾸는 일이나 페트리 접시의 세균 배양액에 세균 층을 증식시키는 일이 매우 용이했다(그림 7.1). 이런 기법들과 함께 극단적으로 민감하면서도 매우 단순한 기구들이 곧 표현형 선별(phenotypic selection)을 통해 수백만 세포들 가운데 돌연변이들을 찾아내고 확인하는 일과 유전적으로 순수한 콜로니를 만드는 데 이용될 수 있게 되었다. 후자의 기구는 달리 말해 클론화(clones)로 다시금 유전학적 도구로 사용될 수 있는 것이었다. 대장균은 이런 맥락에서 가장 눈에 잘 띄는 자리를 점했다. 1945년에서 1955년 사이에 대장균은 분자생물학과 분자유전학에서 가장 빈번하게 이용되는 모델생물이 되었다.[589]

아상블라주

간략히 개요를 말하면 1930-1950년 사이에 새로운 실험 시스템에 합쳐진 연구 기술들과 모델생물들은 세 가지 다른 종류의 시험관 환경들을 포함했다. 첫째, 암 연구와 효소학은 균질화된 세포로부터 구성성분들을 도출시키는 생화학적 체외 시스템을 낳았다. 둘째, 유전학의 소형화가 일어났다. 효모와 세균, 특히 대장균 같은 단세포 모델생물와 TMV, T-파지, 이후의 람다 파지(phage lambda)와 같은 바이러스와 파지들에 대한 초점은 체외 유전학으로 규정할 만한 것을 이끌었다. 셋째, 원심분리기와 같은 분석기구의 시험관과 용기 시스템(tube and vessel systems)은 또 다른 형태의 "유리체"(vitreous) 환경을 제공했다. 그 결과 일어난 생물학 연구 물질들의 교차는 생물학적 현상의 새로운, 어느 정도 분자화 된 재현을 낳았을 뿐만 아니라 이들 현상에 대해 논의할 새로운 언어 또한 만들어냈다.

이 발전들의 상당수가 서로 독립적으로 이루어졌다. 비록 당시 한 분야의 연구자들이 다른 분야의 발전들을 인식했더라도 말이다. 유전학적으로 동기부여 된 질문들과 빠른 재생산 속도는 더 작고 생식 주기가 더 빠른 모델생물을 선택하는 데 역할을 맡았지만, 이들이 분자생물학의 모든 영역의 모든 연구 방향을 결정하는 데 지배적이었던 것은 아니었다. 심지어 참가한 연구자들의 분과 전문성도 완전히 상이했는데, 이러한 다양한 전문성은 이후 네트워크의 일부로 기능하게 되었다. 앞서 언급한 1940-1950년대 초 콜드 스프링 하버의 양적 생물학 심포지엄(Symposia on Quantitative Biology at Cold Spring Harbor)이 이를 잘 드러낸다. 이 시기 동안 심포지엄이 유전학 중심의 주제들로 정해진 경우로는 1941년 "유전자와 염색체", 1946년 "미생물의 유전과 변이", 1947년의 "핵산과 핵단백질", 1951년의 "유전자와 돌연변이", 그리고 1953년의 "바이러스"가 있었다. 그 사이에 심포지엄은 "호르몬과 발생의 관계"(1942), "추적자 원소들의 생물학적 응용"(1948), "인간의 기원과 진화"(1950), "뉴런"(1952)과 같은 주제들도 다루었다. 이 주제 목록은 분자유전학이 분자 지향적, 양적 지향적 생물학의 일부가 되었지만 지배적이지는 않았던 더 넓은 맥락을 보여준다.

1953년과 1965년 사이에 분자유전학의 새로운 언어가 등장하면서 유전에 관한 새로운 담론 또한 등장했다. 프랜시스 크릭(Francis Crick)과 제임스 왓슨(James Watson)의 DNA 이중 나선 구조 해명으로 시작한 이 시대는 마셜 니런버그(Marshall Nirenberg)와 하인리히 마테이(Heinrich Matthaei), 세베로 오초아(Severo Ochoa), 그리고 고빈드 코라나(Gobind Khorana)를 위시한 연구 그룹이 유전 코드를 분명하게 규명하면서 종결되었다. DNA의 이중 나선 모델(그림 7.2)은 구조 지향적인 분자생물학이 생물물리학 연구 기술들, 특히 X선 구조 해석을 끌고 들어온 전형적인 사례이다. 그러나 샤가프의 염기쌍(base-pair) 규칙과 같은 핵산 화학에 기초한 분자적 모델 설계와 연구 결과 역시 DNA 구조를 산출하는 데 특정한 역할을 맡았다.[590] 다른 한편 유전 코드의 번역은 분리된 세포 구성 요소들에 기초한 실험 시스템의 선호와 함께 기능 지향적인 분자생물학의 전형적인 사례이다. 1950-1960년 사이에 등장한 이 분야의 과학자들은 단백질 합성에 역할을 맡는 RNA 분자들이 rRNA(ribosomal RNA), tRNA(transfer RNA), mRNA(messenger RNA)라는 세 종류라고 규명했다.[591] 이 핵산 유형들은 심지어 가장 진보된 분자 실험 시스템에서도 그때까지 존재하던 유전자와 효소 사이의 간극을 메우고 십여 년 이내로 분자유전학의 영역을 협의적 의미로 구획하는 데 도움을 줄 것이었다.[592]

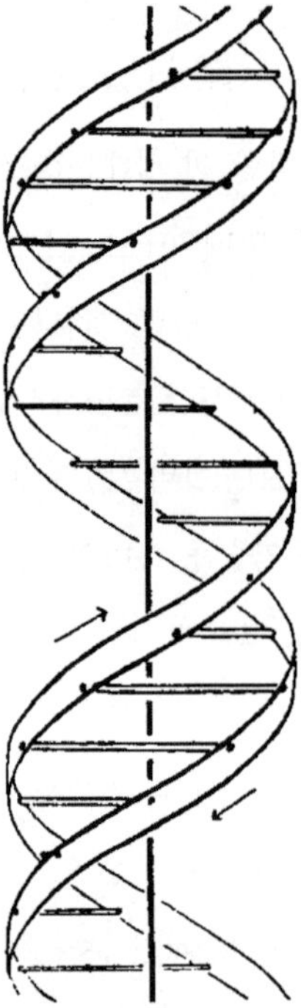

그림 7.2. DNA의 분자 구조 모델. James Watson and Francis Crick, "Molecular Structures of Nucleic Acids: A Structure for Deoxyribose Nucleic Acid," *Nature* 171 (1953), p. 737.

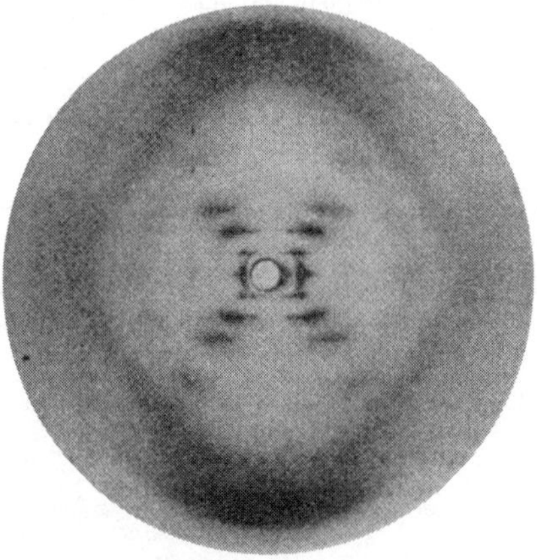

그림 7.3. B형 DNA의 X선 회절 다이어그램. Rosalind Franklin and Raymond Gosling, "Molecular Configuration in Sodium Thymonucleate," *Nature* 171 (1953), p. 740.

결정적으로 기본적인 유전학적 사건들이 점차 정보의 흐름으로 정의되기 시작했다. 왓슨과 크릭이 DNA의 구조에 관한 첫 논문의 마지막에 언급한 짧은 문장이 이 같은 발전을 촉발했다. "우리가 가정한 특정 염기쌍이 가능성 있는 유전 물질 복제 메커니즘을 시사한다는 점을 간과할 수 없다."[593] 몇 년 후에 크릭은 "서열 가설"(sequence hypothesis)과 "중심 원리"(central dogma)로 알려진 것을 고안했다.[594] 서열 가설에 따르면, 유전 물질의 특이성은 DNA에 의해 합성되는 단백질의 아미노산 서열을 결정하는 핵산 염기의 서열에서 비롯된다. 정보 전달자와 기능 전달자라는 거대 분자의 두 종류의 선형적 서열들 간의 관계는 "코드 혹은 부호"로 생각되었다.[595] 1960년대 초에는 코드가 인접한 DNA 서열을 형성하는 서로 겹치지 않는 3개조의 뉴클레오타이드로 이루어져 있다는 점이 분명해졌다. 크릭의 중심 원리는 DNA에서 RNA로, RNA에서 단백질로 분자 정보가 전달될 수 있다고 서술했다. 단백질에서 유전 물질로의 정보의 역행은 가능하지 않은 것처럼 보였다. 1960년대 중반에 "중심 원리"는 생식계열의 영속 가능성이라는 바이스만의 "유산"(legacy)의 분자적 형태로 여겨지게 되었다.

이와 함께 서구 분자유전학이 확립되는 시기 동안 소련의 식물 육종학자 트로핌 리센코(Trofim Lysenko)가 널리 퍼트린 획득 형질의 유전 개념은 완전히 기각되었다. 리센코는 분자유전학을 "멘델-모건주의"(Mendelism-Morganism)라고 비난했었다. 1961년 8월 제5회 생화학국제회의(International Congress of Biochemistry)가 모스크바에서 개최되고 니런버그가 그의 유전 코드의 첫 "단어들"의 발견에 이르게 된 연구 결과를 발표했을 때, 그가 사회주의 국가들에서 리센코주의의 마지막 일격을 가한 것은 우연이 아니었다. 결과적으로 수 년 후인 1865년 멘델의 식물 육종에 대한 강연 100주년에서 브루노의 그레고르 멘델의 "복권"이 이루어졌다.

과학 인류학자 폴 라비노(Paul Rabinow)에 따르면, 1950년대 말부터 1960년대 초 사이에 이뤄진 일들은 유전학에 관한 한 새로운 "아상블라주"의 형성으로 규정될 수 있다. 그의 『이성의 인류학에 관한 에세이*Essays on the Anthropology of Reason*』에서 라비노는 질 들뢰즈(Gilles Deleuze)의 "아상블라주" 개념을 지식이 새로운 구성체(configuration)에 진입하게 되면서 때때로 발생하는 특정한 역사적 상황들을 기술하기 위해 사용한다. 라비노에 따르면, 이는 "모두 조건 지어져 있지만 완전히 미리 결정된 것은 아닌, 수없이 많은 작은 의사결정들에 의해 출현"하여 펼쳐지게 되는 행위자들, 사물들, 제도들의 집합(constellations)이다.[596] 혹은 다른 문장을 따르면 "그들에 대해 중요한 어떤 것을 가진 채, 이전에 현전하던 행위자들, 사물들, 제도들을 새로운 존재 양식으로, 새로운 아상블라주로, 사물들을 다른 방식으로 작동하게 만드는 아상블라주로 편입되게 촉진하도록 하는 새로운 형태가 부상하는 것"이다.[597] 실험 문화라는 우리의 용어를 사용해서 이 같은 라비노의 논의를 다음과 같이 재형식화한다. 현대 경험 과학, 특히 생명과학은 지식 생산에 관련된 특별한 종류의 아상블라주인 실험 시스템에 기초하여 세워졌다. 그리고 새로운 관점에서 사물과 현상을 탐구할 수 있게 할 뿐만 아니라 이들을 다른 방식으로 일어날 수 있게 하는 시스템 내, 혹은 시스템 간의 연결들은 이따금 이루어지는 계획적인 개정보다는 점진적인 결정들이 우연히 합치되면서 발생한다.

라비노의 "아상블라주"의 관점에서 분자유전학의 전환을 살피면, 20세기 첫 반세기 동안에 있었던 것들은 유전학에서 거의 남지 않게 되었다. 담론과 핵심 개념들도 변화했다. 분자유전학의 맥락에서 생물학적 특이성에 관한 새로운 담론이 18세기 말의 환원불가능한 생물학적 힘과 생기적 물질이 완전히 사라진 곳에서부터 출현했다. 유사하게 유전 물질을 당대 물리학에서 빌려 온 원자주의적 혹은 에너지적 관점에서 기술하려는 시도들 역시 기각되었다. 이들은 "유전 프로그램", "정보 저장소", "정보 처리", "복제", "전사", "번역", 그리고 "유전 코드"로 대체되었다. 고전유전학에서 유전자가 갖고 있던 기능, 즉 물질화되긴 했지만 동시에 가시적인 효과들의 비가시적인 자리표시자로서의 형식적 기능은 여러 다른 해석들로 채워졌다. 이제 유전자는 유전 정보의 유반자로 기능하게 되었다. 그러므로 유기체의 물리적, 화학적 이해는 모순적이게도 역학과 에너지론을 넘어선 곳에 유기체를 위치시키는 이해와 용어를 낳았다. 유전학의 정보적 관점은 델브뤽 학파의 기능주의적 사고나 생물물리학의 구조주의적 사고, 혹은 자크 모노와 프랑수아 자코브 그룹의 규제주의 사고 어디에서도 예시한 것이 아니었으므로 암암리에 일어난 것이었다.

모노와 자코브 같은 첫 세대의 분자생물학자들은 생명체에 대한 새로운 해석이 등장하는 데 사이버네틱스, 최신 커뮤니케이션 기술, 그리고 컴퓨터 과학이 끼친 영향을 강조했다.[598] 1948년이라는 이른 시기에 노버트 위너(Norbert Wiener)는 널리 읽힌 그의 저서 『사이버네틱스, 혹은 동물과 기계의 통제와 의사소통*Cybernetics; or, Control and Communication in the Animal and the*

Machine』에서 생명체의 이해를 세 시대로 나누어 설명했다. "만약 17세기와 18세기 초가 시계의 시대라면, 18세기 후반과 19세기는 증기기관의 시대이고, 오늘날은 커뮤니케이션과 통제의 시대이다."[599] 틀림없이 초기 사이버네틱스 이론가들의 네트워크는 유전학보다는 신경생물학 연구들과 더 밀접하게 연결되어 있었다.[600] 하지만 1950년대 동안 유전적 규제 회로(genetic regulatory circuits)의 모델들은 분명하게 사이버네틱스 논의들의 영향을 받았다. 여러 연구자들과 그 중에서도 조지 가모프(George Gamow)는 DNA 이중나선을 알게 된 후에 이용 가능한 최신 컴퓨터 기술과 암호학 기법들의 도움으로 유전자 "코드"를 해독하려고 노력했지만 결국 성공하지는 못했다. 그럼에도 불구하고, 이들은 2차 대전 이후 첫 20년 동안 디지털 정보 처리와 통제, 피드백 공학이 생물학에 끼쳤던 영향과 거꾸로 생물학이 컴퓨터 기술 등에 기여하기도 했음을 보여주는 전형적인 사례이다. 이런 영향이 얼마나 되었는지, 그리고 그것이 얼마나 오랫동안 분자생물학에 도움이 되었는지는 생물학사학자들과 생물철학자들 사이에서 논쟁의 주제가 되어 왔다.[601]

고전유전학은 본질적으로 우생학, 인종 정체성, 성에 관한 질문들, 간단히 말하자면 독일 인종 이데올로기에서 "인종적 신체"(*Volkskörper*)라고 불렸던 것의 생명정치를 중심으로 하는 더 큰 담론의 맥락 내에서 발전했다. 이 생명정치는 2차 대전과 홀로코스트로 끝장났다. 비록 분자유전학의 초기 주창자들은 여전히 우생학 담론에 한 발을 담고 있긴 했지만, 그들이 제기한 새로운 질문들은 그 담론과 관련해 다소 주변적이거나 심지어 바깥에 위치한 것처럼 나타났다. 전후 생물학자 세대는 분자유전학을 물리학자들이 핵 정치에 연루되었을 때처럼 인류 유전학을 과거와 같이 우생학적 목적에서 사회 전체에 걸쳐서 수행하던 것들과는 거리가 먼, 새로운 국제적이고 간학제적인 외부 담론으로 이해했다. 결국 DNA 이중 나선은 전 인류의 역사 유산의 도상으로 받아들여졌고,[602] 오래된 인종 담론이 아프리카에서의 인류 공통 기원의 내러티브에 의해 대체되는 경향을 보였다.[603]

그렇다고 해서 분자유전학이 연관된 담론에 정치적 이슈(political salience)가 없다고 말하는 건 결코 아니다. 분자유전학 담론은 서구 과학자들이 소련의 리센코주의 생물학에 대항할 뿐만 아니라 자국 내의 사회적 이상들, 예를 들어 교육에서의 평등한 기회의 확립과 같은 것들에 대항할 때 이용했던 생물학적 결정론을 종종 표출적으로 통합시켰다. 그래서 1962년 런던에서 "인간과 그의 미래"(Man and His Future)라는 제목의 CIBA 심포지엄이 진행되는 동안 헤르만 멀러로 대표되는 고전주의 시기의 유전학자들은 조슈아 레더버그로 대표되는 젊은 세대의 분자유전학자들과 인류가 미래에 현대 유전학을 수단으로 어떻게 자신의 진화에 관한 통제권을 쥘 수 있을지에 대한 생각을 교류했다.[604] 해당 심포지엄은 커다란 대중적 반향을 일으켰다. 하지만 심포지엄에 관한 대중의 관심사가 집중되고 이들에게 설득력을 가졌던 논의들 대부분은 분자 기반의 질환 진단이 가능해질 것이라는 중장기적 희망의 결과물인 분자유전학의 유전 담론에서 생겨난 것이었다. 1949년에 라이너스 폴링은 이미 그의 겸상 적혈구 빈혈증(sickle-cell anemia)에 대한 연구로 "분자 의학"에 대한 비전을 분명하게 표현했다.[605] 헤모글로빈 기저에서 일어나는 아미노산 변화의 발견은 겸상 적혈구 빈혈증이 이미 오래전부터 멘델주의적인 방식으로 유전되는 것으로 알려진 조건에 의해 유발되는 "분자 질환"으로 여겨질 수 있음을 시사했다. 미래의 치료법은 유전적 복구(genetic repair)를 통해 도래할 것이며, 그러기를 바랐다. 다음 장에서 우리는 이런 희망과 약속들을 다룰 것이다. 곧 드러나겠지만, 이 같은 비전들은 미국과 유럽의 과학 정책이 분자생물학 일반과 그 가운데에서도-한 세대 만일지라도-학문 분야로서의 분자유전학의 수립을 돕는 요인 또한 될 것이었다.

제 8 장

유전자 기술, 유전체학, 후기유전체학: 전망의 시도

역사가들에게 동시대의 경향을 판단하는 것은 늘 어려운 일이다. 하지만 적어도 20세기의 마지막 30년 동안 분자생물학은 분자유전학의 실천과 이런 분자유전학 연구의 참여자들, 또 그들의 고객들이 어떻게 유전에 관한 질문들과 연관되는지에 대해 심대한 영향을 끼친 또 다른 전환을 분명하게 겪어 왔다. 이 장에서 우리는 유전체학, 후기유전체학, 분자의학 시대에 유전주의적 사고와 개입이 발전하게 되는 그 윤곽을 추적한다. 우리는 또한 이에 수반되는 학문 연구와 산업적 생의학 기술들 간의 관계가 재형성되는 과정 또한 규명한다. 역사가 에릭 베텔(Eric Vettel)의 말을 빌리자면, 우리의 목표는 "생명공학 산업과 같이 복잡한 것이 어떻게 만들어졌는지, 그리고 어떻게 그것이 오늘날의 세계 자본주의의 선봉이자 격렬한 윤리적 논쟁의 초점이 되었는지"를 탐구하는 것이다.[606] 이 거대한 문화적 변환은 우리 눈앞에서 그것의 미래의 발전 방향이 아직 결정되지 않은 것처럼 나타난다.

이 장에서는 가스통 바슐라르를 좇아 우리가 "현상기술적"(phenomenotechnical) 게슈탈트 전환이라 부를 수 있는 것에 대해 간략히 소개하는 것으로 시작한다. 이는 유전 현상을 직접 조작할 수 있게 만드는 기술들에 의해 정의되는 대상으로서 유전에 대한 이해가 급속하지만 지속적으로 변화하게 된 것을 지칭한다.[607] 이런 전환의 결과 유전 과정은 무엇보다도 기술적으로 조작될 수 있는 복제 과정(copying procedure)으로 이해되었다. 1970-1980년 사이에 일어난 예기치 않은 전환의 기반은 두 종류의 세포 내 효소들을 분리해내면서 마련되었다. 하나는 유전 물질을 복제해 생세포에 이를 전사하는 과정을 유도하는 효소들이고, 다른 하나는 핵산들을 자르고 잇는 효소들이었다. 특히 1960년대 말 워싱턴 대학교(이후 스탠퍼드 대학교)의 아서 콘버그(Arthur Kornberg)에 의해 분리된 DNA 중합효소(DNA polymerases)는 이중 나선의 두 가닥 각각을 벌충하는 단일 가닥을 합성하여 DNA를 복제한다. RNA 중합효소는 DNA를 RNA로 전사하고 단백질 합성을 위한 mRNA를 포함한 다양한 RNA 분자들을 세포에 제공한다. 일찍이 1960년에 일부 RNA 중합효소들이 발견되었지만 활성화된 형태로 이들 효소들을 분리하는 일은 매우 고단하고 품이 많이 가는 일임이 분명해졌다. 1970년에 보스턴의 하워드 테민(Howard Temin)과 데이비드 볼티모어(David Baltimore)는 반대로 작용하여 RNA 분자들을 DNA 분자로 전사할 수 있는 바이러스성 중합효소에 대해 보고했다.* 그 결과 "DNA가 RNA를 만들고 RNA가 단백질을 만든다"는 분자

---

* 역주: 중심 원리와 반대로 작용한다는 의미이다.

유전학의 중심 원리가 수정되어야만 했다.[608] DNA만 RNA로 전사되는 것이 아니라 그 역도 가능하다는 것이다. 이 과정을 매개하는 효소는 "역전사 효소"(reverse transcriptase)로 알려지게 되었다. 1960년대 말에 이르면 뉴욕의 다니엘 네이선스(Daniel Nathans), 볼티모어의 해밀턴 스미스(Hamilton Smith), 바젤의 베르너 아르버(Werner Arber)가 처음으로 제한효소(restriction endonucleases)로 불리는 물질을 규명했다. 이 종류의 세균성 효소에서 단백질은 외부 DNA의 이중 가닥의 염기서열을 식별해 해당 인식 부위를 특정적으로 절단한다. 동시에 DNA의 절편들을 연결시키는 세균 효소인 DNA 연결 효소(DNA ligases)도 발견되었다.

이 다양한 효소들은 분자 도구로 이용될 수도 있었다. 이들은 잡종, 혹은 알려진 것처럼 "재조합" 핵산과 분자들을 만들어냈다. 세균 세포로부터 분리된 상대적으로 작은 고리모양의 DNA 분자들이나 플라스미드들은 유전 정보의 임의의 조각을 그것이 증식되는(multiplied) 세균으로 전송하는 벡터로 이용하기에 특별히 적합한 것으로 입증되었다.[609] 앞서 언급된 효소들은 오늘날 세균 세포와 시험관에서 유전 물질을 조작할 수 있는 기반을 제공했고, 해당 기술은 곧 고등 동물의 세포에서 DNA를 조작하기 위해 적용되었다. 이와 함께 이 분자 집합은 엄격한 의미에서 유전자 *기술*, 중합효소, 제한효소, 연결효소, 그리고 플라스미드 같은 분자들을 도구로 이용하는 분자 *공학 기술* 과학의 발전 가능성을 제기했다.[610] 이 2세대 분자생물학 기술들은 더 이상 물리학 원리에 기초한 분석적 장비에 의존하지 않았다. 유전자들을 통합하고 전송시키는 벡터들과 유전자를 자르고 잇는 "가위들"과 "바늘들"은 그들 자신에게 거대분자 차원을 갖게 했다. 이 분자 개체들은 시험관에서 핵산을 합성하고 생세포에 이 합성된 산물을 통합시킬 수 있게 만드는 분자 연장통인 "소프트"(soft) 혹은 "웻"(wet) 기술로 불릴 수 있는 것을 대표한다.[611]

1970년대 동안 유전자 기술은 이 두 방향 모두에서 발전했다. 1972년에 스탠퍼드 대학교의 폴 버그는 람다 파지와 감염성 영장류 바이러스인 SV40으로부터 잡종 DNA 분자를 만들어내는 데 성공했다.[612] 일 년 후 같은 대학의 스탠리 코헨(Stanley Cohen)과 샌프란시스코의 허버트 보이어(Herbert Boyer)는 플라스미드와 제한효소에 관한 그들의 연구를 결합해 시험관에서 세균 유래 플라스미드에 바이러스성 DNA 조각을 삽입하고, 이를 플라스미드가 "자연적으로" 복제되는 세균 세포로 되돌려 보내는 방법을 발견했다. 이 실험들에 의해 같은 방식으로 유전자 전체를 복제하는 것이 가능해졌으며, 이는 유전적 생명공학과 유전자 기술의 산업화의 출발점을 제공하는 성취였다. 이 실험적 결과들은 또한 위험한 재조합 생명체의 창조라는 가능한 위험들과 그에 수반되는 규제의 필요성에 대한 열띤 논쟁을 촉발시켰다. 다음 절에서 우리는 이 주제를 더 상세하게 다룰 것이다. 여기서는 세포에 대한 분자유전학적 생식기계(reproduction machinery)를 인공적으로 고안된 핵산 주형을 복제하는 데 동원하는 일이 가능해지면서 분자생물학자들이 고전 생물물리학, 생화학, 유전학의 작업 패러다임으로부터 벗어나 유전자 기술자, 혹은 유전공학자들이 되었다는 점에 주목한다. 이들은 더 이상 유기체의 분자와 관련 반응 과정들을 과학적 탐구 대상으로 가정하며 이를 위한 시험관 실험 조건을 만들려고 애쓰지 않았다.

이들은 방향을 반대로 바꾸었다. 분자 기술자들은 이제 유전 정보를 담고 있는 분자들을 조립하고 세포 환경을 이들 분자들을 증식 및 발현시키고 그 결과 만들어진 대상들의 효과를 탐구하기에 적절한 기술적 도구로 이용했다. 그러므로 생명체 그 자체가 실험실, 즉 *locus technicus*로 바뀌었다. 이제 어떻게 세포 바깥에서 세포 안 구조와 과정을 재현하는지의 여부 대신, 어떻게 세포 내부에서 세포 바깥에서 만들어진 설계물을 구현할 것인가가 주요한 질문이 되었다. 동시대의 관찰자이자 매디슨의 맥아들 실험실(McArdle Laboratory)의 종양학자였던 바슬라프 시발스키(Waclaw Szybalski)는 베르너 아르버, 해밀턴 스미스, 그리고 다니엘 네이선스가 노벨상을 수상한 일을 두고 다음과 같이 썼다. "제한효소에 관한 연구는 우리가 재조합 DNA 분자들을 만들어내고 개별 유전자들을 분석하는 일을 손쉽게 만들었을 뿐만 아니라 원래 존재하던 유전자들을 단순히 기술하고 분석하는 것을 넘어 새로운 유전자 배열을 만들고 평가하는 것이 가능한 '합성 생물학'의 새 시대로 이끌었다."[613] 실라 재서노프(Sheila Jasanoff)는 이 새로운 형태의 생명공학이 "세계에 새로운 존재들을 가져오고 이 과정에서 자연과 사회 모두에서 우리의 올바름(rightness)에 대한 감각을 재질서화 한다"라고 주장하면서 이 연구 방향이 낳을 결과들에 주목했다.[614]

역전사는 인간을 포함한 고등생물의 단백질을 유전자 기술로 조작하는 데 특히 중요했다. 1970년대 말 세균 세포에서 진핵 생물의 유전자를 발현시키려고 시도하면서 필립 알렌 샤프(Philip Allen Sharp)와 리처드 로버츠(Richard Roberts)는 그들이 연구하는 유전자들이 상응하는 단백질에 관한 아미노산 서열을 위해 부호화되어 있는 DNA 영역(엑손)으로 이루어져 있지만 이 DNA 부위들 사이에 비부호화 DNA 서열들(인트론)이 삽입되어 있다고 보고하며 분자유전학 공동체를 놀라게 했다. 1차 RNA 전사체는 절단 및 접합되어 엑손으로만 이루어진 기능적 mRNA를 생산한다.[615] 이런 유전자 발현 양상이 세균 내에서 존재하지 않는 것처럼, 고등생물의 유전자들도 세균 숙주에서 발현될 수 없다. 그러므로 고등생물의 유전자들은 유전공학의 출발점으로 적합하지 않았다. 역전사는 접합된 진핵생물의 mRNA를 상보적 DNA(complementary DNA, cDNA)에 전사할 수 있게 만들었다. 이 cDNA에 전사된 후에 플라스미드에 삽입되어 분자 생명공학의 "반응용기"(reactors)인 세균 내에서 증식 및 발현될 수 있었다. 이후에 이와 같은 방식을 반복하여 전체 진핵생물 유전자의 전체 cDNA 라이브러리를 구축할 수 있었다.

1970년대 말-1980년대 초 사이에 개발되어 주요한 유전자 기술로 자리 잡은 효소 관련 기술들을 더 살펴보자. 1977년에 케임브리지의 프레데릭 생어(Frederick Sanger)는 DNA 중합효소에 의존하는 DNA 서열분석 방법을 보고했다. 하버드의 앨런 맥삼(Allan Maxam)과 월터 길버트(Walter Gilbert)가 동시에 발전시킨 단계별 분해 방법(step-by-step degrading procedure)과 달리 생어의 방법은 순차적이고 무작위로 중단되는 DNA 서열의 연장을 포함했다. 그 결과 얻어진 DNA 조각들은 전기영동법에 의해 분리되었으며, 이후 각 조각의 최종 염기가 확인되었다(그림 8.1). 원칙적으로 이 기법으로 파이X-174 파지(bacteriophage ΦX-174) 같이 5천 개 이상의 뉴클레오타이드를 포괄하는 바이러스의 DNA 유전체가 단지 며칠이면 모두 해독될 수 있었다. 1958년

로버트 홀리(Robert Holley)가 첫 tRNA의 서열을 결정하는 프로젝트를 착수했을 때, 80개의 뉴클레오타이드 길이의 분자의 1차 구조를 밝히는 데 연구팀 전체가 8년을 매달려야 했다. 이제 유전자 조각, 전체 유전자, 심지어 유전자 복합체의 서열분석이 가능해졌으며 곧 분자유전학 실험실의 일상 활동의 일부가 되었다.

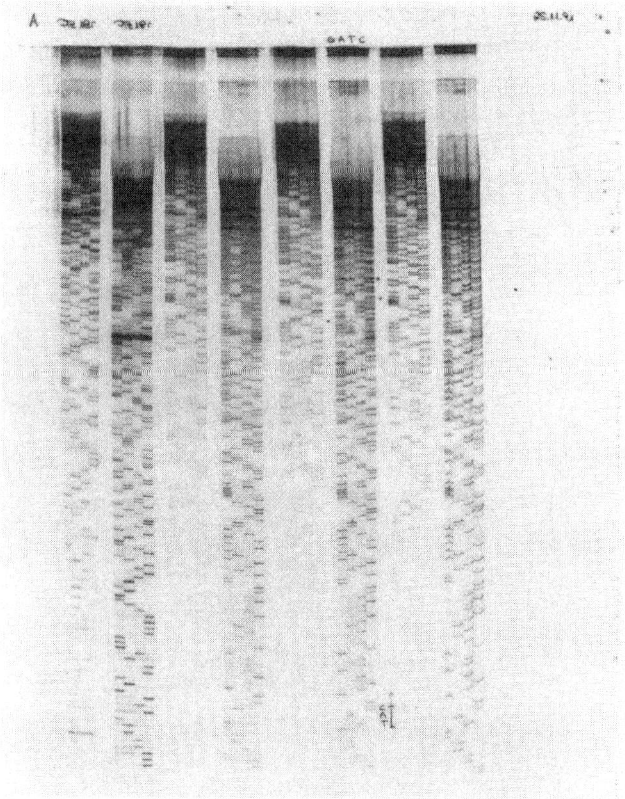

그림 8.1. (A) 할로박테리움 할로비움(*Halobacterium halobium*) 리보솜 L1 단백질 유전자 서열의 일부.

Nucleic acid sequence / © Hans-Jörg Rheinberger

```
POLYLINKER
SELECTION
   #resistance  Ap
   #indicator beta-galactosidase
SUMMARY  pTZ18R    #length 2871    #checksum 6457
SEQUENCE

 Ptz18h11.Seq  Length: 3507  November 29, 1991  17:22 Check: 7065
..

     1 CCCATTCGCC ATTCAGGCTG CGCAACTGTT GGGAAGGGCG ATCGGTGCGG
    51 GCCTCTTCGC TATTACGCCA GCTGGCGAAA GGGGGATGTG CTGCAAGGCG
   101 ATTAAGTTGG GTAACGCCAG GGTTTTCCCA GTCACGACGT TGTAAAACGA
   151 CGGCCAGTGC CAAGCTTGCA TGCCTGCAGG TCGACTCTAG AG
                                                    >SEQED
       (include) of: L1HAHAECOBAM.REV check: 8386 from: 1
       to: 657>
                                                    GATCCTGC
   201 AGCTAGCAGT AGGCAACCTC CACGGCAGGC CCCATCGTTG TCTTCACGTA
   251 GACGGAGTCC ACGTTCAGCG GGCCTTTTTC GAGGTTCGCG TGCAGCCGAC
   301 GCATGATGAC GTCGATGTTG CTGGCGATGT CCTCGGCGGA CATGTCCTCC
   351 GCGCCGACGC GCGTGTGGAA CGTGCGGCGG TCGCGGCTGC GGATCTGCAC
   401 GGTGTTTTTC ATGCGGTTGA CTGTGTCGAC GACGTCGTCG TCGGGCTGGA
   451 GCGGGGTCGG CATTTTCCCG CGCGGACCAA GCACTTGACC GAGCGCACCC
   501 GCGATGTCCT GCATCATGGG TGCTTCCGCC ACGAAGAAGT CCGTCTCGTC
   551 TGCGAGATCC TTCGCGGCGT CGGTGTCGTC TGCGAGGTCG CTGAGGTCGT
   601 CCTCGTCGAG GACGTCGTCA GCGACGTCGT CCGCGCGAAC CGCGGTTTCG
   651 CCGTCTGCGA AAACCACGAT CTGCGTCTCC TGTCCGGTGC CCGACGGCAG
   701 CACGACGCCC TCGTCGACTC GTTGCGACGG GTCGTTGAGG TCGAGGTCGC
   751 GCAGGTTGAC TGCGAGGTCT ACCGTCTCAC GGAAGTTCCG CTGTGGGGCA
   801 TCCTCAAGTG CGCGAGCTAC GGCCTCTTCT ATATCGTTGT CTGCCA
                                                 <····⊢ >SEQ
       ED : start codon for HL1 going to the left>
                                                      TGG
                                                         <
       SEQED (include) of: L1HAHAECOBAM.REV check: 8386
       from: 1 to: 657<
                                                        A
   851 ATTCCCTATA GTGAGTCGTA TTAAATTCGT AATCATGGTC ATAGCTGTTT
   901 CCTGTGTGAA ATTGTTATCC GCTCACAATT CCACACAACA TACGAGCCGG
   951 AAGCATAAAG TGTAAAGCCT GGGGTGCCTA ATGAGTGAGC TAACTCACAT
  1001 TAATTGCGTT GCGCTCACTG CCCGCTTTCC AGTCGGGAAA CCTGTCGTGC
  1051 CAGCTGCATT AATGAATCGG CCAACGCGCG GGGAGAGGCG GTTTGCGTAT
  1101 TGGGCGCTCT TCCGCTTCCT CGCTCACTGA CTCGCTGCGC TCGGTCGTTC
```

그림 8.1. (B) 그림 8.1. (A)에 대응하는 문자 서열의 컴퓨터 출력 결과. 그림 (A)와 (B)는 François Franceschi, Max Planck Institute for Molecular Genetics, Berlin의 허가를 받아 수록되었다.

이에 더해 제한효소로 잘린 DNA 절편들을 결합하고, 플라스미드에서 그 절편들을 증폭시킨 후, 이에 대한 부분 서열 분석을 수행하는 방식으로 염색체의 물리적 지도를 만드는 일 또한 가능해졌다. 1978년 MIT의 데이비드 봇스타인(David Botstein)은 인간 DNA를 제한효소 길이 다형성(restriction fragment length polymorphism, RFLP)으로 규명하는 데 제한효소를 사용하는 방법을 도입했다. 마지막으로 1980년대 초에 세터스 코퍼레이션(Cetus Corporation)의 과학자 캐리 멀리스(Kary Mullis)는 중합효소 연쇄 반응(polymerase chain reaction), 혹은 줄여서 PCR이라고 불리는 기술을 개발했다. 이 방법으로 극소량의 DNA가 내열성 DNA 중합효소를 활용해 시험관에서 반복하는 방식으로 증폭될 수 있었다. 아직 바이오기업(biotech firm)이란 용어가 고안되기 이전인 1971년에 설립된 세터스 코퍼레이션은 1980년대의 새로운 분자 생명공학적 전환의 도상이 된 PCR 기술을 특허 출원했으며, 1991년에 호프만 라 로슈에 해당 특허를 자그마치 300만 달러에 팔아 치웠다.[616]

보다 개선된 방법들이 1970년대 말-1980년대 사이에 이런 효소와 벡터들의 기구 집합(instrumentarium)에 추가되었는데, 여기에는 특히 잘 정의된 핵산 서열들을 기술적으로 합성하는 훌륭한 방법들과 거대 DNA 절편을 분리하는 전기영동 기법 외에도 유전자 내에 점 돌연변이를 생성시키고 효모인공염색체(yeast artificial chromosomes, YACs) 같은 거대분자 벡터들을 만드는 기법들이 포함되었다. 이 기술들에 의해 분자생물학의 등장에 수반되었던 텍스트라는 은유가 물질화되었다. DNA 분석으로서의 읽기, DNA 합성으로서의 쓰기, 중합효소연쇄반응으로서의 복사, 유전자를 돌연변이로 만드는 방법으로서의 편집과 같은 식으로 말이다. 카우시크 순 데르 라잔(Kaushik Sunder Rajan)이 말한 것처럼, "유전체학은 정보로서의 생명의 은유를 상품화될 수 있는 물질적 실재가 될 수 있게 했다."[617] 따라서 우리는 한편으로는 생명정보를 처리하는 분자들이 기술적 도구가 되었지만, 다른 한편으로는 생명정보를 다루는 바로 이 과정들에 기술적 도구들이 체현되었다고도 말할 수 있다.

이 기법들은 고안된 지 십 년도 지나지 않아 자동화되었다. 1986년 캘리포니아 공과대학교의 레로이 후드(Leroy Hood)와 로이드 스미스(Lloyd Smith)는 최초로 자동화된 DNA 서열 분석기가 개발되었다고 선언했다. 이 기계는 여러 분자생물학 및 생의학 실험실들에서 막 패키지 형태로 판매되기 시작하던 유전자 기술 관련 시약들과 함께 널리 쓰이게 되었다. 생화학 산업 및 제약 산업 기업들이 점차 이 시약 물질들의 표준화된 "키트들"을 공급하게 되었다.[618] DNA의 이중 나선 구조 규명 40주년 행사에서 제임스 왓슨의 제자로 듀퐁-머크사(DuPont-Merck)에서 근무했었고 산업적 유전공학자(industrial gene technologists)의 새로운 세대의 대표로 여겨지는 데이비드 잭슨(David Jackson)은 다음과 같이 상황을 설명했다.

> 나는 인류사에서 DNA를 읽고, 쓰고, 편집하는 능력이 기능적으로 전례가 없는 것이라고 주장하고 싶다. 이전까지 우리가 할 수 있는 것이라고는 유전학의 메커니즘을 나타내는 유전자의 다양한 결합들 가운데 선택하는 정도였다. 그리고 매우 강력하고 발달된 선별 기법들을 발전시켜오긴 했지만, 통제할 수 없는 것들로 이루어진 대체물들 사이에서 하나를 선택하는 일은 자신의 텍스트를 읽고 쓸 수 있는 일과는 근본적으로 다르다.

그 자신의 텍스트에 무한히 많은 복제물을 만드는 것과 근본적으로 다르다는 점에 대해 덧붙여 말하고 싶은 유혹을 느낄 수 있다. 잭슨은 이어서 다음과 같이 말했다. "DNA를 쓰고 편집하는 능력은 과거에는 존재하지 않던, 생물학의 합성하고 창조하는 능력의 기반이다."[619]

그러므로 시험관 연구의 세기는 생물학이 세포와 유기체로 다시 진입할 전제조건을 만들었다. 세포의 구성 성분을 추출하고 시험관 환경에서 세포 작용을 재현하는 대신, 연구자들은 세포 바깥으로 구성 성분들을 추출하여 이들을 다시 세포 내부에서 "창조적"일 뿐만 아니라 "합성적으로" 통합시키고 발현시켰다. 한편으로 유전 메커니즘은 의학적으로 유의미한 산물들을 만들 수 있게 허용하는 생명공학적 복제 과정으로 전환되었다. 다른 한편으로 생명체의 유전자 목록(inventory)에 대한 직접적인 개입은 해당 생명체를 바꿀 뿐만 아니라 그 후손을 재프로그램화(reprogram)하는 데 이용될 수 있었다.

정치적, 경제적 재구성

분자유전학 분야의 상황은 1970년대에 유전공학적 선택지들이 등장한 결과 결정적으로 변했다. 초기에 유전자 기술을 수단으로 생물의 유전적 계통(hereditary stock)을 바꾼다는 전망은 바이러스와 미생물에 한정되는 것처럼 나타났다. 하지만 일찍이 1974년에 라 호야 소크 연구소(Salk Institute)의 루돌프 예니시(Rudolf Jaenisch)는 생쥐 배아의 유전체에 "외부" DNA를 안정되게 통합시키는 일을 해냈다. 인간을 포함한 고등생물의 "유전 보관소"(hereditary repository)에 대한 표적 조작과 새로운 조작주의적 유전학이 곧 나타날 것이었다(흥미롭게도 독일어로 종 species에 대한 유전적 이해와 상응하는 일반적인 표현은 *Erbgut*

인데, 이 용어는 특정 유전체와 상속 자산, 특히 농사꾼 가족들이 전통적으로 맏아들에게 상속하던 농장 모두를 가리킨다).

이런 상황은 유전자 기술의 잠재적 위험에 대한 열띤 논쟁을 일으켰다.[620] 최초의 논쟁은 이 새로운 분야를 만드는 데 참여한 과학자들에 의해 이루어졌다. 그들의 경고 선언문은 2차 대전 후 물리학자들에 의해 만들어진 전통의 연속선상에 있었다. 이런 주창자 가운데 선두에 선 것이 폴 버그로, 그는 열 명의 동료 분자 유전학자들과 함께 이 연구 분야를 통제할 수 있는 구속력 있는 법규들이 제정되기 전까지 유전자 기술에 대한 자발적인 전 세계적인 모라토리엄을 요청했다. 버그는 이 시기 동안 본인의 바이러스성 및 세균성 DNA의 재조합에 관한 연구를 자발적으로 중단할 준비가 되어 있다고 선언했다. 1975년 아실로마에서 버그와 그의 동료들이 개최한 회의에서 관련 분야에서 연구 중인 백여 명 이상의 과학자들이 잠재적인 생물학적 위험에 관한 공적 규제를 요구했다. 이에 따라 국립보건원(National Institutes of Health, NIH)은 재조합 DNA 자문 위원회를 설치했으며, 그로부터 일 년 후에 첫 번째 규정들을 제정했다. 이 NIH 규정은 이후 많은 다른 국가들의 규제의 모델이 되었다.[621] 한편 새로운 규정들은 세균주의 제조와 공급을 실험실 환경 바깥에서 가능하지 않도록 해야함을 강조했다. 다른 한편으로 이 규정들은 실험실 안전에 관한 등급화된 관리 방법을 확립했다. 이들은 실험실을 벗어나 새로운 병인처럼 급속하게 확산되어 예측할 수 없는 피해를 야기할 것으로 우려되던 유전자 변형 미생물들의 관리에 관심을 쏟았다. 당시 막 등장하던(*in statu nascendi*) 신기술을 규제하려는 노력 가운데 과학자들은 사회적 책임의 감각과 연구 결과에 대한 방해받지 않는 탐구와 사용에 관한 그들 자신의 과학적이며 잠재적으로 경제적인 이해관계, 그리고 집단 내에서 순환하는 공포의 관리 사이를 불편하게 오가는 일에 얽히게 되었다.[622] 1978년 독일에서 이에 상응하는 규제가 실시되었으며 1990년에는 이 규제가 기나긴 공적 논쟁과 의회에서의 격론 끝에 유전자 기술법(Gene technology law)으로 대체되었다. 다른 유럽 국가들에서도 법적 규제들이 만들어졌지만 미국에서는 그렇지 않았다.

유전자 기술을 다루는 규정들이 NIH에 의해 고안된 1976년에 허버트 보이어와 벤처 자본가 로버트 스완슨(Robert Swanson)이 최초의 유전자 기술 회사인 제넨텍(Genetech)을 설립했다. 이는 전후 시기의 생물학 연구 레짐을 동요시키고 순수 과학이자 기초 과학으로 여겨지던 분자생물학에서 응용 연구로 전환되는 발전의 도화선에 불을 붙였다.[623] 실제로 이 발전 가운데 기초 연구와 응용 연구 사이의 구별이 문제시되었다. 여기서는 유전자 기술의 점증하는 시장 지향성과 상업화와 관련된 몇몇 이정표들만을 언급하는 것만으로 충분하다. 창립한지 갓 일 년이 지난 후 제넨텍은 소마토스타틴과 관련된 유전자 복제에 성공했다고 보고했는데, 이는 최초로 인간 단백질 유전자를 성공적으로 복제한 사례였다. 이 기업은 이어서 1978년에는 세균에서 인슐린 관련 인간 유전자를 성공적으로 발현했다고 선언했고, 5년 후 동일한 방식으로 생산된 인슐린이 시장에 출시되었다. 1980년에 제넨텍은 증시에 상장되었다. 그 뒤로는 소위 바이-돌 법안(Bayh-Dole Act)이 학문 연구 기관들과 산업계 간에 유전자 기술의 산물을 교환하는 일을 촉진했다. 같은 해에 미국

연방 대법원은 제너럴 일렉트릭의 생화학자 아난다 차크라바티(Ananda Chakrabarty)의 손을 들어주며 슈도모나스 균류를 유전적으로 조작해 만들어낸 기름을 분해하는 미생물에 특허를 출원하는 것을 허용했다.[624] 이 판결로 미국 내에서 생명체에 대한 특허를 불허하던 금기가 깨졌다. 3년 후에 스탠퍼드 대학교는 다중 복제(multiple cloning) 목적으로 이용할 수 있고 대장균 시스템에 사용하기에 적합한 안정된 발현 벡터(stable expression vector)에 대한 특허를 신청했다.[625] 이제 미국 대학들은 이전보다 일반적으로, 특히 캘리포니아의 대학들이 특허 신청 대열에 합류했다. 1983년도에 유전자 조작된 작물에 대한 첫 미국 특허가 주어졌다. 일 년 후인 1984년에 스탠퍼드 대학은 원핵 DNA에 대한 첫 번째 *산물(product)* 특허를 받았는데, 이 역시 발명된 *방법(process)*을 보호하는 경향을 보이던 전통적인 특허 방식을 넘어선 것이었다. 1985년에는 소위 형질전환 작물(transgenic plants)의 야외 실험이 시작되었다. 이 작물들의 유전체에 곤충, 바이러스, 세균에 저항성을 갖는 유전자들이 삽입되었다. 제넨텍이 설립되고 10년이 지난 이후 유사한 미국 스타트업 기업들의 수가 약 400여 개로 늘었다. 1988년에 하버드 대학교의 과학자 필립 레더(Philip Leder)와 티모시 스튜어트(Timothy Stewart)는 온코마우스(oncomouse)라고 불리는 형질전환 포유류의 첫 특허를 받았다. 1990년에 스탠퍼드 대학과 (공공 기금과 사적 후원을 각각 모두 받는 연구 기관인) 캘리포니아 주립대학교 샌프란시스코 캠퍼스는 대략 백여 개의 재조합 DNA 특허를 갖고 있었으며, 특허 라이센싱 자체가 수익성 있는 사업이 되기 시작했다.

1980년대 동안 유전적으로 조작된 미생물들과 관련된 위험들에 대한 논쟁들, 특히 통제 불능의 확산의 결과로 야기될 위험에 관한 논쟁들은 점차 중요성을 잃게 되었다. 대신에 인간을 포함한 생명체를 대상으로 유전적으로 유관한 분자들을 조작하는 기술들이 급격히 변화시킨 것으로 여겨지는 결과들에 대한 윤리적, 법적, 사회적, 문화적 관점들을 포괄하는 더 넓은 논의가 이루어졌다.[626] 이런 논의의 주제에는 개인의 유전적 구성에 따라 이루어질 분자화된 인간 의학에 대한 전망, 체세포 유전자 치료와 심지어 생식계열 유전자 치료가 이루어질 가능성, 점차 그 가짓수가 늘어나고 있는 유전적으로 결정되거나 유전의 영향을 받는 질환들의 진단, 이에 수반된 유전적 위험들에 대해 알거나 알지 않을 권리, 치료용 혹은 생식용 맞춤 배아줄기세포 생산 등에서의 복제와 같은 새로운 생식 기술의 이용가능성이 야기할 결과로서 생식 행위의 변화, 마지막으로 유전자 조작 작물들의 재배 및 소비와 관련된 생태학적, 경제적, 잠재적 건강 위험을 포함한 유전자 조작 식품과 생물학적 원료들을 둘러싼 논쟁들이 포함되었다. 이후로 이 분야들에서 전개된 논쟁들에서 정치적, 경제적, 사회적, 문화적, 기술적, 과학적으로 모호하지 않은 부분이 없었기 때문에 논란이 이어졌다. 이런 요인들은 맥락의존적인 방식으로 끊임없이 다시 연관되고 연결되었다. 이 때문에 허버트 고트와이즈(Herbert Gottweis)는 "경계긋기의 미시정치"(micropolitics of boundary drawing)가 일어났다고 말한다.[627] 순더 라잔과 함께 우리는 다음과 같이 요약할 수도 있다. "1970년대 말 1980년대 초 생명공학 산업의 시작은 ... 새로운 유형의 과학기술과 이런 기술과학의 산물을 조직하는 법규제 구조 및 시장 구조의 변화가 공동생산된 것으로 특징지어질 수 있다."[628]

여기서의 경계긋기의 정치는 여러 협상의 대상들과 협상 집단들을 동시에 포괄했으며, 이는 대체로 혁신-주도(innovation-driven)였다. 쟁점은 한편으로는 기초 연구와 응용 지향 연구 사이의 관계의 재형성이었다. 이런 재형성은 과학과 산업계 전반의 충돌하는 우선순위들 사이만이 아니라 산업계 내부에서는 잘 확립된 제약 회사들과 신생 바이오기업들 사이에서, 그리고 대학과 연구기관 내부에서는 특정한 도덕적 규약을 지속하는 동시에 이에 의해 지탱되는 잘 확립된 학문 분야들과 신생 연구 분야 사이에서 새로운 연합을 구축하는 것으로 나타났다. 이외에도, 유전자 기술의 의학적, 농업적 응용의 잠재적 위해와 위험을 어떻게 평가해야 할지, 그리고 이런 응용들의 사회적, 정치적 경계들을 어떻게 그어야 할지에 관한 질문들도 제기되었다. 후자와 관련해 예시를 들자면 개별 유전정보에 대한 접근을 규제할지 아니면 유전자 유래 산물이나 유전자 자체의 소유권을 규제할지와 같은 문제들이 등장했다. 마지막으로 윤리적 경계들 역시 경계짓기의 대상으로 부상했다. 이 경계들은 특히 인간 세포의 조작이 모델생물들을 사용하는 일을 완전히 대체하고 인간 유래 생체물질들을 유전자 조작의 대상으로 삼게 된 영역들에서 뚜렷하게 나타났다. 이 복잡성의 담론 네트워크 내에서는 상대적으로 작은 인식론적 사건들이 커다란 전환을 일으킬 수 있었다. 당시 막 새로이 부상한 마디들이 네트워크를 재조직할 수 있었으나 주요한 이슈들 또한 무너지거나 해소될 수 있었다. 후자의 과정에 대한 좋은 사례가 1970년대의 세균성 유전자 조작과 관련된 생물학적 위해에 대한 논쟁이다.

그러므로 미래의 핵심 기술로 기대되는 유전자 기술을 둘러싼 십 년간의 논쟁은 강력한 경제적, 정치적, 문화적 동학을 만들어냈다.[629] 아실로마 회의는 그 전까지 수익 창출에 이용되지 않던 연구 분야에 대한 학문적, 경제적 이해관계의 광범한 재구성을 표현했다. 그러나 생명공학적 가능성들과 선택지들은 유전 과정을 새롭게 조명했다. 유전자 기술의 수단으로 효소와 다른 활성 물질들의 생산 증가와 함께 유전의 세포 차원의 기작, 특히 유전 물질의 복제와 증식은 기술적 통제 하의 생물학적 생산 방법으로 전환되었다. 세균 배양은 이런 생산 과정의 반응용기가 되었다. 세균 세포가 바이러스의 구성 성분을 만들도록 유도하는 파지처럼 이제 유전공학자들은 세균 세포를 유전자 복제를 위한 기계이자 단백질 제조를 위한 공장으로 사용했다.

유전체 연구

첫 아실로마 회의가 개최되고 10년이 지난 1985년에 캘리포니아 주립대학교 산타쿠르즈 캠퍼스의 총장인 로버트 신샤이머(Robert Sinsheimer)는 선도적인 분자생물학자들이 인간 유전체 전체의 염기서열을 해독할 가능성에 대한 토론회를 조직했다. 이와 비슷한 시기에 미국 에너지부의 찰스 델리시(Charles DeLisi)와 데이비드 스미스(David Smith)는 로스앨러모스 국립 연구소에 관련 전문가들을 소집해 유사한 회의를 개최할 계획을 세웠다. 이 활동들은 분자생물학 공동체를 둘로 나누는 논쟁을 촉발시켰다.[630] 예를 들어 케임브리지대의 시드니 브레너는 이런 미국의 이니셔티브를 이용해 유럽이 인간 유전체 서열 분석에 참여해야 한다고 주장했다. MIT의 데이비드 보트슈타인과 같은 다른 이들은 다음의 세 가지 이유로 이런 이니셔티브에 회의적이었다. 첫째, 학계 연구소나 산업 실험실의 근무와 무관하게 많은 생물학자들은 물리학자들로 채워진 대규모의 군사 프로젝트들을 수행했던 에너지부가 관여하는 것을 불편하게 여겼다. 당시 들리던 바에 따르면 보트슈타인은 인간 유전체 프로젝트를 "실직한 폭탄 제조자들을 위한 사업"이라고 촌평했다.[631] 둘째, 많은 분자생물학자들은 프로젝트의 규모가 거대하다는 점을 우려했다. 이들은 생물학 실험실에서 이루어지는 연구들이 이 맘모스와 같은 지구적 규모의 사업과 경쟁할 수 없을 뿐만 아니라 이런 사업을 조정하기 위해 요구되는 관료제가 연구를 매우 복잡하고, 느리며, 시간 소모적이게 만들 것으로 생각했다. 셋째, 많은 실험 분자생물학자들에게 그들의 실제 연구 아젠다를 십중팔구 과학적으로 흥미로운 연구 질문을 만들어내지 않을 거대 규모 프로젝트에 종속시키는 일은 상상할 수 없는 것이었다. 논쟁은 1986년 6월 "호모 사피엔스의 분자생물학"을 주제로 한 콜드 스프링 하버 심포지엄에서 첫 번째 정점에 달했다.

이런 쟁점들에도 불구하고 인간 유전체 프로젝트는 동력을 얻고 추진되었다. 1987년에 에너지부는 예비 프로젝트를 지원하기 시작했다. 이듬해 NIH는 산하 기관으로 인간유전체연구국(Office of Human Genome Research)을 설립하여 에너지부에 대응했고, 노벨상 수상자이자 분자생물학계의 앙팡 테리블로 알려진 콜드 스프링 하버 연구소 소장 제임스 왓슨이 이후 인간 유전체 프로젝트로 알려진 사업의 리더로 참여하게 되었다. 왓슨이 처음 착수한 일은 해당 프로젝트 전체 연구비의 3%를 인간 유전체 서열 분석과 지도화 과정에서 발생할 윤리적, 법적, 사회적 함의(ELSI)

에 대한 탐구에 사용하도록 하는 것이었다. 같은 해에 국제 인간 유전체 기구(International Human Genome Organization, HUGO)도 등장했다. 인간의 멘델 유전(Mendelian Inheritance in Men) 데이터베이스의 설립자인 빅터 맥쿠식(Victor McKusick)이 첫 의장이 되었던 것은 우연이 아니었다. 1989년에는 NIH의 인간유전체연구국이 국립인간유전체연구센터(National Center for Human Genome Research, NCHGR)로 확대 개편되었다. 1990년 10월에 NIH와 에너지부는 15년간 5년 단위의 페이스로 진행하기로 기획된 서열 분석 프로젝트의 공식 출범을 공동으로 선언했다. 동시에 (현존하는 미생물 중 가장 작은 것 중 하나인) 마이코플라즈마 카프리콜룸(*Mycoplasma capricolum*), 장내 세균인 대장균(*Escherichia coli*), 회충인 예쁜꼬마선충(*Caenorhabditis elegans*), 그리고 빵 효모 사카로미세스 세레비시아(*Saccharomyces cerevisiae*)라는 네 가지 모델생물들에 대한 서열 분석 노력도 이 프로젝트의 추가 부문으로 포함되었다.[632]

이렇게 인간 유전체 프로젝트가 출범했다.[633] 이 프로젝트는 곧 광범위한 국제 과학 협력 활동으로 성장했다. 인간 유전체 연구를 목적으로 한 국립 연구소들이 여러 나라에서 설립되었다. 예를 들어 프랑스에서는 1990년에 사설 환자 조직인 "근위축투쟁협회"(French Association against Myopathies, AFM)의 후원으로 제네톤(Généthon)이 설립되었다. 다니엘 코헨(Daniel Cohen)의 지휘 아래 제네톤은 1994년에 인간 유전체를 포괄하는 물리적 지도를 구축했다.[634] 미국에서는 크레이그 벤터(Craig Venter)가 1992년에 뇌 조직에서 유래된 DNA 절편의 특허를 둘러싼 논쟁 이후에 NIH를 떠나 비영리 기관인 유전체학 연구소(The

Institute for Genomic Research, TIGR)를 세웠다. 이 연구소는 1995년에 독립적으로 생존하는 생명체인 헤모필루스 인플루엔자(*Haemophilus influenzae*) 유전체에 대한 최초의 완전 해독 결과를 출판했다.[635] 1992년의 특허 논쟁 이후에 제임스 왓슨은 국립인간유전체연구센터의 센터장직을 사임했다. 프랜시스 콜린스(Francis Collins)가 왓슨을 대신해 새로운 센터장으로 부임했고, 몇 년 후 벤터의 라이벌이 되었다. 1993년에 영국의 웰컴트러스트 재단과 의학연구위원회(Medical Research Council)는 케임브리지 근처에 생어 센터(Sanger Centre)를 설립했다.[636] 다른 모델생물의 유전체 서열분석을 위한 컨소시엄들도 설립되어 인간 유전체 프로젝트에 덧붙여졌다. 일본에서는 1991년에 벼 유전체 프로젝트가 개시되었고, 이듬해에는 유럽 공동체(European Community)가 효모균에 대한 서열 분석 프로젝트를 출범시켰다.

1990년대 동안 기술적 진보는 누구도 예측하지 못할 정도로 유전체 연구를 가속화시켰다. DNA 서열 비교를 위한 새로운 컴퓨터 알고리즘이 개발되고 "서열표지부위"(sequence tagged sites, STS)와 "발현 서열 표지"(expressed sequence tags, ESTs)가 신속히 채택되었다. 1996년에는 첫 번째 DNA 칩이 시장에 출시되었고 일 년 후에는 모세관 전기영동과 결합된 DNA 서열분석 기계들이 이용가능해졌다. 1996년에 유럽의 효모균 컨소시엄은 빵 효모 사카로미세스 세레비시아의 유전체 서열 분석을 완료했다. 이어서 1997년에는 대장균의 서열을 완전히 해독했다. 1998년에 벤터는 셀레라 지노믹스라는 상업 회사를 차리고 과거에는 이 정도 규모로 한 번도 이용되지 않은 전략, "전장 유전체 샷건" 방법을 이용해 3년 내에 단돈 3억 달러만으로 인간 유전체를 완전 해독하겠다는 포부를 밝혔다.[637] 1998년 말에 생어 센터의 센터장 존 설스턴(John Sulston)이 예쁜꼬마선충의 주요 유전체 서열 분석을 완료했음을 보고했고, 2000년 3월에는 벤터가 초파리의 유전체를, 그리고 같은 해에 한 국제 컨소시엄은 식물 모델 생물인 애기장대(*Arabidopsis thaliana*)의 유전체 서열 분석 결과를 출판했다. 2000년 6월 NIH과 셀레라 지노믹스, 바꿔 말해 공공기금 지원과 사설 연구를 대표하는 콜린스와 벤터는 워싱턴 백악관의 행사 동안 인간 유전체 서열 분석 "'초안"이라고 불릴만한 것을 선언했다. 2001년에는 국제 인간 유전체 프로젝트와 셀레라 지노믹스사의 예비 결과가 각기 『네이처*Nature*』와 『사이언스』에 실렸다. 유전체 회사와의 경쟁은 인간 유전체 프로젝트가 적어도 예비적인 형태로 완전 해독을 선언할 수 있게 만드는 일종의 촉진제로 작용했다. 2003년에 왓슨과 크릭의 DNA 이중나선 구조 논문 출판 50주년 기념행사에서 인간 유전체프로젝트는 약간 시기상조라고 할 수 있었지만 순조롭게 완전 해독 결과를 보고했다.[638] 이 내용을 서술 중인 시점에서** 유럽 분자생물학연구소 유럽생명정보학실험실(EMBL-EBI)의 데이터베이스는 796개의 파지, 2,601개의 바이러스, 119개의 고세균, 1,705개의 세균, 144개의 진핵 생물의 전체 염기서열 정보를 보여준다.[639] 이 모든 리스트는 주 단위로 증가세에 있다.

인간 유전체를 해독하는 이 프로젝트는 다양한 서열 분석 프로젝트들의 무대를 제공했고, 유전체학은 이제 분자유전학의 통합석 일부를 이룬다. 유전체 연구는 전례가 없는 형태의 협력뿐

** 역주: 2011년이다.

만 아니라 대학과 공공 기금으로 지원 받은 연구 기관, 상업적 생명공학 기업들, 사적으로 후원 받은 실험실들 사이에서 새로운 형태의 경쟁 또한 일으켰다. 이런 연구 지평이 형성되는 가운데 과학적 관심과 상업적 이해관계 사이의 경계를 구별하는 일이 점차 어려워졌다. 게다가 환자 단체로부터 재정적 지원을 받는 연구소처럼 새로운 형태의 연구 조직들도 등장했다. 프랑스의 제네톤의 설립은 국제 연구 과정에 비정부 조직이 개입하는 양상을 잘 보여준다.[640] 또 유전체 연구와 함께 "거대과학"으로 규정될 수 있는 새로운 형태의 생명과학이 출현했다. 비록 매우 거대한 과학기기들을 중심으로 조직되는 게 일반적인 패턴이었던 물리학의 거대과학의 형태를 모델로 삼지는 않았지만 말이다. 이런 "분산된" 거대과학의 패치워크적 특성은 새로운 문제들을 야기했지만, 해당 네트워크들의 혁신친화적인 성격은 또다른 기회를 만들어내기도 했다. 어떤 특정한 수행적 차원에 대해서도 예측할 수 없는 상태에서 신기술이 분산된 네트워크의 어디에선가 출현하여 국소적으로 그 효용성을 입증하고 모세관을 따라 퍼져나갈 수 있었다. 이는 인간 유전체 프로젝트의 완료에 필요한 기술들이 프로젝트의 초창기에 전무했다는 점을 고려한다면 아주 중요한 특징이었다. 이 신기술들은 확산되는 도중에 발전하였다. 그러므로 유전체 연구는 과학적 산물뿐만 아니라 이런 생산을 위한 수단 역시 만들어냈다. 이 점에서 에너지부의 분자생물학자이면서 펄스 필드 겔 전기영동(pulse-field gel electrophoresis)의 발명자 가운데 한 명이었던 찰스 캔터(Charles Cantor)는 1990년대 초에 "이 방법들 가운데 어떤 것도 10년 전에는 존재하지 않았다"며 "이들 가운데 무언가가 향후 10년간 공동으로 사용하는

데 필요할 것이라고 가정하는 일은 매우 주제 넘는 짓일 것"이라고 곧장 덧붙였다.[641]

유전체 연구와 관련해 제기되는 가장 중요한 도전은 한편으로는 과학적 조정과 사회적 조직화에서, 다른 한편으로는 생산된 DNA 서열 데이터를 조정하고 동기화해 평가하는 데서 일어났다.[642] 후자의 조정 문제는 새로 생성된 데이터를 계속해서 데이터베이스에 추가하고, 유전체 데이터를 다시 불러와 조작하며, 데이터 간 비교를 수행하는 일을 가능하게 만드는 생명정보 데이터베이스와 알고리즘적 도구들의 발전에 의존했다. 처음에는 단백질 서열분석 관련 데이터베이스가, 이후에는 DNA 서열분석 데이터베이스가 분자생물학 발전의 중요한 일부였지만,[643] 분자 데이터의 폭발적인 급증은 유전체학이 데이터를 새로운 방식으로 구조화(novel ordering structure) 시키는 발전을 가져왔다.[644] 유전체학에서 새로운 기구와 기술적 방법들의 개발은 전자 데이터 처리 과정의 발전과 긴밀하게 결합되었다.

유전체 연구의 데이터-기반 성격 역시 데이터 전송 및 접근에 관한 질문들을 증폭시켰다. 주요 충돌은 비상업적 연구 기관과 상업적 기관들이 공동으로 연구 프로젝트를 진행하는 곳에서 일어났다. 후자는 데이터의 상업적 보호와 이용에 관심을 가졌지만, 이런 이해관계는 비상업적 연구에 전형적인 지속적이고 즉각적인 데이터 공개 지침과 충돌했다. 그러나 이외에도 과학적 선취권(scientific priority), 저자권(authorship), 정보의 통제, 법적 책임, 그리고 오차의 원인들을 국한시킬(localizing) 가능성 등에 대한 질문들 또한 제기될 법했다. 어떤 데이터가 언제, 누구에게 접근가능한가? 이런 주제들은 유전체학에서의 과학 커뮤니케이션을 20세기 후반 미디어 기술과 관련한 더 넓은 논쟁과 연결시켰다.[645] 이 논쟁은 과학의 영역을 훨씬 넘어섰지만, 유전체학은 이런 종류의 질문들이 제기되는 주요한 과학 분야들 가운데 하나였다.

유전체 연구와 관련해 가장 놀랄만한 소식은 아마도 인간 유전자의 수에 관해서일 것이다. 인간은 대략 10만 개의 유전자를 갖고 있을 것이라고 여겨져 왔지만 2001년에는 유전자 수가 2만 내지 3만 개 언저리로 줄어드는 방향으로 수정되었다. 고로 인간의 유전자 수는 일반적으로 믿어지는 것보다 훨씬 더 다른 유기체들, 특히 모델생물로 이용되어 온 고등생물들과 비슷한 것으로 나타났다. 하지만 단순히 숫자만이 놀라운 것이 아니었다. 이와 함께 1970년대 말부터 고등생물의 유전자 발현이 과거에 생각했던 것보다 훨씬 더 복잡하다는 점을 시사하는 증거가 점차 쌓여갔다. 세포에서 부호화된 DNA 서열의 많은 부분들이 주목할 만큼 다양한 기능적 산물들을 산출하기 위해 처리되고 재조합되었다. 일찍이 1980년대에 프랑스의 분자생물학자 프랑수아 그로(François Gros)는 이 사실을 알아차렸으며 유전자 개념이 "논파되었다"(exploded)고 평가했다.[646] 부호화된 서열 부위는 이제 "무엇을 위한 유전자"와 같이 형질을 정의하는 결정인자가 아니라, 유기체의 발생적, 대사작용적 환경에 맞추어 동원되는 자원으로 이해되었다.[647] 20세기 생물학의 핵심 개념과 대상 유전자의 윤곽은 20세기가 시작할 무렵에 확고하게 확립되었으며, 초기 분자생물학의 시기에 더 깔끔하게 물질화되었던 것이 이제는 점차 흐릿해졌다.[648] 인간 유전체 프로젝트의 출발부터 "유전자"가 반복해서 등장했지만 인간 유전체 서열 분석이 정점에 도달했을 때에는 후기유전체학과 후성유전학의 언어가 이를 장악했다. 이후로 유전자는 현대 생물학에서 주요한 위치를 잃게 되었는데, 이 주제는 본 장의 종반부에서 다시 논의할 것이다.

마지막으로 유전체 연구와 관련된 담론은 개인적, 종족적 정체성에 관한 도전적인 질문들을 제기한다. 그 어느 때보다도 강력한 DNA 분석 기술로 추동되는 인간 비교 유전체 연구는 인간 유전학이 혼종적인 담론임을 분명히 했다. 개별 형질의 유전 이외에도, 인간 유전학은 항상 개인들을 집단에 귀속시키는 것과 그 집단의 기원에 대해서도 관심을 가졌다. 세 가지 사례를 이용해 관련된 주장들을 살펴보자. 1998년에 아이슬란드 의회는 2년 전에 유전학자 카리 스테판손(Kári Stefánsson)에 의해 설립된 디코드 제네틱스사(deCODE Genetics)에게 국가 등록 질병 데이터, 바꿔 말해 전체 아이슬란드 인구 집단에 대한 데이터와 유전체 서열 분석 데이터를 통합해 데이터베이스를 구축하는 것을 허용하는 법안을 통과시켰다.[649] 이 프로젝트는 상업적 우산하에 개인적인 건강 정보를 포함한 데이터베이스 같은 것을 창조하는 일의 정당성에 대한 격렬한 논쟁을 일으켰다.[650] 인류학자 기슬리 팔손(Gísli Pálsson)과 과학사학자 마이크 포천은 어떻게 유전체 데이터 및 더 전통적인 의학 데이터가 이와 관련된 정치적이면서도 경제적인, 종족적이면서도 역학적인, 공적이면서도 사적인 함의들과 함께 전체 아이슬란드 인구 집단의 정체성 정치를 함축하는 방식으로 합쳐지게 되었는지를 기록하고 비판적으로 평가했다.[651] 장기간의 논쟁 이후에 2003년 말 아이슬란드 대법원은 계획된 데이터 뱅크 프로젝트를 중단할 것을 명령했다. 하지만 프로젝트의 주창자 스테판손의 관점에서 보기에 디코드사가 개발을 착수했던 종류의 전산화된 집단 유전학은 현대의 최신 질병 진단 및 예방 체계에 필수불가결한 것으로 남아있다. 그는 10-15년 이내에 모든 사회가 자신들이 통제할 데이터베이스를 갖게 될 것이라고 예측했다. 그 가운데 에스토니아는 "유전자은행"을 출범시켰고, 멕시코도 유사한 기관을 세웠다. 영국은 꾸준히 성장하는 "바이오뱅크"(Biobank)를 설립했고, 유사한 기관들을 가진 나라들의 목록은 꾸준히 늘어나는 중이다.

1990년대에 스탠퍼드 대학교의 집단 유전학자 루카 카발리-스포르차(Luca Cavalli-Sforza)가 구상한 인간 유전체 다양성 프로젝트(Human Genome Diversity Project)는 민감한 정체성 문제를 건드린 또 다른 유전체 프로젝트이다. 그 논란의 정도는 해당 프로젝트의 과학적 주창자들이 상상한 수준을 훨씬 뛰어넘는 것이었다. 비록 프로젝트는 인간 집단의 유전적 다양성 탐구만을 목표로 삼았지만, 곧장 과학적 용도로 수집된 데이터의 잠재적인 상업적 이용의 적절성 여부뿐만 아니라 새로이 분자화된 인종주의의 위험, 그리고 종족 집단과 소수자 집단들의 기원에 대한 여러 논쟁들이 일어났다.[652] 다른 한편에서 오늘날 우리는 개인의 "조상"을 찾으려는 맥락에서 요구되는 개별 유전체 프로파일에 대한 점증하는 수요와 이를 충족시키기 위해 늘어나는 사설 유전자 회사들을 목격하고 있다. 이런 조상 검사들은 정밀성(precision)이 어떻게 자의성(arbitrariness)이 되어버릴 수 있는지를 증명한다.[653]

정체성은 유전체학의 방법들을 일상적으로 활용하게 된 제3의 영역, 소위 법의학이라고 불리는 분야에서도 주요한 쟁점이다. 1980년대 중반에 영국 유전학자 알렉 제프리스(Alec Jeffreys)가 "유전자 지문감식"(genetic fingerprinting)을 개발한 이후

DNA 시료를 다른 시료들과 체계적으로 비교하는 일이 가능해졌다. 이 기법은 주로 친부확인이나 범죄 수사와 형사 소추의 맥락에서 개인들을 식별할 때 이용된다. 오늘날에는 PCR의 개량 덕분에 머리카락이나 피부 각질에서도 충분히 추출할 수 있는 극소량의 DNA만으로도 이를 피의자의 혈액 시료에서 얻어낸 유전적 프로파일과 비교하여 본인 여부를 식별하여 법을 집행하는 일이 가능하다. DNA 지문감식은 기술과학적 방법이 어떻게 일상적인 사법 행정에 개입하고 변화시키는지를 보여줄 뿐만 아니라, 법정에서 과학적 전문성과 관련해 어떠한 종류의 딜레마들이 뒤따르는지에 대해서도 잘 드러낸다.[654]

유전자 변형 생물체

유전자 기술은 그 출발부터 의학적 이용가능성에 대한 약속 이외에도 유전자 변형 미생물, 작물, 동물에 대한 상업적 이용에 의해 동기를 부여받아 왔다. 우리가 살펴본 것처럼 그 첫 응용이었던 유전적으로 조작된 플라스미드를 가진 세균은 인간 인슐린과 에리스로포이에틴 같은 유전자 산물을 생산하는 반응용기로 이용되었다. 그 이후로 다양한 형질전환 미생물들이 연구, 산업적 생산, 영양학 및 영양 관리, 환경 관리, 생의학에서 개발되고 이용되어 왔다. 다른 여러 종류의 세균들의 완전한 서열 분석 결과들이 거의 매일같이 보고되는 오늘날, 비교 유전체학은 유례가 없는 방식으로 재조합 미생물들을 만들어내는 일을 촉진하고 있다.

"녹색" 유전자 기술로 불리는 응용 분야에 해당되는 형질전환 작물들의 개발은 1980년에 제프 쉘(Jeff Schell)이 토양 세균인 근두암종균(*Agrobacterium tumefaciens*)을 외래 유전자를 작물에 도입하는 벡터로 사용하는 일에 성공하면서 시작되었다. 3년 후 미국에서 형질전환 작물의 첫 번째 특허가 출원되었으며, 1985년에는 다양한 바이러스, 세균, 해충에 내성을 지닌 유전자를 가진 작물에 관한 야외 현장 실험이 처음으로 시도되었다. 미 농무부는 형질 전환 작물들의 도입과 관련해 완전히 새로운 규제를 도입할 필요가 없다고 보았으며, 그 결과 기존 규제들에 기초해서 이 새로운 작물들을 관리했다. 1994년에 첫 상업적 유전자 변형 유기체인 플레이버 세이버(FlavrSavr) 토마토가 시장에 출시되었다. 1995년과 1996년에는 유전자 변형 콩, 옥수수, 목화가 출시되었다. 1996년에 미국과 다른 5개국에서 유전자 변형 작물이 재배되는 지역은 약 2백만 헥타르였는데 4년 후에는 13개국의 4천 4백만 헥타르에서 형질전환 작물이 재배되었다. 하지만 최근에는 상업적으로 유망한 작물 품종을 생산하는 대안적인 방안들, 특히 식물 유전체를 재조합(reshuffling)하는 방법(동종유전자 이식 작물 *cis*-genetic plants)이나 새로운 육종법(스마트 품종개량 smart breeding)이 점차 중요해지고 있다.[655]

유럽에서 식물 유전자 기술은 상당한 대중적 저항에 직면했다. 1998년에 유럽연합은 유전자 조작 작물 수입에 대해 사실상 모라토리엄을 선언했지만, 2004년에는 이런 조치가 철회되었다. 하지만 오늘날까지도 유전자 조작 작물의 재배는 유럽에서 미미한 정도만 이루어지고 있으며 야외 현장 연구 역시 엄격한 규제의 대상이다.[656] 대중적 논쟁은 세 가지 주제들에 걸쳐 있었다. 첫째, 유럽연합 인구의 2/3 이상이 그저 유전적으로 변형된 식품을 소비하고 싶지 않아 했다. 둘째, 이런 작물들의 대규모 재배와 관련된 위험들에 관해 치열하게 지속되는 논의가 존재했다.

이 맥락에서의 주요 관심사는 타식(他殖) 문제와 전통적인 작물들과 주변 생태계 일반에 끼칠 다른 잠재적으로 해로운 영향들이었다. 세 번째 주장은 남반구 국가들이 농업 생산을 위해 이런 작물들을 채택하도록 압력을 받는다면, 그 결과는 부유한 국가들과 가난한 국가들을 나누는 북반구-남반구 격차 가운데 새로운 종속 관계를 등장시키고 이 격차를 늘리는 결과를 가져올 수 있다는 것이었다.

형질전환 동물의 상업적 생산은 특허를 신청한 지 4년이 지난 1988년에 출원한 필 레더의 온코마우스에서 시작된다.[657] 1980년대 동안 펜실베이니아 대학교의 수의사 랄프 브린스터(Ralph Brinster)와 워싱턴 대학교의 분자생물학자 리처드 팔미터(Richard Palmiter)의 연구 또한 상당한 이목을 끌었다. 이들은 성장 호르몬 유전자를 일반 실험용 생쥐의 유전체에 삽입하여 "거대" 생쥐를 만들어냈고, 이후로도 동일한 방법을 이용하여 소위 슈퍼돼지로 불리는 생명체를 개발했다.[658] 그러나 대니얼 케블스에 따르면 미국에서는 오늘날까지도 상업적 이익이 될 법한 형질전환 가축 사육 산업이 형성되지 않았으며, 품질이 개선된 육류 제품과 같은 다른 농산품의 생산 또한 이루어지지 않았다. 효소 같은 유전자 산물들의 교배 작용 용기로서 세균 대신 동물을 도구화하는 "분자 농업"(molecular farming)이라는 더 광범한 분야 역시 만들어지지 않았다. 그럼에도 불구하고 2003년까지 미국에서 유전자 조작 동물들과 관련한 특허 출원은 거의 500건에 달하며, 이 중 절반은 농업적 응용에 관한 것이고, 다른 절반은 생의학 연구와 관련된 특허들이다.[659] 생의학적 응용의 범위는 1980년대 말에 마리오 카페키(Mario Capecchi), 마틴 에번스(Martin Evans), 올리버 스미시스(Oliver Smithies)에 의해 탄생한 소위 유전자 제거 생쥐(knockout mice)라고 불리는 유전자 조작 생물을 살핌으로써 잘 드러날 수 있다. 이 실험동물에서 특정 유전자는 직접적인 형태로 제거되었거나 제거될 수 있다. 그러므로 유전자 제거 생쥐는 고립 유전자 작용에 관한 연구를 촉진한다. 다른 통찰들 가운데 이 생쥐는 고등 동물의 대사 작용이 상당한 정도의 보상 잠재력(compensation potential)을 갖고 있고, 그 대사 작용의 견고성이 내재적인 유전자-물질대사 중복 때문이기도 하다는 놀라운 관찰로 이끌었다. 동물들은 종종 제거된 특정 유전자의 손실을 벌충할 수 있다. 심지어 해당 유전자들이 물질대사 활동에 필수적인 것으로 여겨지던 것들의 경우에도 말이다.[660]

유전 물질이 (원칙적으로는 고세균부터 포유류에 이르는 모든) 종간 경계를 가로질러 수평적으로 전달되는 과정은 소비나 심화 연구를 목적으로 유전자 변형 생물체를 창조하는 동안 점차 실용적 연관을 갖는 것으로 여겨지고 탐구되기 시작했다. 이런 수평적 전달은 고전유전학에서는 가능하지 않았던 것이다. 고전유전학의 실험 활동들은 성적 재생산에 한정되어 있었기에 종 특정적이거나 적어도 같은 속(屬)의 유전적 형질의 교배나 전달에 국한되었다. 우리가 다윈의 연구와 관련해 2장에서 언급했듯이, 이미 당시부터 유전은 혈통의 수직적 관계보다 집단 내의 수평적 관계로 생각되기 시작했고, 이후에 이런 관점은 집단 유전학자들에 의해 "유전자 풀"이라는 개념으로 나타났다. 유전공학의 분자 기술들은 유전적 사고와 유전학적 실천의 이 같은 "수평화"를 급진화하는 데 결정적이었다. 이제 유전 물질의 교환은 모든 종류의 생명체 간에서 이루어질 수 있는 것으로 생각될 수 있다. 분자 유전자 기술은 유전 물질이 순환하는 범위를 성적으로 생식 가능한 집단들 내부에 국한된 것에서 총체로서의 유기체의 세계 전체로 확대시켰다. 이 점에서 분자 기술은 유전 물질의 순환을 지구화하고 종간 경계뿐만 아니라 식물계, 동물계, 미생물계***간의 경계들도 서로 투과될 수 있게 만든다. 그러므로 18세기에는 대체로 고정되어 있던 것으로 여겨지고 19세기에는 오직 진화적 시간이라는 긴 기간을 거쳐야만 변화될 수 있는 것으로 여겨진 유기체 간의 경계가 재협상의 대상이 되었다. 혹자는 진화에 의해 등장한 전체 유전자 풀이 보편적인 도구 상자가 되어 왔다고 말할지도 모른다. 그리고 자코브가 진화에 대해 규정하며 이용한 표현을 빌리자면, 각 도구 상자들이 잠재적으로 이제 더 심화된 "땜질"(tinkering) 활동의 대상이 될 수 있다.[661] "재조합의", "형질변환의", "키메라의" 같은 형용사들에서 이미 잘 드러나는 경계들의 횡단이 갖는 생물학적 진화의 미래에 대한 함의는 여전히 알 수 없는 상태에 놓여 있다.

분자 의학과 의학유전학

지난 장의 말미에서 이미 언급했던 것처럼, 1949년에 세계적으로 알려진 괴짜 단백질 화학자이자 결국 노벨상을 수상했던 라이너스 폴링은 겸상 적혈구 빈혈증이라는 의학적 현상이 산소를 운반하는 혈색소인 헤모글로빈의 전하가 다른 데서 기인한다고 설명하는 논문을 출판했다. 그러므로 이 논문은 겸상 적혈구

*** 역주: 여기서 미생물계는 세균계, 원생동물계, 유색조식물계, 균계 등을 함께 묶어서 지칭하는 것이다.

빈혈증의 원인이 "분자 질환"임을 처음으로 정확히 밝혔다는 폴링의 승리의 선언도 담고 있었다. 이런 폴링의 진술은 의학의 분자화가 곧 일어날 것이라는 주장과 관련되었다. 이 논문의 출판은 종종 분자 의학의 "탄생"으로 불린다. 겸상 적혈구 빈혈증과 관련된 전하의 차이를 야기하는 아미노산 치환이 곧 발견되었다. 그리고 당시 새로이 부상하던 분자유전학이 헤모글로빈 유전자에서 일어나는 한 개의 뉴클레오타이드의 점 돌연변이가 이런 아미노산 치환의 배경이라는 점을 분명하게 하기까지는 또 다시 수년이 소요되었다. 이때까지도 인간 의학유전학은 여전히 가족성 질환의 가계도를 추적하고, 세포학적으로 관찰 가능한 염색체 이상을 확인하며, 필요하면 유전자 상담을 진행하는 정도의 활동으로 여전히 한정되어 있었다.

겸상 적혈구 빈혈증은 분자 의학과 최근에 유행하는 "유전 의학" 사이의 모호한 차이를 분명하게 드러내는 좋은 사례를 제공한다. NIH의 토머스 캐스키(Thomas Caskey) 역시 "DNA 기반 의학"에 대해 언급했다.[662] 폴링이 2차 대전 직후 유전자 치료의 가능성이 *아니라* "분자 의학"이 등장할 전망에 대해 언급했다는 사실은 20세기 후반부에 이르러서야 어떤 관점의 변화가 일어났음을 드러낸다. 폴링의 발견과 함께 미국의 흑인 인구 집단에서 공통적으로 발견되는 겸상 적혈구 빈혈증 (아프리카계 미국인의 12명 중 한 명이 관련 유전자를 보유하고 있으며 500명 가운데 한 명 꼴로 이 열성 질환이 발병한다)의 분자 진단이 가능해졌지만, 이에 대한 유전자 치료는 여전히 요원한 것으로 남아있다. 키스 와일루(Keith Wailoo)와 스티븐 펨버튼(Stephen Pemberton)이 저술한 겸상 적혈구 빈혈증의 역사에 따르면 2차 대전 이후 해당 질환과 관련해 증대된 감염 위험들이 항생제에 의해 효과적으로 치료될 수 있었다. 그러나 유전학의 관점에서 보자면, 유일한 해결책은 "겸상 적혈구 빈혈증 유전자"의 보인자들을 발견해내고 이들에게 (특히 해당 유전자를 보유한 이성과 결혼하여 아이를 가지려고 할 경우) 이 질병 유전자의 전달 위험을 인식시키는 것이었다. 이 질환은 미국의 민권 운동이 정점에 달했을 때 아프리카계 미국인 집단의 신체적 고통을 상징하게 되었으며, 결국 1972년 의회에서 국가 겸상 적혈구 빈혈증 통제법이 통과되었다. 이처럼 겸상 적혈구 빈혈증에 대한 사회적 인식의 고조는 유전자 기술의 가능성이 지평에 떠오르던 시기와 거의 일치했다. 다만 치료에 관해서는 같은 시기인 1970년대 초에 해당 질환의 증상을 경감시키기 위한 주요 요법으로 요소 치료가 시도되었다. 그렇지만 이 처치와 관련해 바람직하지 못한 부작용들이 분명해지면서 의학적 대실패로 끝나고 말았다. 1980년대 동안 강조점은 "유전자 스위치"로 작용할 것으로 여겨지는 약물들로 옮겨졌다. 예를 들어 암환자에게 주입하여 일부 성공을 거둔 5-아자-시티딘(5-aza-cytidine)이 빈혈증 치료에 희망을 불어넣었다가 곧 퇴출되었다. 1990년대 이후로는 유전적으로 변형된 핵산을 대신해 수산화요소를 사용하는 방법이 등장했는데, 이 역시 장기간 부작용 때문에 뒤안길로 물러나게 되었다. 오직 최근에 들어서야 건강한 혈액 세포를 형성할 수 있는 인체 조직들을 이식하는 일종의 유전자 치료인 골수 이식 요법이 논의되어 오고 있다. 그러나 이 접근 역시 상당히 위험투성이인 것으로 나타난다.[663]

성공적인 유전자 치료를 달성하기 위해서 기술적으로 세 가지 종류의 서로 다른 장애물들이 극복되어야만 한다. 첫째, 결함 유전자들과 그것들에 대응하는 건강한 유전자들이 발견되어야 한다. 둘째, 이런 DNA 서열들을 질환을 가진 세포 내에 삽입하는 데 적합하고 안전한 벡터가 만들어져야 한다. 셋째, 전달된 유전 물질이 목표로 삼은 유전체 내에 적합한 위치에서 안정된 방식으로, 하지만 다른 유전자 발현 과정을 방해하지는 않게 통합되는 조건들이 발견되어야만 한다. 기술적, 과학적 차원에서 이처럼 복잡한 상황임에도 불구하고, 이미 1984년에 캘리포니아 주립대학교 산타크루즈 캠퍼스의 윤리 위원회는 인간에 대한 유전적 치료를 처음으로 승인했다. 그러나 위원회는 곧 경고를 받았으며, 해당 실험은 취소되었다. 이듬해인 1985년에 NIH는 인간에 대한 유전자 치료 실험에 관한 가이드라인을 제정했다. 최초의 유전자 치료는 그로부터 5년 후 NIH의 프렌치 앤더슨(French Anderson)이 면역 결핍증을 앓는 4세 여아에게 시술했던 것이었다. 해당 치료는 잠시 동안만 성공적이었다. 1995년에 낭포성 섬유증을 앓는 환자들을 대상으로 이루어진 치료 실험은 실패로 돌아갔다. 이 실험에서 NIH의 과학자이자 진벡사(GenVec)의 공동 창립자인 론 크리스털(Ron Crystal)은 변형된 아데노바이러스를 벡터로 이용했다. 겸상 적혈구 빈혈증과 같이 낭포성 섬유증은 상염색체 열성 유전 결함이었지만, 동시에 "백인" 질환이라는 점에서 달랐다. 이 질환 유전자는 코카서스계 미국인이나 아슈케나지 유대인 25-30명 가운데 한 명이 보유하고 있고, 2,500명 내지 4,000명의 아동들 가운데 1명꼴로 해당 질환이 발병한다고 알려져 있다. 근이영양증(筋異營養症)을 치료하는 목적으로 시도된 유전자 치료 시험 역시 실패로 돌아갔다. 1999년에 오르니틴 트랜스카바미라제 결핍증을 앓고 있던 18세의 제시 겔신저(Jesse Gelsinger)는 유전자 치료 벡터를 주입한 후 사망했다. 이 사고 이전에도 여섯 환자집단을 대상으로 용량 증가 요법 시험을 진행한 후, 당시 책임 연구자였던 펜실베이니아 주립대학교의 제임스 윌슨은 효과가 없는 것으로 드러난 낭포성 섬유증에 대한 유전자 치료 시험을 폐기했다.[664] 마지막으로 3년 전부터 유전자 변형 조혈모세포로 치료를 받아왔던 중증복합면역 결핍증(X-SCID)을 앓던 환자가 2002년에 종양 발생의 징후를 보이기 시작했고, 이것이 실험에 이용된 바이러스성 유전자 벡터로부터 기인한 것으로 밝혀졌다. 그 결과 같은 해에 레트로바이러스를 벡터로 이용한 유전자 치료에 대한 모라토리엄이 독일, 프랑스, 미국에서 선언되었다.

키스 와일루와 스티븐 펨버튼은 테이삭스병, 낭포성 섬유증, 겸상 적혈구 빈혈증이 "유전학화"되는 역사적 과정과 이 질환들의 유전적 치료의 발전에 대해 다음과 같이 요약한다. "1990년대 말부터 이런 기획은 가파르게 축소되었으며, 그것의 약속은 실험적 실패들에 의해, 환자들의 사망으로, 암 발병 위험에 대한 새로운 우려들로, 그리고 과장된 생명공학 거품이 터지면서 결국 깨지고 말았다."[665] 유전자 치료에 대한 열기가 정점이었던 1996년에 프렌치 앤더슨은 유전자 치료가 의료 활동을 혁명적으로 바꿀 것이고 20년 이내에 거의 모든 유전성 질환들에 적절한 유전자 치료가 발견될 것이라고 대담하게 주장할 수 있었다. 오늘날 유전자 치료 연구자들은 연구 실험실로 돌아갔으며,* 그들의 향후 전망도 훨씬 더 조심스러워졌다. 인간 유전체의 서열 분석

---

* 역주: 병원의 진료실 및 수술실로부터 연구실로 돌아갔다는, 바꿔 말해 1990년대처럼 임상 현장에 매우 시험적인 기법들을 섣불리 적용하지 않음을 의미한다.

은 특히 생의학 전문가들에 의해 부추겨진 유전자 기반 치료에 대한 광범위한 희망에 의해 추동되었다. 그러나 이런 노력들 가운데 유전 질환의 치료에 대한 어떠한 효과적인 전략도 출현하지 않았다. 겸상 적혈구 빈혈증은 유전적으로 결정되는 질환들의 분자생물학적 진단과 유전자 치료에 대한 훨씬 복잡한 영역 사이의 간극을 예증한다. 에릭 랜더(Eric Lander)는 다음과 같이 현 상태를 요약했다. "유전학은 어떤 유전자와 어떤 생물학적 경로가 질환의 배후에 놓여 있는지를 이해하는 맥락에서 어떤 체계가 문제를 일으켰는지를 정확하게 밝히는 데 매우 좋은 방법이다. 그러나 이것이 유전학에 의해 해당 질환이 치료될 수 있음을 뜻하지는 않는다."[666]

단 하나의 유전자 결함으로 발병하고 어느 정도 분명하게 멘델 유전 패턴의 결과로 여겨질 수 있는 단일 유전자 질환은 상대적으로 적을 뿐만 아니라 대다수가 인간의 "공통된" 복잡한 생물학적 섭동들보다 훨씬 덜 빈번하게 일어난다. 심혈관 질환 및 순환계 질환, 수많은 종류의 암들, 면역계 질환들, 신경계의 고통, 감염 및 염증처럼 흔한 질환들은 분명히 유전적 요인들을 갖고 있지만 그 발병 원인은 다요인적으로 개인마다 상당히 다를 수 있다. 이는 1990년대에 이루어진 유전자 치료의 탐색이 병인학적 중요성을 얻지 못했을 것임을 의미한다. 오늘날 과학자들은 개인들의 유전적 소인들(predisposition)에 대한 분석적, 진단적 평가에 초점을 맞춘다. 언젠가 개별화된 약물 치료를 제공한다는 것이 이런 노력을 추동하는 전망이다. 이렇게 유전학적인 기반을 갖고 있지만 유전적이지는 않은 의학에 대한 기대는 종종 약물 유전학(pharmacogenetics)이라고 이야기된다.

그러나 당분간 유전자 치료는 물론 약물유전학도 실재보다는 약속에 훨씬 더 가까운 상태로 남아 있을 것이다. 이와 대조적으로 유전자 진단의 범위는 RFLP 기술이 도입된 이래 급격하게 팽창했지만 다양한 사회적, 법적, 윤리적 문제들에 연관되고 있다.[667] 특정 종류의 암의 유전적 소인에 대한 검사가 한 가지 사례를 제공한다. 이처럼 질병 예측은 그 본성상 통계적이다. 여기서는 유전 지식에 대한 알 권리뿐만 아니라 유전적으로 알지 않을 권리 또한 쟁점이다. 이외에도 우리는 전체 장기를 제거하는 것과 같은 비가역적인 예방적 개입들이 개인의 삶에 가져올 침해적인 결과들의 가능성들과 연관된 진퇴양난의 상황에 직면한다.[668] 고용주와 건강 보험 회사와 같은 제 3자에 의해 유전 데이터가 수집되는 곳 또한 이 분야에서의 논쟁에 연료를 끼얹었다. 유전 진단이 약속과 윤리적 딜레마와 연루되는 또 다른 중요한 영역은 배아 검진으로, 출생 전 진단(prenatal diagnosis, PND)이나 시험관 수정의 경우 배아가 자궁에 착상되기 전에 실시하는 착상 전 진단(preimplantation diagnosis, PID)이 이에 해당된다. 이 진단 검사의 맥락에서 현재 혹은 언젠가 선택 가능한 "치료" 선택지에 대한 언급과 마주한다. 그러나 이런 치료적 실천들은 사실상 유전적 선택의 형태이다. 여기서 개인의 자기 결정권과 후손에 대한 자기선택권, 경제적 이해관계, 공중보건의 표준, 도덕적 확신이 서로 끊을 수 없는 긴장 상태에 놓이게 된다.

이 일부 사례들은 개인적, 공중보건적 실천과 기대들이 현재 새로운 유전적 개념으로 인해 이루어지는 넓은 범위의 재형성을 겪고 있음을 풍부하게 보여준다.[669] 이 재형성은 점차 유전자 수준에서 모색되고 있는 분자 의학의 전망에 의해 추동된다. 하지만 인간의 유전적 최적화라는 환영에 의해 부추겨지는 희망들과 공포들이 분명하게 실재하는 치료 결과보다 종종 더 강력하게 작동하기도 한다. 그러므로 특정 질환의 배후에 있는 특정 유전자와 돌연변이를 겨냥한 검사들이 생명공학 시장에서 점점 더 중요한 부분을 나타내게 된다. 게다가 핵산 서열 분석에 대한 기법들이 점차 전염병 분야에 도입되면서 이전에 탐지하기 어려웠던 병원체들을 발견할 수 있게 하고 있다. 그러나 오늘날 유전 분석의 팽창은 비록 생명체의 유전적 구성이 물질대사와 발생의 특수성들까지 뻗쳐 있다 하더라도 이런 관찰들, 바로 DNA의 유전자 수준이 다른 신체의 작용 과정 가운데 하나에 불과할 뿐이라는 관찰에 기초해 어떤 유전자 결정론도 세워질 수 없다는 점을 깨닫게 한다. 이와 함께, 당연히 유전 현상은 사라지지 않겠지만, 유전학이 생물학 전체를 통치하는 단일 분과로서 유전 담론을 통제하는 일은 더 이상 일어나지 않을 것이다. 이보다는 개별 신체뿐만 아니라 그 신체들의 사회적 상호작용의 수준에서 유전 담론이 수반된 복잡화와 분화를 겪을 것으로 예측할 수 있을지도 모른다. 왕립암연구기금(Imperial Cancer Research Fund)의 이사장이자 1991-1993년 동안 HUGO의 의장을 역임한 월터 보드머(Walter Bodmer)는 20년 전**에 인간 유전체에 대한 전체 정보가 "본질적으로 어떠한 인간 차이든 간에 모든 차이에 대한 유전 분석을 가능하게 해줄 것"이라고 가정했지만,[670] 오늘날의 분자유전학자들과 인간 유전학자들은 부분(*pars*)과 전체(*totum*)에 대한 이 같은 혼동을 확실히 삼갈 것이다.

** 역주: 1995년이다.

후기유전체학

인간 유전체 프로젝트가 시작될 즈음에 서열 분석 결과가 모든 것을 설명해주리라는 이야기가 종종 들렸다. 그로부터 20년간 후기유전체학, 후성유전학, 단백질체학, 그리고 심지어 "유기체학"과 같은 새로운 유행어들이 퍼지게 되었는데, 이는 서열분석이 전부가 아니었음을 시사한다. 이 새로운 분야들은 사실 생물학에서 악마는 디테일에 있음을, 바로 발생과 대사 작용의 여러 네트워크들에서 일어나는 세부적인 지점들을 자세히 살펴보아야 함을 증명한다. 독일연구재단(DFG)의 총재 에른스트 루트비히 비내커(Ernst Ludwig Winnacker)는 1997년에 처음으로 "후기유전체학" 시대가 임박했다고 추측했던 생명과학자들 가운데 한 명이었다. 그의 생각을 바꾸어 표현해보자면 다음과 같이 쓸 수 있다. 비록 최근까지도 생물학자들은 특정한 고립유전자에 초점을 맞추어 왔지만, 미래 세계에서 결정적인 연구 질문은 어떻게 개별 유전자들이 세포 전체, 조직 전체, 그리고 종국에는 유기체 전체에의 형성에 연루되는지를 묻는 일이 될 것이다. 유기체의 일부에만 집착하던 시대는 곧 끝난다. 총체로서의 유기체의 탐구가 주요한 연구 흐름이 될 것이다.[671]

생물학사가들에게 이런 주장들이 완전히 새로운 것은 아니다. 생물학자들은 생명체의 전체론적 관점을 지지하며 환원주의적 관점을 극복해야한다고 누차 주장해왔다. 이런 외침은 백여 년의 물결 속에서 성쇠를 되풀이했다. 19세기 초에 낭만주의적 지연탐구(*Naturforschung*)가 출현했으며, 이를 지지하는 지식인들은 종종 그들이 생물학적 현상을 지나치게 "분해"(*Zergliederung*)시키는 것으로 생각되던 연구들을 공격했다.[672] 긴 막간 이후 20세기 초 전체론으로부터 동기를 부여받은 생물학자들도 그들이 순전히 환원주의적이며 실증주의적인 것에 불과하다고 비판한 발생 역학과 멘델주의 전달 유전학으로부터 완전히 벗어나기를 원했다. 이를 위해 그들이 동원한 것은 시스템의 이름으로 제기된 생명체에 대한 이론적 시각들이었다.[673] 21세기 초에 들어선 이후로는 분자생물학자들과 분자유전학자들이 유전체 연구로 통일된 힘과 이름으로 유전 환원주의를 격파하기 시작했다. 그리고 여기에 오늘날의 "전체론적 전환"의 새로운 측면이 놓여있을지 모른다. 역사상 처음으로 전체론적 입장이 생물학 전반에서 소수 집단들의 반대 목소리가 아니게 된 것이다. 역설적으로 분자생물학과 유전자 기술의 환원주의적 전략들이 집요하게 추구된 결과 유기체의 기능, 발생, 진화에 대해 보다 시스템적인 시각으로 나아가게 되었다. 이 마지막 장을 마무리 지으면서 우리는 21세기 초 생명과학에서의 유전의 위치를 임시적이고 개괄적으로나마 규명하기 위해 이에 관한 이야기의 몇몇 가닥들을 한데 모아보려고 한다.

1990년대 중반에 핵산 분석을 위한 새로운 기술인 DNA 칩, 혹은 유전자 칩이 개발되었다. DNA 칩은 보통 유리나 실리콘 칩으로 된 적절한 지지대에 고정된 특정 유전자나 유전자 절편, 혹은 전체 염색체의 일부나 전체 유전체의 일부를 담고 있다. 6,000개 이상의 효모 유전자를 담고 있던 최초의 DNA 칩은 1996년 캘리포니아에서 처음으로 나타났다. DNA 칩은 핵산 간의 상보적 염기쌍의 가능성과 유전자 진단에서 세포 활동 패턴 탐구에 이르는 범위의 기술적 응용물로 이용될 수 있다. 예를 들어 유전자 염기서열의 상응하는 배경과 특정 시점에 세포가 갖고 있는 mRNA를 합성하여 세포의 다른 활동 패턴들을 수집하는 일이 가능하다. 형광 표시법은 유전자 발현 패턴을 가시적으로 만든다. 초기 분자생물학의 단일 유전자의 분석에서 유전체학의 전형적인 전장 유전체 분석으로의 급속한 진보는 핵산의 상보적 염기쌍 속성 덕분이다.[674] 거의 모든 분자 기술들이 이런 특징을 활용해 개발되었다. 다루기 훨씬 어려운 단백질에 비하자면 이 분자적 특징은 매우 가치로운 장점이다.

DNA 칩 기술의 도래로 세포 대사 작용의 체계적인 상태와 한 단계에서 다른 단계로의 발생적 전환에 대한 정보 습득이 새로운 기반에 놓이게 되었다. 이제 유전체 프로젝트가 처음 구상되던 당시에는 생각조차 할 수 없었던 판단들이 가능해졌다. 소량의 단백질을 탐지하기 위한 새로운 물리적 방법들이 단백질의 분리를 위한 전통적인 이차원적 방법들이 성취할 수 있는 것을 훨씬 넘어서 체계적인 세포 정포를 습득하는 일의 효율성을 높였다. 이런 진보는 단백체학이라 불리는 연구 분야를 열었다. 인간을 포함한 고등생물의 많은 DNA 염기서열들은 다량의 접합된 RNA(spliced RNA)들을 만들어내고 이로 인해 번역 후 변형(posttranslational modification)의 대상이 되는 막대한 양의 단백질을 생성시키는 것으로 밝혀졌다. 이외에도 세포 분열 및 물질대사 활동의 각 상태들이 그와 상응하는 발현 패턴과 관련되는 점도 알려졌다. 이 모든 점들을 함께 고려하면 단백질체의 구조와 특히 그것의 계승적인 상호작용 패턴들이 인간 유전체의 분석과 비교할 만한 규모의 문제들을 제기하게 된다. 여기가 바로 후성유전학과 후성유전체학이 세포 활동 상태의 안정화는 물론 그것의 전달을 탐구하는 것으로 본령을 발휘하게 되는 지점이다.

이 두 과정 모두 진화적 시간 동안 안정적으로 유지된 유전체 구조를 포함하는 단기 정보 보관소의 세포 시스템에 의존한다.[675]

세포에 대한 이런 시스템적 관점의 심화된 발전 및 분화, 그리고 이 기술들이 만든 대량의 데이터의 통합과 관련해서는 상호작용적 네트워크의 개념이 결정적일 수 있다. 이들은 이론 모델링과 생명정보학 도구에 의해서만 제공될 수 있다. 이 노력과 함께 과거의 추론적인 시스템 접근과 비교해 오늘날 시스템 생물학(systems biology)의 새로운 모습도 발견된다. 생명정보학의 결정적인 도전 가운데 하나는 적합한 형식적 언어와 미래의 유전체, 단백질체, 후성유전체 데이터베이스를 의미 있게 통합하도록 돕는 소위 온톨로지들을 설계하는 것으로 이루어져 있다.[676]

이 조사는 후기유전체학으로의 주요 진출로 중 하나인 분자발생 생물학의 논의 없이는 본질적으로 불완전할 것이다. 1970년대 초 유전자 기술의 첫 번째 흐름을 촉발시킨 분자생물학자들 다수가 핵산 기반 기술들과 산물들의 개발 및 상업화 분야로 이동했다가 종국에는 인간 유전체 프로젝트로 옮겨갔다. 반면에 그에 수반되어 발생 생물학에서 일어났던 분자화는 적어도 초기에는 그리 화려하지 않았다.[677] 여기서 분자화는 배아 발생과 세포분열 과정에 분명하게 개입하는 유전자들을 발견하면서 시작되었다. 1980년대 초에 새로운 분자 도구로 무장한 한 줌의 분자생물학자들이 고전유전학의 반려동물이자 당시 고등생물 가운데 가장 자세하게 유전적 특성이 규명된 노랑초파리에 초점을 맞추기 시작했다.[678] 그럼으로써 이들은 캘리포니아 공과대학의 에드 루이스(Ed Lewis)와 마드리드의 안토니오 가르시아-벨리도(Antonio García-Bellido)의 연구를 끌어 왔다. 토머스 헌트 모건의 옛 제자였던 루이스는 분자생물학자들이 세균에 초점을 맞추기 시작했을 때 고전유전학의 방법으로 초파리 유전자 연구를 지속했다. 그는 초파리의 몸 부분이나 체제(體制)에 영향을 주는 유전자를 확인했다(그 가운데 4날개를 가진 돌연변이가 포함되었다). 루이스의 학생이자 결국 취리히의 에른스트 하돈(Ernst Hadorn)의 제자가 된 가르시아-벨리도는 몸 부분 돌연변이와 날개의 형태 형성을 세포유전학적 방법을 활용해 탐구했다. 이제 바젤의 발터 게링(Walter Gehring)이 분자생물학 방법으로 곤충 눈의 발생과 관련해 호메오 유전자(homeotic genes) 기능을 규명하기 시작했다. 에릭 비샤우스(Eric Wieschaus)와 크리스티안네 뉘슬라인폴하르트(Christiane Nüsslein-Volhard)의 초파리의 난자 형성과 배아형성에 영향을 끼치는 돌연변이들에 대한 철저한 수집과 함께 이 분자적 접근은 발생 동안 발생 유전자를 질서정연하게 활성화하거나 비활성화하게 만드는 분자 "스위치"의 체계로 보는 새로운 이해로 이끌었다. 제브라피시(*Danio rerio*) 같이 척추동물을 대표하는 새로운 모델생물들이 발생 생물학에 도입되었다. 유기체의 복잡성 척도의 다른 극에는 작은 벌레인 예쁜꼬마선충(*Caenorhabditis elegans*)이 케임브리지의 시드니 브레너의 행동 요구 이후 세포 및 분자 발생의 모델로 확립되었다.[679]

이 분자 스위치들 가운데 상당수가 동물계 전체에 걸쳐서 매우 잘 보존되어 있다는 점이 밝혀졌다. 이들은 자코브와 모노가 오페론 모델의 일부로 제안했던 조절 유전자를 연상시키지만, 조절 유전자와는 다르게 기능한다. 세균에서이 조절 유전자는 환경의 변화에 따라 가역적으로 대사 작용을 조정하고 대부분은 특정 영양소의 존재 혹은 부재에 따라 반응하는 반면, 발생 유전자는 비가역적인 세포 분열 과정을 개시시키고 조절한다. 이것들은 염색체 DNA의 조절 부위에 결합한 소위 전사 인자라고 불리는 것을 부호화하며 전사되거나 발현될 유전자나 유전자 그룹의 비율을 결정한다. 이 가운데 전사 인자의 활동을 조절하거나 바꾸는 2차 조절자(second-order regulators)도 존재한다. 발생 유전자는 중요한 문지기(gatekeeper)이자 진화적으로 가장 잘 보존된 유전 구조에 속한다. 예를 들어 *pax* 유전자 군은 곤충이든 척추동물이든 관계없이 눈 형성의 전체 과정을 조절한다. 발터 게링과 동료들이 놀란 점은 생쥐로부터 분리된 *pax* 유전자가 초파리의 유전체에 삽입되어도 척추동물의 눈이 아니라 곤충의 눈을 형성하도록 유도했다는 사실이었다. 호메오박스 군의 *hox* 유전자 같은 이들 유전자 및 유전자 군은 배아발생 동안 개체의 입체적 패턴이 형성되는 것과 이러한 패턴의 발현이 연속적으로 이뤄질 수 있도록 하는 데 중요한 역할을 맡는다.

미셸 모랑주는 이 연구 분야가 오늘날에도 여전히 유동 상태에 놓여있기는 하지만, 두 가지의 논점은 분명하게 확립되어 있다고 강조한다.[680] 첫째, 발생 유전자 없이는 질서정연한 발생이 일어나지 않는다. 둘째, 단일 유전자뿐만 아니라 관련된 유전체 구조를 포함한 전체 유전자 복합체가 진화론적으로 보존되어 왔다. 이런 발견들은 세균과 고등생물의 유전체가 단순히 유전자들의 집합체가 아니라 그 스스로가 위계적으로 구조화된 총체라는 관점을 지지한다. 또 다른 고도로 보존된 유전자의 종류(class)는 다세포 유기체의 발생에서 명백히 결정적인 중요성을 갖는 세포 내부와 세포 외부의 신호 전달 과정을 조절한다.

그러나 앞서 언급했듯이, 유전자 제거 기술에 의해 얻어진 가장 놀라운 통찰 가운데 하나는 유기체들이 종종 필수불가결하게 여겨지는 특정 유전자의 손실을 대안적 경로를 통해 벌충할 수 있는 것처럼 보인다는 점이다. 이 관찰과 함께, 점차 "분자 발생 유전학"으로 분과 이름이 바뀌고 있는 분자 발생 생물학은 발생과 관련된 과정들이 중복되게 기능한다는 점들을 발견했다.[681] 이 중복된 과정들은 내외부 조건들의 변화에 대해 단단하게 완충 작용을 하는 역할을 맡으며 매우 튼튼한 것으로 나타난다. 유전자 산물은 이 맥락에서 중요한 역할을 맡지만, 그 발생 과정 자체는 유전자에 의해서 오직 부분적으로만 결정될 뿐이다. 더 예기치 못한 발견은 DNA 칩 기술을 이용한 배아 유전자 발현 연구가 같은 부호화된 DNA 서열이 다른 발생 단계와 다른 조직들에서 호출될 수 있고 이에 상응하는 유전자 산물이 다른 세포적 과정에서는 다른 기능을 수행할 수 있음을 드러낸 것이다. 유전자의 이러한 다기능성은 유전적 결정 인자들과 유기체의 생명 간의 관계가 더 복잡한 방식으로 재고되고 모델화되어야 함을 시사한다.[682]

고등생물의 생식 생물학에 대한 최근의 발견과 관련해 언급될 필요가 있는 또 다른 분야는 고등생물 생식의 조작적 통제, 그 가운데에서도 특히 복제 기술의 확립이다.[683] 1960년대 초 영국 옥스퍼드 대학교의 발생 생물학자 존 거든(John Gurdon)은 창자 세포의 핵을 제핵의 수정된 난자 세포에 이식해서 만든 올챙이를 길렀다. 아프리카발톱개구리(*Xenopus laevis*)를 이용한 이 실험들은 고등생물의 체세포 핵이 발생 동안 모든 종류의 세포 형태로의 분열을 위한 유전적 잠재성을 보유하고 있음을 처음으로 증명했다. 그럼에도 불구하고 스코트랜드 로슬린 연구소의 이

안 윌머트(Ian Wilmut)와 키스 캠벨(Keith Campbell)이 포유류를 대상으로 이 방법을 성공적으로 적용하는 데에는 25년이 걸렸다. 결국 1996년에 이들이 만들어낸 최초의 복제양인 돌리는 극적인 성취로서 널리 받아들여졌다.[684] 1998년에는 같은 방법으로 하와이 대학교에서 생쥐 난소의 성인 난구세포로부터 세 세대의 생쥐가 만들어졌고, 같은 해 일본 긴키 대학의 과학자들은 핵이식을 통해 8마리의 유전적으로 동일한 송아지를 복제했다. 1981년에는 "수정란 분할"을 통해 유전적으로 동일한 개체를 만들어내는 일이 소와 쥐에 성공적으로 적용되었고, 이후 비버튼의 오레곤 지역 영장류 연구 센터에서 영장류(붉은털 원숭이)에게 적용되었다. 1984년에는 양과 염소를 이용해 두 포유류로부터 키메라를 만드는 일에 성공했다.

인간 생식 생물학 역시 이런 발전으로부터 소외되지 않아왔으며, 지금도 그러하다. 1978년에 처음으로 시험관에서 인간이 만들어졌는데, 이 "시험관 아기" 루이스 브라운(Louise Brown)에 대한 소식이 당시 전 세계 언론의 헤드라인으로 보도되었다. 이후로 체외 수정이 인간 의료에서 점차 일상적인 일부가 되어 갔다. 1998년 11월에 존 기어하트(John Gearhart)가 이끌던 볼티모어의 존스홉킨스 대학교 연구팀과 위스콘신 대학교 연구팀은 그들이 실험실에서 배아줄기세포를 분리해서 배양하는 데 최초로 성공했다고 보고했다. 2001년에 매사추세츠주 우스터의 바이오기업 ACT사(Advanced Cell Technology)는 인간 배아줄기세포로 최초의 체세포 핵이식을 시도하며 인간 치료를 위한 복제의 기반을 놓았다. 2004년에 한국의 서울대학교의 황우석은 이와 동일한 방식으로 복제된 배아줄기세포에서 다세포 인간 배아를 만들어내는 데 성공했다고 주장했다. 그러나 1년 후 이 결과는 조작되었던 것으로 밝혀졌다.[685] 치료용 복제는 수많은 질병들을 치료하기 위해 면역적합성 생체 조직과 장기들을 배양할 수 있다는 희망을 지속시킨다. 그러나 많은 이들의 마음 한 구석에서 이 기술의 발전은 인간의 생식 복제의 가능성과 그것이 야기할 수 있는 만일의 사태에 대한 공포와 연관된다. 오늘날 인간 줄기세포 연구는 인간 생의학에서 가장 논쟁적인 연구 분야 가운데 하나이며, 특히 연구 목적으로 배아를 만들어낸다는 점에서 그러하다(이는 "소모적(consumptive) 인간 배아 연구"로 알려져 있다). 이 분야는 나라마다 다르게 규제된다. 미국에서는 줄기세포연구에 대한 공공 기금 지원이 체외 수정 치료에서 얻어진 잔여 배아로부터 만들어진 줄기세포주를 활용한 경우로 한정된다. 상업적 연구는 이런 규제를 받지 않는다. 영국에서 배아줄기세포 연구는 2000년 이래 의회가 법규로 정한 특정 발생 단계의 배아까지만 사용하도록 허용된다. 독일에서는 1990년에 배아 보호법이 통과되면서 이런 연구들이 여전히 금지되어 있다. 수많은 수입된 줄기세포주를 활용한 연구들도 엄격한 규제 대상이다.[686]

유전학은 분자 발생 생물학과 생식 생물학 모두에 통합적인 일부이다. 그러나 두 분야 모두에서 유전에 대한 질문들은 새로운 개입들이 가능해지게 되면서 점차 중요해지는 더 넓은 생물학적, 생명사회적, 생명정치적 맥락들에 가시적으로, 그리고 다중적으로 삽입되어 있다. 그러므로 이런 개입들과 관련된 어떤 문제들도 순수하게 유전적 용어로만 정의될 수도, 순전히 유전학적 방법에 의존해서만 해결될 수도 없다. 어떤 의미에서 우리는 생명과학에서, 특히 인간 생물학과 생의학에서 연구 대상이 매우 다른 환원 불가능한 수준들에서 작동하며 이런 수준들의 결정들이 다양한 방식으로 서로 겹쳐지고 교차할 수 있다는 점을 깨닫게 된다.

결론적으로 우리는 비록 유전자 중심주의가 종종 존재론적인 방식으로 해석되기는 하지만, 20세기 생물학에 널리 퍼진 유전자 중심주의와 그에 수반해 일어난 유전학의 학문적 위치의 격상은 인식론적인 것이지 존재론적인 기반에서 일어난 일이 아니라는 켄 워터스(Ken Waters)의 주장에 동의한다.[687] 고전적 유전자는 유기체의 구성에 대해 선제적으로 접근할 방안을 제공했고, 분자적 유전자가 여러 핵산 기술들을 통해 조작가능해지면서 실험적 접근의 선택지도 기하급수적으로 증가했다. 그러나 이 역사적으로 조건 지어진 에피스테메를 존재론화 할 어떠한 이유도 없다. 오히려 반대로 시스템 생물학으로 나아가려는 작금의 경향이 달성될 수 있고 실행 가능한 것이라면, 20세기에 사고된 방식으로의 유전학 분야는 미래의 생명과학에서 비록 완전히는 아닐지라도 점차 배후로 물러나게 될 것이라고 생각하는 일도 가능하다. 오랜 세기 동안 생명체의 유전적 수준이 실험을 통해 조작하기에 가장 용이했다. 그러나 유전 기술 지식의 축적의 결과로 심지어 가장 완전한 유전 분석도 생물학적 현상 전체의 일부 이상을 드러내지 못한다는 점이 분명해졌다. 당연히 유전적 수준에서의, 그리고 유전적으로 가능한 것의 범위 내에서의 생명체의 분석과 조작은 계속되겠지만, 이는 점차 초-유전체(transgenomic) 맥락 내에 끼워지게 될 것이다.

20세기 유전학의 세계지도는 두 영향력 있는 이미지의 집합과 결부되었다. 생물학적 원자로서의 유전자와 정보의 생물학적 운반자로서의 유전자가 바로 이 이미지들이다. 이 두 이미지의 집합들은 모두 실험 기술들에 포개진 채 넣어져 있었다. 혹은 이 기술들에 의해 물질화되어 효과를 갖게 되었다고 하는 것이 더 정확한 설명일 것이다. 이런 관찰은 새로운 생물학 기술들이 더 오래된 지도정신들(guiding ideas)을 역사화할 것임을 함축한다. 먼저 19세기 말과 20세기 초의 해당 염색체를 따라 선형적으로 배열되어 있고 특정 신체적, 정신적 형질의 요인이 되는 분리된 독립적인 기본 단위(unit)라는 유전자의 이미지에 대한 역사화는 이미 시작되고 있었다. 그리고 더 최근에 분자적, 유전-공학적 "유전자" 역시 생각보다 훨씬 복잡하다는 점이 드러나고 있다. 모랑주가 적절히 관찰한 것처럼, 유전자에 대한 정의는 "오늘날 불가능하다."[688]

두 번째 종류의 이미지는 이제 "고전적" 분자유전학과 그것의 도구상자라고 부를 수 있는 것들로 정보와 쓰기에 관련된 은유들로 이루어져 있다. 이 이미지의 문화적 영향력과 반향은 과소평가될 수 없다. 생명의 분자화가 절정을 이루던 시기 동안 분자 복제 기법들은 거의 벗어날 수 없는 것처럼 보이는 방식으로 이 은유들을 물질화했고 다의적 의미를 갖고 있던 "생명의 책"과의 대면을 단일한 "암호 해독"(deciphering) 프로젝트로 바꾸었다. 릴리 케이는 물론 도로시 넬킨(Dorothy Nelkin)과 수잔 린디(Susan Lindee)도 생물학의 분리 가능한 정보에 대한 과장된 개념(inflated concept)이 형성되는 이 과정을 자세하게 기술했다.[689]

마지막으로 오늘날 생명과학에서 이와 관련한 세 번째 이미지가 등장하고 있다. 바로 지도이다. 확실히 이 이미지의 뿌리는 19세기 유전적 사고에서 찾을 수 있으며, 유전학의 고전적 국

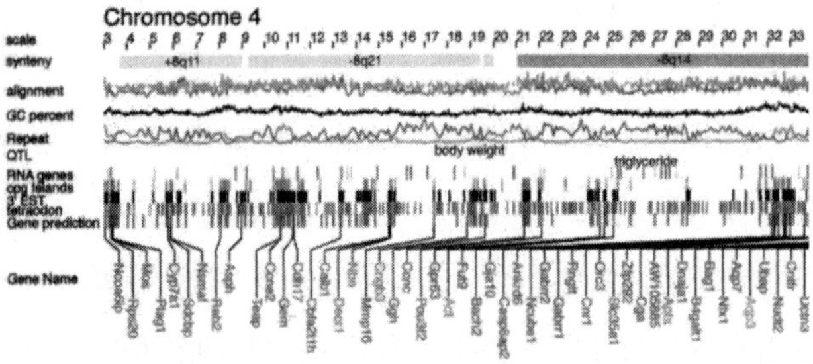

그림 8.2. 쥐의 4번 염색체 설명이 달린 지도. *Nature,* 5 December 2002.

면과 분자적 국면 동안 진행된 지도화 프로젝트들에서 쓰여 왔다.[690] 하지만 최근에 지도는 유전적, 후기유전적 데이터를 재현하는 데서 훨씬 중요한 역할을 맡기 시작했다. 염색체 지도(그림 8.2), 발생 지도(developmental maps), 대사 작용 지도(metabolic maps), 그리고 진화 지도(evolutionary maps)는 질서화 되고 압축되지 않으면 이해될 수 없는 과학 데이터로 가득 찬 지평에서 필수불가결한 방향조절 장치이다.[691] 우리가 보아온 것처럼, 유전의 인식론적 공간은 18세기 말에서 19세기에 걸쳐 그 윤곽이 그려졌고, 생물학적 유전의 개념은 20세기에 실험적 인식론적 대상으로 응축되었다. 이제 21세기의 여명기에 이 인식론적 대상들은 다시 공간적, 망상적(網狀的, reticular) 구조로 뻗어나가는 것처럼 보인다.

미주

1) William James, "Two Reviews of The Variation of Animals and Plants under Domestication by Charles Darwin," in *The Works of William James: Essays, Comments, and Reviews*, ed. F. H. Burkhardt, Fredson Bowers, and I. K. Skrupskelis (Cambridge, MA: Harvard University Press, 1987): 234; 제임스의 리뷰에 대한 논의는 루이스 메넌드, 정주연 옮김, 『메타피지컬 클럽』 (민음사, 2006) [Louis Menand, The *Metaphysical Club* (New York: Farras, Straus and Giroux, 2002), 142.]를 보라.

2) Leslie C. Dunn, *A Short History of Genetics: The Development of Some of the Main Lines of Thought: 1864-1939* (New York: McGraw-Hill, 1965); Hans Stubbe, *History of Genetics: From Prehistoric Times to the Rediscovery of Mendel's Laws*, trans. T. R. W. Waters (Cambridge, MA: MIT Press, 1972); Elof A. Carlson, *The Gene: A Critical History* (Philadelphia: Saunders, 1966); Carlson, *Mendel's Legacy: The Origin of Classical Genetics* (Cold Spring Harbor: Cold Spring Harbor Laboratory Press, 2004); James Schwartz, *In Pursuit of the Gene: From Darwin to DNA*(Cambridge, MA: Harvard University Press, 2010).

3) 프랑수아 자콥, 이정우 옮김, 『생명의 논리, 유전의 역사』 (민음사, 1994) [François Jacob, *The Logic of Life: A History of Heredity*, trans. B. E. Spillman (Princeton, NJ: Princeton University Press, 1993), 10-17.]

4) 여기서 우리는 과학의 장기 발전에 지속적으로 주목하면서도 간학제적 관점으로 나아가기 위해 도미니크 페스트르(Dominique Pestre)가 고안한 "지식 레짐(knowledge regime; *regime de savoir)*"이라는 용어를 사용할 것이다. Pestre, *Science, argent et politique: Un essai d'interprétation* (Paris: INRA, 2003), 30-37. 이 개념을 다룬 영문 논의는 다음 글을 참

고하라. Pestre, "The Technosciences between Markets, Social Worries and the Political: How to Imagine a Better Future?" in *The Public Nature of Science under Assault: Politics, Markets, Science and the Law*, ed. H. Nowotny et al.(Berlin: Springer, 2005), 29-52.

5) Henning Schmidgen, "Fehlformen des Wissens," in Georges Canguilhem, *Die Herausbildung des Reflexbegriffs im 17. und 18. Jahrhundert*, trans. H. Schmidgen (Munich: Fink, 2008): ix. 별도 표시가 없는 한 번역은 저자들의 것이다.

6) Ana Barahona, Edna Suarez-Díaz, and Hans-Jörg Rheinberger, eds., *The Hereditary Hourglass: Genetics and Epigenetics, 1868-2000, preprint 392* (Berlin: Max Planck Institute for the History of Science, 2010)을 보라.

7) 이블린 폭스 켈러, 이한음 옮김, 『유전자의 세기는 끝났다』 (지호, 2002). [Evelyn Fox Keller, *The Century of the Gene* (Cambridge, MA: Harvard University Press, 2000).]

8) Hans-Jörg Rheinberger, *Experiment-Differenz-Schrift* (Marburg: Basilisken-Presse, 1992)을 보라.

9) 연구 프로젝트 "A Cultural History of Heredity"의 전체 기록은 다음 사이트에서 확인할 수 있다. http://heredity.mpiwg-berlin.mpg.de/heredity/Heredity.html (2011. 9. 19 접속). 그 중 일부는 다음과 같은 책으로 출간되었다. Staffan Müller-Wille and Hans-Jörg Rheinberger, eds., *Heredity Produced: At the Crossroads of Biology, Politics and Culture, 1500-1870* (Cambridge, MA: MIT Press, 2007). 후속 작업은 출간 예정이다: Staffan Müller-Wille and Christina Brandt, eds., *Heredity Explored: Between Public Domain and Experimental Science, 1850-1930*. *역주: 마지막 편집본은 2016년에 MIT 출판부에서 출간되었다.

10) Porphyry, *Introduction*, trans. J. Barnes (Oxford: Clarendon Press, 2003), 7.

11) Klaus Heinrich, *Tertium datur: Eine religionsphilosophische Einführung in die Logik* (Basel: Stroemfeld/Roter Stern, 1983), 99. 강조는 원문의 것이다. 이와 관련해서는 Jean Gayon and Jean-Jacques Wunenburger, "Présentation," in *Le paradigme de la filiation*, ed. J. Gayon and J. J. Wunenburger (Paris: L'Harmattan, 1995), 8도 보라.

12) Heinrich, *Tertium datur*, 123.

13) Eva Bäckstedt, "Rasbiologens barnbarn gör upp med arvet," *Svenska Dagbladet Kultur*, March 2, 2002, 4-5. 별도 표시가 없는 한 번역은 저자들의 것이다.

14) Carlos López Beltrán, "Natural Things and Non-natural Things: The Boundaries of the Hereditary in the 18th Century" in *Conference: A Cultural History of Heredity I: 17th and 18th Centuries, preprint 222* (Berlin: Max Planck Institute for the History of Science, 2003), 71-74.

15) 전근대 발생이론에서 전달(transmission) 개념이 부재한 점에 대해서는 다음의 책들에서 언급된 바 있다. 프랑수아 자콥, 이정우 옮김, 『생명의 논리, 유전의 역사』 [Jacob, *Logic of Life*], 그리고 Peter Bowler, *The Mendelian Revolution: The Emergence of Hereditarian Concepts in Modern Science and Society* (Baltimore: Johns Hopkins University Press, 1989)

16) 앨프리드 W. 크로스비, 정범진, 안효상 옮김, 『생태제국주의』 (지식의 풍경, 2000). [Alfred W. Crosby, *Ecological Imperialism: The Biological Expansion of Europe, 900-1900* (Cambridge: Cambridge University Press, 1986).]

17) 1900년 무렵 유전학 형성을 다룬 필립 서틀(Phillip Thurtle)의 연구가 이와 유사한 주장을 하고 있다. 서틀의 연구는 Phillip Thurtle, *The Emergence of Genetic Rationality: Space, Time, and Information in American Biological Science, 1870-1920* (Seattle: University of Washington Press, 2008), chap. 12를 보라.

18) Ludmilla Jordanova, "Interrogating the Concept of Reproduction in the Eighteenth Century," in *Conceiving the New World Order*, ed. F. D. Ginsburg and R. Rapp (Berkeley: University of California Press, 1995), 375를 보라.

19) Staffan Müller-Wille and Hans-Jörg Rheinberger, *Das Gen im Zeitalter der Postgenomik: Eine wissenschaftshistorische Bestandsaufnahme* (Frankfurt/ M.: Suhrkamp, 2009).

20) Robert C. Olby, *Origins of Mendelism, 2nd ed.* (Chicago: University of Chicago Press, 1985), 55-63; Jean Gayon, *Darwinism's Struggle for Survival: Heredity and the Hypothesis of Natural Selection* (Cambridge: Cambridge University Press, 1998), 105-106을 보라.

21) Erna Lesky, *Die Zeugungs- und Vererbungslehren der Antike und ihr*

Nachwirken, Abhandlungen der Geistes- und Sozialwissenschaftlichen Klasse der Akademie der Wissenschaften und der Literatur in Mainz, no. 19 (1950) (Wiesbaden: Franz Steiner, 1951)은 고대 발생이론에 대한 상세한 조망을 제공한다.

22) Francis Galton, "A Theory of Heredity," *Journal of the Anthropological Institute* 5 (1876): 330.

23) Ibid., 331.

24) Ibid., 336.

25) Ibid., 330.

26) Ibid., 331.

27) 인식론적 사물(epistemic things) 개념에 대해서는 다음 책을 보라. Hans-Jörg Rheinberger, *Toward a History of Epistemic Things: Synthesizing Proteins in the Test Tube* (Stanford, CA: Stanford University Press, 1997).

28) Barry Barnes and John Dupré, *Genomes and What to Make of Them* (Chicago: University of Chicago Press, 2008)을 보라.

29) Francis Galton, *Inquiries into Human Faculty and Its Development* (London: Macmillan, 1883), 24-25.

30) Galton, "Theory of Heredity," 336.

31) Ibid.

32) Francis Galton, "Hereditary Improvement," *Fraser's Magazine* 7 (1873): 127.

33) 골턴(Galton)의 정치적 지향에 대해서는 Allen R. Buss, "Galton and the Birth Differential Psychology and Eugenics: Social, Political, and Economic Forces," *Journal of the History of the Behavioral Sciences* 12 (1976): 52-53, Ruth Schwartz Cowan, "Nature and Nurture: The Interplay of Biology and Politics in the Work of Francis Galton," in *Studies in the History of Biology, vol. 1*, ed. W. Coleman and C. Limoges (Baltimore: Johns Hopkins University Press, 1977), 154-157을 보라.

34) Donald A. MacKenzie, *Statistics in Britain, 1865-1930: The Social Construction of Scientific Knowledge* (Edinburgh: Edinburgh University Press, 1981), 51-72를 보라.

35) Francis Galton, *Hereditary Genius: An Inquiry into Its Laws and*

Consequences (London: Macmillan, 1869), 1.

36) Cyril Dean Darlington, *Introduction to Hereditary Genius: An Inquiry into Its Laws and Consequences, by Francis Galton* (London: Collins, 1962), 9.

37) Galton, *Hereditary Genius*, 350.

38) 미셸 푸코, 이규현 옮김, 『성의 역사 1: 지식의 의지』 (나남, 2004). [Michel Foucault, *The History of Sexuality: Volume 1: An Introduction*, trans. R. Hurley (New York: Vintage Books, 1990), 106-107.]

39) Ibid., 137.

40) Ibid., 141-143; "생명정치(bio-politics)" 개념에 대해서는 Foucault, "Faire vivre et laisser mourir: La naissance du racisme," *Les Temps Modernes* 535 (1991): 37-61을 보라.

41) Galton, *Hereditary Genius*, 376.

42) Georges Louis Leclerc, Comte de Buffon, *Natural History, General and Particular, by the Count de Buffon, 2nd ed., vol. 2*, trans. W. Smellie (London: W. Strahan and T. Cadell, 1785), 29.

43) 신학적 배경에 대해서는 다음 책을 보라. Peter McLaughlin, *What Functions Explain: Functional Explanation and Self-Reproducing Systems* (Cambridge: Cambridge University Press, 2001), 174-179; 생명과학 분야에서 재생산(reproduction) 개념의 역사에 대해서는 Roselyne Rey, "Générationet hérédité au 18e siècle," in *L'ordre des caractères: Aspects de l'hérédité dans l'histoire dessciences de l'homme*, ed. J.-L. Fischer (Paris: Sciences en situation, 1989), 7-41; 그리고 Jordanova, "Interrogating the Concept of Reproduction."을 보라.

44) 프랑수아 자콥, 이정우 옮김, 『생명의 논리, 유전의 역사』 [Jacob, *Logic of Life*, 19-20.]

45) 다음 글들을 보라. Nicholas Russell, *Like Engend'ring Like: Heredity and Animal Breeding in Early Modern England* (Cambridge: Cambridge University Press, 1986), 40; Garland E. Allen, "T. H. Morgan and the Split between Embryology and Genetics, 1910-1926," in *A History of Embryology*, ed. T. Horder, I. A. Witkowski, and C. C. Wylie (Cambridge: Cambridge University Press, 1986), 113-144; Frederick B. Churchill, "From Heredity Theory to 'Vererbung': The Transmission

Problem, 1850-1915," *Isis* 78 (1987): 337-364; Jane Maienschein, "Heredity/Development in the United States, circa 1900," *History and Philosophy of the Life Sciences* 9 (1987): 79-93; Peter J. Bowler, *Mendelian Revolution*, 6; and Carlos López Beltrán, *Elsesgo hereditario: Ámbitos históricos del concepto de herencia biológica* (Mexico City: Universidad Nacional Autónoma de México, 2004), 43-62.

46) Ron Amundson, *The Changing Role of the Embryo in Evolutionary Thought* (Cambridge: Cambridge University Press, 2005), 34-39를 보라. 더 자세한 역사적 근거는 Conway Zirkle, T*he Beginnings of Plant Hybridization, Morris Arboretum Monographs, vol. 1* (Philadelphia: University of Pennsylvania Press, 1935); 그리고 Zirkle, "Species before Darwin," *Proceedings of the American Philosophical Society* 103 (1959): 636-644를 보라.

47) Aristotle, *Generation of Animals*, trans. A. L. Peck (Cambridge, MA: Harvard University Press, 1990), 157 (735a25); 이와 유사한 참고 문헌으로는 Lesky, *Zeugungs- und Vererbungslehren,* 139; 그리고 Bentley Glass, "The Germination of the Idea of Biological Species," in *Forerunners of Darwin, 1745-1859*, ed. B. Glass, O. Temkin, and W. L. Strauss (Baltimore: Johns Hopkins Press, 1968), 31을 보라.

48) Aristotle, *Generation of Animals*, 253 (747b33-36).

49) Aristotle, *History of Animals*, trans. A. L. Peck and D. M. Balme (Cambridge, MA: Harvard University Press, 1991-1993), 203 (606b19-607a8). 이 이야기는 잘 알려진 속담 "새로운 것은 모두 아프리카에서부터 온다(Everything new comes from Africa)"의 배경이다. Harvey M. Feinberg and Joseph B. Solodow, "Out of Africa," *Journal of African History* 43 (2002): 255-261을 보라.

50) Zirkle, *Beginnings of Plant Hybridization*, 7-41을 보라.

51) Mary Terrall, "Speculation and Experiment in Enlightenment Life Sciences," in Müller-Wille and Rheinberger, *Heredity Produced*, 267을 보라.

52) 존 로크, 추영현 옮김, 『인간지성론』 (동서문화사, 2011). [John Locke, *An Essay Concerning Human Understanding* (Oxford: Clarendon Press, 1979), 451.]

53) John Ray, *Historia plantarum species hactenus editas aliasque insuper multas noviter inventaset descriptas complectens, vol. 1* (London: Clark and Faithorne, 1686), 40-42.

54) 자연 발생과 우연 발생의 정의는 Peter McLaughlin, "Spontaneous versus Equivocal Generation in Early Modern Science," *Annals of the History and Philosophy of Biology* 10 (2005): 79-88를 보라. Edmund O. Lippmann, *Urzeugung und Lebenskraft: Zur Geschichte dieser Probleme von denältesten Zeiten an bis zu den Anfängen des 20. Jahrhunderts* (Berlin: Julius Springer, 1933), 그리고 John Farley, *The Spontaneous Generation Controversy from Descartes to Oparin* (Baltimore: Johns Hopkins University Press, 1974)은 이 개념의 역사를 리뷰하고 있다.

55) Justin E. H. Smith, "Imagination and the Problem of Heredity in Mechanist Embryology," in *The Problem of Animal Generation in Early Modern Philosophy*, ed. J. E. H. Smith (Cambridge: Cambridge University Press, 2006), 80-99을 보라.

56) Silvia De Renzi, "Resemblance, Paternity, and Imagination in Early Modern Courts," in Müller-Wille and Rheinberger, *Heredity Produced*, 61-83을 보라.

57) Jean Céard, *La Nature et les Prodiges: L'insolite au XVIe siècle, 2nd* (Geneva: Droz, 1996); 그리고 Lorraine Daston and Katharine Park, *Wonder and the Order of Nature, 1150-1750* (New York: Zone Books, 1998)을 보라.

58) 여기서 우리는 "종적(specific)"이라는 형용사를 "여러 가지 중 하나"라는 일반적인 의미가 아니라, "다른것과 분명히 구분되는 동식물의 종(species)과 관련된"이라는 의미로 사용하였다; *Oxford English Dictionary, online edition*, http://www.oed.com (2011.9.19. 접속), s.v. "specific."을 보라.

59) Hippocrates, *Hippocratic Writings*, ed. G. E. R. Lloyd (Harmondsworth, UK: Penguin Books, 1950), 317. 히포크라테스의 소책자에 대해서는 Stubbe, *History of Genetics*, 27-30을 보라.

60) Hippocrates, "De Genitura," in *Hippocratis Coi Opera qvae Graece et latine extant*, ed. and trans. G. Mercuriale (Venice: Industria ac sumptibus Iuntarum, 1588), 10, 15; 그리스어 "κρατυ'νει"가 "지배하기(to govern)"와 "강화하기(to strengthen)"의 의미로 사용되기 때문에

두 번역은 모두 "옳다".

61) 클로드 레비-스트로스, 류재화 옮김, 『오늘날의 토테미즘』 (문학과지성사, 2012). [Claude Lévi-Strauss, *Totemism*, trans. R. Needham (London: Merlin Press, 1991), 74.] 레비-스트로스는 저서 『야생의 사고*The Savage Mind*』에서 "토테미즘적인 분류의 논리"가 갈레노스(Galen), 플리니우스(Pliny). 헤르메스 트리스메기스투스(Hermes Trimegistus), 알베르투스 마그누스(Albertus Magnus) 등 고대와 중세의 자연사학자 및 연금술사의 작업에 영향을 끼쳤다고 주장했다. 이에 대해서는 클로드 레비-스트로스, 박옥줄 옮김,『야생의 사고』 (한길사, 1996). [Lévi-Strauss, *The Savage Mind* (London: Weidenfeld and Nicolson, 1974), 42.]을 보라. *역주: 원서에는 "Trismegistos"라고 적혀 있었으나 오기이므로 "Trismegistus"로 고쳤다.

62) Aristotle, *Lectures on the Science of Nature*, trans. C. G. Wallis (Annapolis: The St. John's Bookstore, 1940), 33 (194b13); Andrea Falcon, *Aristotle and the Science of Nature: Unity Without Uniformity* (Cambridge: Cambridge University Press, 2005), 9를 보라.

63) René Descartes, *Oeuvres de Descartes, vol. 11*, ed. C. Adam and P. Tannery (Paris: Vrin, 1986), 507.

64) René Descartes, *The Philosophical Writings of Descartes*, trans. J. Cottingham, R. Stoothoff, and D. Murdoch, vol. 1 (Cambridge: Cambridge University Press, 1998), 322. 당시에는 남성의 정자가 대개 "거품 같은" 것으로 묘사되었기 때문에 맥주와의 비교가 가능했다; Jacques Roger, *The Life Sciences in Eighteenth-Century French Thought*, ed. K. R. Benson, trans. R. Ellrich (Stanford, CA: Stanford University Press, 1997), 40-42을 보라.

65) Laurence Sterne, *The Life and Opinions of Tristram Shandy, Gentleman-A Sentimental Journey Through France and Italy* (Munich: Günter Jürgensmeier, 2005), 5.

66) Lesky, *Zeugungs- und Vererbungslehren;* Roger, *Life Sciences.* 다음 글도 보라. Justin E. H. Smith, ed., *The Problem of Animal Generation in Early Modern Philosophy* (Cambridge: Cambridge University Press, 2006).

67) Ohad Parnes, Ulriko Vedder, and Stefan Willer, *Das Konzept der Generation* (Frankfurt/M.: Suhrkamp, 2008)에서는 "발생"(generation)

이라는 용어 사용이 역사적으로 평행하게 변화되었음을 다루고 있다.

68) Henry Peter Bayon, "William Harvey (1578-1657): His Application of Biological Experiment, Clinical Observation, and Comparative Anatomy to the Problems of Generation," *Journal of the History of Medicine and Allied Sciences* 2 (1947): 51-52. *역주: 원저는 하비의 1628년 저작 *Exercitatio Anatomica de Motu Cordis et Sanguinis in Animalibus*의 영문 제목을 "Anatomical Disputation Concerning the Movement of the Heart and Blood in Living Creatures"로 번역했으나 보통 사용되는 번역 제목인 "An Anatomical Disquisition On the Motion of the Heart and Blood in Animals"와 맞지 않아 이 책에서는 후자의 한국어 번역을 사용하고 라틴어 원어 제목을 삽입했다. 하비의 1658년 저작 역시 동일하게 원저의 영어 번역 제목 대신 라틴어 제목을 삽입했다.

69) Walter Pagel, "The Philosophy of Circles-Cesalpino-Harvey," *Journal of the History of Medicine and Allied Sciences* 12 (1957): 153; 다음 논문도 보라. Peter M. Jucovy, "Circle and Circulation: The Language and Imagery of William Harvey's Discovery," *Perspectives in Biology and Medicine* 20 (1976): 92-107.

70) Roger, *Life Sciences*, 89를 보라.

71) William Harvey, *The Works of William Harvey*, trans. R. Willis (London: Sydenham Society, 1847), 363; ibid., 513-514도 보라.

72) Roger, *Life Sciences*, 그리고 Smith, *Problem of Animal Generation*은 근대 초기의 발생이론에 대한 훌륭한 개관을 제공한다.

73) 다음을 보라. Michael Wolff, *Geschichte der Impetustheorie: Untersuchungen zum Ursprung derklassischen Mechanik* (Frankfurt/M.: Suhrkamp, 1978), 184-191; Johannes Fritsche, "The Biological Precedents for Medieval Impetus Theory and Its Aristotelian Character," *British Journal for the History of Science* 44 (2010): 1-27.

74) Aristotle, *Generation of Animals*, 11 (716a14); 여성과 남성의 구분에 대해서는 Lesky, *Zeugungsund Vererbungslehren*, 127도 보라.

75) Harvey, *Works of William Harvey*, 354.

76) Ibid., 372-373. 번역을 약간 변경하였다(인용문의 번역에서는 filius를 "어린이"로 보았다). William Harvey, *Exercitationes de generatione*

animalium, Amsterdam: Elzevir, 1651, p. 299)를 보라. 이 구절에는 Aristotle, *De gen. anim.*, 734a17 and 740b35-a6의 구문을 바꿔 사용하였다.

77) James G. Lennox, "The Comparative Study of Animal Development: William Harvey's Aristotelianism," in Smith, *Problem of Animal Generation*, 27-28.

78) 더 자세한 논의는 Erna Lesky, "Harvey und Aristoteles," *Sudhoffs Archiv* 41 (1957): 369-372을 보라.

79) Roger, *Life Sciences*, 91-94을 보라.

80) Harvey, *Works of William Harvey*, 373.

81) Ibid., 281; 더 상세한 논의는 다음 글들을 보라. Eve Keller, "Making Up for Losses: The Workings of in William Harvey's De generatione animalium," in *Inventing Maternity: Politics, Science, and Literature, 1650-1865*, ed. S. C. Greenfield and C. Barash (Lexington: University of Kentucky Press, 1999), 46-48.

82) 윌리엄 하비(William Harvey)는 그의 책 *Exercitationes*에서 이 방법을 "새로운 미답의 길"이라고 발표했다. Harvey, *Works of William Harvey*, 166를 보라. 하비의 방법 역시도 아리스토텔레스에 의지하지 않았는데, 이에 대해서는 Lennox, "William Harvey's Aristotelianism"을 보라.

83) Harvey, *Works of William Harvey*, 235; John S. White, "William Harvey and the Primacy of Blood," *Annals of Science* 43 (1986): 239-255를 보라.

84) Dietlinde Goltz, "Der leere Uterus: Zum Einfluß von Harveys De generatione animalium auf die Lehren von der Konzeption," *Medizinhistorisches Journal* 21 (1986): 242-268.

85) Bayon, "William Harvey," 58-72을 보라.

86) Harvey, *Works of William Harvey*, 465.

87) Ibid., 554.

88) Ibid., 321. 자연발생에 대한 하비의 추측에 대해서는 다음 논문을 보라. T. Foote, "Harvey: Spontaneous Generation and the Egg," *Annals of Science* 25 (1969): 139-163.

89) Justin E. H. Smith, "Introduction," in Smith, *Problem of Animal Generation*, 9. 미소실체론의 출현과정에서 현미경 관찰의 중요성에 대해서는 Andrew Pyle, "Malebranche on Animal Generation: Preexistence

and the Microscope," in Smith, *Problem of Animal Generation*, 194-214을 보라.

90) Foote, "Spontaneous generation."

91) 다음 글들을 보라. François Duchesneau, *Les modèles du vivant de Descartes à Leibniz* (Paris: Vrin, 1998), 218-220; I. Bernhard Cohen, "Harrington and Harvey: A Theory of the State Based on the New Philosophy," *Journal of the History of Ideas* 55 (1994): 187-210; Antonio Di Meo, "Il concetto di 'circolazione': Storia di una rivoluzione transdisciplinare", in *Le rivoluzioni nelle scienze della vita*, ed. G. Cimino and B. Fantini (Firenze: Leo S. Olschki, 1995), 31-84.

92) Harvey, *Works of William Harvey*, 367, 번역을 약간 수정하였다. 인용 구절은 아리스토텔레스의 *On Coming-to-Be and Passing-Away*, trans. E. S. Forster (Cambridge, MA: Harvard University Press, 1992), 315 (336a32-b2)에서 가져왔다.

93) William Harvey, *Exercitationes*, 291.

94) Andrew Gregory, "Harvey, Aristotle and the Weather Cycle," *Studies in the History and Philosophy of the Biological and Biomedical Sciences* 32 (2001): 153-168을 보라.

95) Thomas Fuchs, *Die Mechanisierung des Herzens: Harvey und Descartes; Der vitale und der mechanische Aspekt des Kreislaufs* (Frankfurt/M.: Suhrkamp, 1992), 95-109을 보라.

96) Christopher Hill, "William Harvey and the Idea of Monarchy," *Past and Present* 27 (1964): 54-72, 그리고 Keller, "Making Up for Losses"을 보라.

97) Roger, *Life Sciences*, 99-104을 보라.

98) 선재론과 전성설의 구분에 대해서는 Roger, *Life Sciences*, 259ff., 그리고 Peter J. Bowler, "Preformation and Pre-Existence in the Seventeenth Century: A Brief Analysis," *Journal of the History of Biology* 4 (1971): 221-244을 보라.

99) 인용의 출처는 Francis Joseph Cole, *Early Theories of Sexual Generation* (Oxford: Clarendon Press, 1930), 12이다. 17-18세기 전존설(preexistence)에 대해서는 Elizabeth Gasking, *Investigations into Generation 1651-1828* (London: Hutchinson, 1967), 그리고 Clara Pinto-Correia, *The Ovary of Eve: Egg and Sperm and Preformation* (Chicago: University of

Chicago Press, 1997)도 보라.

100) Nicholas Malebranche, *Dialogues on Metaphysics and Religion*, trans. J. Bennett, http://www.earlymoderntexts.com/pdfbits/ml5.pdf, 2007 (2011. 9. 29 접속), 121. 본래 말브랑슈는 꿀벌과 꿀벌의 애벌레를 다뤘다.

101) 다음 글들을 보라. Howard B. Adelmann, *Marcello Malpighi and the Evolution of Embryology, vol. 2* (Ithaca, NY: Cornell University Press, 1966), 872; Wolf Lepenies, *Das Ende der Naturgeschichte: Wandel kultureller Selbstverständlichkeiten in den Wissenschaften des 18. und 19. Jh.* (Munich: Hanser, 1976), 45; 그리고 Helmut Müller-Sievers, *Self-Generation: Biology, Philosophy, and Literature around 1800* (Stanford, CA: Stanford University Press, 1997), 26-30.

102) Carl Linnaeus, *Amoenitates academicae, seu Dissertationes variae Physicae, Medicae, Botanicae antehac seorsim editae, vol. 1* (Stockholm: Godofredus Kiesewetter, 1749), 327.

103) Ibid., 347-349.

104) Ibid., 368.

105) Ibid., 359.

106) Caspar Friedrich Wolff, *Theorie von der Generation: In 2 Abh. erkl. u. bewiesen* (Berlin: Birnstiel, 1764), 25.

107) Linnaeus, *Amoenitates academicae, vol. 1*, 344, 351, 354, 358.

108) Carl Linnaeus, *Linnaeus' Philosophia Botanica*, trans. S. Freer (Oxford: University Press, 2003), 52.

109) Peter F. Stevens and Sean P. Cullen, "Linnaeus, the Cortex-Medulla and the Key to His Understanding of Plant Form and Natural Relationships," *Journal of the Arnold Arboretum* 71 (1990): 179-220을 보라.

110) Carl Linnaeus, *Systema Naturae, sive Regna Tria Naturae systematice proposita per classes, ordines, genera, et species* (Leiden: De Groot, 1735), unpag. [p. 1].

111) Carl Linnaeus, *Select Dissertations from the Amoenitates Academicae*, trans. F. J. Brand (1781; repr. New York: Arno Press, 1977), 77.

112) Linnaeus, *Systema Naturae*, unpag. [p. 1]; Staffan Müller-Wille, "Genealogie, Naturgeschichte und Naturgesetz bei Linné und Buffon,"

in *Genealogie als Denkform in Mittelalter und Früher Neuzeit*, ed. K. Heck and B. Jahn (Tübingen: Niemeyer, 2000), 109-119를 보라.

113) 다음을 보라. Staffan Müller-Wille, *Botanik und weltweiter Handel: Zur Begründung eines Natürlichen Systems der Pflanzen durch Carl von Linné (1707-1778)* (Verlag für Wissenschaft und Bildung, 1999), 267-284.

114) Carl Linnaeus, *Miscellaneous Tracts Relating to Natural History, Husbandry, and Physick*, trans. B. Stillingfleet (London: J. Dodsley; Leigh and Sotheby; T. Payne, 1791), 40.

115) Linnaeus, *Amoenitates academicae, vol. 6*, 18; Camille Limoges, "Introduction," in *C. Linné: L' équilibre de la nature: L'histoire des sciences; textes et études*, trans. B. Jasmin (Paris: Vrin, 1972), 7-24; 그리고 Staffan Müller-Wille, "Nature as a Marketplace: The Political Economy of Linnaean Botany," in *Oeconomies in the Age of Newton*, ed. N. Di Marchi and M. Schabas, History of Political Economy, Supplement, vol. 35 (Durham, NC: Duke University Press, 2003), 155-173을 보라.

116) 이러한 관점에 대한 비판적인 평가로는 Amundson, *Changing Role of the Embryo*, pp. 36-38을 보라.

117) K. T. Kanz의 서론이 수록된 Carl Friedrich Kielmeyer, *Über die Verhältnisse der organischen Kräfte unter einander in der Reihe der verschiedenen Organisationen* (Marburg: Basilisken-Presse, 1993), 5; Robert J. Richards, The Romantic Conception of Life: Science and Philosophy in the Age of Goethe (Chicago: University of Chicago Press, 2002), 238-251을 보라.

118) 미셸 푸코, 이규현 옮김, 『말과 사물』 (민음사, 2012). [Michel Foucault, *The Order of Things: An Archaeology of the Human Sciences*, trans. A. M. Sheridan Smith (London: Routledge, 1997), chap. 7.3]; 프랑수아 자콥, 이정우 옮김, 『생명의 논리, 유전의 역사』 [Jacob, *Logic of Life*, chap. 2.]

119) William Coleman, *Biology in the Nineteenth Century: Problems of Form, Function, and Transformation* (New York: John Wiley, 1971)은 19세기 생물학을 둘러싼 그의 설득력 있는 서술 가운데 이 지점을 놓치고 있다.

120) 다음 글들을 보라. Philip C. Ritterbush, *Overtures to Biology: The Speculations of Eighteenth Century Naturalists* (New Haven, CT: Yale University Press, 1964), chap. 5; Roger, Life Sciences, 459-472; 프

랑수아 자콥, 이정우 옮김, 『생명의 논리, 유전의 역사』 [Jacob, *Logic of Life*, 76-80.]; Timothy Lenoir, *The Strategy of Life: Teleology and Mechanics in Nineteenth-Century Germany* (Chicago: University of Chicago Press, 1982), chap. 1; James L. Larson, *Interpreting Nature: The Science of Living Form from Linnaeus to Kant* (Baltimore: Johns Hopkins University Press, 1994), chap. 5; Emma C. Spary, *Utopia's Garden: French Natural History from Old Regime to Revolution* (Chicago: University of Chicago Press, 2000), chap. 3.

121) 인용은 John Lyon and Phillip Reid Sloan, eds., *From Natural History to the History of Nature: Readings from Buffon and His Critics* (Notre Dame, IN: University of Notre Dame Press, 1981), 111에서 가져왔다. *역주: 원저는 "Discourse: On the Manner of Studying and Expounding Natural History"라고 "Initital"을 누락했다.

122) Ohad Parnes, "On the Shoulders of Generations: The New Epistemology of Heredity in the Nineteenth Century," in Müller-Wille and Rheinberger, *Heredity Produced*, 315-346.

123) 임마누엘 칸트, 백종현 옮김, 『판단력비판』 (아카넷, 2009). [Immanuel Kant, Kant's *Critique of Judgement*, 2nd ed., trans. J. H. Bernard (London: Macmillan, 1914), 278]; 프랑수아 자콥, 이정우 옮김, 『생명의 논리, 유전의 역사』 [Jacob, *Logic of Life*, 88-92.], 그리고 Peter McLaughlin, *Kant's Critique of Teleology in Biological Explanation* (Lewiston, NY: Edwin Mellen Press, 1990), 44-51도 보라. 18-19세기 칸트의 자기 조직화(self-organization) 개념의 역사에 대해서는 Lenoir, *Strategy of Life*, 그리고 Müller-Sievers, *Self-Generation*을 보라.

124) Charles Bonnet, *Considérations sur les corps organisés, où l'on traite de leur origine, de leur développement, de leur réproduction, &c*, vol. 1 (Amsterdam: Rey, 1762), 52; François Duchesneau, "Charles Bonnet's Neo-Leibnizan Theory of Organic Bodies," in Smith, *Problem of Animal Generation*, 285-314을 보라.

125) 개체가 사멸한 후 방출된 유기 분자들은 이를 흡수한 유기체의 내부 주형(inner mould)을 통해서 재결합된다. 블루멘바흐의 "형성 충동(formative drive)" 개념에 대해서는 Timothy Lenoir, "Kant, Blumenbach, and Vital Materialism in German Biology," *Isis* 71 (1980):

77-108; Peter McLaughlin," Blumenbach und der Bildungstrieb: Zum Verhältnis von epigenetischer Embryologie und typologischem Artbegriff," *Medizinhistorisches Journal* 17 (1982): 357-372. 그리고 Robert J. Richards, "Kant and Blumenbach on the Bildungstrieb: A Historical Misunderstanding," *Studies in the History and Philosophy of Biology and the Biomedical Sciences* 31 (2000): 11-32을 보라. 뷔퐁의 "내부 주형" 개념에 대해서는 Roger, *Life Sciences*, 439-452. 그리고 Annie Ibrahim, "La notion de moule intérieur dans les théories de la génération au XVIIIe siècle," *Archives de Philosophie* 50 (1987): 555-580을 보라.

126) Karen Detlefsen, "Explanation and Demonstration in the Haller-Wolff Debate," in Smith, *Problem of Animal Generation*, 235-261.

127) 찰스 다윈, 장대익 옮김, 『종의 기원』 (사이언스북스, 2019). [Charles Darwin, *On the Origin of Species: A Facsimile of the First Edition*, introduction by E. Mayr (Cambridge, MA: Harvard University Press, 1966), 422.] *역주: 인용한 번역서는 원서에서 언급한 에른스트 마이어의 서문이 포함된 판본은 아니다.

128) Ibid., 345.

129) Ibid., 117, 317. 다윈의 다이어그램과 그것의 초기 도안에 대해서는 Julia Voss, *Darwin's Pictures: Views of Evolutionary Theory, 1837-1874* (New Haven, CT: Yale University Press, 2010), chap. 2 을 보라.

130) 찰스 다윈, 장대익 옮김, 『종의 기원』 [Darwin, *On the Origin of Species*, 315.]

131) Jonathan Hodge, "Darwin as a Lifelong Generation Theorist," in *The Darwinian Heritage*, ed. D. Kohn (Princeton, NJ: Princeton University Press, 1985), 204-244를 보라.

132) Charles Darwin, *The Works of Charles Darwin*, vols. 19 and 20, *The Variation of Animals and Plants under Domestication*, ed. P. H. Barrett and R. B. Freeman, vol. 2 (New York: New York University Press, 1988), 30-31. 카트르파주는 그의 "생기적 소용돌이" 개념을 "[해면의] 규산질(珪酸質)이나 각질(角質) 골격을 둘러싸고 있는 반원형질(semi-sarcodic) 물질의 이상한 활동"에 적용했다. Armand de Quatrefages de Bréau, *The Human Species* (London: Kegan Paul, Trench & Co, 1883),

4를 보라.

133) Staffan Müller-Wille, "Hybrids, Pure Cultures, and Pure Lines: From Nineteenth-Century Biology to Twentieth Century Genetics," *Studies in History and Philosophy of the Biological and Biomedical Sciences* 38 (2007): 796-806을 보라.

134) 가스통 바슐라르, 김용선 옮김, 『새로운 과학정신』 (인간사랑, 1990). [Gaston Bachelard, *The New Scientific Spirit*, trans. A. Goldhammer (Boston: Beacon Press, 1984), 16.]

135) Alexandre Koyré, "Galileo and the Scientific Revolution of the Seventeenth Century," *Philosophical Review* 52 (1943): 333-348.

136) Carlos López Beltrán, "In the Cradle of Heredity: French Physicians l'hérédité naturelle in the Early Nineteenth Century," *Journal of the History of Biology* 37 (2004): 39-72를 보라.

137) *Oxford English Dictionary, online edition*, http://www.oed.com (2011. 9. 11 접속), s.v."heredity."

138) Bryan A. Gardener, *Black's Law Dictionary*, 7th ed. (St. Paul, MN: West Publishing, 1999), s.v. "heredity."

139) Francis Ludes, Arnold O. Ginnow, Lawrence J. Culligan, Robert J. Owens, and Matthew J. Canavan, eds., *Corpus Juris Secundum: A Contemporary Statement of American Law as Derived from Reported Cases and Legislation*, vol. 39A, s.v. "heredity" (Saint Paul, MN: Thomson-West, 2003).

140) 다음 글들을 보라. Maaike van der Lugt, "Les maladies héréditaires dans la pensée scolastique(XIIe-XVIe siècle)," in *L'hérédité entre Moyen Age et époque moderne,* ed. M. van der Lugt and C. de Miramon (Florence: SISMEL-Edizioni del Galluzzo, 2008), 273-322.

141) Jean François Fernel, *Medicina ad Henricum II Galliarum regem christianissimum*, vol. 2, Pathologia (Paris: Andreas Wechel, 1554), 15

142) Robert Burton, *The Anatomy of Melancholy*, 1621, Projekt Gutenberg Edition, 61, http://www.gutenberg.org/files/10800/10800-h/10800-h.htm (2010. 3. 4 접속).

143) Lesky, *Zeugungs- und Vererbungslehren*, 148-155.

144) Michel de Montaigne, *The Complete Essays of Montaigne*, trans. D. M.

Frame (Stanford, CA: Stanford University Press, 1976), 578.

145) Johann Heinrich Zedler, *Großes vollständiges Universallexikon aller Wissenschaften und Künste*, vol. 47 (1747) (Graz: Akademische Druck- und Verlags-Anstalt, 1993), 510; Peter McLaughlin, "Kant on Heredity and Adaptation," in Müller-Wille and Rheinberger, *Heredity Produced*, 281도 보라. 라틴어 *hereditas*의 뜻에 대해서는 Franck Roumy, "La naissance de la notion canonique de consanguinitas et sa réception dans le droit civil," in Lugt and Miramon, *L'hérédité entre Moyen Age*, 41-66을 보라.

146) Roumy, "La naissance de la notion canonique"는 로마법에서 *hereditas*가 기예적 정신(technical spirit)에서 사용되었음을 강조한다. 법률 관행에서 가족의 배경을 고려하는 일은 후기 고전 시대(late classical period, B.C. 400-323)부터 빠르게 증가했다.

147) Jack Goody, *The Development of the Family and Marriage in Europe* (Cambridge: Cambridge University Press, 1983), 123을 보라.

148) Ibid., 136-144를 보라.

149) David W. Sabean, *Kinship in Neckarhausen, 1700-1870* (Cambridge: Cambridge University Press, 1998), chap. 3을 보라.

150) Kilian Heck and Bernhard Jahn, eds., *Genealogie als Denkform in Mittelalter und Früher Neuzeit* (Tübingen: Niemeyer, 2000)을 보라.

151) Goody, *Development of the Family*, 142-146.

152) David W. Sabean, "From Clan to Kindred: Kinship and the Circulation of Property in Premodern and Modern Europe," in Müller-Wille and Rheinberger, *Heredity Produced*, 37-59를 보라.

153) Henry de Bracton, *On the Laws and Customs of England*, vol. 2, ed. G. E. Woodbridge, trans. S. L. Thorne (Cambridge, MA: Belknap Press, 1968-1977), 184.

154) Charles de Miramon, "Aux origines de la noblesse et des princes du sang: France et Angleterre au XIVe siècle," in Lugt and Miramon, *L'hérédité entre Moyen Age*, 157-210.

155) David W. Sabean, *Power in the Blood: Popular Culture and Village Discourse in Early Modern Germany* (Cambridge: Cambridge University Press, 1984), chap. 3.

156) Miramon, "Aux origines de la noblesse," 210.

157) 카를 마르크스, 강유원 옮김, 『헤겔 법철학 비판』 (이론과실천, 2011). Karl Marx and Friedrich Engels, *Collected Works*, vol. 3 (London: Lawrence & Wishart, 1975), 106; 강조는 원문의 것이다.

158) Klaus Oschema, "Maison, noblesse et légitimité: Aspects de la notion d'hérédité dans le milieu de la cour bourguignonne (XVe siècle)," in Lugt and Miramon, *L'hérédité entre Moyen Age*, 211-244을 보라.

159) Marx and Engels, *Collected Works*, vol. 3, 99.

160) Eduard Gans, *Das Erbrecht in weltgeschichtlicher Entwickelung*, 4 vols. (Berlin: Maurer, 1824-1835).

161) Civil Code, http://www.napoleon-series.org/research/government/ c_code.html (2011. 10. 2 접속), §§ 731, 732, 735, 745, 756을 보라.

162) 에른스트 호프만(E. T. A. Hoffmann)의 1817년 소설 『장자상속권*Das Majorat*』 또는 아힘 폰 아르님(Achim von Arnim)의 1819년 소설 『장자상속권자들*Die Majoratsherren*』이 여기에 해당하는 사례이다. 이에 대해서는 Ulrike Vedder, "Continuity and Death: Literature and the Law of Succession in the Nineteenth Century," in Müller-Wille and Rheinberger, Heredity Produced, 85-101을 보라.

163) 알렉시스 드 토크빌, 박지동 옮김, 『미국의 민주주의 1』 (한길사, 2002) [Alexis de Tocqueville, *Democracy in America*, vol. 1 (New York: Alfred A. Knopf, 1948), 48.]

164) 재닛 브라운, 임종기 옮김, 『찰스 다윈 평전: 나는 멸종하지 않을 것이다』 (김영사, 2010). [Janet Browne, *Charles Darwin: The Power of Place; Volume II of a Biography* (New York: Alfred A. Knopf, 2002), chap. 8.]을 보라.

165) Sabean, "From Clan to Kindred," 45, 52.

166) De Renzi, "Resemblance, Paternity, and Imagination"을 보라.

167) Anne Carol, *Histoire de l'eugénisme en France: Les médecins et la procréation, XIXe-XXe siècle* (Paris: Seuil, 1995), 17-26; 그리고 Lugt, "Les maladies héréditaires"를 보라.

168) Lugt, "Les maladies héréditaires"을 보라.

169) 체액병리학(humoral pathology)에 대해서는 Erich Schöner, *Das Viererschema in der antiken Humoralpathologie* (Wiesbaden: Steiner,

1964)을 보라.

170) 디노 델 가르보(Dino del Garbo)와 존 개드스덴(John of Gaddesden)에 대해서는 Lugt, "Les maladies héréditaires"를 보라.

171) Ibid., p. 300.

172) 인용구는 David F. Musto, "The Theory of Hereditary Disease of Luis Mercado, Chief Physician to the Spanish Habsburgs," B*ulletin of the History of Medicine* 35 (1961): 361에서 가져왔다.

173) Lugt, "Les maladies héréditaires," p. 293을 보라.

174) Carlos López Beltrán, "The Medical Origins of Heredity," in Müller-Wille and Rheinberger, *Heredity Produced*, 105-132을 보라.

175) Robert C. Olby, "Constitutional and Hereditary Disorders," in *Companion Encyclopedia of the History of Medicine*, ed. W. F. Bynum and R. Porter, vol. 1 (London: Routledge, 1993), 412-437을 보라.

176) López-Beltrán, "Medical Origins of Heredity"을 보라.

177) Gianna Pomata, "Comments on Session III: Heredity and Medicine," in *Conference: A Cultural History of Heredity II: 18th and 19th Centuries, preprint 247* (Berlin: Max Planck Institute for the History of Science, 2003), 150.

178) Phillip K. Wilson, "Erasmus Darwin and the 'Noble' Disease (Gout): Conceptualizing Heredity and Disease in Enlightenment England," in Müller-Wille and Rheinberger, *Heredity Produced*, 133-154을 보라. 통풍을 이른바 "귀족병"으로 보는 관점에 대해서는 Roy Porter and George S. Rousseau, *Gout: The Patrician Malady* (New Haven, CT: Yale University Press, 1998)도 보라.

179) Laure Cartron, "Degeneration and 'Alienism' in Early Nineteenth Century France," in Müller-Wille and Rheinberger, *Heredity Produced*, 155-174를 보라.

180) John C. Waller, "'The Illusion of an Explanation': The Concept of Hereditary Disease, 1770-1870," *Journal of the History of Medicine* 57 (2002): 410-448을 보라.

181) López Beltrán, "Medical Origins of Heredity."를 보라.

182) Ann F. La Berge, *Mission and Method: The Early Nineteenth Century French Public Health Movement* (Cambridge: Cambridge University

Press, 1992), 그리고 Elizabeth A. Williams, *The Physical and the Moral: Anthropology, Physiology, and Philosophical Medicine in France, 1750-1850* (Cambridge: Cambridge University Press, 1994)을 보라.

183) Maaike van der Lugt and Charles de Miramon, "Introduction," in Lugt and Miramon, *L'hérédité entre Moyen Age*, 3-40을 보라.

184) 임마누엘 칸트, 김미영 옮김, "인종에 관한 개념 규정", 『비판기 저작. 1 (1784~1794)』 (한길사, 2019)[Immanuel Kant, "Determination of the Concept of a Human Race", trans. H. Wilson and Günter Zöller, in *The Cambridge Edition of the Works of Immanuel Kant, vol. 7, Anthropology, History, and Education*, ed. R. B. Loudon and G. Zöller (Cambridge: Cambridge University Press, 2007), 143- 153]; 임마누엘 칸트, 홍우람 옮김, "철학에서 목적론적 원리의 사용", 『비판기 저작. 1 (1784~1794)』 (한길사, 2019) ["On the Use of Teleological Principles in Philosophy," trans. G. Zöller, in ibid.,192-218]. 칸트의 인종에 관한 인간학 논의에 대해서는 Raphaël Lagier, *Les races humaines selon Kant* (Paris: Presses Universitaires de France, 2004), 그리고 McLaughlin, "Kant on Heredity"을 보라.

185) Staffan Müller-Wille, "Ein Anfang ohne Ende: Das Archiv der Naturgeschichte und die Geburt der Biologie," in Macht des Wissens: *Die Entstehung der modernen Wissengesellschaft, ed. R. v. Dülmen and S. Rauschenbach* (Cologne: Böhlau, 2004), 587-605.

186) 피사(Pisa)에 대해서는 Dietrich v. Engelhardt, "Luca Ghini (um 1490-1556) und die Botanik des 16. Jahrhunderts: Leben, Initiativen, Kontakte, Resonanz," *Medizinhistorisches Journal* 30 (1995): 3-49를 보라; 파도바(Padua)에 대해서는 Alessandro Minelli, ed., *L'Orto botanico di Padova 1545-1995* (Venice: Marsilio, 1995)를 보라.

187) 17세기 식물원의 역사에 대해서는 William T. Stearn, "Botanical Gardens and Botanical Literature in the Eighteenth Century," in *Catalogue of Botanical Books in the Collection of Rachel McMasters Miller Hunt*, ed. J. Quinby and A. Stevenson, vol. 2 (Pittsburgh, PA: Hunt Botanical Library, 1961), 41-140를 보라; 그리고 D. Onno Wijnands, "Hortus auriaci: The Gardens of Orange and their Place in Late 17th-Century Botany and Horticulture," *Journal of Garden History*

8 (1988): 61-86, 271-304. 식물학과 식민주의의 관계에 대해서는 Richard Drayton, *Nature's Government: Science, Imperial Britain, and the "Improvement" of the World* (New Haven, CT: Yale University Press, 2000)을 보라.

188) Ray, *Historia Plantarum*, vol. 1, 40

189) Georges Louis Leclerc, Comte de Buffon, *Natural History, General and Particular, by the Count de Buffon*, trans. W. Smellie, vol. 3 (Edinburgh: Printed for William Creech, 1780), 405.

190) Staffan Müller-Wille, "'Varietäten auf ihre Arten zurückführen'-Zu Carl von Linnés Stellung in der Vorgeschichte der Genetik," *Theory in Biosciences* 117 (1998): 346-376을 보라.

191) Conway Zirkle, "The Early History of the Idea of the Inheritance of Acquired Characters and of Pangenesis," *Transactions of the American Philosophical Society, new series*, 35 (1946): 91-151; Peter Bowler, *The Eclipse of Darwinism* (Baltimore: Johns Hopkins University Press, 1992), chap. 4. 그리고 Wolfgang Lefèvre, "Inheritance of Acquired Characters: Heredity and Evolution in Late Nineteenth-Century Germany," in *A Cultural History of Heredity III: 19th and Early 20th Centuries, preprint 294* (Berlin: Max Planck Institute for the History of Science, 2005), 53-66을 보라.

192) 후기 시놉시스에 대해서는 Charles Naudin and Ferdinand von Müller, *Manuel de l'acclimateur ou choix des plantes recommandées pour l'agriculture, l'industrie et la médecine et adaptées aux divers climates de l'Europe et des pays tropicaux* (Paris: Société d'Acclimatation, 1887)를 보라.

193) Michael A. Osborne, *Nature, the Exotic, and the Science of French Colonialism* (Bloomington: Indiana University Press, 1994).

194) Joseph Gottlieb Kölreuter, *Vorläufige Nachricht von einigen, das Geschlecht der Pflanzen betreffenden Versuchen und Beobachtungen nebst Fortsetzungen 1, 2 und 3* (1761-1766) (Leipzig: Wilhelm Engelmann, 1893).

195) Carl Friedrich Gärtner, *Versuche und Beobachtungen über die Bastarderzeugung im Pflanzenreich* (Stuttgart: 저자 출판, 1849), 234-

235.

196) Olby, *Origins of Mendelism*, chaps. 1 and 2, Staffan Müller-Wille and Vítězslav Orel, "From Linnaean Species to Mendelian Factors: Eleof Hybridism, 1751-1870," *Annals of Science* 64 (2007): 171-215.

197) 뷔퐁(Buffon)의 교잡실험(hybridization experiments)에 대해서는 Spary, *Utopia's Garden*, 112-114를 보라.

198) 중세 시기 축산에 대한 자세한 내용은 Lugt and Miramon, "Introduction"을 보라.

199) Roger J. Wood, "The Sheep Breeders' View of Heredity Before and 1800," in Müller-Wille and Rheinberger, *Heredity Produced*, 230-232를 보라.

200) Peter Lauremberg, *Horticultura, libris II. comprehensa; huic nostro coelo et solo accomodata* (Frankfurt/M.: Merian, 1631), 8.

201) Russell, *Like Engend'ring Like*, 그리고 Wood, "The Sheep Breeders' View"을 보라.

202) John Saunders Sebright, "The Art of Improving the Breeds of Domestic in a Letter, addressed to the Right Hon. Sir Joseph Banks," in *Artificial Selection and the Development of Evolutionary Theory*, ed. C. J. Bajema (Stroudsburg, PA: Hutchinson Ross, 1982), 98. 강조의 원문의 것이다.

203) Roger J. Wood and Vítězslav Orel, *Genetic Prehistory in Selective Breeding: A Prelude to Mendel* (Oxford: Oxford University Press, 2001), 125-131. *역주: 원저의 Jonas Ahlströmer은 Alströmer의 오기로 보인다.

204) Marc J. Ratcliff, "Duchesne's Strawberries: Between Growers' Practices and Academic Knowledge," in Müller-Wille and Rheinberger, *Heredity Produced*, 205-228을 보라.

205) Robert C. Olby, "Mendel No Mendelian?" *History of Science* 17 (1979): 53-72; 그리고 Bowler, *Mendelian Revolution*, chap. 5를 보라.

206) Vítězslav Orel and Roger J. Wood, "Essence and Origin of Mendel's Discovery," *Comptes rendus de l'Académie des Sciences Paris, Sciences de la vie* 323 (2000): 1037-1041를 보라.

207) Georges Louis Leclerc, Comte de Buffon, *De l'Homme*, ed. M. Duchet (Paris: L'Harmattan, 1971), 352.

208) Staffan Müller-Wille, "Schwarz, Weiß, Gelb, Rot: Zur Darstellung menschlicher Vielfalt," in *Dingwelten: Das Museum als Erkenntnisort*, ed. A. te Heesen and P. Lutz (Cologne: Böhlau, 2005), 161-170을 보라.

209) Benjamin Braude, "Sons of Noah," William and Mary Quarterly, 3rd series, 54 (1997): 103-142 를 보라.

210) Renato G. Mazzolini, "Il colore della pelle e l'origine dell'antropologia fisica (1492-1848)," in *L'epopea delle scoperte*, ed. R. Zorzi (Firenze: Leo S. Olschki, 1994), 227-239를 보라.

211) Nicolas Pethes, "'Victor, l'enfant de la forêt': Experiments on Heredity in Savage Children," in Müller-Wille and Rheinberger, *Heredity Produced*, 399-418을 보라.

212) Philip R. Sloan, "The Gaze of Natural History," in *Inventing Human Science: Eighteenth-Century Domains*, ed. C. Fox, R. Porter, and R. Wokler (Berkeley: University of California Press, 1995), 114.

213) Renato G. Mazzolini, "Las Castas: Inter-Racial Crossing and Social Structure (1770-1835)," in Müller-Wille and Rheinberger, *Heredity Produced*, 365.

214) "늑대아이(wolf children)"에 대해서는 Pethes, "'Victor, l'enfant de la forêt'"를 보라; 자수성가 이데올로기에 대해서는 Paul White, "Acquired Character: The Heredity Material of the 'Self-Made Man,'" in Müller-Wille and Rheinberger, *Heredity Produced*, 375-398를 보라; 천재성(genius) 논쟁에 대해서는 Stefan Willer, "Sui Generis: Heredity and Heritage of Genius at the Turn of the Eighteenth Century," in Müller-Wille and Rheinberger, *Heredity Produced*, 419-440을 보라.

215) Helmut Müller-Sievers, "The Heredity of Poetics," in Müller-Wille and Rheinberger, *Heredity Produced*, 443-465를 보라.

216) 미셸 푸코, 이정우 옮김, 『지식의 고고학』 (민음사, 2000). [Michel Foucault, *The Archeology of Knowledge and the Discourse of Language* (New York: Pantheon Books, 1972), 187.]

217) López Beltrán, "Medical Origins of Heredity," 125.

218) Lesky, *Zeugungs- und Vererbungslehren*; Stubbe, *History of Genetics*, 1-3; Rey, "Génération et hérédité" 을 보라.

219) Pierre Louis Moreau de Maupertuis, *Oeuvres*, vol. 2, 115 and 118

(Hildesheim: Olms, 1965). 다음 글도 참고하라. Mary Terrall, *The Man Who Flattened the Earth: Maupertuis and the Sciences in the Enlightenment* (Chicago: University of Chicago Press, 2002), chap. 7.

220) *Forerunners of Darwin, 1745-1859*는 벤틀리 글래스(Bentley Glass), 오세이 템킨(Owsei Temkin), 윌리엄 L. 스트라우스(William L. Strauss)가 편집한 18세기 발생이론 고전 선집의 제목이다.

221) Maupertuis, Oeuvres, vol. 2, 149; Terrall, *Man Who Flattened the Earth*, 215-221을 보라.

222) Terrall, "Speculation and Experiment"를 보라.

223) Lagier, *Les races humaines*를 보라.

224) Harriet Ritvo, *The Animal Estate* (Cambridge, MA: Harvard University Press, 1987)를 보라.

225) Lisbet Koerner, *Linnaeus: Nature and Nation* (Cambridge, MA: Harvard University Press, 1999)을 보라.

226) White, "Acquired Character" 를 보라.

227) 찰스 다윈, 장대익 옮김, 『종의 기원』 [Darwin, *On the Origin of Species*, 12-13]. 다윈의 유전(inheritance) 이론에 대해서는 Rasmus G. Winther, "Darwin on Variation and Heredity," Journal of the History of Heredity 33 (2000): 425-455를 보라.

228) 찰스 다윈, 장대익 옮김, 『종의 기원』 [Darwin, *On the Origin of Species*, 331.]

229) Cartron, "Degeneration and 'Alienism'"을 보라.

230) Carl J. Bajema, *Artificial Selection and the Development of Evolutionary Theory* (Stroudsburg, PA: Hutchinson Ross, 1982)를 참고하라.

231) Gayon, *Darwinism's Struggle for Survival*, 11.

232) Prosper Lucas, *Traité philosophique et physiologique de l'hérédité naturelle* (Paris: J. B. Baillière, 1847-1850), vol. 1, XVI.

233) Ibid., vol. 2, 509.

234) Ibid., 900.

235) 찰스 다윈, 장 대익 옮김, 『종의 기원』 [*Darwin, On the Origin of Species*, chap. 1] Peter J. Bowler, "Variation from Darwin to the Modern Synthesis," in *Variation: A Central Concept in Biology*, ed. B. Hallgrimsson and B. K. Hall (New York: Elsevier, 2005), 414-426을 보라.

236) Ibid., 13.

237) Darwin, *Variation of Animals and Plants*, vol. 2, 321.

238) Voss, *Darwin's Pictures*를 보라.

239) Francis Galton, "Hereditary Talent and Character," *Macmillan's Magazine* (1865): 322.

240) Gayon, *Darwinism's Struggle for Survival*, 9. 예를 들어, 찰스 다윈, 장대익 옮김, 『종의 기원』 [*Darwin, On the Origin of Species*, 350.]

241) Galton, "Hereditary Talent and Character," 322. 강조는 원문의 것이다.

242) Galton, "Theory of Heredity," 331.

243) Ibid., 343.

244) Ibid., 346. 이 결론에 대한 20세기 당시의 반응에 대해서는 6장을 보라.

245) Francis Galton, "On Blood Relationship," *Proceedings of the Royal Society* 20 (1872): 400-401. 강조는 원문의 것이다.

246) Manfred D. Laubichler and Jane Maienschein, eds., *From Embryology to Evo-Devo: A History of Developmental Evolution* (Cambridge, MA: MIT Press, 2007)을 보라.

247) Churchill, "From Heredity Theory to 'Vererbung,'" 337.

248) François Duchesneau, "The Delayed Linkage of Heredity with the Cell Theory," in Müller-Wille and Rheinberger, *Heredity Produced*, 310.

249) Rudolf Ludwig Virchow, *Cellular Pathology as Based upon Physiological and Pathological Histology*, trans. F. Chance (London: John Churchill, 1860), 10.

250) Thomas Cremer, *Von der Zellenlehre zur Chromosomentheorie: Naturwissenschaftliche Erkenntnis und Theoriewechsel in der frühen Zell- und Vererbungsforschung* (Berlin: Springer, 1985)을 보라.

251) Theodor Boveri, *Zellen-Studien*, vol. 2 (Jena: Gustav Fischer, 1888), 5.

252) Theodor Boveri, "An Organism Produced Sexually Without Characteristics of the Mother," *American Naturalist* 27 (1893): 222-232; Manfred D. Laubichler and Eric H. Davidson, "Boveri's Long Experiment: Sea Urchin Merogones and the Establishment of the Role of Nuclear Chromosomes in Development," *Developmental Biology* 314 (2007): 1-11도 보라.

253) Boveri, "Organism Produced Sexually."

254) Churchill, "From Heredity Theory to 'Vererbung,'" 355; Brian Bracegirdle, *A History of Microtechnique: The evolution of the Microtome and the Development of Tissue Preparation*, 2nd ed. (Lincolnwood: Science Heritage Ltd., 1986), 그리고 Frederick B. Churchill, "Hertwig, Weismann, and the Meaning of Reduction Division circa 1890," Isis 61 (1970): 429-457도 보라.

255) Carl Wilhelm von Nägeli, *Mechanisch-Physiologische Theorie der Abstammungslehre* (Munich: R. Oldenbourg, 1884), 46. 이 절에서 다뤄진 이론에 대해서는 Hans-Jörg Rheinberger, "Heredity and Its Entities around 1900," *Studies in History and Philosophy of Science* 39 (2008): 370-374를 보라.

256) Ibid., 23.

257) Ibid., 42 ff.

258) Ibid., 42.

259) Ibid., 26.

260) Ibid., 583.

261) Ibid., 583.

262) Ibid., 44

263) Carl Wilhelm von Nägeli, "Die Individualität in der Natur mit vorzüglicher Berücksichtigung des Pflanzenreiches," *Veröffentlichungen des Wissenschaftlichen Vereins in Zürich* 1 (1856): 203; cf. Parnes, "On the Shoulders of Generations."

264) Nägeli, *Mechanisch-Physiologische Theorie der Abstammungslehre*, 41.

265) Ibid., 275.

266) Ibid., 275.

267) Ibid., 25.

268) Hans-Jörg Rheinberger, "Morphologie bei Claude Bernard," *Aufsätze und Reden der Senckenbergischen Naturforschenden Gesellschaft* 41 (1994): 137-150을 보라. 다음도 참고. 프랑수아 자콥, 이정우 옮김, 『생명의 논리, 유전의 역사』 [Jacob, *Logic of Life*, chap. 4.]

269) Claude Bernard, *Leçons sur les phénomènes de la vie communs aux animaux et aux végétaux* (Paris: Vrin, 1966), 313.

270) Ibid., 311.

271) Claude Bernard, *De la physiologie générale* (Bruxelles: Culture et Civilisation, 1965), 148.

272) Ibid., 177.

273) Bernard, *Leçons*, 315 그리고 336.

274) Ibid., 331. 강조는 원문의 것이다.

275) Ibid., 342.

276) Edmund Beecher Wilson, *The Cell in Development and Heredity* (New MacMillan, 1896), 261-263. 이 책에 대해서는 Ariane Dröscher, "Edmund B. Wilson's The Cell and Cell Theory between 1896 and 1925," *History and Philosophy of the Life Sciences* 24 (2002): 357-389를 보라.

277) Hugo de Vries, *Intracellular Pangenesis*, trans. C. S. Gager (Chicago: Open Court Publishing, 1910), 34

278) Ibid., 43.

279) Ibid., 199.

280) Ibid., 195.

281) 사례로는 de Vries, *Intracellular Pangenesis*, 222를 보라.

282) August Weismann, *The Germ-Plasm: A Theory of Heredity*, trans. W. Parker (New York: Charles Scribner's Sons, 1893), 61.

283) Ibid., 37.

284) Ibid., 49.

285) Ibid., 44-45. 강조는 원문의 것이다.

286) Ibid., 77.

287) August Weismann, "The Continuity of the Germ-Plasm as the Foundation of a Theory of Heredity," in *August Weismann: Essays upon Heredity and Kindred Biological Problems*, ed. E. B. Poulton, S. Schönland, and A. E. Shipley, vol. 1 (Oxford: Clarendon Press, 1891), 195. 288) See Rasmus G. Winther, "August Weismann on Germ-Plasm Variation," *Journal of the History of Biology* 34 (2001): 517-555.

289) Weismann, *The Germ-Plasm*, 415.

290) Ernst Mayr, "The Recent Historiography of Genetics," *Journal for the History of Biology* 6 (1973): 125-154, 그리고 Ernst Mayr, *The Growth of Biological Thought: Diversity, Evolution and Inheritance* (Cambridge, MA: Belknap Press, 1982), 793-797을 보라.

291) Olby, *Origins of Mendelism*, chap. 3을 보라.

292) Stephen Snelders, Frans J. Meijman, and Toine Pieters, "Bismarck the Tomcat and Other Tales: Heredity and Alcoholism in the Medical Sphere, the Netherlands 1850-1900," in *A Cultural History of Heredity III*, 193-211을 보라.

293) George W. Stocking, *Race, Culture, and Evolution: Essays in the History of Anthropology* (Chicago: Chicago University Press, 1982), chap. 10을 보라.

294) Theodore M. Porter, "The Biometric Sense of Heredity: Statistics, Pangenesis and Positivism," in *A Cultural History of Heredity III, 31-42. Michael Bulmer, Francis Galton: Pioneer of Heredity and Biometry* (Baltimore: Johns Hopkins University Press, 2003)도 보라.

295) Renato G. Mazzolini, *Politisch-Biologische Analogien im Frühwerk Rudolf Virchows* (Marburg: Basilisken-Presse, 1988)을 보라.

296) Virchow, *Cellular Pathology*, 14.

297) Rudolf Ludwig Virchow, "Der Staat und die Ärzte," in *Rudolf Virchows : Sämtliche Werke*, ed. C. Andree, vol. 28.1 (Hildesheim: Georg Olms Verlag, 2006), 60.

298) Rudolf Ludwig Virchow, "Über die Reform der pathologischen und therapeutischen Anschauungen durch die mikroskopischen Untersuchungen," in *Archiv für pathologische Anatomie und Physiologie und für klinische Medicin*, ed. R. L. Virchow and B. Reinhardt (Berlin: G. Reimer, 1847), 216-217.

299) Jean Gayon, "Entre force et structure: Genèse du concept naturaliste de l'hérédité," in *Le paradigme de la filiation*, 61-75을 보라.

300) Darwin, *Variation of Animals and Plants*, vol. 2, 17.

301) Jean Gayon and Doris T. Zallen, "The Role of the Vilmorin Company in the Promotion and Diffusion of the Experimental Science of Heredity in France, 1840-1920," *Journal of the History of Biology* 31 (1998): 241-262를 보라.

302) Frederick B. Churchill, "Living with the Biogenetic Law: A Reappraisal," in *Laubichler and Maienschein, From Embryology to Evo-Devo*, 37-81을 보라.

303) Sara Paulson Eigen, "A Mother's Love, a Father's Line: Law, Medicine

and the 18th-Century Fictions of Patrilineal Genealogy," in Heck and Jahn, *Genealogie als Denkform*, 87-107을 보라.

304) Diane B. Paul, *Controlling Human Heredity: 1865 to the Present* (Amherst, NY: Prometheus Books, 1995), 41.

305) Ursula Mittwoch, "Sex Determination in Mythology and History," *Arquivos Brasileiros de Endocrinologia e Metabologia* 49 (2005): 7-13을 보라.

306) Helga Satzinger, "The Chromosomal Theory of Heredity and the Problem of Gender Equality in the Work of Theodor and Marcella Boveri," in *A Cultural History of Heredity III*, 101-114를 보라.

307) Jonathan Harwood, *Styles of Scientific Thought: The German Genetics Community, 1900-1933* (Chicago: University of Chicago Press, 1993), 315-350. Jan Sapp, *Beyond the Gene: Cytoplasmatic Inheritance and the Struggle for Authority in Genetics* (Oxford: Oxford University Press, 1987)도 보라.

308) Stefan Willer, "Heritage-Appropriation-Interpretation: The Debate on the Schiller Legacy in 1905," in *A Cultural History of Heredity III*, 167-178을 보라.

309) Raphael Falk, "Mendel's Impact," *Science in Context* 19 (2006): 229.

310) Warren Thompson, "Population," *American Journal of Sociology* 34 (1929): 959-975.

311) 인구 통계 자료는 Otto Andersen, "Denmark," in *European Demography and Economic Growth*, ed. W. R. Lee (London: Croom Helm, 1979), 79-122의 것이다.

312) Jürgen Osterhammel, *Die Verwandlung der Welt: Eine Geschichte des 19. Jahrhunderts* (Munich: Beck, 2009), 191.

313) Paul Weindling, *Health, Race and German Politics between National Unification and Nazism, 1870-1945* (Cambridge: Cambridge University Press, 1989), 261.

314) Philipp Sarasin, *Reizbare Maschinen: Eine Geschichte des Körpers 1765-1914* (Frankfurt/M.: Suhrkamp, 2001)를 보라.

315) Richard A. Soloway, *Demography and Degeneration: Eugenics and the Declining Birthrate in Twentieth-Century Britain* (Chapel Hill: University of North Carolina Press, 1995)을 보라.

316) Weindling, *Health, Race and German Politics*, 5.

317) Ibid., 3장 및 4장을 보라.

318) 독일의 우생학 운동에 대해서는 Peter Weingart, Kurt Bayertz, and Jürgen Kroll, Rasse, *Blut und Gene: Geschichte der Eugenik und Rassenhygiene in Deutschland* (Frankfurt/M.: Suhrkamp, 1992)를 보라. 영국과 미국에 대해서는 Daniel J. Kevles, *In the Name of Eugenics: Genetics and the Use of Human Heredity* (Cambridge, MA: Harvard University Press, 1985). 프랑스의 사례는 William H. Schneider, *Quality and Quantity: The Quest for Biological Regeneration in Twentieth-Century France* (Cambridge: Cambridge University Press, 1990), 그리고 Carol, *Histoire de l'eugénisme en France*를 보라. 스칸디나비아 국가들은 Gunnar Broberg and Nils Roll-Hansen, eds., *Eugenics and the Welfare State* (East Lansing: Michigan State University Press, 1996). 라틴아메리카는 Nancy Stepan, *The Hour of Eugenics: Race, Gender, and Nation in Latin America* (Ithaca, NY: Cornell University Press. 1991). 식민지 케냐의 사례는 Chloe Campbell, *Race and Empire: Eugenics in Colonial Kenya* (Manchester: Manchester University Press, 2007)을 보라.

319) Stefan Kühl, *Die Internationale der Rassisten: Aufstieg und Niedergang der internationalen Bewegung für Eugenik und Rassenhygiene im 20. Jahrhundert* (Frankfurt/M.: Campus, 1997)를 보라.

320) 인용문은 Weingart, Bayertz, and Kroll, *Rasse, Blut und Gene*, 110의 것이다.

321) Diane B. Paul, "Eugenics and the Left," *Journal of the History of Ideas* 45 (1984): 567-590을 보라. 독일의 노동 운동과 우생학에 대해서는 Reinhard Mocek, *Biologie und soziale Befreiung: Zur Geschichte des Biologismus und der Rassenhygiene in der Arbeiterbewegung* (Frankfurt/M.: Peter Lang, 2002)을 보라. 그리고 다음 글도 참고하라. R. Mocek, "Biology of Liberation: Some Historical Aspects of 'Proletarian Race Hygienics,'" in *From Physico-Theology to Bio-Technology*, ed. M. Teich and K. Bayertz (Amsterdam: Rodopi, 1998), 224-231.

322) Paul, *Controlling Human Heredity*, 10.

323) Kevles, *In the Name of Eugenics*, 59.

324) 통계 자료는 다음을 참고하라. Weindling, *Health*, Race *and German Politics*, 145 and 499.

325) Donald A. MacKenzie, "Eugenics in Britain," *Social Studies of Science* 6 (1976): 523-527, 그리고 Weingart, Bayertz und Kroll, *Rasse, Blut und Gene*, chap. 3을 보라.

326) Kevles, *In the Name of Eugenics*, 24-27, 그리고 Weindling, *Health, Race and German Politics*, 146을 보라.

327) Angelique Richardson, *Love and Eugenics in the Late Nineteenth Century: Rational Reproduction and the New Woman* (Oxford: Oxford University Press, 2003)을 보라.

328) 인용문은 Paul, *Controlling Human Heredity*, 20의 것이다.

329) John M. Efron, *Defenders of the Race: Jewish Doctors and Race Science in Fin-de-Siècle Europe* (New Haven, CT: Yale University Press, 1994)을 보라. Gregory Michael Dorr, *Segregation's Science: Eugenics and Society in Virginia* (Charlottesville: University of Virginia Press, 2008).

330) 나치의 우생학에 대해서는 특히 Robert N. Proctor, *Racial Hygiene: Medicine Under the Nazis* (Cambridge, MA: Harvard University Press, 1988)를 보라.

331) Lene Koch, "The Meaning of Eugenics: Reflections on the Government of Genetic Knowledge in the Past and the Present," *Science in Context* 17 (2004): 315-331을 보라.

332) Mark B. Adams, ed., *The Wellborn Science: Eugenics in Germany, France, Brazil, and Russia* (New York: Oxford University Press, 1990)을 보라.

333) Paul, *Controlling Human Heredity*, 44-45.

334) Götz Aly and Susanne Heim, *Architects of Annihilation: Auschwitz and the Logic of Destruction*, trans. A. G. Blunden (London: Weidenfeld & Nicolson, 2002)을 보라.

335) "Protokoll über die Verhandlungen der Schafzüchter-Versammlung in Brünn am 1. und 2. Mai 1837," *Mittheilungen der k. k. Mährisch-Schlesischen Gesellschaft zur Beförderung des Ackerbaues, der Natur- und Landeskunde in Brünn*, 1837, 227.

336) 한나 아렌트, 박미애, 이진우 옮김, 『전체주의의 기원』 (한길사, 2017). [Hannah Arendt, *The Origins of Totalitarianism* (New York: Schocken Books, 2004), chap. 6 and 7]을 보라. 이와 함께 다음 글도 참고하라. 미셸 푸코, 김상운 옮김, "살게 만들기와 죽게 내버려두기", 『사회를 보

호해야 한다』(난장, 2015)[Foucault, "Faire vivre et laisser mourir"]

337) Jenny Reardon, *Race to the Finish: Identity and Governance in an Age of Genomics* (Princeton, NJ: Princeton University Press, 2005), 18을 보라.

338) 미셸 푸코, 김상운 옮김, 『사회를 보호해야 한다』(난장, 2015). [Michel Foucault, *Society Must Be Defended: Lectures at the Collège de France, 1975-1976*, trans. David Macey (New York: Picador, 2003), 76-81 and 99-110]을 보라.

339) Loïc Rignol, "Augustin Thierry et la politique de l'histoire: Genèse et principes d'un système de pensée," *Revue d'histoire du XIXe siècle* 25 (2002): 87-88을 번역하였다.

340) Marx and Engels, *Collected Works*, vol. 3.7, 130

341) George W. Stocking, "The Turn-of-the-Century Concept of Race," *Modernism/Modernity* 1 (1994): 6.

342) 인용문은 Jacob W. Gruber, "Ethnographic Salvage and the Shaping of Anthropology," *American Anthropologist* 72 (1970): 1293의 것이다; George W. Stocking, *Victorian Anthropology* (London: Macmillan, 1987), 240-245도 보라.

343) Patrick Brantlinger, *Dark Vanishings: Discourse on the Extinction of Primitive Races, 1800-1930* (Ithaca, NY: Cornell University Press, 2003), 그리고 Stocking, *Victorian Anthropology*, chap. 6을 보라. 이러한 생각의 흐름은 이미 다음 글에서도 언급된다. 임마누엘 칸트, 김미영 옮김, "세계시민적 관점에서 본 보편사의 이념", 『비판기 저작. 1 (1784~1794)』(한길사, 2019) [Kant, "Idea for a Universal History with a Cosmopolitan Purpose," in *Kant: Political Writings*, 2nd ed., (Cambridge: Cambridge University Press, 1991), 41-53.]. Thomas A. McCarthy, "On the Way to a World Republic? Kant on Race and Development," in *Politik, Moral und Religion: Gegensätze und Ergänzungen*, ed. L. Waas (Berlin: Duncker & Humblot, 2004), 223-242도 보라.

344) Charles Lyell, *Principles of Geology, Being an Attempt to Explain the Former Changes of the Earth's Surface, by Reference to Causes Now in Operation, vol. 2* (London: John Murray, 1832-1833), 156.

345) 찰스 로버트 다윈, 『인간의 유래와 성선택』(지만지고전천줄, 2010)

[Charles Darwin, *The Works of Charles Darwin, vols. 21 and 22, The Descent of Man, and Selection in Relation to Sex*, ed. P. H. Barrett and R. B. Freeman, vol. 1 (New York: New York University Press, 1989), 188-198.]을 보라.

346) Johann Gottfried Herder, *Outlines of a Philosophy of the History of Man*, trans. T. Churchill (London: Printed for J. Johnson, by L. Hansard, 1800), 314.

347) 인용문은 Gruber, "Ethnographic Salvage," 1293의 것이다.

348) Sloan, "Gaze of Natural History," 112-151을 보라.

349) 카스타스(castas)와 기질(temperaments)에 대한 주장은 Carlos López Beltrán, "Hippocratic Bodies: Temperament and Castas in Spanish America (1570- 1820)," *Journal of Spanish Cultural Studies* 8, no. 2 (2007): 253-289를 보라. 중세(Middle Ages)의 피부색에 대해서는 Maaike van der Lugt, "Lapeau noire dans la science médiévale," *Micrologus* 13 (2005): 439-475를 보라.

350) Mazzolini, "Il colore della pelle"을 보라.

351) Carl Linnaeus, *Critica Botanica in quo nomina plantarum generica, specifica, et variantia examini subjiciuntur* (Leiden: Wishoff, 1737), 152-155.

352) Johann Friedrich Blumenbach, "On the Natural Variety of Mankind," in *Anthropological Treatises of Johann Friedrich Blumenbach*, ed. and trans. T. Bendyshe (London: Published for the Anthropological Society by Longman, Green, Longman, Roberts, & Green, 1865), 207-222.

353) Buffon, *Natural History*, vol. 3, 178.

354) Michael Hagner, *Homo cerebralis: Der Wandel vom Seelenorgan zum Gehirn* (Berlin: Berlin Verlag, 1997)을 보라.

355) 체질 인류학의 역사에 대해서는 다음 책들을 보라. 스티븐 제이 굴드, 김동광 옮김, 『인간에 대한 오해』(사회평론, 2003). [Steven J. Gould, The Mismeasure of Man (New York: Norton, 1981)], George W. Stocking, ed., *Bones, Bodies, and Behaviour: Essays on Biological Anthropology* (Madison: University of Wisconsin Press, 1988), 그리고 Uwe Hoßfeld, *Geschichte der biologischen Anthropologie in Deutschland: Von den Anfängen bis in die Nachkriegszeit* (Stuttgart: Franz Steiner

Verlag, 2005).

356) Lorraine Daston and Peter Galison, "The Image of Objectivity," *Representations* 40 (1992): 81을 보라.

357) Theodore M. Porter, *The Rise of Statistical Thinking: 1820-1900* (Princeton, NJ: Princeton University Press, 1986). 그리고 Libby Schweber, *Disciplining Statistics: Demography and Vital Statistics in France and England, 1830- 1885* (Durham, NC: Duke University Press, 2006)를 보라.

358) 인용문은 Porter, *Rise of Statistical Thinking*, 129의 것이다.

359) Schwartz Cowan, "Nature and Nurture"를 보라.

360) 골턴의 실험에 대해서는 Porter, *Rise of Statistical Thinking*, 128-146, 그리고 Gayon, *Darwinism's Struggle for Survival*, 105-146을 보라.

361) 조상의 영향을 좌우하는 법칙에 대한 골턴의 가설은 「유전적 재능과 성격」에 처음 언급된 이후 그의 저작 전반에 걸쳐 등장하며, 그는 거의 전적으로 부계 조상에 대해서만 언급한다.

362) Karl Pearson, "Mathematical Contributions to the Theory of Evolution: the Law of Ancestral Heredity," *Proceedings of the Royal Society of London* 62 (1898): 411-412. 이에 대해서는 Donald A. MacKenzie, "Statistical Theory and Social Interests," *Social Studies of Science* 8 (1978): 54-58; Kevles, *In the Name of Eugenics*, chap. 2; Porter, *Rise of Statistical Thinking*, 258-259. 그리고 Gayon, *Darwinism's Struggle for Survival*, 132-146을 보라.

363) Christine Hanke, *Zwischen Auflösung und Fixierung: Zur Konstitution von "Rasse" und "Geschlecht" in der physischen Anthropologie um 1900* (Bielefeld: Transcript, 2007)을 보라.

364) Ludger Müller-Wille, ed., *Franz Boas among the Inuit on Baffin Island (1883-1884): Journals and Letters,* trans. W. Barr (Toronto: University of Toronto Press, 1998).

365) Franz Boas, "Mixed Races," *Science* 17 (1891): 179.

366) Franz Boas, "The Correlation of Anatomical or Physiological Measurements," *American Anthropologist* 7 (1894): 313-324를 보라.

367) Franz Boas, *The Mind of Primitive Man* (New York: Macmillan, 1911). 인종 개념에 대한 보아스의 비판에 대해서는 Stocking, *Race, Culture, and Evolution*, chap. 2를 보라.

368) Elazar Barkan, *The Retreat of Scientific Racism: Changing Concepts of Race in Britain and the United States between the World Wars* (Cambridge: Cambridge University Press, 1992), chap. 6을 보라.

369) Franz Boas, *Kultur und Rasse* (Leipzig: Veit, 1914), 98-113.

370) 프란츠 보아스의 선집을 보라. Franz Boas, *Race, Language and Culture* (Chicago: University of Chicago Press, 1996).

371) Maria Kronfeldner, "'If There Is Nothing Beyond the Organic...': Heredity and Culture at the Boundaries of Anthropology in the Work of Alfred L. Kroeber," *NTM: Zeitschrift für Geschichte der Wissenschaften, Technik und Medizin* 17 (2009): 107-133을 보라.

372) Karl Pearson, *Nature and Nurture: The Problem of the Future* (London: Cambridge University Press, 1913).

373) Karl Pearson, "Mathematical Contributions to the Theory of Evolution III: Regression, Heredity and Panmixia," P*roceedings of the Royal Society of London, Series A, Containing Papers of a Mathematical and Physical Character*, 187 (1896): 255.

374) Kyung-Man Kim, *Explaining Scientific Consensus: The Case of Mendelian Genetics* (New York: Guilford Press, 1994)를 보라.

375) MacKenzie, "Statistical Theory and Social Interests"를 보라.

376) 유전력 개념과 이에 관련한 난제에 대해서는 *Sahotra Sarkar, Genetics and Reductionism* (Cambridge: Cambridge University Press, 1998), chap. 4를 보라.

377) Udny Yule, "Mendel's Laws and Their Probable Relation to Intra-Racial Heredity," *New Phytologist* 1 (1902): 227.

378) Ibid., 206.

379) Jean Gayon, "From Measurement to Organization: A Philosophical Scheme for the History of the Concept of Heredity," in *The Concept of the Gene in Development and Evolution: Historical and Epistemological Perspectives*, ed. P. Beurton, R. Falk, and H.-J. Rheinberger (Cambridge: Cambridge University Press, 2000), 76-77, 그리고 Müller-Wille and Orel, "From Linnaean Species to Mendelian Factors," 211-213을 보라.

380) Gayon, *Darwinism's Struggle for Survival*, 289-298을 보라.

381) 19세기와 20세기의 문학, 예술, 철학, 과학 분야에서 계보 개념과 의미

의 비유(figures of thought)의 얽힘에 대한 자세한 설명으로는 Weigel, *Genea-Logik: Generation, Tradition und Evolution zwischen Kultur- und Naturwissenschaften* (Munich: Fink, 2006)을 보라.

382) Parnes, "On the Shoulders of Generations," 317; 19세기와 20세기 동안 이 개념의 발전에 대해서는 Parnes, Vedder and Willer, *Das Konzept der Generation*, chaps. 8 and 9를 보라.

383) 칼 만하임, 이남석 옮김, 『세대 문제』 (책세상, 2020). [Karl Mannheim, "The Problem of Generations," in *Essays on the Sociology of Knowledge by Karl Mannheim*, ed. P. Kecskemeti (New York: Routledge & Kegan Paul, 1952), 276-320.]

384) Parnes, "On the Shoulders of Generations," 324.

385) Galton, *Hereditary Genius*, 50-51.

386) 인용문은 Elisabeth Tooker, "Lewis H. Morgan and His Contemporaries," *American Anthropologist* 94 (1992): 364의 것이다.

387) Lewis H. Morgan, *Systems of Consanguinity and Affinity of the Human Family* (Washington, DC: Smithsonian Institution, 1871), 10-11.

388) Tooker, "Lewis H. Morgan"을 보라.

389) George W. Stocking, *After Tylor: British Social Anthropology 1888-1951* (Madison: University of Wisconsin Press, 1995), 208.을 보라.

390) Adam Kuper, "On Human Nature: Darwin and the Anthropologists," in *Nature and Society in Historical Perspective*, ed. M. Teich, R. Porter, and B. Gustafsson (Cambridge: Cambridge University Press, 1997), 274-290; Lawrence Krader, *Ethnologie und Anthropologie bei Marx* (Munich: Hanser, 1973), chap. 2를 보라.

391) Cartron, "Degeneration and 'Alienism.'"을 보라.

392) Ian Robert Dowbiggin, *Inheriting Madness: Professionalization and Psychiatric Knowledge in Nineteenth-Century France* (Berkeley: University of California Press, 1991), 그리고 Dowbiggin, *Keeping America Sane: Psychiatry and Eugenics in the United States, 1880-1940* (Ithaca, NY: Cornell University Press, 1997)을 보라. 소질(diathesis) 개념에 대해서는 Olby, "Constitutional and Hereditary Disorders"를 보라.

393) Bernd Gausemeier, "Pedigree vs. Mendelism: Concepts of Heredity in Psychiatry Before and After 1900," in *Conference: Heredity in the Century*

of the Gene (A Cultural History of Heredity IV), preprint 343 (Berlin: Max Planck Institute for the History of Science, 2008), 150-152.

394) Garland E. Allen, "The Eugenics Record Office, Cold Spring Harbor, 1910-1940," *Osiris*, 2nd series, 2 (1986): 225-264를 보라.

395) Phillip K. Wilson, "Pedigree Charts as Tools to Visualize Inherited Disease in Progressive Era America," in *Conference: Heredity in the Century of the Gene*, 163-190을 보라.

396) 이러한 비교를 제안해 준 베른트 가즈마이어에게 감사를 표한다.

397) Tamara Hareven, "The Search for Generational Memory: Tribal Rites in Industrial Society," *Daedalus* 107 (1978): 137-149를 보라.

398) "Die Liebe gedeiht am meisten bei Ahnenverlust und Ebenbürtigkeit." 인용은 다음 글의 것이다. Bernd Gausemeier, "Auf der 'Brücke zwischen Natur- und Geschichtswissenschaft': Ottokar Lorenz und die Neuerfindung der Genealogie um 1900," in *Wissensobjekt Mensch: Praktiken der Humanwissenschaften im 20. Jahrhundert*, ed. F. Vienne and C. Brandt (Berlin: Kulturverlag Kadmos, 2008), 137-164; Ottokar Lorenz, *Lehrbuch der gesammten wissenschaftlichen Genealogie* (Berlin; Wilhelm Hertz, 1898).

399) Volker Roelcke, "Programm und Praxis der psychiatrischen Genetik an der Deutschen Forschungsanstalt für Psychiatrie unter Ernst Rüdin: Zum Verhältnis von Wissenschaft, Politik und Rasse-Begriff vor und nach 1933," in *Rassenforschung an Kaiser-Wilhelm-Instituten vor und nach 1933*, ed. H.-W. Schmuhl (Göttingen: Wallstein, 2003), 38-67를 보라.

400) 인용은 Gausemeier, "Pedigree vs. Mendelism," 153의 것이다.

401) Ibid., 155-158을 보라.

402) 다음 글들을 보라. Stocking, *Race, Culture, and Evolution*, chap. 2; Doris Kaufmann, "'Rasse und Kultur': Die amerikanische Kulturanthropologie um Franz Boas (1858-1942) in der ersten Hälfte des 20. Jahrhunderts-ein Gegenentwurf zur Rassenforschung in Deutschland," in Schmuhl, *Rassenforschung*, 318-319.

403) Benoit Massin, "From Virchow to Fischer: Physical Anthropology and 'Modern Race Theories' in Wilhelmine Germany," in *Volksgeist as Method and Ethic: Essays on Boasian Ethnography and the German*

Anthropological Tradition, ed. G. W. Stocking (Madison: University of Wisconsin Press, 1996), 123을 보라.

404) Boas, *Race, Language and Culture*, 32.

405) Hans-Jörg Rheinberger and Peter McLaughlin, "Darwin's Experimental Natural History," *Journal of the History of Biology* 17 (1984): 345-368을 보라.

406) Veronika Lipphardt, "Zwischen 'Inzucht' und 'Mischehe': Demographisches Wissen in der Debatte um die 'Biologie der Juden,'" *Tel Aviver Jahrbuch für Deutsche Geschichte* 35 (2007): 45-66을 보라.

407) 20세기까지 다원론자와 일원론자의 논쟁을 촉발시킨 난제에 대해서는 다음 책들을 보라. Peter J. Bowler, *Theories of Human Evolution: A Century of Debate 1844-1944* (Oxford: Basil Blackwell, 1986); Marianne Sommer, *Bones and Ochre: The Curious Afterlife of the Red Lady of Paviland* (Cambridge, MA: Harvard University Press, 2007), chap. 7-12.

408) Stocking, *Victorian Anthropology*, 62-69를 보라.

409) Henrika Kuklick, "The British Tradition," in *A New History of Anthropology*, ed. H. Kuklick (Oxford: Wiley Blackwell, 2007), 58-60을 보라.

410) Edward B. Tylor, *Primitive Culture: Researches Into the Development of Mythology, Philosophy, Religion, Language, Art and Custom*, 3rd ed., vol. 2 (New York: Holt, 1889), 453.

411) 이러한 직유를 제안한 노턴 와이즈(Norton Wise)에게 감사를 표한다.

412) UNESCO, ed., *The Race Concept: Results of an Inquiry* (Paris: UNESCO House, 1952).

413) Theodosius Dobzhansky, *Genetics and the Origins of Species* (New York: Columbia University Press, 1937), 62-63. 다음 글도 보라. Jean Gayon, "Do Biologists Need the Expression 'Human Races'? UNESCO 1950-1951," in *Bioethical and Ethical Issues Surrounding the Trials and Code of Nuremberg: Nuremberg Revisited*, ed. Jacques Rozenberg, 23-48 (Lewiston, NY: Edwin Mellen Press, 2003). 도브잔스키의 성명은 나치 체제에서 고문으로 일한 인종차별주의자인 에른스트 뤼딘과 같은 과학자의 연구가 집단 유전학 분야 전사(前史)의 큰 부분을 차지한다는 점에서 양가적으로 여겨진다. 뤼딘에 대해서는 Roelcke, "Programm und Praxis," 47, 그리고 Weingart, Bayertz, and Kroll, *Rasse, Blut und Gene*,

460-464를 보라.

414) Weingart, Bayertz und Kroll, *Rasse, Blut und Gene*, 15.

415) Bernard, Leçons. 다음 글도 보라. Manfred D. Laubichler, "'Allgemeine Biologie' selbständige Grundwissenschaft und die allgemeinen Grundlagen des Lebens," in *Der Hochsitz des Wissens: Das Allgemeine als wissenschaftlicher Wert*, ed. M. Hagner and M. D. Laubichler (Zürich: Diaphanes, 2006), 185-206.

416) 비판적인 조망으로는 Robert C. Olby, "Mendel, Mendelism and Genetics," *MendelWeb*, http://www.mendelweb.org/MWolby.html, 1997 (2011.10.2. 접속)을 보라.

417) 이를테면 Mikulás Teich, "Fermentation Theory and Practice: The Beginnings of Pure Yeast Cultivation and English Brewing, 1883-1913," *Technology and Culture* 8 (1983): 117-133, 그리고 Teich, *Bier, Wissenschaft und Wirtschaft in Deutschland 1800-1914: Ein Beitrag zur deutschen Industrialisierungsgeschichte* (Vienna: Böhlau, 2000)를 보라.

418) Thurtle, *Emergence of Genetic Rationality*; Christophe Bonneuil, "Producing Identity, Industrializing Purity: Elements for a Cultural History of Genetics," in *Conference: Heredity in the Century of the Gene*, 81-110; Müller-Wille, "Hybrids, Pure Cultures, and Pure Lines"를 보라.

419) Alexander Powell, Maureen A. O'Malley, Staffan Müller-Wille, Jane Calvert, and John Dupré, "Disciplinary Baptisms: A Comparison of the Naming Stories of Genetics, Molecular Biology, Genomics and Systems Biology," *History and Philosophy of the Life Sciences* 29 (2007): 5-32.

420) Olby, "Mendel No Mendelian?"을 보라. 보다 최근의 논의로는 Müller-Wille and Orel, "From Linnaean Species to Mendelian Factors"가 있다.

421) Olby, *Origins of Mendelism*, 205-207, 그리고 Sander Gliboff, "Gregor Mendel and the Laws of Evolution,“ *History of Science* 37 (1999): 217-235를 보라. 멘델과 네겔리(Carl Nägeli) 사이 서신은 1905년에 칼 코렌스에 의해 출판되었다. Correns, "Gregor Mendels Briefe an Carl Nägeli 1866-1873: Ein Nachtrag zu den veröffentlichten Bastardisierungsversuchen Mendels," in *Gesammelte Abhandlungen zur Vererbungswissenschaft aus periodischen Schriften 1899-1924* (Berlin: Julius Springer, 1924), 1233-1297을 보라.

422) 인용문은 Ilse Jahn, *Geschichte der Biologie* (Berlin: Spektrum Akademischer Verlag, 2000), 389 의 것이다.

423) Olby, *Origins of Mendelism*, chap. 2를 보라.

424) Charles Naudin, "Nouvelles recherches sur l'hybridité dans les végétaux: Mémoire présenté à l'Académie en décembre 1861," *Nouvelles Archives du Muséum* 1 (1865): 149-150.

425) Gregor Mendel, "Experiments in Plant Hybrids," trans. E. R. Sherwood, in *Gregor Mendel's Experiments on Plant Hybrids: A Guided Study*, ed. A. F. Corcos and F. V. Monaghan (New Brunswick, NJ: Rutgers University Press, 1993), 59.

426) Ibid., 63 and 82.

427) Ibid., 160.

428) 그레고어 멘델, 신현철 옮김, 『식물의 잡종에 관한 실험』 (지만지, 2021) [Gregor Mendel, "On Hieracium-Hybrids Obtained by Artificial Fertilisation" in William Bateson, *Mendel's Principles of Heredity: A Defense* (Placitas, NM: Geneticas Heritage Press, 1996), 96-103], 그리고 Correns, "Gregor Mendels Briefe an Carl Nägeli"; Müller-Wille and Orel, "From Linnaean Species to Mendelian Factors" 등을 보라.

429) 미셸 푸코, 이정우 옮김, 『지식의 고고학』 [Foucault, *Archaeology of Knowledge*, 224.]

430) Vítězslav Orel, *Gregor Mendel: The First Geneticist* (Oxford: Oxford University Press, 1996).

431) 독일의 사례에 대해서는 특히 *Teich, Bier, Wissenschaft und Wirtschaft*를 보라. 다음 글들도 보라. Thomas Wieland, "Wir beherrschen den pflanzlichen Organismus besser...": *Wissenschaftliche Pflanzenzüchtung in Deutschland 1889-1945* (Munich: Deutsches Museum, 2004), Wieland, "Scientific Theory and Agricultural Practice: Plant Breeding in Germany from the Late 19th to the Early 20th Century," *Journal of the History of Biology* 39 (2006): 309-343, 그리고 Jonathan Harwood, *Technology's Dilemma: Agricultural Colleges between Science and Practice in Germany, 1860-1934* (Bern: Peter Lang, 2005).

432) Roger J. Wood and Vítězslav Orel, "Scientific Breeding in Central Europe during the Early Nineteenth Century: Background to Mendel's

Later Work," *Journal of the History of Biology* 38 (2005): 239-272.

433) Charles Massy, *The Australian Merino: The Story of a Nation*, 2nd ed. (Sydney: Random House Australia, 2007), 205를 보라.

434) Wood and Orel, *Genetic Prehistory in Selective Breeding*을 보라.

435) Gayon and Zallen, "The Role of the Vilmorin Company"를 보라.

436) 인용문은 Nils Roll-Hansen, "Sources of Johannsen's Genotype Theory" in *A Cultural History of Heredity III*, 47의 것이다.

437) Margaret Derry, *Bred for Perfection: Shorthorn Cattle, Collies, and Arabian Horses since 1800* (Baltimore: Johns Hopkins University Press, 2003)을 보라.

438) Staffan Müller-Wille, "Early Mendelism and the Subversion of Taxonomy: Epistemological Obstacles as Institutions," *Studies in History and Philosophy of Biological and Biomedical Sciences* 36 (2005): 465-487을 보라.

439) Diane B. Paul and Barbara A. Kimmelman, "Mendel in America: Theory and Practice 1900-1919," in *The American Development of Biology*, ed. K. Benson, J. Maienschein, and R. Rainger (Philadelphia: University of Pennsylvania Press, 1988), 281-310; Paolo Palladino, "Between Craft and Science: Plant Breeding, Mendelian Genetics, and British Universities, 1900-1920," *Technology and Culture* 34 (1993): 300-323; Barbara A. Kimmelman, "Mr. Blakeslee Builds His Dream House: Agricultural Institutions, Genetics, and Careers, 1900-1915," *Journal of the History of Biology* 39 (2006): 241-280; Wieland, "Wir beherrschen den pflanzlichen Organismus besser," and Wieland, "Scientific Theory and Agricultural Practice."

440) Jane Maienschein, *Whose View of Life? Embryos, Cloning, and Stem Cells* (Cambridge, MA: Harvard University Press, 2003); Christina Brandt, "Clones, Pure Lines and Heredity: The Work of Victor Jollos," in *Conference: Heredity in the Century of the Gene*, 139-148을 보라.

441) Müller-Wille, "Hybrids, Pure Cultures, and Pure Lines," 801.

442) *Eugenius Warming and Wilhelm Johannsen, Lehrbuch der allgemeinen Botanik*, trans. E. P. Meinecke (Berlin: Bornträger, 1909), 355.

443) 에밀 크리스티안 한센(Emil Christian Hansen) 소유 양조장 목록은 다음

을 보라. *Practical Studies in Fermentation: Being Contributions to the Life History of Micro-Organisms* (London: Spon and Chamberlain, 1896); 한센에 관해서는 Teich, "Fermentation Theory and Practice"를 보라.

444) 다음 글들을 보라. Andrew Mendelsohn, "Message in a Bottle: The Business of Vaccines and the Nature of Heredity after 1880," in *A Cultural History of Heredity III*, 85-100; Bonneuil, "Producing Identity, Industrializing Purity"; Thurtle, *Emergence of Genetic Rationality*.

445) Daniel J. Kevles, *A History of Patenting Life in the United States: With Comparative Attention to Europe and Canada* (Brussels: European Community, 2002)을 보라.

446) Garland E. Allen, "Mendel and Modern Genetics: The Legacy for Today," *Endeavour* 27 (2003): 63-68을 보라.

447) Peter Ruckenbauer, "E. von Tschermak-Seysenegg and the Austrian Contribution to Plant Breeding," *Vorträge für Pflanzenzüchtung* 48 (2000): 31-46을 보라.

448) Ida H. Stamhuis, "Hugo de Vries's Transitions in Research Interest Method," in *A Cultural History of Heredity III*, 115-136을 보라.

449) 다음 글들을 보라. Ilse Jahn, "Zur Geschichte der Wiederentdeckung der Mendelschen Gesetze," *Wissenschaftliche Zeitschrift der Friedrich-Schiller Universität Jena, Mathematisch-naturwissenschaftliche Reihe* 7, no. 2-3 (1958): 215-227; Joan W. Bennett and Herman J. Phaff, "Early Biotechnology: The Delft Connection," *ASM News* 59 (1993): 401-404.

450) Hugo de Vries, "Sur la loi de disjonction des hybrides," *Comptes rendus de l'Académie des Sciences* 130 (1900): 845-847, 그리고 Carl Correns, "Mendels Regeln über das Verhalten der Nachkommenschaft der Rassenbastarde," *Berichte der Deutschen Botanischen Gesellschaft* 18 (1900): 158-168을 보라.

451) William Bateson, "Problems of Heredity as a Subject for Horticultural Investigation," *Journal of the Royal Horticultural Society* 25 (1900): 54. 다음 글을 보라. Robert C. Olby, "William Baleson's Introduction of Mendelism to Britain: A Reassessment," *British Journal for the History of Science* 20 (1987): 399-420.

452) William Bateson, "Hybridisation and Cross-Breeding as a Method of

Scientific Investigation," *Journal of the Royal Horticultural Society* 24 (1899): 59.

453) William Bateson, *The Methods and Scope of Genetics: An Inaugural Lecture Delivered 23 October 1908* (Cambridge: Cambridge University Press, 1908), 48.

454) Max Hartmann, *Allgemeine Biologie* (Jena: Gustav Fischer, 1927), 5-11.

455) 다음 글도 보라. Nils Roll-Hansen, "The Genotype Theory of Wilhelm Johannsen and Its Relation to Plant Breeding and the Study of Evolution," *Centaurus* 22 (1978): 201-235, 그리고 Roll-Hansen, "The Crucial Experiment of Wilhelm Johannsen," *Biology and Philosophy* 4 (1989): 303-329; Hans-Jörg Rheinberger, *An Epistemology of the Concrete: Twentieth Century Histories of Life* (Durham: Duke University Press, 2010), chap. 4.

456) Wilhelm Johannsen, "The Genotype Conception of Heredity," *American Naturalist* 45 (1911): 131.

457) Wilhelm Johannsen, *Elemente der exakten Erblichkeitslehre: Mit Grundzügen der biologischen Variationsstatistik*, 3rd ed. (Jena: Gustav Fischer, 1926), vi.

458) Johannsen, "Genotype Conception of Heredity," 130.

459) Ibid., 133.

460) Ibid., 133.

461) Ibid., 133 and 150.

462) Ibid., 139.

463) Frederick B. Churchill, "William Johannsen and the Genotype Concept," *Journal of the History of Biology* 7 (1974): 5-30을 보라.

464) Carl Correns, *Autobiographical sketch*, typescript, Archive of the Max Planck Society, Abt. III, Rep. 17, no. 1, p. 3.

465) 멘델의 논문에 대한 코렌스의 대응에 대해서는 Hans-Jörg Rheinberger, "When Did Carl Correns Read Gregor Mendel's Paper? A Research Note," *Isis* 86 (1995): 612-616. 그리고 Hans-Jörg Rheinberger, "Pisum: Carl Correns's Experiments on Xenia, 1896-99," chap. 4 in *Epistemology of the Concrete*를 보라.

466) Hans-Jörg Rheinberger, "Mendelian Inheritance in Germany between

1900-1910: The Case of Carl Correns (1864-1933)," *Comptes rendus de l'Académie des Sciences, Série III, Sciences de la vie* 323 (2000): 1089-1096.

467) Carl Correns, "Die Ergebnisse der neuesten Bastardforschungen für die Vererbungslehre," in *Gesammelte Abhandlungen zur Vererbungswissenschaft*, 276.

468) Ibid., 277. 강조는 원문의 것이다.

469) Ibid., 279. 강조는 원문의 것이다.

470) Ibid., 279.

471) Ibid., 281.

472) Bonneuil, "Producing Identity, Industrializing Purity"를 보라.

473) Hans-Jörg Rheinberger, "Carl Correns and the Early History of Genetic Linkage," in *Classical Genetic Research and Its Legacy: The Mapping Cultures of Twentieth Century Genetics*, ed. H.-J. Rheinberger and J.-P. Gaudillière (London: Routledge, 2004), 21-33을 보라.

474) Carl Correns, "Zur Kenntnis der Rolle von Kern und Plasma bei der Vererbung," in *Gesammelte Abhandlungen zur Vererbungswissenschaft*, 655.

475) Johannsen, "Genotype Conception of Heredity," 153.

476) Wilhelm Johannsen, "Some Remarks about Units in Heredity," *Hereditas* 4 (1923): 137.

477) Johannsen, "Genotype Conception of Heredity," 159.

478) Garland E. Allen, *Thomas Hunt Morgan: The Man and His Science* (Princeton, NJ: Princeton University Press, 1978)를 보라.

479) Robert E. Kohler, *Lords of the Fly: Drosophila Genetics and the Experimental Life* (Chicago: University of Chicago Press, 1994)를 보라. 이 책에서는 모건의 초파리실(fly room)을 "증식로"(breeding reactor)로 묘사하고 있다.

480) 옥수수(maize)에 대해서는 다음 글들을 보라. Lee B. Kass and Christophe Bonneuil, "Mapping and Seeing: Barbara McClintock and the Linking of Genetics and Cytology in Maize Genetics, 1928-1935," in Rheinberger and Gaudillière, *Classical Genetic Research and Its Legacy*, 91-118, 그리고 Lee B. Kass, Christophe Bonneuil, and Edward H. Coe,

"Cornfests, Cornfabs and Cooperation: The Origins and Beginnings of the Maize Genetics Cooperation News Letter," *Genetics* 169 (2005): 1787-1797. 쥐에 대해서는 다음 글들을 보라. Jean-Paul Gaudillière, "Mapping as Technology: Genes, Mutant Mice, and Biomedical Research (1910-65)," in Rheinberger and Gaudillière, *Classical Genetic Research and Its Legacy*, 그리고 Karen Rader, *Making Mice: Standardizing Animals for American Biomedical Research, 1900-1955* (Princeton, NJ: Princeton University Press, 2004).

481) Sara Schwartz, "The Differential Concept of the Gene: Past and Present," in Beurton, Falk, and Rheinberger, *Concept of the Gene*, 26-39, 그리고 C. Kenneth Waters, "What Was Classical Genetics?" *Studies in History and Philosophy of Science* 35 (2004): 83-109을 보라.

482) Hugo de Vries, *The Mutation Theory: Experiments and Observations on the Origin of Species in the Vegetable Kingdom*, 2 vols., trans. J. B. Framer and A. D. Darbishire (Chicago: Open Court, 1909-1910)를 보라.

483) Kohler, *Lords of the Fly*를 보라.

484) Herbert S. Jennings, "Pure Lines in the Study of Genetics in Lower Organisms," *American Naturalist* 45 (1911): 80.

485) Luis Campos, "Genetics without Genes: Blakeslee, Datura and 'Chromosomal Mutations,'" in *Conference: Heredity in the Century of the Gene*, 21-23을 보라.

486) Ernst Peter Fischer and Carol Lipson, *Thinking about Science: Max Delbrück and the Origins of Molecular Biology* (New York: Norton, 1988)를 보라.

487) 다음 글을 보라. Rader, Making Mice, and Ilana Löwy and Jean-Paul Gaudillière, "Disciplining Cancer: Mice and the Practice of Genetic Purity," in *The Invisible Industrialist: Manufactures and the Production of Scientific Knowledge*, ed. Jean-Paul Gaudillière and Ilana Löwy (London: MacMillan, 1998), 209-249.

488) Alexander von Schwerin, "Tiere vermehren-Institutionen vergößern: Die Versuchstiere der Notgemeinschaft Deutscher Wissenschaft, 1920-1931," *Verhandlungen zur Geschichte und Theorie der Biologie* 11 (2005): 358-359; 다음 글도 보라. Schwerin, *Experimentalisierung des Menschen:*

Der Genetiker Hans Nachtsheim und die vergleichende Erbpathologie 1920-1945 (Göttingen: Wall stein, 2004).

489) Brandt, "Clones, Pure Lines and Heredity"를 보라.

490) Alexander von Schwerin, "Seeing, Breeding and the Organisation of Variation: Erwin Baur and the Culture of Mutations in the 1920s," in *Conference: Heredity in the Century of the Gene*, 259-278을 보라.

491) 뮐러(Muller)에 대해서는 다음 글들을 보라. Elof A. Carlson, *Genes, Radiation, and Society: The Life and Work of H. J. Muller* (Ithaca, NY: Cornell University Press, 1981); Schwartz, In Pursuit of the Gene.

492) Frederick L. Holmes, *Reconceiving the Gene: Seymour Benzer's Adventures in Phage Genetics* (New Haven, CT: Yale University Press, 2006)를 보라.

493) 이블린 폭스 켈러, 김재희 옮김, 『생명의 느낌』 (양문, 2001) [Evelyn Fox Keller, *A Feeling for the Organism: The Life and Work of Barbara McClintock* (San Francisco: Freeman, 1983)]; Nathaniel C. Comfort, *The Tangled Field: Barbara McClintock's Search for the Patterns of Genetic Control* (Cambridge, MA: Harvard University Press, 2001).

494) 마르셀라 보베리의 실험에 대해서는 다음 글들을 보라. Laubichler and Davidson, "Boveri's Long Experiment"; Helga Satzinger, "Theodor and Marcella Boveri: Chromosomes and Cytoplasm in Heredity and Development," *Nature Reviews Genetics* 9 (2008): 231.

495) Campos, "Genetics without Gene"를 보라.

496) Hermann J. Muller, "The Development of the Gene Theory," in *Genetics in the 20th Century: Essays on the Progress of Genetics during Its First 50 Years*, ed. L. C. Dunn (New York: Macmillan, 1951), 95-96.

497) Martha Richmond, "The Cell as the Basis for Heredity, Development, and Evolution: Richard Goldschmidt's Program of Physiological Genetics," in Laubichler and Maienschein, *From Embryology to Evo-Devo*, 169-211을 보라.

498) Fischer and Lipson, *Thinking about Science*를 보라; Lily E. Kay, *The Molecular Vision of Life: Caltech, the Rockefeller Foundation, and the Rise of the New Biology* (New York: Oxford University Press, 1993), 4장도 보라.

499) Alfred Kühn, "Über eine Gen-Wirkkette der Pigmentbildung bei Insekten," *Nachrichten der Akademie der Wissenschaften in Göttingen,*

mathematisch-physikalische Klasse (1941), 258.

500) Lenny Moss, *What Genes Can't Do* (Cambridge, MA: MIT Press, 2003).

501) Thomas Hunt Morgan, "The Relation of Genetics to Physiology and Medicine," Nobel Lecture, presented in Stockholm on June 4, 1934, Les Prix Nobel en 1933, 3.

502) Sahotra Sarkar, ed., *The Founders of Evolutionary Genetics* (Dordrecht: Kluwer Academic Publishers, 1992)을 보라.

503) Gayon, *Darwinism's Struggle for Survival*, 297.

504) 다음 글들을 보라. Ernst Mayr and William B. Provine, eds., *The Evolutionary Synthesis: Perspectives on the Unification of Biology* (Cambridge, MA: Harvard University Press, 1980), 그리고 Vassiliki Betty Smocovitis, *Unifying Biology: The Evolutionary Synthesis and Evolutionary Biology* (Princeton, NJ: Princeton University Press, 1996).

505) 미국의 맥락에 대해서는 Jane Maienschein, *Transforming Traditions in American Biology*, 1880-1915 (Baltimore: Johns Hopkins University Press, 1991)를 보라.

506) Harwood, *Styles of Scientific Thought*를 보라.

507) 이를테면 Mayr, *Growth of Biological Thought*를 보라.

508) 이를테면 Allen, "T. H. Morgan and the Split between Embryology and Genetics"; Mayr and Provine, *Evolutionary Synthesis*를 보라.

509) 다음 글들을 보라. Thomas Junker and Uwe Hoßfeld, *Die Entdeckung der Evolution: Eine revolutionare Theorie und ihre Geschichte* (Darmstadt: Wissenschaftliche Buchgesellschaft, 2001); Smocovitis, *Unifying Biology*.

510) Bateson, *Methods and Scope of Genetics*, 1.

511) 골드슈미트에 대해서는 다음 글들을 보라. Helga Satzinger, "Racial Purity, Stable Genes and Sex Difference: Gender in the Making of Genetic Concepts by Richard Goldschmidt and Fritz Lenz, 1916-1936," in *The Kaiser Wilhelm Society under National Socialism*, ed. S. Heim, C. Sachse, and M. Walker (Cambridge: Cambridge University Press, 2009).

512) Weindling, *Health, Race and German Politics*; Schwerin, *Experimentalisierung des Menschen; Hans-Walter Schmuhl, Rassenforschung an Kaiser-Wilhelm-Instituten vor und nach 1933* (Göttingen: Wallstein,

2003), 그리고 Schmuhl, *Crossing Boundaries: The Kaiser-Wilhelm-Institute for Anthropology, Human Heredity, and Eugenics, 1927-1945* (Dordrecht: Springer, 2008)를 보라.

513) 다음 글들을 보라. Ilana Löwy and Jean-Paul Gaudillière, "Mendelian Factors and Human Disease: A Conversation," in *Conference: Heredity in the Century of the Gene*, 19-26; Jean-Paul Gaudillière and Ilana Löwy, eds., *Heredity and Infection: The History of Disease Transmission* (London: Routledge, 2001); Diane B. Paul, *The Politics of Heredity: Essays on Eugenics, Biomedicine and the Nature- Nurture Debate* (New York: State University of New York Press, 1998), esp. chap. 9.

514) Palladino, "Between Craft and Science", 그리고 Robert C. Olby, "Scientists and Bureaucrats in the Establishment of the John Innes Institute under William Baleson," *Annals of Science* 46 (1989): 497-510은 영국의 상황을 이해하는 데 도움이 된다. 프랑스의 경우에는 다음을 참고하라. Christophe Bonneuil, "Mendelism, Plant Breeding and Experimental Cultures: Agriculture and the Development of Genetics in France," *Journal of the History of Biology* 39 (2006): 281-308.

515) 네덜란드의 상황에 대해서는 Bert Theunissen, "Breeding Dutch Dairy Cows (1900-1950): Heredity without Mendelism," in *Conference: Heredity in the Century of the Gene*, 27-50을 보라; 영국에 대해서는 Jennifer Marie, "The Importance of Place: A History of Genetics in 1930s Britain," Ph.D. diss., University College London, 2004를 보라; 독일은 Schwerin, *Experimentalisierung des Menschen*을 보라.

516) Sapp, *Beyond the Gene*; Judy Johns Schloegel, "Herbert Spencer Jennings, Heredity, and Protozoa as Model Organisms, 1908-1918," in *Conference: Heredity in the Century of the Gene*, 129-138을 보라.

517) Georges Canguilhem, "Qu'est-ce que une idéologie scientifique?" in *Idéologie et rationalité dans l'histoire des sciences de la vie, ed. G. Canguilhem* (Paris: Vrin, 1981), 33-45.

518) James R. Griesemer, "Reproduction and the Reduction of Genetics," in Beurton, Falk, and Rheinberger, *Concept of the Gene in Development and Evolution*, 240-285, 그리고 Griesemer, "Tracking Organic Processes: Representations and Research Styles in Classical Embryology and

Genetics," in Laubichler and Maienschein, *From Embryology to Evo-Devo*, 375-433.

519) 보다 최근 논의로는 Nils Roll-Hansen, *The Lysenko Effect: The Politics of Science* (Amherst, NY: Humanity Books, 2005)를 보라.

520) 이블린 폭스 켈러, 이한음 옮김, 『유전자의 세기는 끝났다』 [Keller, *Century of the Gene*.]

521) Stubbe, *History of Genetics*, 290.

522) 미셸 모랑주, 강광일, 이정희, 이병훈 옮김, 『분자생물학』 (몸과마음, 2002) [Michel Morange, *A History of Molecular Biology*, trans. N. Cobb MA: Harvard University Press, 1998)]을 보라.

523) 고전적 논의로는 Horace Freeland Judson, *The Eighth Day of Creation: Makers of the Revolution in Biology*, expanded ed. (New York: Cold Spring Harbor Laboratory Press, 1996)를 보라.

524) Robert C. Olby, *The Path to the Double Helix* (Seattle: University of Washington Press, 1974)를 보라.

525) Frieder W. Lichtenthaler, "Hundert Jahre Schlüssel-Schloss-Prinzip: Was führte Emil Fischer zu dieser Analogie?" *Angewandte Chemie* 106 (1994): 2456-2467을 보라.

526) Robert E. Kohler, *From Medical Chemistry to Biochemistry: The Making of a Biomedical Discipline* (Cambridge: Cambridge University Press, 1982)을 보라.

527) Gaston Bachelard, *The Formation of the Scientific Mind*, trans. Mary MacAllester Jones (Manchester: Clinamen Press, 2002)를 보라.

528) 전범이 될 만한 사례 연구로는 Bruno J. Strasser, *La fabrique d'une nouvelle science: La biologie moléculaire à l'âge atomique (1945-1964)* (Florence: Olschki, 2006)를 보라.

529) 다음 글들을 보라. Jean-Paul Gaudillière and Ilana Löwy, *The Invisible Industrialist: Manufactures and the Production of Scientific Knowledge* (London: Macmillan, 1998); Karl Grandin, Nina Wormbs, and Sven Widmalm, eds., *The Science-Industry Nexus: History, Policy, Implications* (Sagamore Beach, MA: Science History Publications, 2004).

530) Jean-Paul Gaudillière, "Biochemie und Industrie: Der 'Arbeitskreis Butenandt-Schering' im Nationalsozialismus," in *Adolf Butenandt und*

die Kaiser-Wilhelm-Gesellschaft: Wissenschaft, Industrie und Politik in 'Dritten Reich,' ed. W. Schieder and A. Trunk (Göttingen: Wallstein, 2004), 198-246을 보라.

531) Christina Ratmoko, *Damit die Chemie stimmt: Die Anfänge der industriellen Herstellung von weiblichen und männlichen Sexualhormonen 1914-1938* (Zürich: Chronos Verlag, 2010)을 보라.

532) 다음 글들을 보라. Viviane Quirke, *Collaboration in the Pharmaceutical Industry: Changing Relationships in Britain and France 1935-1965* (London: Routledge, 2006); Nelly Oudshoorn, *Beyond the Natural Body: An Archeology of Sex Hormones* (London: Routledge, 1994).

533) Sven Widmalm, "A Machine to Work In: The Ultracentrifuge and the Modernist Laboratory Ideal," in *Taking Place: The Spatial Contexts of Science, Technology, and Business*, ed. E. Baraldi, H. Fors, and A. Houltz (Sagamore Beach, MA: Science History Publications, 2006), 59-80.

534) Nicolas Rasmussen, *Picture Control: The Electron Microscope and the Transformation of Biology in America* (Stanford, CA: Stanford University Press, 1997)을 보라.

535) Olby, *Path to the Double Helix*, 4장을 보라.

536) Peter Keating and Alberto Cambrosio, *Biomedical Platforms: Realigning the Normal and the Pathological in Late-Twentieth-Century Medicine* (Cambridge, MA: MIT Press, 2003).

537) 다음 글들을 보라. Hans-Jörg Rheinberger, "Cytoplasmic Particles in Brussels (Jean Brachet, Hubert Chantrenne, Raymond Jeener) and at Rockefeller (Albert Claude), 1935-1955," *History and Philosophy of the Life Sciences* 19 (1997): 47-67; Olka Amsterdamska, "From Pneumonia to DNA: The Research Career of Oswald T. Avery," *Historical Studies in the Physical and Biological Sciences* 24 (1993): 1-40.

538) Rheinberger, *Toward a History of Epistemic Things*를 보라.

539) Jean-Paul Gaudillière, *Inventer la biomédecine: La France, l'Amérique et la production des savoirs du vivant, 1945-1965* (Paris: La Découverte, 2002)를 보라.

540) David Cantor, ed., *Cancer in the Twentieth Century* (Baltimore: Johns Hopkins University Press, 2008).

541) Bernward Joerges and Terry Shinn, eds., *Instrumentation between Science,*

State and Industry (Dordrecht: Kluwer Academic Publishers, 2001), 그리고 Shinn and Joerges, "The Transverse Science and Technology Culture: Dynamics and Roles of Research-Technology," *Social Science Information* 41 (2002): 207-251을 보라.

542) Rheinberger, *Epistemology of the Concrete*, chap. 9를 보라.

543) Richard Burian, "Underappreciated Pathways toward Molecular Genetics as Illustrated by Jean Brachet's Cytochemical Embryology," in *The Philosophy and History of Molecular Biology: New Perspectives*, ed. S. Sarkar (Dordrecht: Kluwer, 1996), 67.

544) Kay, *Molecular Vision of Life*, 46.

545) "원형질" 개념의 유래는 막스 슐체(Max Schulze)로 거슬러 올라간다. 슐체의 "Über Muskelkörperchen und das, was man eine Zelle zu nennen habe," *Archiv für Anatomie, Physiologie und Wissenschaftlicher Medicin* (1861): 1-27을 보라.

546) Boelie Elzen, "Two Ultracentrifuges: A Comparative Study of the Social Construction of Artefacts," *Social Studies of Science* 16 (1986): 621-662.

547) Lily E. Kay, "The Tiselius Electrophoresis Apparatus and the Life Sciences, 1930-1940," *History and Philosophy of the Life Sciences* 10 (1988): 51-72를 보라.

548) Rheinberger, "Cytoplasmic Particles in Brussels"를 보라.

549) Kay, *Molecular Vision of Life*를 보라.

550) Soraya de Chadarevian, *Designs for Life: Molecular Biology after World War II* (Cambridge: Cambridge University Press, 2002)를 보라.

551) Olby, *Path to the Double Helix*를 보라.

552) Rheinberger, *Epistemology of the Concrete*, 11장을 보라.

553) 다음 글들을 보라. Pnina Abir-Am, "From Multi-disciplinary Collaboration to Transnational Objectivity: International Space as Constitutive of Molecular Biology, 1930-1970," in *Denationalizing Science: The International Context of Scientific Practice*, ed. E. Crawford, T. Shinn, and S. Sorlin (Dordrecht: Kluwer Academic Publishers, 1993): 153-186

554) 예를 들어 안젤라 크리거(Angela N. Creager)는 웬들 스텐리(Wendell Stanley)의 담배모자이크바이러스 (TMV) 작업을 자세히 소개했다. 크리거의 *The Life of a Virus: Tobacco Mosaic Virus as an Experimental*

Model, 1930-1965 (Chicago: University of Chicago Press, 2002)를 보라.

555) Kay, *Molecular Vision of Life*, 6. 다음 글들도 보라. Robert E. Kohler, "The Management of Science: The Experience of Warren Weaver and the Rockefeller Foundation Programme in Molecular Biology," *Minerva* 14, no. 3 (1976): 279-306; Pnina G. Abir Am, "The Discourse of Physical Power and Biological Knowledge in the 1930s: A Reappraisal of the Rockefeller Foundation's Policy in Molecular Biology," *Social Studies of Science* 12 (1982): 341-382, 그리고 "The Rockefeller Foundation and the Rise of Molecular Biology," *Nature Reviews Molecular Cell Biology* 3 (2002): 65-70.

556) Olby, *Path to the Double Helix*, 440.

557) Kay, *Molecular Vision of Life*, 8.

558) Kay, *Molecular Vision of Life*; Eric J. Vettel, *Biotech: The Countercultural Origins of an Industry* (Philadelphia: University of Pennsylvania Press, 2006).

559) 사례 연구로는 다음 글들을 보라. Rheinberger, "Cytoplasmic Particles in Brussels"; Gaudillière, *Inventer la biomédecine*; Creager, *Life of a Virus*.

560) Ilana Löwy, "Variances in Meaning in Discovery Accounts," *Historical Studies in the Physical and Biological Sciences* 21 (1990): 87-121을 보라.

561) Richard Burian, "Technique, Task Definition, and the Transition from Genetics to Molecular Genetics: Aspects of the Work on Protein Synthesis in the Laboratories of J. Monod and P. Zamecnik," *Journal of the History of Biology* (1993): 387-407; Rheinberger, *Toward a History of Epistemic Things*.

562) Herbert C. Friedmann, "From Friedrich Wöhler's Urine to Eduard Buchner's Alcohol," in *New Beer in an Old Bottle: Eduard Buchner and the Growth of Biochemical Knowledge*, ed. A. Cornish-Bowden (Valencia: Universitat de 1997), 108.

563) Rheinberger, *Epistemology of the Concrete*, 9장을 보라.

564) 다음 글들을 보라. Angela N. Creager, "The Industrialization of Radioisotopes by the Atomic Energy Commission," in Grandin et al., *Science-Industry Nexus*, 141-168; John Krige, "Atoms for Peace, Scientific Internationalism, and Scientific Intelligence," *Osiris* 21 (2006): 161-

181; Alison Kraft, "Between Medicine and Industry: Medical Physics and the Rise of the Radioisotope 1945-65," *Contemporary British History* 20 (2006): 1-35.

565) Engelbert Broda, *Radioactive Isotopes in Biochemistry* (Amsterdam: Elsevier, 1960), 2.

566) 미셸 모랑주, 강광일, 이정희, 이병훈 옮김, 『분자생물학』 [Morange, *History of Molecular Biology*, chap. 1]을 보라.

567) Angela N. Creager and María Jesús Santesmases, eds., "Radiobiology in the Atomic Age," special issue, *Journal of the History of Biology* 39, no. 4 (2006)를 보라.

568) Rheinberger, *Epistemology of the Concrete*, 9장을 보라.

569) Pnina G. Abir Am, "The Strategy of Large Versus Small Scale Investments: The Rockefeller Foundation's International Network of Protein Research, 1930-1960," in *American Foundations and Large Scale Research*, ed. G. Gemelli (Bologna: Clueb, 2001), 71-90; Hans-Jörg Rheinberger, "Internationalism and The History of Molecular Biology," *Annals of the History and Philosophy of Biology* 11 (2007): 249-254.

570) Comfort, *Tangled Field*를 보라.

571) Hans-Jörg Rheinberger, "A History of Protein Biosynthesis and Ribosome Research," in *Protein Synthesis and Ribosome Structure: Translating the Genome*, ed. K. H. Nierhaus and D. N. Wilson (Weinheim: Wiley-VCH, 2004), 1-51을 보라.

572) 다음 글들을 보라. Muriel Lederman and Richard M. Burian, "The Right Organism for the Job," *Journal of the History of Biology* 26 (1993): 235-367; Gabriel Gachelin, ed., *Les organismes modèles dans la recherche médicale* (Paris: Presses Universitaires de France, 2006); Rachel A. Ankeny, "Wormy Logic: Model Organisms as Case-Based Reasoning," in A. N. H. Creager, E. Lunbeck, and M. N. Wise, eds., *Science without Laws: Model Systems, Cases, Exemplary Narratives* (Chapel Hill, NC: Duke University Press, 2007), 46-58; Rachel Ankeny, "Historiographic Considerations on Model Organisms: Or, How the Muresucracy May Be Limiting Our Understanding of Contemporary Genetics and Genomics," *History and Philosophy of the Life Sciences* 32 (2010): 91-

104; Rachel A. Ankeny and Sabina Leonelli, "What Is So Special about Model Organisms?," *Studies in History and Philosophy of Science: part A*, 42 (2011): 313-323; Sabina Leonelli and Rachel A. Ankeny, "Re-thinking Organisms: The Impact of Databases on Model Organism Biology," *Studies in History and Philosophy of the Biological and Biomedical Sciences* 43(2012): 29-36.

573) 다음 글들을 보라. Lily E. Kay, "W. M. Stanley's Crystallization of the Tobacco Mosaic Virus, 1930-1940," *Isis* 77 (1986): 450-472; Creager, *Life of a Virus*.

574) Creager, Life of a Virus; Rheinberger, Epistemology of the Concrete, 7장을 보라.

575) 다음 글들을 보라. Lily E. Kay, "Selling Pure Science in Wartime: The Biochemical Genetics of G. W. Beadle," *Journal for the History of Biology* 22 (1989): 73-101; Robert E. Kohler, "Systems of Production: Drosophila, Neurospora, and Biochemical Genetics," *Historical Studies in the Physical and Biological Sciences* 22 (1991): 87-130.

576) Paul Berg and Maxine Singer, *George Beadle: An Uncommon Farmer; The Emergence of Genetics in the 20th Century* (Cold Spring Harbor: Cold Spring Harbor Laboratory Press, 2003). 비들은 코넬 대학의 롤린스 에머슨(Rollins A. Emerson) 연구실 출신이다.

577) William C. Summers, *Félix d'Hérelle and the Origins of Molecular Biology* (New Haven, CT: Yale University Press, 1999).

578) Edward J. Yoxen, "The Role of Schrödinger in the Rise of Molecular Biology," *History of Science* 17 (1979): 17-52, 그리고 "Giving Life a New Meaning: The Rise of the Molecular Biology Establishment," in *Scientific Establishments and Hierarchies*, ed. N. Elias, H. Martins, and R. Whitley (Dordrecht: Reidel, 1982), 123-143을 보라. Abir Am, "Discourse of Physical Power"; Lily E. Kay, "Conceptual Models and Analytical Tools: The Biology of Physicist Max Delbrück," *Journal of the History of Biology* 18 (1985): 207-246; Fischer and Lipson, *Thinking about Science*; Robert C. Olby, "From Physics to Biophysics," *History and Philosophy of the Life Sciences* 11 (1989): 305-309; Evelyn Fox Keller, "Physics and the Emergence of Molecular Biology: A History

of Cognitive and Political Synergy," *Journal of the History of Biology* 23 (1990): 389-409; John Cairns, Gunther S. Stent, and James D. Watson, eds., *Phage and the Origins of Molecular Biology* (Plainview, NY: Cold Spring Harbor Laboratory Press, 1992).

579) 에르빈 슈뢰딩거, 서인석 옮김, 『생명이란 무엇인가』 (한울, 2021). Erwin Schrödinger, *What Is Life?* (Cambridge: Cambridge University Press, 1967), 21, 5.

580) Gunther S. Stent, "That Was the Molecular Biology That Was," *Science* 160 (1968): 390-395.

581) 다음 글들을 보라. Jan A. Witkowski, *Illuminating Life: Selected Papers from Cold Spring Harbor, 1903-1969* (Cold Spring Harbor: Cold Spring Harbor Laboratory Press, 1999); Witkowski, *75 Years in Science at the Cold Spring Harbor Symposium on Quantitative Biology* (Cold Spring Harbor: Cold Spring Harbor Laboratory Press, 2010).

582) 다음 글들을 보라. Kevles, *In the Name of Eugenics*, chap. 3; Jan A. Witkowski and John R. Inglis, eds., *Davenport's Dream: 21st Century Reflections on Heredity and Eugenics* (New York: Cold Spring Harbor Laboratory Press: 2008).

583) Kay, *Molecular Vision of Life*, 104.

584) Amsterdamska, "From Pneumonia to DNA."

585) Michel Morange, "La révolution silencieuse de la biologie moléculaire: D'Avery à Hershey," *Le Débat* 22 (1982): 66.

586) Pnina Abir-Am, "From Biochemistry to Molecular Biology: DNA and the Acculturated Journey of the Critic of Science Erwin Chargaff," *History and Philosophy of the Life Sciences* 2 (1980): 3-60.

587) Thomas D. Brock, *The Emergence of Bacterial Genetics* (Cold Spring Harbor: Cold Spring Harbor Laboratory Press, 1990)를 보라.

588) Angela N. H. Creager, "Mapping Genes in Microorganisms," in *From Molecular Genetics to Genomics*, edited by J.-P. Gaudillière and H.-J. Rheinberger (London: Routledge, 2004): 9-41을 보라.

589) Denis Thieffry, "Escherichia coli as a model system with which to study cell differentiation," *History and Philosophy of the Life Sciences* 18 (1996): 163-193.

590) 제임스 D. 왓슨, 최돈찬 옮김, 『이중나선』 (궁리, 2019). [James D. Watson, *The Double Helix* (London: Weidenfeld and Nicholson, 1968)]; Olby, *Path to the Double Helix*; Chadarevian, *Designs for Life*, chap. 6.

591) 다음 책들을 보라. Rheinberger, *Toward a History of Epistemic Things*; Lily E. Kay, *Who Wrote the Book of Life? A History of the Genetic Code* (Stanford, CA: Stanford University Press, 2000).

592) Robert C. Olby, "The Molecular Revolution in Biology," in *Companion to the History of Modern Science*, ed. R. C. Deby, G. N. Cantor, J. R. R. Christie, and M. J. S. Hodge (London: Routledge, 1990), 503-520.

593) James D. Watson and Francis H. C. Crick, "Molecular Structure of Nucleic Acids: A Structure for Deoxyribose Nucleic Acid," *Nature* 171 (1953): 737.

594) Robert C. Olby, "Francis Crick, DNA, and the Central Dogma," in *The Twentieth-Century Sciences*, ed. G. Holton (New York: Norton, 1972), 227-280.

595) Francis H. C. Crick, "On Protein Synthesis," *Symposium of the Society for Experimental Biology* 12 (1958): 138-163.

596) Paul Rabinow, *Anthropologie der Vernunft: Studien zu Wissenschaft und Lebensführung* (Frankfurt/M.: Suhrkamp, 2004), 63.

597) Paul Rabinow, "Epochs, Presents, Events," in *Living and Working with the New Medical Technologies: Intersections of Inquiry*, ed. Margaret Lock, Allan Young, and Alberto Cambrosio (Cambridge: Cambridge University Press, 2000), 44.

598) 다음 책들을 보라. 프랑수아 자콥, 이정우 옮김, 『생명의 논리, 유전의 역사』 [Jacob, *Logic of Life*]; Jacques Monod, *Chance and Necessity: An Essay on the Natural Philosophy of Modern Biology*, trans. A. Wainhouse (New York: Knopf, 1971).

599) Norbert Wiener, *Cybernetics; or, Control and Communication in the Animal and the Machine* (Cambridge, MA: MIT Press, 1996), 39.

600) Andrew Pickering, *The Cybernetic Brain: Sketches of Another Future* (Chicago: University of Chicago Press, 2010).

601) 이를테면 다음을 보라. Judson, *Eighth Day of Creation*; Sahotra Sarkar, "Biological Information: A Sceptical Look at Some Central Dogmas

of Molecular Biology," in Sarkar, *Philosophy and History of Molecular Biology*, 187-231; Kay, *Who Wrote the Book of Life?*; John Maynard Smith, "The Concept of Information in Biology," *Philosophy of Science* 67 (2000): 177-194.

602) Dorothy Nelkin and M. Susan Lindee, *The DNA Mystique: The Gene as a Cultural Icon* (New York: Freeman, 1995)을 보라.

603) Robert N. Proctor, "Three Roots of Human Recency: Molecular Anthropology, the Refigured Acheulean, and the UNESCO Response to Auschwitz," *Current Anthropology* 44 (2003): 213-229 를 보라.

604) Gordon Wolstenholme, ed., *Man and His Future: A CIBA Foundation Volume* (Boston: Little, Brown, 1963)를 보라.

605) Linus Pauling, Harvey A. Itano, S. J. Singer, and Ibert C. Wells, "Sickle-Cell Anemia, a Molecular Disease," *Science* 110 (1949): 543; Bruno J. Strasser, "'Sickle Cell Anemia, a Molecular Disease,'" *Science* 286 (1999): 1488-1490; Bruno J. Strasser, "Linus Pauling's 'Molecular Diseases,' Between History and Memory," *American Journal of Medical Genetics* 115 (2002): 83-93.

606) Vettel, *Biotech*, ix.

607) Horace F. Judson, "A History of the Science and Technology Behind Mapping and Sequencing," in *The Code of Codes: Scientific and Social Issues in the Human Genome Project*, edited by D. J. Kevles and L. Hood (Cambridge, MA: Harvard University Press, 1992): 37-80을 보라.

608) Lindley Darden, *Reasoning in Biological Discoveries: Essays on Mechanisms, Interfield Relations, and Anomaly Resolution* (Cambridge: Cambridge University Press, 2006), 10장.

609) Mathias Grote, "Hybridizing Bacteria, Crossing Methods, Cross-checking Arguments: The Transition from Episomes to Plasmids (1961-1969)," *History and Philosophy of the Life Sciences* 30 (2008): 407-430.

610) 미셸 모랑주, 강광일, 이정희, 이병훈 옮김, 『분자생물학』 [Morange, *History of Molecular Biology*, chap. 16]을 보라.

611) Hans-Jörg Rheinberger, "Beyond Nature and Culture: Modes of Reasoning in the Age of Molecular Biology and Medicine," in *Living and Working with the New Medical Technologies: Intersections of Inquiry*,

ed. M. Lock, A. Young, and A. Cambrosio (Cambridge: Cambridge University Press, 2000), 19-30을 보라.

612) Doogab Yi, "Cancer, Viruses, and Mass Migration: Paul Berg's Venture into Eukaryotic Biology and the Advent of Recombinant DNA Research and Technology, 1967-1980," *Journal of the History of Biology* 41 (2008): 589-636.

613) Waclaw Szybalski and Ann Skalka, "Editorial: Nobel Prizes and Restriction Enzymes," *Gene* 4 (1978): 181.

614) Sheila Jasanoff, "Biotechnology and Empire: The Global Power of Seeds and Science," *Osiris* 21 (2006): 284.

615) 미셸 모랑주, 강광일, 이정희, 이병훈 옮김, 『분자생물학』 [Morange, *History of Molecular Biology*, chap. 17]을 보라.

616) Paul Rabinow, *Making PCR: A Story of Biotechnology* (Chicago: Chicago University Press, 1996)을 보라. 생어(Sanger)의 염기서열 분석에 대해서는 Miguel García-Sancho, "A New Insight into Sanger's Development of sequencing- From Proteins to DNA, 1943-1977," *Journal of the History of Biology* 43 (2010): 265-323을 보라.

617) 카우시크 순데르 라잔, 안수진 옮김, 『생명자본』 (그린비, 2012) [Kaushik Sunder Rajan, *Biocapital: The Constitution of Postgenomic Life* (Durham, NC: Duke University Press, 2006), 16.]

618) 초기의 유전체 염기서열 분석(genome sequencing)에 대해서는 Daniel J. Kevles and Leroy Hood, eds., *The Code of Codes: Scientific and Social Issues in the Human Genome Project* (Cambridge, MA: Harvard University Press, 1992)를 보라.

619) David A. Jackson, "DNA: Template for an Economic Revolution," in *DNA: The Double Helix, Perspective and Prospective at Forty Years*, ed. D. A. Chambers (New York: New York Academy of Sciences, 1995), 364.

620) James D. Watson and John Tooze, *The DNA Story: A Documentary History of Gene Cloning* (San Francisco: W. H. Freeman, 1981)에 수록되어 있다.

621) 다음 책들을 보라. Susan Wright, *Molecular Politics: Developing American and British Regulatory Policy for Genetic Engineering* (Chicago: University of Chicago Press, 1994); Herbert Gottweis, *Governing Molecules: The*

Discursive Politics of Genetic Engineering in Europe and the United States (Cambridge, MA: MIT Press, 1998).

622) Jean-Paul Gaudillière, "New Wine in Old Bottles? The Biotechnology Problem in the History of Molecular Biology," in *Workshop, History and Epistemology of Molecular Biology and Beyond: Problems and Perspectives, preprint 310* (Berlin: Max Planck Institute for the History of Science, 2006), 81-93.

623) Vettel, *Biotech*을 보라.

624) 미국의 생물 특허 역사에 대해서는 Kevles, *History of Patenting Life*을 보라.

625) Sally Smith Hughes, "Making Dollars out of DNA: The First Major Patent in Biotechnology and the Commercialization of Molecular Biology 1974-1980," *Isis* 92 (2001), 541-575.

626) 이를테면 Daniel J. Kevles, "Out of Eugenics: The Historical Politics of the Human Genome," in Kevles and Hood, *Code of Codes*, 3-36을 보라.

627) Gottweis, Governing Molecules, 4. 보다 최근의 발전 상황에 대해서는 실라 재서노프, 박상준, 장희진, 김희원, 오요한 옮김, 『누가 자연을 설계하는가』 (동아시아, 2019) [Sheila Jasanoff, *Designs on Nature: Science and Democracy in Europe and the United States* (Princeton, NJ: Princeton University Press, 2005)]. Barnes and Dupré, *Genomes*를 보라.

628) 카우시크 순데르 라잔, 안수진 옮김, 『생명자본』 [Rajan, *Biocapital,* 5.]

629) Sheldon Krimsky, *Biotechnics and Society: The Rise of Industrial Genetics* (New York: Praeger, 1991)를 보라.

630) Robert Cook-Deegan, T*he Gene Wars: Science, Politics, and the Human Genome* (New York: W. W. Norton, 1994)을 보라.

631) Ibid., 98.

632) Rachel A. Ankeny, "Model Organisms as Models: Understanding the 'Lingua Franca' of the Human Genome Project," *Philosophy of Science* 68 (2001): 251-261을 보라.

633) Kevles and Hood, *The Code of Codes*; Stephen Hilgartner, "The Human Genome Project," in *Handbook of Science and Technology Studies*, ed. Sheila Jasanoff et al. (Thousand Oaks, CA: Sage Publications, 1995)을 보라.

634) 다음 글들을 보라. Paul Rabinow, *French DNA: Trouble in Purgatory* (Chicago: University of Chicago Press, 1999); Alain Kaufmann,

"Mapping the Human Genome at Généthon Laboratory: The French Muscular Dystrophy Association and the Politics of the Gene," in *From Molecular Genetics to Genomics: The Mapping Cultures of Twentieth-Century Genetics*, ed. J.-P. Gaudillière and H.-J. Rheinberger (London: Routledge, 2004), 129-157.

635) Cook-Deegan, *Gene Wars*.

636) Chadarevian, *Designs for Life*을 보라.

637) Adam Bostanci, "Sequencing Human Genomes," in Gaudillière and Rheinberger, *From Molecular Genetics to Genomics*, 158-179를 보라.

638) Bostanci, "Two Drafts, One Genome? Human Diversity and Human Genome Research," *Science as Culture* 15 (2006): 183-198.

639) 이는 2011년 10월의 수치이다. 2008년 여름에는 파지 416종, 바이러스 1450종, 고세균 51종, 박테리아 569종, 진핵생물 73종의 염기서열을 보유하고 있었다.

640) Rabinow, *French DNA*; Kaufmann, "Mapping the Human Genome"을 보라.

641) Charles Cantor, "The Challenges to Technology and Informatics," in Kevles and Hood, *Code of Codes*, 107.

642) Stephen Hilgartner, "Biomolecular Databases: New Communication Regimes for Biology?" *Science Communication* 17 (1995): 240-263; "Data Access Policy in Genome Research," in *Private Science*, ed. A. Thackray (Philadelphia: University of Pennsylvania Press, 1998); and "Making Maps and Making Social Order: Governing American Genome Centers, 1988-93," in Gaudillière and Rheinberger, *From Molecular Genetics to Genomics*.

643) 다음 글들을 보라. Bruno Strasser, "Collecting and Experimenting: The Moral Economies of Biological Research, 1960s-1980s," in *Workshop, History and Epistemology*, 105-123; Bruno Strasser, "Collecting, Comparing, and Computing Sequences: The Making of Margaret O. Dayhoff's Atlas of Protein Sequence and Structure, 1954-1966," *Journal of the History of Biology* 43 (2010): 623-660.

644) 이를테면 Sabina Leonelli, "Documenting the Emergence of Bio-Ontologies: Or, Why Studying Bioinformatics Requires HPSSB,"

History and Philosophy of the Life Sciences 32 (2010): 105-125; Sabina Leonelli, "Making Sense of Data-Driven Research in the Biological and Biomedical Sciences," *Studies in History and Philosophy of the Biological and Biomedical Sciences* 43 (2012): 1-3 등을 보라.

645) 다음 글들을 보라. Peter Galison and Mario Biagioli, eds., *Scientific Authorship: Credit and Intellectual Property in Science* (London: Routledge, 2002); Philip Mirowski and Mirjam Sent, eds., *Science Bought and Sold: Essays in the Economics of Science* (Chicago: University of Chicago Press, 2002); Mario Biagioli, "The Instability of Authorship: Credit and Responsibility in Contemporary Biomedicine," in Mirowski and Sent, *Science Bought and Sold*, 486-514.

646) François Gros, *Les secrets du gène*, 2nd ed. (Paris: Ed. Odile Jacob, 1991), chap. 7; Rheinberger, Epistemology of the Concrete, 8장.

647) Lenny Moss, "Redundancy, Plasticity, and Detachment: The Implications of Comparative Genomics for Evolutionary Thinking," *Philosophy of Science* 73 (2006): 930-946.

648) 이블린 폭스 켈러, 이한음 옮김, 『유전자의 세기는 끝났다』 [Fox Keller, *Century of the Gene*]를 보라.

649) Gísli Pálsson and Paul Rabinow, "Iceland: The Case of a National Human Genome Project," *Anthropology Today* 15 (1999): 14-18을 보라.

650) 다음 글들을 보라. Skúli Sigurdsson, "Yin-Yang Genetics, or the HSD deCODE Controversy," *New Genetics and Society* 20 (2001): 103-117; Mike Fortun, *Promising Genomics: Iceland and deCODE Genetics in a World of Speculation* (Berkeley: University of California Press, 2008). 참고문헌은 http://www.raunvis.hi.is/~sksi/hsd_dec.html에서 확인할 수 있다.

651) Gísli Pálsson, "Decoding Relations and Disease: The Icelandic Biogenetic Project," in Gaudillière and Rheinberger, *From Molecular Genetics to Genomics*, 180-198.

652) Reardon, *Race to the Finish*을 보라.

653) 다음 글들을 보라. Trudy R. Turner, ed., *Biological Anthropology and Ethics: From Repatriation to Genetic Identity* (Albany: SUNY Press, 2005); Marianne Sommer, "DNA and Cultures of Remembrance: Anthropological Genetics, Biohistories, and Biosocialities," *Biosocieties* 5

(2010): 366-390.

654) 다음 글들을 보라. 실라 재서노프, 박상준 옮김, 『법정에 선 과학』 (동아시아, 2011) [Sheila Jasanoff, *Science at the Bar: Science and Technology in American Law* (Cambridge, MA: Harvard University Press, 1996)]; Michael Lynch and Simon A. Cole, "Science and Technology Studies on Trial: Dilemmas of Expertise," *Social Studies of Science* 35 (2005): 269-311; David Lazer, ed., *DNA and the Criminal Justice System: The Technology of Justice* (Cambridge, MA: MIT Press, 2004); Stephen Hilgartner, *Science on Stage: Expert Advice as Public Drama* (Stanford, CA: Stanford University Press, 2000).

655) Bernd Müller-Röber et al., eds., Grüne *Gentechnologie: Aktuelle Entwicklungen in Wissenschaft und Wirtschaft* (Munich: Elsevier Spektrum Akademischer Verlag, 2007)을 보라.

656) 다음 글들을 보라. Christophe Bonneuil, "Les recherches sur les impacts agro-écologiques des OGM dans les années 1990," in *Maîtrise des risques, prévention et principe de precaution*, 81-94 (Paris: INRS Edition, 2002); 실라 재서노프, 박상준, 장희진, 김희원, 오요한 옮김, 『누가 자연을 설계하는가』 [Jasanoff, *Designs on Nature*]; Gaudillière, "New Wine in Old Bottles?"

657) Daniel J. Kevles, "Of Mice and Money: The Story of the World's First Animal Patent," *Daedalus* (Spring 2002): 78-88을 보라.

658) Daniel J. Kevles, "The Advent of Animal Patents: Innovation and Controversy in the Engineering and Ownership of Life," in *Intellectual Property Rights and Patenting in Animal Breeding and Genetics*, ed. S. Newman and M. Rothschild (New York: CABI Publishing, 2002), 17-30을 보라.

659) Daniel J. Kevles, "Breeding, Biotechnology, and Agriculture: The Establishment and Protection of Intellectual Property in Animals since the Late Eighteenth Century," in *Workshop, History and Epistemology*, 69-79을 보라.

660) Michel Morange, *La part des gènes* (Paris: Odile Jacob, 1998), 7장을 보라.

661) François Jacob, *The Possible and the Actual*, trans. B. E. Spillmann (Seattle: University of Washington Press, 1982), 2장.

662) Thomas C. Caskey, "DNA-based Medicine: Prevention and Therapy," in Kevles and Hood, *Code of Codes*, 123.

663) Keith Wailoo and Stephen Pemberton, *The Troubled Dream of Genetic Medicine: Ethnicity and Innovation in Tay-Sachs, Cystic Fibrosis, and Sickle Cell Disease* (Baltimore: Johns Hopkins University Press, 2006)를 보라. Melbourne Tapper, *In the Blood: Sickle Cell Anemia and the Politics of Race, Critical Histories* (Philadelphia: University of Pennsylvania Press, 1998)도 보라.

664) Wailoo and Pemberton, *Troubled Dream of Genetic Medicine*, 2장을 보라.

665) Ibid., 170.

666) Eric Lander, "Interview," *Newsweek*, October 14, 2007, 46.

667) 이를테면 Jörg Schmidtke, Bernd Müller-Röber, Wolfgang van den Daele, Hucho, Kristian Köchy, Karl Sperling, Jens Reich, Hans-Jörg Rheinberger, Anna M. Wobus, Mathias Boysen, and Silke Domasch, eds., *Gendiagnostik in Deutschland: Status quo und Problemerkundung* (Limburg: Forum W-Wissenschaftlicher Verlag, 2007)을 보라.

668) Jean-Paul Gaudillière and Ilana Löwy, "Medicine, Markets and Public Health: Contemporary Testing for Breast Cancer Predispositions," in *Medicine, Markets and Mass Media: Producing Health in the Twentieth Century*, ed. V. Berridge and K. Loughlin (London: Routledge, 2005)을 보라.

669) Norbert Paul, *The Making of Molecular Medicine: Historical, Theoretical, and Ethical Dimensions* (Habilitation, Heinrich-Heine-Universität Düsseldorf, 2003); Virginia Berridge and Kelly Laughlin, eds., *Medicine, the Market and the Mass Media: Producing Health in the Twentieth Century* (London: Routledge, 2005).

670) W. Bodmer, "Where Will Genome Analysis Lead Us Forty Years On?" in Chambers, *DNA*, 414.

671) Ernst Ludwig Winnacker, "Das Gen und das Ganze," *Die Zeit*, May 2, 1997, 34를 보라.

672) Richards, *The Romantic Conception of Life*를 보라.

673) Anne Harrington, *Reenchanted Science: Holism in German Culture from Wilhelm II to Hitler* (Princeton: Princeton University Press, 1996)를 보라.

674) 핵산 혼성화(nucleic acid hybridization)의 초기 역사에 대해서는 Edna

Suárez Díaz and Victor H. Anaya-Muñoz, "History, Objectivity, and the Construction of Molecular Phylogenies," *Studies in History and Philosophy of Biological and Biomedical Sciences* 39 (2008): 451-468을 보라.

675) Eva Jablonka and Marion J. Lamb, Evolution in *Four Dimensions: Genetic, Epigenetic, Behavioral, and Symbolic Variation in the History of Life* (Cambridge, MA: MIT Press, 2005); Eva Neumann-Held and Christoph Rehmann-Sutter, eds., *Genesis in Development: Re-Reading the Molecular Paradigm* (Durham, NC: Duke University Press, 2006).

676) Leonelli, "Documenting the Emergence of Bio-Ontologies"를 보라.

677) Marcel Weber, "Walking on the Chromosome: Drosophila and the Molecularization of Development," in Gaudillière and Rheinberger, *From Molecular Genetics to Genomics*, 63-78; Scott F. Gilbert, ed., *A Conceptual History of Modern Developmental Biology* (Baltimore: Johns Hopkins University Press, 1994)를 보라.

678) Morange, *La part des gènes; for the longer history, see* Laubichler and Maienschein, *From Embryology to Evo-Devo*를 보라.

679) Soraya de Chadarevian, "Of Worms and Programmes: Caenorhabditis Elegans and the Study of Development," *Studies in History and Philosophy of Biological and Biomedical Sciences* 29 (1998): 81-105, 그리고 Rachel A. Ankeny, "The Natural History of C. elegans Research," *Nature Reviews Genetics* 2 (2001): 474-478을 보라.

680) 미셸 모랑주, 강광일, 이정희, 이병훈 옮김, 『분자생물학』 [Morange, *History of Molecular Biology*] 그리고 Michel Morange, "The Developmental Gene Concept: History and Limits," in Beurton, Falk, and Rheinberger, *Concept of the Gene*, 193-215를 보라.

681) Moss, "Redundancy, Plasticity, and Detachment"를 보라.

682) Evelyn Fox Keller, *Making Sense of Life: Explaining Biological Development with Models, Metaphors, and Machines* (Cambridge, MA: Harvard University Press, 2002); 스콧 길버트, 강해묵 옮김, 『발생생물학(제9판)』 (라이프사이언스, 2011). [Scott F. Gilbert, *Developmental Biology*, 9th ed. (Sunderland, MA: Sinanex Associates, 2010)].

683) Maienschein, Whose View of Life?을 보라.

684) 샐리 모건, 임정묵 옮김, 『성게 실험에서 복제 양 돌리까지』 (다섯수레,

2013) [Sally Morgan, *From Sea Urchins to Dolly the Sheep: Discovering Cloning* (Chicago: Heinemann Library, 2006)]를 보라.

685) Herbert Gottweis and Robert Triendl, "South Korean Policy Failure and the Hwang Debacle," *Nature Biotechnology* 24 (2006), 141-143.

686) Herbert Gottweis, "Human Embryonic Stem Cells, Cloning, and the Transformation of Biopolitics," in *Biotechnology: Between Commerce and Civil Society*, ed. N. Stehr (New Brunswick, NJ: Transaction, 2004), 239-265; Herbert Gottweis, Brian Salter, and Catherine Waldby, *The Global Politics of Human Embryonic Stem Cell Science: Regenerative Medicine in Transition* (Basingstoke: Palgrave Macmillan, 2009).

687) Waters, "What Was Classical Genetics?"를 보라.

688) Morange, *La part des gènes*, 43.

689) Kay, *Who Wrote the Book of Life?*; Nelkin and Lindee, *The DNA Mystique*.

690) Rheinberger and Gaudillière, *Classical Genetic Research and Its Legacy*를 보라.

691) Gaudillière and Rheinberger, *From Molecular Genetics to Genomics*.

참고문헌

*역주: 이 책에서 인용된 문헌들 가운데 국문으로 번역된 저술들은 다음과 같다. 영문본 참고문헌 일람에서 국역서 원저들에 관한 정보를 삭제하지 않았음을 밝혀둔다.

가스통 바슐라르, 김용선 옮김, 『새로운 과학정신』 (인간사랑, 1990).

그레고어 멘델, 신현철 옮김, 『식물의 잡종에 관한 실험』 (지만지, 2021).

루이스 메넌드, 정주연 옮김, 『메타피지컬 클럽』 (민음사, 2006).

미셸 모랑주, 강광일, 이정희, 이병훈 옮김, 『분자생물학』 (몸과마음, 2002).

미셸 푸코, 이규현 옮김, 『말과 사물』 (민음사, 2012).

미셸 푸코, 김상운 옮김, 『사회를 보호해야 한다』 (난장, 2015).

미셸 푸코, 이규현 옮김, 『성의 역사 1: 지식의 의지』 (나남, 2004).

미셸 푸코, 이정우 옮김, 『지식의 고고학』 (민음사, 2000).

스티븐 제이 굴드, 김동광 옮김, 『인간에 대한 오해』 (사회평론, 2003).

알렉시스 드 토크빌, 박지동 옮김, 『미국의 민주주의 1』 (한길사, 2002).

이블린 폭스 켈러, 이한음 옮김, 『유전자의 세기는 끝났다』 (지호, 2002).

이블린 폭스 켈러, 김재희 옮김, 『생명의 느낌』 (양문, 2001).

앨프리드 W. 크로스비, 정범진, 안효상 옮김, 『생태제국주의』 (지식의풍경, 2000).

샐리 모건, 임정묵 옮김, 『성게 실험에서 복제 양 돌리까지』 (다섯수레, 2013).

스콧 길버트, 강해묵 옮김, 『발생생물학(제9판)』 (라이프사이언스, 2011).

실라 재서노프, 박상준, 장희진, 김희원, 오요한 옮김, 『누가 자연을 설계하는가』 (동아시아, 2019).

실라 재서노프, 박상준 옮김, 『법정에 선 과학』 (동아시아, 2011).

에르빈 슈뢰딩거, 서인석 옮김, 『생명이란 무엇인가』 (한울, 2021).

임마누엘 칸트, 김미영 옮김, "세계시민적 관점에서 본 보편사의 이념", 『비판기 저작. 1 (1784~1794)』 (한길사, 2019).

임마누엘 칸트, 김미영 옮김, "인종에 관한 개념 규정", 『비판기 저작. 1 (1784~1794)』 (한길사, 2019).

임마누엘 칸트, 홍우람 옮김, "철학에서 목적론적 원리의 사용", 『비판기 저작. 1 (1784~1794)』 (한길사, 2019).

임마누엘 칸트, 백종현 옮김, 『판단력비판』 (아카넷, 2009).

제임스 D. 왓슨, 최돈찬 옮김, 『이중나선』 (궁리, 2019).

재닛 브라운, 임종기 옮김, 『찰스 다윈 평전: 나는 멸종하지 않을 것이다』 (김영사, 2010).

클로드 레비-스트로스, 박옥줄 옮김, 『야생의 사고』 (한길사, 1996).

클로드 레비-스트로스, 류재화 옮김, 『오늘날의 토테미즘』 (문학과지성사, 2012).

찰스 다윈, 장대익 옮김, 『종의 기원』 (사이언스북스, 2019).

찰스 로버트 다윈, 『인간의 유래와 성선택』 (지만지고전천줄, 2010).

카를 마르크스, 강유원 옮김, 『헤겔 법철학 비판』 (이론과실천, 2011).

카우시크 순데르 라잔, 안수진 옮김, 『생명자본』 (그린비, 2012).

칼 만하임, 이남석 옮김, 『세대 문제』 (책세상, 2020).

프랑수아 자콥, 이정우 옮김, 『생명의 논리, 유전의 역사』 (민음사, 1994).

한나 아렌트, 박미애, 이진우 옮김, 『전체주의의 기원』 (한길사, 2017).

Abir-Am, Pnina G. "From Biochemistry to Molecular Biology: DNA and the Acculturated Journey of the Critic of Science Erwin Chargaff." *History and Philosophy of the Life Sciences* 2 (1980): 3-60.

_______. "The Discourse of Physical Power and Biological Knowledge in the 1930s: A Reappraisal of the Rockefeller Foundation's Policy in Molecular Biology." *Social Studies of Science* 12 (1982): 341-382.

_______. "From Multi-disciplinary Collaboration to Transnational Objectivity: International Space as Constitutive of Molecular Biology, 1930-1970." In *Denationalizing Science: The International Context of Scientific Practice*, edited by Elisabeth T. Crawford, Terry Shinn, and Sverker Sörlin, 153-186. Dordrecht: Kluwer Academic Publishers, 1993.

_______. "The Strategy of Large Versus Small Scale Investments: The

Rockefeller Foundation's International Network of Protein Research, 1930-1960." In *American Foundations and Large Scale Research*, edited by Giuliana Gemelli, 71-90. Bologna: Clueb, 2001.

_______."The Rockefeller Foundation and the Rise of Molecular Biology." *Nature Reviews Molecular Cell Biology* 3 (2002): 65-70.

Adams, Mark B., ed. *The Wellborn Science: Eugenics in Germany, France, Brazil, and Russia*. New York: Oxford University Press, 1990.

Adelmann, Howard B. Marcello *Malpighi and the Evolution of Embryology*. 5 vols. Ithaca, NY: Cornell University Press, 1966.

Allen, Garland E. *Thomas Hunt Morgan: The Man and His Science*. Princeton, NJ: Princeton University Press, 1978.

_______. "The Eugenics Record Office, Cold Spring Harbor, 1910-1940." *Osiris*, 2nd series, 2 (1986): 225-264.

_______. "T. H. Morgan and the Split between Embryology and Genetics, 1910-1926." In *A History of Embryology*, edited by Timothy Horder, Jan A. Witkowski, and Christopher C. Wylie, 113-144. Cambridge: Cambridge University Press, 1986.

_______. "Mendel and Modern Genetics: The Legacy for Today." *Endeavour* 27 (2003): 63-68.

Aly, Götz, and Susanne Heim. *Architects of Annihilation: Auschwitz and the Logic of Destruction*. Translated by A. G. Blunden. London: Weidenfeld & Nicolson, 2002. Originally published as *Vordenker der Vernichtung: Auschwitz und die deutschen Pläne für eine neue europäische Ordnung* (Frankfurt/M.: Fischer, 1991).

Amsterdamsk, Olga. "From Pneumonia to DNA: The Research Career of Oswald T. Avery." *Historical Studies in the Physical and Biological Sciences* 24 (1993): 1-40.

Amundson, Ron. *The Changing Role of the Embryo in Evolutionary Thought*. Cambridge: Cambridge University Press, 2005.

Anderson, Otto. "Denmark." In *European Demography and Economic Growth*, edited by W. R. Lee, 79-122. London: Croom Helm, 1979.

Ankeny, Rachel A. "Model Organisms as Models: Understanding the 'Lingua Franca' of the Human Genome Project." *Philosophy of Science* 68 (2001):

251-261.

_______. "The Natural History of C. elegans Research." *Nature Reviews Genetics* 2 (2001): 474-478.

_______. "Wormy Logic: Model Organisms as Case-Based Reasoning." In *Science without Laws: Model Systems, Cases, Exemplary Narratives*, edited by Angela N. H. Creager, Elizabeth Lunbeck, and M. Norton Wise, 46-58. Chapel Hill, NC: Duke University Press, 2007.

_______. "Historiographic Considerations on Model Organisms: Or, How the Muresucracy May Be Limiting Our Understanding of Contemporary Genetics and Genomics." *History and Philosophy of the Life Sciences* 32 (2010): 91-104.

Ankeny, Rachel A., and Sabina Leonelli. "What Is So Special about Model Organisms?" *Studies in History and Philosophy of Science, part A*, 42, no. 2 (2011): 313-323.

Arendt, Hannah. *The Origins of Totalitarianism*. New York: Schocken Books, 2004. Original 1955.

Aristotle. *Lectures on the Science of Nature*. Books 1-4. Translated by Charles Glenn Wallis. Annapolis: The St. John's Bookstore, 1940.

_______. *Generation of Animals*. Translated by Arthur Leslie Peck. Cambridge, MA: Harvard University Press, 1990.

_______. *History of Animals*. Translated by Arthur Leslie Peck and David M. Balme. Cambridge, MA: Harvard University Press, 1991-1993.

_______. *On Coming-to-Be and Passing-Away*. Translated by Edward Seymour Forster. Cambridge, MA: Harvard University Press, 1992.

Bachelard, Gaston. *The New Scientific Spirit*. Translated by Arthur Goldhammer. Boston: Beacon Press, 1984. Originally published as *Le nouvel esprit scientifique* (Paris: Alcan, 1934).

_______. *The Formation of the Scientific Mind*. Translated by Mary MacAllester Jones. Manchester: Clinamen Press, 2002. Originally published as *La formation de l' esprit scientifique* (Paris: Vrin, 1938).

Bäckstedt, Eva. "Rasbiologens barnbarn gör upp med arvet." *Svenska Dagbladet Kultur*, March 2, 2002, 4-5.

Bajema, Carl J. *Artificial Selection and the Development of Evolutionary Theory*.

Stroudsburg, PA: Hutchinson Ross, 1982.

Barahona, Ana, Edna Suárez Díaz, and Hans-Jörg Rheinberger, eds. *The Hereditary Hourglass: Genetics and Epigenetics, 1868-2000*. Preprint 392. Berlin: Max Planck Institute for the History of Science, 2010.

Barkan, Elazar. *The Retreat of Scientific Racism: Changing Concepts of Race in Britain and the United States between the World Wars.* Cambridge: Cambridge University Press, 1992.

Barnes, Barry, and John Dupré. *Genomes and What to Make of Them.* Chicago: University of Chicago Press, 2008.

Bateson, William. "Hybridisation and Cross-Breeding as a Method of Scientific Investigation." *Journal of the Royal Horticultural Society* 24 (1899): 59-66.

_______. "Problems of Heredity as a Subject for Horticultural Investigation." *Journal of the Royal Horticultural Society* 25 (1900): 54-61.

_______. *The Methods and Scope of Genetics: An Inaugural Lecture Delivered 23 October 1908.* Cambridge: Cambridge University Press, 1908.

Bayon, Henry Peter. "William Harvey (1578-1657): His Application of Biological Experiment, Clinical Observation, and Comparative Anatomy to the Problems of Generation." *Journal of the History of Medicine and Allied Sciences* 2 (1947): 51-96.

Bennett, Joan Wennstrom, and Herman Jan Phaff. "Early Biotechnology: The Connection." *ASM News* 59 (1993): 401-404.

Berg, Paul, and Maxine Singer. *George Beadle: An Uncommon Farmer; The Emergence of Genetics in the 20th Century*. Cold Spring Harbor: Cold Spring Laboratory Press, 2003.

Bernard, Claude. *De la physiologie générale*. Bruxelles: Culture et Civilisation, 1965. Originally published 1872.

_______. *Leçons sur les phénomènes de la vie communs aux animaux et aux végétaux*. Paris: Vrin, 1966. Originally published 1878.

Berridge, Virginia, and Kelly Laughlin, eds., *Medicine, the Market and the Mass Media: Producing Health in the Twentieth Century*. London: Routledge, 2005.

Biagioli, Mario. "The Instability of Authorship: Credit and Responsibility in Contemporary Biomedicine." In *Science Bought and Sold: Essays in the Economics of Science*, edited by Philip Mirowski and Mirjam Sent, 486-514. University of Chicago Press, 2002.

Blumenbach, Johann Friedrich. "On the Natural Variety of Mankind." In *Anthropological Treatises of Johann Friedrich Blumenbach*, edited and translated by Thomas Bendyshe, 145-276. London: Published for the Anthropological Society by Longman, Green, Longman, Roberts, & Green, 1865. Originally published as *Über die natürlichen Verschiedenheiten im Menschengeschlechte* (Leipzig: Breitkopf und Härtel, 1795).

Boas, Franz. "Mixed Races." *Science* 17 (1891): 179.

_______. "The Correlation of Anatomical or Physiological Measurements." *American Anthropologist* 7 (1894): 313-324.

_______. *The Mind of Primitive Man*. New York: Macmillan, 1911.

_______. *Kultur und Rasse*. Leipzig: Veit, 1914.

_______. *Race, Language and Culture*. Chicago: University of Chicago Press, 1996.

Bodmer, Walter. "Where Will Genome Analysis Lead Us Forty Years On?" In *DNA: The Double Helix; Perspective and Prospective at Forty Years*, edited by Donald A. Chambers, 414-426. New York: New York Academy of Sciences, 1995.

Bonnet, Charles. *Considérations sur les corps organisés, où l'on traite de leur origine, de leur développement, de leur réproduction*. 2 vols. Amsterdam: Rey, 1762.

Bonneuil, Christophe. "Les recherches sur les impacts agro-écologiques des OGM dans les années 1990." In *Maîtrise des risques, prévention et principe de precaution*, 81-94. Paris: INRS Edition, 2002.

_______. "Mendelism, Plant Breeding and Experimental Cultures: Agriculture and the Development of Genetics in France." *Journal of the History of Biology* 39 (2006): 281-308.

_______. "Producing Identity, Industrializing Purity: Elements for a Cultural History of Genetics." In *Conference: Heredity in the Century of the Gene (A Cultural History of Heredity IV)*, preprint 343, 81-110. Berlin: Max Planck Institute for the History of Science, 2008.

Bostanci, Adam. "Sequencing Human Genomes." In *From Molecular Genetics to Genomics: The Mapping Cultures of Twentieth-Century Genetics*, edited by Jean-Paul Gaudillière and Hans-Jörg Rheinberger, 158-179. London: Routledge, 2004.

_______. "Two Drafts, One Genome? Human Diversity and Human Genome Research." *Science as Culture* 15 (2006): 183-198.

Boveri, Theodor. *Zellen-Studien*. Vol. 2. Jena: Gustav Fischer, 1888.

_______. "An Organism Produced Sexually Without Characteristics of the Mother." *American Naturalist* 27 (1893): 222-232.

Bowler, Peter J. "Preformation and Pre-Existence in the Seventeenth Century: A Brief Analysis." *Journal of the History of Biology* 4 (1971): 221-244.

_______. *Theories of Human Evolution: A Century of Debate 1844-1944*. Oxford: Basil Blackwell, 1986.

_______. *The Mendelian Revolution: The Emergence of Hereditarian Concepts in Modern Science and Society*. Baltimore: Johns Hopkins University Press, 1989.

_______. *The Eclipse of Darwinism*. Baltimore: Johns Hopkins University Press, 1992.

_______. "Variation from Darwin to the Modern Synthesis." In *Variation: A Central Concept in Biology*, edited by Benedikt Hallgrimsson and Brian K. Hall, 414-426. New York: Elsevier, 2005.

Bracegirdle, Brian. *A History of Microtechnique: The Evolution of the Microtome and the Development of Tissue Preparation*. 2nd ed. Lincolnwood: Science Heritage Ltd., 1986.

Bracton, Henry de. *On the Laws and Customs of England*. 4 vols. Edited by George E. Woodbridge and translated by Samuel L. Thorne. Cambridge, MA: Belknap Press, 1968-1977. Originally published as *De Legibus et Consuetudinibus Angliae*, 1569.

Brandt, Christina. "Clones, Pure Lines and Heredity: The Work of Victor Jollos." In Conference: *Heredity in the Century of the Gene (A Cultural History of Heredity IV)*, preprint 343, 139-148. Berlin: Max Planck Institute for the History of Science, 2008.

Brantlinger, Patrick. *Dark Vanishings: Discourse on the Extinction of Primitive*

Races, 1800-1930. Ithaca, NY: Cornell University Press, 2003.

Braude, Benjamin. "Sons of Noah." *William and Mary Quarterly*, 3rd Ser., 54 (1997): 103-142.

Brogberg, Gunnar, and Nils Roll-Hansen, eds. *Eugenics and the Welfare State.* EastLansing: Michigan State University Press, 1996.

Brock, Thomas D. *The Emergence of Bacterial Genetics.* Cold Spring Harbor: Cold Spring Harbor Laboratory Press, 1990.

Broda, Engelbert. *Radioactive Isotopes in Biochemistry.* Amsterdam: Elsevier, 1960.

Browne, Janet. *Charles Darwin: The Power of Place; Volume II of a Biography.* New York: Knopf, 2002.

Buffon, Georges Louis Leclerc, Comte de. *Natural History, General and Particular, by the Count de Buffon.* Translated by William Smellie. 8 vols. Edinburgh: Printed for William Creech, 1780.

_______. *Natural History, General and Particular, by the Count de Buffon, translated into English.* 2nd ed. Translated by William Smellie. 9 vols. London: W. Strahan and T. Cadell, 1785.

_______. *De l'homme.* Edited by Michele Duchet. Paris: L'Harmattan, 1971.

Bulmer, Michael. *Francis Galton: Pioneer of Heredity and Biometry.* Baltimore: Johns Hopkins University Press, 2003.

Burian, Richard. "Technique, Task Definition, and the Transition from Genetics Molecular Genetics: Aspects of the Work on Protein Synthesis in the Laboratories of J. Monod and P. Zamecnik." *Journal of the History of Biology* 26 (1993): 387-407.

_______. "Underappreciated Pathways toward Molecular Genetics as Illustrated by Jean Brachet's Cytochemical Embryology." In *The Philosophy and History of Molecular Biology: New Perspectives*, edited by Sahotra Sarkar, 67-85. Dordrecht: Kluwer, 1996.

Burton, Robert. *The Anatomy of Melancholy*, 1621. Projekt Gutenberg Edition, http://www.gutenberg.org/files/10800/10800-h/10800-h.htm (accessed March 4, 2010).

Buss, Allen R. "Galton and the Birth of Differential Psychology and Eugenics: Social, Political, and Economic Forces." *Journal of the History of the*

Behavioral Sciences 12 (1976): 47-58.

Cairns, John, Gunther S. Stent, and James D. Watson, eds. *Phage and the Origins of Molecular Biology*. Plainview, NY: Cold Spring Harbor Laboratory Press, 1992.

Campbell, Chloe. *Race and Empire: Eugenics in Colonial Kenya*. Manchester: University Press, 2007.

Campos, Luis. "Genetics without Genes: Blakeslee, Datura and 'Chromosomal Mutations.'" In *Conference: Heredity in the Century of the Gene (A Cultural History of Heredity IV)*, preprint 343, 21-23. Berlin: Max Planck Institute for the History of Science, 2006.

Canguilhem, Georges. "Qu'est-ce que une idéologie scientifique?" In *Idéologie et rationalité dans l'histoire des sciences de la vie*, edited by Georges Canguilhem, 33-45, 2nd ed. Paris: Vrin, 1981. 1st ed. 1977.

Cantor, Charles. "The Challenges to Technology and Informatics." In *The Code of Codes: Scientific and Social Issues in the Human Genome Project*, edited by Daniel J. Kevles and Leroy Hood, 98-111. Cambridge, MA: Harvard University Press, 1992.

Cantor, David, ed., *Cancer in the Twentieth Century*. Baltimore: Johns Hopkins University Press, 2008.

Carlson, Elof A. *The Gene: A Critical History*. Philadelphia: Saunders, 1966.

_______. *Genes, Radiation, and Society: The Life and Work of H. J. Muller.* Ithaca, NY: Cornell University Press, 1981.

_______. *Mendel's Legacy: The Origin of Classical Genetics.* Cold Spring Harbor: Spring Harbor Laboratory Press, 2004.

Carol, Anne. *Histoire de l'eugénisme en France: Les médecins et la procréation, XIXe-XXe siècle*. Paris: Seuil, 1995.

Cartron, Laure. "Degeneration and 'Alienism' in Early Nineteenth-Century France." In *Heredity Produced: At the Crossroads of Biology, Politics and Culture, 1500-1870*, edited by Staffan Müller-Wille and Hans-Jörg Rheinberger, 155-174. Cambridge, MA: MIT Press, 2007.

Caskey, Thomas C. "DNA-Based Medicine: Prevention and Therapy." In *The Code of Codes: Scientific and Social Issues in the Human Genome Project*, edited by Daniel J. Kevles and Leroy Hood, 112-135. Cambridge, MA:

Harvard University Press, 1992.

Céard, Jean. *La nature et les prodiges: L'insolite au XVIe siècle*. 2nd ed. Geneva: Droz, 1996. 1st ed. 1977.

Chadarevian, Soraya de. "Of Worms and Programmes: *Caenorhabditis elegans* and the Study of Development." *Studies in History and Philosophy of Biological and Biomedical Sciences* 29 (1998): 81-105.

_______. *Designs for Life: Molecular Biology after World War II*. Cambridge: Cambridge University Press, 2002.

Churchill, Frederick B. "Hertwig, Weismann and the Meaning of Reduction Division circa 1890." *Isis* 61 (1970): 429-457.

_______. "William [*sic*] Johannsen and the Genotype Concept." *Journal of the History of Biology* 7 (1974): 5-30.

_______. "From Heredity Theory to 'Vererbung': The Transmission Problem, 1850-1915." *Isis* 78 (1987): 337-364.

_______. "Living with the Biogenetic Law: A Reappraisal." In *From Embryology to Evo-Devo: A History of Developmental Evolution*, edited by Manfred D. Laubichler and Jane Maienschein, 37-81. Cambridge, MA: MIT Press, 2007.

Civil Code. http://www.napoleon-series.org/research/government/c_code.html (2010. 2. 19. 접속)

Cohen, I. Bernhard. "Harrington and Harvey: A Theory of the State Based on the New Philosophy." *Journal of the History of Ideas* 55 (1994): 187-210.

Cole, Francis Joseph. *Early Theories of Sexual Generation*. Oxford: Clarendon Press, 1930.

Coleman, William. *Biology in the Nineteenth Century: Problems of Form, Function, and Transformation*. New York: John Wiley, 1971.

Comfort, Nathaniel C. *The Tangled Field: Barbara McClintock's Search for the Patterns of Genetic Control*. Cambridge, MA: Harvard University Press, 2001.

Cook-Deegan, Robert. *The Gene Wars: Science, Politics, and the Human Genome*. New York: W. W. Norton, 1994.

Correns, Carl. *Autobiographical sketch*. Typescript. Archive of the Max Planck Abt. III, Rep. 17, no. 1.

_______. "Mendels Regel über das Verhalten der Nachkommenschaft der Rassenbastarde." *Berichte der Deutschen Botanischen Gesellschaft* 18 (1900): 158-168.

_______. "Die Ergebnisse der neuesten Bastardforschungen für die Vererbungslehre." In *Gesammelte Abhandlungen zur Vererbungswissenschaft aus periodischen Schriften 1899-1924*, 264-286. Berlin: Julius Springer, 1924. Original 1901.

_______. "Gregor Mendels Briefe an Carl Nägeli 1866-1873: Ein Nachtrag zu den veröffentlichten Bastardisierungsversuchen Mendels." In *Gesammelte Abhandlungen zur Vererbungswissenschaft aus periodischen Schriften 1899-1924*, 1233-1297. Berlin: Julius Springer, 1924. Original 1905.

_______. "Zur Kenntnis der Rolle von Kern und Plasma bei der Vererbung." In *Gesammelte Abhandlungen zur Vererbungswissenschaft aus periodischen Schriften 1899-1924*, 648-656. Berlin: Julius Springer, 1924. Original 1909.

Cowan, Ruth Schwartz. "Nature and Nurture: The Interplay of Biology and Politics in the Work of Francis Galton." In *Studies in the History of Biology*, vol. 1, edited by William Coleman and Camille Limoges, 133-208. Baltimore: Johns Hopkins University Press, 1977.

Creager, Angela N. H. *The Life of a Virus: Tobacco Mosaic Virus as an Experimental Model*, 1930- 1965. Chicago: University of Chicago Press, 2002.

_______. "The Industrialization of Radioisotopes by the U.S. Atomic Energy Commission." In *The Science-Industry Nexus: History, Policy, Implications*, edited by Karl Grandin, Nina Wormbs, and Sven Widmalm, 141-168. Sagamore Beach, MA: Science History Publications, 2004.

_______. "Mapping Genes in Microorganisms." In *From Molecular Genetics to Genomics: The Mapping Cultures of Twentieth-Century Genetics,* edited by Jean-Paul Gaudillière and Hans-Jörg Rheinberger, 9-41. London: Routledge, 2004.

Creager, Angela N. H. and María Jesús Santesmases, eds. "Radiobiology in Atomic Age." Special issue, *Journal of the History of Biology* 39, no. 4 (2006).

Cremer, Thomas. *Von der Zellenlehre zur Chromosomentheorie: Naturwissenschaftliche Erkenntnis und Theoriewechsel in der frühen Zell- und Vererbungsforschung*. Berlin: Springer, 1985.

Crick, Francis H. C. "On Protein Synthesis." *Symposium of the Society for Experimental Biology* 12 (1958): 138-163.

Crosby, Alfred W. *Ecological Imperialism: The Biological Expansion of Europe, 900-1900*. Cambridge University Press, Cambridge, 1986.

Darden, Lindley. *Reasoning in Biological Discoveries: Essays on Mechanisms, Interfield Relations, and Anomaly Resolution*. Cambridge: Cambridge Press, 2006.

Darlington, Cyril Dean. Introduction to *Hereditary Genius: An Inquiry into Its Laws and Consequences*, by Francis Galton. London: Collins, 1962.

Darwin, Charles. *On the Origin of Species: A Facsimile of the First Edition*. Introduction by Ernst W. Mayr. Cambridge, MA: Harvard University Press, 1966. Original 1859.

_______. *The Works of Charles Darwin*. Vols. 19 and 20. *The Variation of Animals and Plants under Domestication*. 2 vols. Edited by Paul H. Barrett Richard B. Freeman. New York: New York University Press, 1988.

_______. *The Works of Charles Darwin*. Vols. 21 and 22. *The Descent of Man, and Selection in Relation to Sex*. 2 vols. Edited by Paul H. Barrett and Richard Freeman. New York: New York University Press, 1989.

Daston, Lorraine, and Peter Galison. "The Image of Objectivity." *Representations* (1992): 81.

Daston, Lorraine, and Katharine Park. *Wonder and the Order of Nature, 1150-1750*. New York: Zone Books, 1998.

De Renzi, Silvia. "Resemblance, Paternity, and Imagination in Early Modern Courts." In *Heredity Produced: At the Crossroads of Biology, Politics and Culture, 1500-1870*, edited by Staffan Müller-Wille and Hans-Jörg Rheinberger, 61-83. Cambridge, MA: MIT Press, 2007.

Derry, Margaret. *Bred for Perfection: Shorthorn Cattle, Collies, and Arabian Horses since 1800*. Baltimore: Johns Hopkins University Press, 2003.

Descartes, René. *Oeuvres de Descartes*. 11 vols. Edited by Charles Adam and Paul Tannery. Paris: Vrin, 1986.

_______. *The Philosophical Writings of Descartes*. Translated by John Cottingham, Robert Stoothoff, and Dugald Murdoch. 3 vols. Cambridge: Cambridge University Press, 1998.

Detlefsen, Karen. "Explanation and Demonstration in the Haller-Wolff Debate." In The *Problem of Animal Generation in Early Modern Philosophy*, edited by Justin E. H. Smith, 235-261. Cambridge: Cambridge University Press, 2006.

de Vries, Hugo. "Sur la loi de disjonction des hybrides." *Comptes rendus de l'Académie des Sciences* 130 (1900): 845-847.

_______. *Intracellular Pangenesis*. Translated by C. Stuart Gager. Chicago: Open Court Publishing, 1910. Originally published as *Intracellulare Pangenesis* (Jena: G. Fischer, 1889).

_______. *The Mutation Theory: Experiments and Observations on the Origin of Species in the Vegetable Kingdom*. 2 vols. Translated by John Bretland Farmer and Arthur Dukinfield Darbishire. Chicago: Open Court, 1909-1910. Reprint, New York: Kraus Reprint, 1969. Originally published as *Die Mutations theorie* (Leipzig: Veit, 1901-1903).

Di Meo, Antonio. "Il concetto di 'circolazione': Storia di una rivoluzione transdisciplinare." In *Le rivoluzioni nelle scienze della vita*, edited by Guido Cimino and Bernardino Fantini, 31-84. Firenze: Leo S. Olschki, 1995.

Dobzhansky, Theodosius. *Genetics and the Origin of Species*. New York: Columbia University Press, 1937.

Dorr, Gregory Michael. *Segregation's Science: Eugenics and Society in Virginia*. Charlottesville: University of Virginia Press, 2008.

Dowbiggin, Ian Robert. *Inheriting Madness: Professionalization and Psychiatric Knowledge in Nineteenth-Century France*. Berkeley: University of California Press, 1991.

_______. *Keeping America Sane: Psychiatry and Eugenics in the United States, 1880-1940*. Ithaca, NY: Cornell University Press, 1997.

Drayton, Richard. *Nature's Government: Science, Imperial Britain, and the "Improvement" of the World*. New Haven, CT: Yale University Press, 2000.

Dröscher, Ariane. "Edmund B. Wilson's The Cell and Cell Theory between 1896 and 1925." *History and Philosophy of the Life Sciences* 24 (2002):

357-389.

Duchesneau, François. *Les modèles du vivant de Descartes à Leibniz*. Paris: Vrin, 1998.

_______. "Charles Bonnet's Neo-Leibnizian Theory of Organic Bodies." In *The Problem of Animal Generation in Early Modern Philosophy*, edited by Justin H. Smith, 285-314. Cambridge: Cambridge University Press, 2006.

_______. "The Delayed Linkage of Heredity with the Cell Theory." In *Heredity Produced: At the Crossroads of Biology, Politics and Culture, 1500-1870*, edited by Staffan Müller-Wille and Hans-Jörg Rheinberger, 293-314. MA: MIT Press, 2007.

Dunn, Leslie C. *A Short History of Genetics: The Development of Some of the Main Lines of Thought; 1864-1939*. New York: McGraw-Hill, 1965.

Duret, Claude. *Histoire admirable des plantes et herbes esmerveillables et miraculeuses en nature* . Paris: Nicolas Buon, 1605.

Efron, John M. *Defenders of the Race: Jewish Doctors and Race Science in Finde-Siècle Europe*. New Haven, CT: Yale University Press, 1994.

Eigen, Sara Paulson. "A Mother's Love, a Father's Line: Law, Medicine and the 18th-Century Fictions of Patrilineal Genealogy." In *Genealogie als Denkform in Mittelalter und Früher Neuzeit*, edited by Kilian Heck and Bernhard Jahn, 87-107. Tübingen: Niemeyer, 2000.

Elzen, Boelie. "Two Ultracentrifuges: A Comparative Study of the Social of Artefacts." *Social Studies of Science* 16 (1986): 621-662.

Engelhardt, Dietrich v. "Luca Ghini (um 1490-1556) und die Botanik des 16. Jahrhunderts: Leben, Initiativen, Kontakte, Resonanz." *Medizinhistorisches Journal* 30 (1995): 3-49.

Falcon, Andrea. *Aristotle and the Science of Nature: Unity Without Uniformity*. Cambridge: Cambridge University Press, 2005.

Falk, Raphael. "Mendel's Impact." *Science in Context* 19 (2006): 215-236.

Farley, John. *The Spontaneous Generation Controversy from Descartes to Oparin*. Baltimore: Johns Hopkins University Press, 1974.

Feinberg, Harvey M., and Joseph B. Solodow. "Out of Africa." *Journal of African History* 43 (2002): 255-261.

Fernel, Jean François. *Medicina ad Henricum II Galliarum regem christianissimum*. 3 vols. Paris: Andreas Wechel, 1554.

Fischer, Ernst Peter, and Carol Lipson. *Thinking about Science: Max Delbrück and the Origins of Molecular Biology*. New York: Norton, 1988. Originally published as Fischer, Ernst Peter, *Das Atom des Biologen: Max Delbrück und der Ursprung der Molekulargenetik* (Munich: Piper, 1988).

Foote, Edward T. "Harvey: Spontaneous Generation and the Egg." *Annals of Science* 25 (1969): 139-163.

Fortun, Mike. *Promising Genomics: Iceland and deCODE Genetics in a World of Speculation*. Berkeley: University of California Press, 2008.

Foucault, Michel. *The Archaeology of Knowledge and the Discourse on Language*. Translated by A. M. Sheridan Smith. New York: Pantheon Books, 1972. Originally published as *L'archéologie du savoir (Paris: Gallimard, 1969) and L'ordre de discours: Leçon inaugurale au collège de France prononcée le 2 décembre 1970* (Paris: Gallimard, 1971).

_______. *The History of Sexuality: Volume 1: An Introduction*. Translated by Robert Hurtley. New York: Vintage Books, 1990. Originally published as *Histoire de la Sexualité, I: La volonté de savoir* (Paris: Gallimard, 1976).

_______. "Faire vivre et laisser mourir: La naissance du racisme." *Les Temps Modernes* 535 (1991): 37-61.

_______. *The Order of Things: An Archaeology of the Human Sciences*. London: Routledge, 1997. Originally published as *Les mots et les choses* (Paris: Gallimard, 1966).

_______. *Society Must Be Defended: Lectures at the Collège de France, 1975-1976*. Translated by David Macey. New York: Picador, 2003. Originally published as *Il faut défendre la société: Cours au Collège de France (1975-76)* (Paris: Gallimard, 1996).

Fox Keller, Evelyn. *A Feeling for the Organism: The Life and Work of Barbara McClintock*. San Francisco: Freeman, 1983.

_______. "Physics and the Emergence of Molecular Biology: A History of Cognitive and Political Synergy." *Journal of the History of Biology* 23 (1990): 389-409.

_______. *The Century of the Gene*. Cambridge, MA: Harvard University Press, 2000.

_______. *Making Sense of Life: Explaining Biological Development with Models, Metaphors, and Machines*. Cambridge, MA: Harvard University Press, 2002. Franklin, Rosalind, and Raymond Gosling. "Molecular Configuration in Sodium Thymonucleate." *Nature* 171 (1953), p. 740.

Friedmann, Herbert C. "From Friedrich Wöhler's Urine to Eduard Buchner's Alcohol." In *New Beer in an Old Bottle: Eduard Buchner and the Growth of Biochemical Knowledge*, edited by Athel Cornish-Bowden, 67-122. Valencia: Universitat de Valencia, 1997.

Fritsche, Johannes. "The Biological Precedents for Medieval Impetus Theory and Its Aristotelian Character." *British Journal for the History of Science* 44 (2010): 1-27.

Froggatt, Peter, and Norman C. Nevin. "The Law of 'Ancestral Heredity' and the Mendelian-Ancestrian Controversy in England, 1889-1906." *Journal of Medical Genetics* 8 (1971): 1-36.

Fuchs, Thomas. *Die Mechanisierung des Herzens: Harvey und Descartes; Der vitale und der mechanische Aspekt des Kreislaufs*. Frankfurt/M.: Suhrkamp, 1992.

Gachelin, Gabriel, ed. *Les organismes modèles dans la recherche médicale*. Paris: Presses Universitaires de France, 2006.

Galison, Peter, and Mario Biagioli, eds. *Scientific Authorship: Credit and Intellectual Property in Science*. London: Routledge, 2002.

Galton, Francis. "Hereditary Talent and Character." *Macmillan's Magazine* (1865): 157-166, 318-327.

_______. *Hereditary Genius: An Inquiry into Its Laws and Consequences*. London: Macmillan, 1869.

_______. "On Blood Relationship." *Proceedings of the Royal Society* 20 (1872): 394-402.

_______. "Hereditary Improvement." *Fraser's Magazine* 7 (1873): 116-130.

_______. "A Theory of Heredity." *Journal of the Anthropological Institute* 5 (1876): 329-348.

_______. *Inquiries into Human Faculty and Its Development*. London: 1883.

_______. *Natural Inheritance*. London: Macmillan, 1889.

_______. "A Diagram of Heredity." *Nature* 57 (1898): 293.

Gans, Eduard. *Das Erbrecht in weltgeschichtlicher Entwickelung*. 4 vols. Berlin: Maurer, 1824-1835.

García-Sancho, Miguel. "A New Insight into Sanger's Development of Sequencing-From Proteins to DNA, 1943-1977." *Journal of the History of Biology* 43 (2010): 265-323.

Gardener, Bryan A. *Black's Law Dictionary*. 7th ed. St. Paul, MN: West 1999.

Gärtner, Carl Friedrich. *Versuche und Beobachtungen über die Bastarderzeugung im Pflanzenreich*. Stuttgart: At the expense of the author, 1849.

Gasking, Elizabeth. *Investigations into Generation 1651-1828*. London: 1967.

Gaudillière, Jean-Paul. *Inventer la biomédecine: La France, l'Amérique et la production des savoirs du vivant, 1945-1965*. Paris: La Découverte, 2002.

_______. "Biochemie und Industrie: Der 'Arbeitskreis Butenandt-Schering' im Nationalsozialismus." In *Adolf Butenandt und die Kaiser-Wilhelm-Gesellschaft: Wissenschaft, Industrie und Politik in 'Dritten Reich,'* edited by Wolfgang Schieder and Achim Trunk, 198-246. Göttingen: Wallstein, 2004.

_______. "Mapping as Technology: Genes, Mutant Mice, and Biomedical Research (1910-65)." In *Classical Genetic Research and Its Legacy: The Mapping Cultures of Twentieth Century Genetics*, edited by Hans-Jörg Rheinberger and Jean-Paul Gaudillière, 173-204. London: Routledge, 2004.

_______. "New Wine in Old Bottles? The Biotechnology Problem in the History of Molecular Biology." In *Workshop, History and Epistemology of Molecular Biology and Beyond: Problems and Perspectives*, preprint 310, 81-93. Berlin: Max Planck Institute for the History of Science, 2006.

Gaudillière, Jean-Paul, and Ilana Löwy, eds. *The Invisible Industrialist: Manufactures and the Production of Scientific Knowledge*. London: Macmillan, 1998.

_______. eds. *Heredity and Infection: The History of Disease Transmission*. Routledge, 2001.

_______. "Medicine, Markets and Public Health: Contemporary Testing for Cancer Predispositions." In *Medicine, Markets and Mass Media: Producing Health in the Twentieth Century*, edited by Virginia Berridge and Kelly

Loughlin, 266-287. London: Routledge, 2005.

Gaudillière, Jean-Paul, and Hans-Jörg Rheinberger, eds. *From Molecular Genetics to Genomics: The Mapping Cultures of Twentieth Century Genetics.* London: Routledge, 2004.

Gausemeier, Bernd. "Auf der 'Brücke zwischen Natur- und Geschichtswissenschaft': Ottokar Lorenz und die Neuerfindung der Genealogie um 1900." In *Wissensobjekt Mensch: Praktiken der Humanwissenschaften im 20. Jahrhundert*, edited by Florence Vienne and Christina Brandt, 137-164. Berlin: Kulturverlag Kadmos, 2008.

_______. "Pedigree vs. Mendelism: Concepts of Heredity in Psychiatry Before and After 1900." In *Conference: Heredity in the Century of the Gene (A Cultural History of Heredity IV)*, preprint 343, 149-162. Berlin: Max Planck Institute for the History of Science, 2008.

Gayon, Jean. "Entre force et structure: Genèse du concept naturaliste de l'hérédité." In *Le paradigme de la filiation*, edited by Jean Gayon and Jean-Jacques Wunenburger, 61-75. Paris: L'Harmattan, 1995.

_______. *Darwinism's Struggle for Survival: Heredity and the Hypothesis of Natural Selection.* Cambridge, MA: Cambridge University Press, 1998.

_______. "From Measurement to Organization: A Philosophical Scheme for the History of the Concept of Heredity." In *The Concept of the Gene in Development and Evolution: Historical and Epistemological Perspectives*, edited by Peter J. Beurton, Raphael Falk, and Hans-Jörg Rheinberger, 69-90. Cambridge: Cambridge University Press, 2000.

_______. "Do Biologists Need the Expression 'Human Races'? UNESCO 1950-1951." In *Bioethical and Ethical Issues Surrounding the Trials and Code of Nuremberg: Nuremberg Revisited*, edited by Jacques Rozenberg, 23-48. Lewiston, NY: Edwin Mellen Press, 2003.

Gayon, Jean, and Jean-Jacques Wunenburger. "Présentation." In *Le paradigme de la filiation*, edited by Jean Gayon and Jean-Jacques Wunenburger, 1-15. Paris: L'Harmattan, 1995.

Gayon, Jean, and Doris T. Zallen. "The Role of the Vilmorin Company in the Promotion and Diffusion of the Experimental Science of Heredity in France,1840-1920." *Journal of the History of Biology* 31 (1998): 241-262.

Gilbert, Scott F., ed. *A Conceptual History of Modern Developmental Biology*. Johns Hopkins University Press, 1994.

_______. *Developmental Biology*. 9th ed. Sunderland, MA: Sinauer Associates, 2010. 1st ed. 1985.

Glass, Bentley. "The Germination of the Idea of Biological Species." In *Forerunners of Darwin, 1745-1859*, edited by Bentley Glass, Owsei Temkin, and William L. Strauss. Baltimore: Johns Hopkins University Press, 1968. Original 1959.

Glass, Bentley, Owsei Temkin, and William L. Strauss, eds. *Forerunners of Darwin, 1745-1859*. Baltimore: Johns Hopkins University Press, 1959.

Gliboff, Sander. "Gregor Mendel and the Laws of Evolution." *History of Science* 37 (1999): 217-235.

Goltz, Dietlinde. "Der leere Uterus: Zum Einfluß von Harveys 'De generatione animalium' auf die Lehren von der Konzeption." *Medizinhistorisches Journal* 21 (1986): 242-268.

Goody, Jack. *The Development of the Family and Marriage in Europe*. Cambridge: Cambridge University Press, 1983.

Gottwies, Herbert. *Governing Molecules: The Discursive Politics of Genetic Engineering in Europe and the United States*. Cambridge, MA: MIT Press, 1998.

_______. "Human Embryonic Stem Cells, Cloning, and the Transformation of Biopolitics." In *Biotechnology: Between Commerce and Civil Society*, edited by Nico Stehr, 239-265. New Brunswick, NJ: Transaction, 2004.

Gottweis, Herbert, Brian Salter, and Catherine Waldby. *The Global Politics of Human Embryonic Stem Cell Science: Regenerative Medicine in Transition*. Basingstoke: Palgrave Macmillan, 2009.

Gottweis, Herbert, and Robert Triendl. "South Korean Policy Failure and the Hwang Debacle." *Nature Biotechnology* 24 (2006): 141-143.

Gould, Steven J. *The Mismeasure of Man*. New York: Norton, 1981.

Grandin, Karl, Nina Wormbs, and Sven Widmalm, eds. *The Science-Industry Nexus: History, Policy, Implications*. Sagamore Beach, MA: Science History 2004.

Gregory, Andrew. "Harvey, Aristotle and the Weather Cycle." *Studies in the*

History and Philosophy of the Biological and Biomedical Sciences 32 (2001): 153-168.

Griesemer, James R. "Reproduction and the Reduction of Genetics." In *The Concept of the Gene in Development and Evolution: Historical and Epistemological Perspectives*, edited by Peter J. Beurton, Raphael Falk, and Hans-Jörg Rheinberger, 240-285. Cambridge Studies in Philosophy and Biology. Cambridge: Cambridge University Press, 2000.

_______. "Tracking Organic Processes: Representations and Research Styles in Classical Embryology and Genetics." In *From Embryology to Evo-Devo: A History of Developmental Evolution*, edited by Manfred D. Laubichler and Jane Maienschein, 375-433. Cambridge, MA: MIT Press, 2007.

Gros, François. *Les secrets du gène*. 2nd ed. Paris: Ed. Odile Jacob, 1991. 1st ed. 1986.

Grote, Mathias. "Hybridizing Bacteria, Crossing Methods, Cross-checking Arguments: The Transition from Episomes to Plasmids (1961-1969)." *History and Philosophy of the Life Sciences* 30 (2008): 407-430.

Gruber, Jacob W. "Ethnographic Salvage and the Shaping of Anthropology." *American Anthropologist* 72 (1970): 1289-1299.

Hagner, Michael. *Homo cerebralis: Der Wandel vom Seelenorgan zum Gehirn.* Berlin: Berlin Verlag, 1997.

Hanke, Christine. *Zwischen Auflösung und Fixierung: Zur Konstitution von "Rasse" und "Geschlecht" in der physischen Anthropologie um 1900.* Bielefeld: Transcript, 2007.

Hansen, Emil Christian. *Practical Studies in Fermentation: Being Contributions to the Life History of Micro-Organisms.* London: Spon and Chamberlain, 1896.

Hareven, Tamara. "The Search for Generational Memory: Tribal Rites in Industrial Society." *Daedalus* 107 (1978): 137-149.

Harrington, Anne. *Reenchanted Science: Holism in German culture From Wilhelm II to Hitler.* Princeton: Princeton University Press, 1996.

Hartmann, Max. *Allgemeine Biologie.* Jena: Gustav Fischer, 1927.

Harvey, William. *Exercitationes de generatione animalium.* Amsterdam: Elzevir, 1651.

_______. *The Works of William Harvey*. Translated by Robert Willis. London: Sydenham Society, 1847.

Harwood, Jonathan. *Styles of Scientific Thought: The German Genetics Community, 1900-1933*. Chicago: University of Chicago Press, 1993.

_______. *Technology's Dilemma: Agricultural Colleges between Science and Practice in Germany, 1860-1934*. Bern: Peter Lang, 2005.

Heck, Kilian, and Bernhard Jahn, eds. *Genealogie als Denkform in Mittelalter und Früher Neuzeit*. Tübingen: Niemeyer, 2000.

Heinrich, Klaus. *Tertium datur: Eine religionsphilosophische Einführung in die Logik*. Basel: Stroemfeld/Roter Stern, 1983.

Herder, Johann Gottfried. *Outlines of a Philosophy of the History of Man*. by Thomas Churchill. London: Printed for Joseph Johnson, by Luke Hansard, 1800. Originally published as *Ideen zur Philosophie der Geschichte der Menschheit* (Riga: Hartknoch, 1784-1791)

Hilgartner, Stephen. "Biomolecular Databases: New Communication Regimes for Biology?" *Science Communication* 17 (1995): 240-263.

_______. "The Human Genome Project." In *Handbook of Science and Technology Studies*, edited by Sheila Jasanoff, Gerald E. Markle, James C. Petersen, and Trevor Pinch. Thousand Oaks, CA: Sage Publications, 1995.

_______. "Data Access Policy in Genome Research." In *Private Science: Biotechnology and the Rise of the Molecular Sciences*, edited by Arnold Thackray. Philadelphia: University of Pennsylvania Press, 1998.

_______. *Science on Stage: Expert Advice as Public Drama*. Stanford: Stanford University Press, 2000.

_______. "Making Maps and Making Social Order: Governing American Genome Centers, 1988-93." In *From Molecular Genetics to Genomics: The Mapping Cultures of Twentieth-Century Genetics*, edited by Jean-Paul Gaudillière and Hans-Jörg Rheinberger. London: Routledge, 2004.

Hill, Christopher. "William Harvey and the Idea of Monarchy." *Past and Present* 27 (1964): 54-72.

Hippocrates. "De genitura." In *Hippocratis Coi Opera qvae Graece et latine extant*, edited and translated by Girolamo Mercuriale, 10-16. Venice: Industria ac sumptibus Iuntarum, 1588.

_______. *Hippocratic Writings*. Edited by Geoffrey Ernest Richard Lloyd. Harmondsworth, UK: Penguin Books, 1950.

Hodge, Jonathan. "Darwin as a Lifelong Generation Theorist." In *The Darwinian Heritage*, edited by David Kohn, 204-244. Princeton, NJ: Princeton University Press, 1985.

Holmes, Frederick L. *Reconceiving the Gene: Seymour Benzer's Adventures in Phage Genetics*. New Haven, CT: Yale University Press, 2006.

Hoßfeld, Uwe. *Geschichte der biologischen Anthropologie in Deutschland: Von den Anfängen bis in die Nachkriegszeit*. Stuttgart: Franz Steiner Verlag, 2005.

Ibrahim, Annie. "La notion de moule intérieur dans les théories de la génération au XVIIIe siècle." *Archives de Philosophie* 50 (1987): 555-580.

Jablonka, Eva, and Marion J. Lamb. *Evolution in Four Dimensions: Genetic, Epigenetic, Behavioral, and Symbolic Variation in the History of Life*. Cambridge, MA: MIT Press, 2005. David A. "DNA. Template for an Economic Revolution." In *DNA: The Double Helix, Perspective and Prospective at Forty Years*, edited by D. A. Chambers. New York: New York Academy of Sciences, 1995.

Jacob, François. *The Possible and the Actual*. Translated by Betty E. Spillman. Seattle: University of Washington Press, 1982. Originally published as *Le jeu des possibles: Essai sur la diversité du vivant* (Paris: Fayard, 1981).

_______. *The Logic of Life: A History of Heredity*. Translated by Betty E. Spillman. Princeton, NJ: Princeton University Press, 1993. Originally published as *La logique du vivant* (Paris: Gallimard, 1970).

Jahn, Ilse. "Zur Geschichte der *Wiederentdeckung der Mendelschen Gesetze.*" *Wissenschaftliche Zeitschrift der Friedrich-Schiller Universität Jena*, Mathematisch-naturwissenschaftliche Reihe 7, no. 2-3 (1958): 215-227.

_______. *Geschichte der Biologie*. Berlin: Spektrum Akademischer Verlag, 2000.

James, William. "Two Reviews of *The Variation of Animals and Plants under Domestication* by Charles Darwin." In *The Works of William James: Essays, Comments, and Reviews*, edited by Frederick H. Burkhardt, Fredson Bowers, and Ignas K. Skrupskelis, 229-239. Cambridge, MA: Harvard

University 1987.

Jasanoff, Sheila. *Science at the Bar: Science and Technology in American Law.* MA: Harvard University Press, 1996.

_______. *Designs on Nature: Science and Democracy in Europe and the United States.* Princeton, NJ: Princeton University Press, 2005.

_______. "Biotechnology and Empire: The Global Power of Seeds and Science." *Osiris* 21 (2006): 273-292.

Jennings, Herbert S. "Pure Lines in the Study of Genetics in Lower Organisms." *American Naturalist* 45 (1911): 79-89.

Joerges, Bernward, and Terry Shinn, eds. *Instrumentation between Science, State and Industry.* Dordrecht: Kluwer Academic Publishers, 2001.

Johannsen, Wilhelm. "The Genotype Conception of Heredity." *American Naturalist* 45, no. 531 (1911): 129-159.

_______. "Some Remarks about Units in Heredity." *Hereditas* 4 (1923): 133-141.

_______. *Elemente der exakten Erblichkeitslehre: Mit Grundzügen der biologischen Variationsstatistik.* 3rd ed. Jena: Gustav Fischer, 1926. 1st ed. 1909.

Jordanova, Ludmilla. "Interrogating the Concept of Reproduction in the Eighteenth Century." In *Conceiving the New World Order,* edited by Faye D. Ginsburg and Rayna Rapp, 369-386. Berkeley: University of California Press, 1995.

Jucovy, Peter M. "Circle and Circulation: The Language and Imagery of William Harvey's Discovery." *Perspectives in Biology and Medicine* 20 (1976): 92-107.

Judson, Horace Freeland. "A History of the Science and Technology Behind Gene Mapping and Sequencing." In *The Code of Codes: Scientific and Social Issues in the Human Genome Project,* edited by Daniel J. Kevles and Leroy Hood, 37-80. Cambridge, MA: Harvard University Press, 1992.

_______. *The Eighth Day of Creation: Makers of the Revolution in Biology.* Expanded ed. New York: Cold Spring Harbor Laboratory Press, 1996. 1st ed. 1979.

Junker, Thomas, and Uwe Hoßfeld. *Die Entdeckung der Evolution: Eine revolutionare Theorie und ihre Geschichte*. Darmstadt: Wissenschaftliche Buchgesellschaft, 2001.

Kant, Immanuel. *Kant's Critique of Judgement*. 2nd ed. Translated by John Henry Bernard. London: Macmillan, 1914. Originally published as *Kritik der Urteilskraft* 1790.

_______. "Idea for a Universal History with a Cosmopolitan Purpose." In *Kant: Political Writings*, 2nd ed., 41-53. *Cambridge Texts in the History of Political Thought*. Cambridge: Cambridge University Press, 1991. Originally published as "Idee zu einer allgemeinen Geschichte in weltbürgerlicher Absicht," 1784.

_______. "Determination of the Concept of a Human Race." Translated by H. Wilson and Günter Zöller. In *The Cambridge Edition of the Works of Immanuel Kant, vol. 7, Anthropology, History, and Education*, edited by Robert B. Loudon and Günter Zöller, 143-153. Cambridge: Cambridge University Press, 2007. Originally published as "Bestimmung des Begriffs einer Menschenrace," 1785.

_______. "On the Use of Teleological Principles in Philosophy." Translated by Günter Zöller. In *The Cambridge Edition of the Works of Immanuel Kant*, vol. 7, *Anthropology, History, and Education*, edited by Robert B. Loudon and Günter Zöller, 192-218. Cambridge: Cambridge University Press, 2007. Originally published as "Über den Gebrauch teleologischer Principien in der Philosophie," 1788.

Kass, Lee B., and Christophe Bonneuil. "Mapping and Seeing: Barbara McClintock and the Linking of Genetics and Cytology in Maize Genetics, 1928-1935." In *Classical Genetic Research and Its Legacy: The Mapping Cultures of Twentieth Century Genetics*, edited by Hans-Jörg Rheinberger and Jean-Paul Gaudillière, 91-118. London: Routledge, 2004.

Kass, Lee B., Christophe Bonneuil, and Edward H. Coe. "Cornfests, Cornfabs and Cooperation: The Origins and Beginnings of the Maize Genetics Cooperation News Letter." *Genetics* 169 (2005): 1787-1797.

Kaufmann, Alain. "Mapping the Human Genome at Généthon Laboratory: The French Muscular Dystrophy Association and the Politics of the Gene." In *From Molecular Genetics to Genomics: The Mapping Cultures of*

Twentieth-Century Genetics, edited by Jean-Paul Gaudillière and Hans-Jörg Rheinberger, 129-157. London: Routledge, 2004.

Kaufmann, Doris. "'Rasse und Kultur': Die amerikanische Kulturanthropologie um Franz Boas (1858-1942) in der ersten Hälfte des 20. Jahrhunderts-ein Gegenentwurf zur Rassenforschung in Deutschland." In *Rassenforschung an Kaiser-Wilhelm-Instituten vor und nach 1933*, edited by Hans-Walter Schmuhl, 309-327. Göttingen: Wallstein, 2003.

Kay, Lily E. "Conceptual Models and Analytical Tools: The Biology of Physicist Max Delbrück." *Journal of the History of Biology* 18 (1985): 207-246.

_______. "W. M. Stanley's Crystallization of the Tobacco Mosaic Virus, 1930-1940." *Isis* 77 (1986): 450-472.

_______. "The Tiselius Electrophoresis Apparatus and the Life Sciences, 1930-1940." *History and Philosophy of the Life Sciences* 10 (1988): 51-72.

_______. "Selling Pure Science in Wartime: The Biochemical Genetics of G. W. Beadle." *Journal for the History of Biology* 22 (1989): 73-101.

_______. *The Molecular Vision of Life: Caltech, the Rockefeller Foundation, and the Rise of the New Biology.* New York: Oxford University Press, 1993.

_______. *Who Wrote the Book of Life? A History of the Genetic Code.* Stanford, CA: Stanford University Press, 2000.

Keating, Peter, and Alberto Cambrosio. *Biomedical Platforms: Realigning the Normal and the Pathological in Late-Twentieth-Century Medicine.* Cambridge, MA: MIT Press, 2003.

Keller, Eve. "Making Up for Losses: The Workings of Gender in William Harvey's 'De generatione animalium.'" In *Inventing Maternity: Politics, Science, and Literature, 1650-1865*, edited by Susan C. Greenfield and Carol Barash, 34-56. Lexington: University of Kentucky Press, 1999.

Kevles, Daniel J. *In the Name of Eugenics: Genetics and the Use of Human Heredity*. Cambridge, MA: Harvard University Press, 1985.

_______. "Out of Eugenics: The Historical Politics of the Genome." In *The Code of Codes: Scientific and Social Issues in the Human Genome Project*, edited by Daniel J. Kevles and Leroy Hood, 3-36. Cambridge, MA: Harvard University Press, 1992.

_______. "The Advent of Animal Patents: Innovation and Controversy in the Engineering and Ownership of Life." In *Intellectual Property Rights and Patenting in Animal Breeding and Genetics*, edited by S. Newman and M. Rothschild, 17-30. New York: CABI Publishing, 2002.

_______. *A History of Patenting Life in the United States: With Comparative Attention to Europe and Canada.* Brussels: European Community, 2002.

_______. "Of Mice and Money: The Story of the World's First Animal Patent." *Daedalus* (Spring 2002): 78-88.

_______. "Breeding, Biotechnology, and Agriculture: The Establishment and of Intellectual Property in Animals since the Late Eighteenth Century." In *Workshop, History and Epistemology of Molecular Biology and Beyond: Problems and Perspectives*, preprint 310, 69-79. Berlin: Max Planck Institute for the History of Science, 2006.

Kevles, Daniel J., and Leroy Hood, eds. *The Code of Codes: Scientific and Social Issues in the Human Genome Project.* Cambridge, MA: Harvard University Press, 1992.

Kielmeyer, Carl Friedrich. *Über die Verhältnisse der organischen Kräfte unter einander in der Reihe der verschiedenen Organisationen.* With an introduction by Kai Torsten Kanz. Marburg: Basilisken-Presse, 1993. Original 1793.

Kim, Kyung-Man. *Explaining Scientific Consensus: The Case of Mendelian Genetics.* New York: Guilford Press, 1994.

Kimmelman, Barbara A. "Mr. Blakeslee Builds His Dream House: Agricultural Institutions, Genetics, and Careers, 1900-1915." *Journal of the History of Biology* 39 (2006): 241-280.

Koch, Lene. "The Meaning of Eugenics: Reflections on the Government of Genetic Knowledge in the Past and the Present." *Science in Context* 17 (2004): 315-331.

Koerner, Lisbet. Linnaeus: *Nature and Nation.* Cambridge, MA: Harvard University Press, 1999.

Kohler, Robert E. "The Management of Science: The Experience of Warren Weaver and the Rockefeller Foundation Programme in Molecular Biology." *Minerva* 14 (1976): 279-306.

______. *From Medical Chemistry to Biochemistry: The Making of a Biomedical Discipline*. Cambridge: Cambridge University Press, 1982.

______. *"Systems of Production: Drosophila, Neurospora*, and Biochemical Genetics." *Historical Studies in the Physical and Biological Sciences* 22 (1991): 87-130.

______. *Lords of the Fly: Drosophila Genetics and the Experimental Life.* Chicago: University of Chicago Press, 1994.

Kölreuter, Joseph Gottlieb. *Vorläufige Nachricht von einigen, das Geschlecht der Pflanzen betreffenden Versuchen und Beobachtungen nebst Fortsetzungen 1, 2 und 3 (1761-1766)*. Leipzig: Wilhelm Engelmann, 1893.

Koyré, Alexandre. "Galileo and the Scientific Revolution of the Seventeenth Century." *Philosophical Review* 52 (1943): 333-348.

Krader, Lawrence. *Ethnologie und Anthropologie bei Marx*. Munich: Hanser, 1973.

Kraft, Alison. "Between Medicine and Industry: Medical Physics and the Rise of the Radioisotope 1945-65." *Contemporary British History* 20 (2006): 1-35.

Krige, John. "Atoms for Peace, Scientific Internationalism, and Scientific Intelligence." *Osiris* 21 (2006): 161-181.

Krimsky, Sheldon. *Biotechnics and Society: The Rise of Industrial Genetics.* New York: Praeger, 1991.

Kronfeldner, Maria. "'If There Is Nothing Beyond the Organic ... ': Heredity and Culture at the Boundaries of Anthropology in the Work of Alfred L. Kroeber." *NTM: Zeitschrift für Geschichte der Wissenschaften, Technik und Medizin* 17 (2009): 107-133.

Kühl, Stefan. *Die Internationale der Rassisten: Aufstieg und Niedergang der internationalen Bewegung für Eugenik und Rassenhygiene im 20.* Jahrhundert. Frankfurt/M.: Campus, 1997.

Kühn, Alfred. "Über eine Gen-Wirkkette der Pigmentbildung bei Insekten." *Nachrichten der Akademie der Wissenschaften in Göttingen,* mathematisch-physikalische Klasse (1941): 231-261.

Kuklick, Henrika. "The British Tradition." In *A New History of Anthropology,* by Henrika Kuklick, 52-78. Oxford: Wiley Blackwell, 2007.

Kuper, Adam. "On Human Nature: Darwin and the Anthropologists." In *Nature and Society in Historical Perspective*, edited by Mikulás Teich, Roy Porter, and Bo Gustafsson, 274-290. Cambridge: Cambridge University 1997.

La Berge, Ann F. *Mission and Method: The Early Nineteenth-Century French Public Health Movement*. Cambridge: Cambridge University Press, 1992.

Lagier, Raphaël. *Les races humaines selon Kant*. Paris: Presses Universitaires de 2004.

Lander, Eric. "Interview." *Newsweek*, October 14, 2007, 46-47.

Larson, James L. *Interpreting Nature: The Science of Living Form from Linnaeus to Kant*. Baltimore: Johns Hopkins University Press, 1994.

Laubichler, Manfred D. "'Allgemeine Biologie' als selbständige Grundwissenschaft und die allgemeinen Grundlagen des Lebens." In *Der Hochsitz des Wissens: Das Allgemeine als wissenschaftlicher Wert*, edited by Michael Hagner and D. Laubichler, 185-206. Zürich: Diaphanes, 2006.

Laubichler, Manfred D., and Eric H. Davidson. "Boveri's Long Experiment: Sea Urchin Merogones and the Establishment of the Role of Nuclear Chromosomes Development." *Developmental Biology* 314, no. 1 (2007): 1-11.

Laubichler, Manfred D. and Jane Maienschein, eds. *From Embryology to Evo-Devo: A History of Developmental Evolution*. Cambridge, MA: MIT Press, 2007.

Lauremberg, Peter. *Horticultura, libris II. comprehensa; huic nostro coelo et solo accomodata*. Frankfurt/M.: Merian, 1631.

Lazer, David, ed. *DNA and the Criminal Justice System: The Technology of Justice*. Cambridge, MA: MIT Press, 2004.

Lederman, Muriel, and Richard M. Burian. "The Right Organism for the Job." *Journal of the History of Biology* 26 (1993): 235-367.

Lefèvre, Wolfgang. "Inheritance of Acquired Characters: Heredity and Evolution Late Nineteenth-Century Germany." In *A Cultural History of Heredity III: 19th and Early 20th Centuries*, preprint 294, 53-66. Berlin: Max Planck Institute for the History of Science, 2005.

Lennox, James G. "The Comparative Study of Animal Development: William

Harvey's Aristotelianism." In *The Problem of Animal Generation in Early Modern Philosophy*, edited by Justin E. H. Smith, 21-46. Cambridge: University Press, 2006.

Lenoir, Timothy. "Kant, Blumenbach, and Vital Materialism in German Biology," *Isis* 71 (1980): 77-108.

_______. *The Strategy of Life: Teleology and Mechanics in Nineteenth-Century Germany*. Chicago: University of Chicago Press, 1982.

Leonelli, Sabina. "Documenting the Emergence of Bio-Ontologies: Or, Why Bioinformatics Requires HPSSB." *History and Philosophy of the Life Sciences* 32 (2010): 105-125.

_______. "Making Sense of Data-Driven Research in the Biological and Sciences." *Studies in History and Philosophy of the Biological and Biomedical Sciences* 43 (2012): 1-3.

Leonelli, Sabina, and Rachel Ankeny. "Rethinking Organisms: The Epistemic of Databases on Model Organism Biology." *Studies in History and Phiolosophy of the Biological and Biomedical Sciences* 43 (2012): 29-36.

Lepenies, Wolf. *Das Ende der Naturgeschichte: Wandel kultureller Selbstverständlichkeiten in den Wissenschaften des 18. und 19.* Jh. Munich: 1976.

Lesky, Erna. *Die Zeugungsund Vererbungslehren der Antike und ihr Nachwirken.* Abhandlungen der Geistes- und Sozialwissenschaftlichen Klasse der Akademie der Wissenschaften und der Literatur in Mainz, no. 19 (1950). Wiesbaden: Franz Steiner, 1951.

_______. "Harvey und Aristoteles." *Sudhoffs Archiv* 41 (1957): 289-316 and 349-378.

Lévi-Strauss, Claude. *The Savage Mind.* London: Weidenfeld and Nicolson, 1974. Originally published as *La pensée sauvage* (Paris: Plon, 1962).

_______. *Totemism.* Translated by Rodney Needham. London: Merlin Press, 1991. Originally published as *Le Totemisme aujourd'hui* (Paris: P. U. F., 1962).

Lichtenthaler, Frieder W. "Hundert Jahre Schlüssel-Schloss-Prinzip: Was führte Emil Fischer zu dieser Analogie?" *Angewandte Chemie* 106 (1994): 2456-2467.

Limoges, Camille. "Introduction." In *C. Linné: L' équilibre de la nature: L'histoire des sciences; textes et études*, translated by Bernard Jasmin, 7-24. Paris: Vrin, 1972.

Linnaeus, Carl. *Systema Naturae, sive Regna Tria Naturae systematice proposita per classes, ordines, genera, et species*. Leiden: De Groot, 1735.

_______. *Critica botanica in quo nomina plantarum generica, specifica, et variantia examini subjiciuntur.* Leiden: Wishoff, 1737.

_______. *Amoenitates academicae, seu Dissertationes variae Physicae, Medicae, Botanicae antehac seorsim editae.* 7 vols. Stockholm: Godofredus Kiesewetter, 1749-1769.

_______. *Auserlesene Abhandlungen der Naturgeschichte, Physik und Arzneywissenschaft.* Edited and translated by E. J. T. Hoepfner. 3 vols. Leipzig: Adam Friedrich Böhme, 1776-1778.

_______. *Miscellaneous Tracts Relating to Natural History, Husbandry, and Physick.* Translated by Benjamin Stillingfleet. London: J. Dodsley; Leigh and Sotheby; T. Payne, 1791.

_______. *Select Dissertations from the Amoenitates Academicae.* Translated by Fitz John Brand. London: 1781. Reprint, New York: Arno Press Inc, 1977.

_______. *Linnaeus' Philosophia Botanica.* Translated by Stephen Freer. Oxford: Oxford University Press, 2003. Original 1751.

Lipphardt, Veronika. "Zwischen 'Inzucht' und 'Mischehe': Demographisches Wissen in der Debatte um die 'Biologie der Juden.'" *Tel Aviver Jahrbuch für Deutsche Geschichte* 35 (2007): 45-66.

Lippmann, Edmund O. *Urzeugung und Lebenskraft: Zur Geschichte dieser Probleme von den ältesten Zeiten an bis zu den Anfängen des* 20. Jahrhunderts . Berlin: Julius Springer, 1933.

Locke, John. *An Essay Concerning Human Understanding.* Oxford: Clarendon Press, 1979. Original 1690.

López Beltrán, Carlos. "Natural Things and Non-natural Things: The Boundaries of the Hereditary in the 18th Century." In *Conference: A Cultural History of Heredity I: 17th and 18th Centuries*, preprint 222, 69-84. Berlin: Max Planck Institute for the History of Science, 2003.

_______. "In the Cradle of Heredity: French Physicians and l'hérédité naturelle in the Early Nineteenth Century." *Journal of the History of Biology* 37 (2004): 39-72.

_______. *El sesgo hereditario: Ámbitos históricos del concepto de herencia biológica*. Mexico City: Universidad Nacional Autónoma de México, 2004.

_______. "Hippocratic Bodies: Temperament and Castas in Spanish America (1570-1820)." *Journal of Spanish Cultural Studies* 8, no. 2 (2007): 253-289.

_______. "The Medical Origins of Heredity." In *Heredity Produced: At the Crossroads of Biology, Politics and Culture, 1500-1870*, edited by Staffan Müller-Wille and Hans-Jörg Rheinberger, 105-132. Cambridge, MA: MIT Press, 2007.

Lorenz, Ottokar. *Lehrbuch der gesammten wissenschaftlichen Genealogie*. Berlin: Wilhelm Hertz, 1898.

Löwy, Ilana. "Variances in Meaning in Discovery Accounts." *Historical Studies in the Physical and Biological Sciences* 21 (1990): 87-121.

Löwy, Ilana, and Jean-Paul Gaudillière. "Disciplining Cancer: Mice and the Practice of Genetic Purity." In *The Invisible Industrialist: Manufactures and the Production of Scientific Knowledge*, edited by Jean-Paul Gaudillière and Ilana Löwy, 209-249. London: MacMillan, 1998.

_______. "Mendelian Factors and Human Disease: A Conversation." In *Conference: Heredity in the Century of the Gene (A Cultural History of Heredity IV)*, preprint 343, 19-26. Berlin: Max Planck Institute for the History of Science, 2008.

Lucas, Prosper. *Traité philosophique et physiologique de l'hérédité naturelle*. 2 vols. Paris: J. B. Baillière, 1847-1850.

Ludes, Francis, J., Arnold O. Ginnow, Lawrence J. Culligan, Robert J. Owens, and Matthew J. Canavan, eds. *Corpus Juris Secundum: A Contemporary Statement of American Law as Derived from Reported Cases and Legislation*. Vol. 39A. Saint Paul, MN: Thomson-West, 2003.

Lugt, Maaike van der. "La peau noire dans la science médiévale." *Micrologus* 13 (2005): 439-475.

_______. "Les maladies héréditaires dans la pensée scolastique (XIIe-XVIe siècle)." In *L' hérédité entre Moyen Age et époque moderne* , edited by Maaike van der Lugt and Charles de Miramon, 273-322. Florence: SISMEL-Edizioni del Galluzzo, 2008.

Lugt, Maaike van der, and Charles de Miramon. "Introduction." In *L'hérédité entre Moyen Age et époque moderne*, edited by Maaike van der Lugt and Charles de Miramon, 3-40. Florence: SISMEL-Edizioni del Galluzzo, 2008.

Lyell, Charles. *Principles of Geology, Being an Attempt to Explain the Former Changes of the Earth's Surface, by Reference to Causes Now in Operation.* 3 vols. London: John Murray, 1832-1833.

Lynch, Michael, and Simon A. Cole. "Science and Technology Studies on Trial: Dilemmas of Expertise." *Social Studies of Science* 35 (2005): 269-311.

Lyon, John, and Phillip Reid Sloan, eds. *From Natural History to the History of Nature: Readings from Buffon and His Critics.* Notre Dame, IN: University of Notre Dame Press, 1981.

MacKenzie, Donald A. "Eugenics in Britain." *Social Studies of Science* 6 (1976): 499-532.

_______. "Statistical Theory and Social Interests." *Social Studies of Science* 8 (1978): 35-83.

_______. *Statistics in Britain, 1865-1930: The Social Construction of Scientific Knowledge.* Edinburgh: Edinburgh University Press, 1981.

Maienschein, Jane. "Heredity/Development in the United States, circa 1900." *History and Philosophy of the Life Sciences* 9 (1987): 79-93.

_______. *Transforming Traditions in American Biology, 1880-1915.* Baltimore: Johns Hopkins University Press, 1991.

_______. *Whose View of Life? Embryos, Cloning, and Stem Cells.* Cambridge, MA: Harvard University Press, 2003.

Malebranche, Nicholas. *Dialogues on Metaphysics and Religion.* Translated by Jonathan Bennett. http://www.earlymoderntexts.com/pdfbits/ml5.pdf, 2007 (접속일 2011. 9. 30.). Original 1688.

Mannheim, Karl. "The Problem of Generations." In *Essays on the Sociology of*

Knowledge by Karl Mannheim, edited by Paul Kecskemeti, 276-320. New York: Routledge & Kegan Paul, 1952.

Marie, Jennifer. "The Importance of Place: A History of Genetics in 1930s Britain." Ph.D. diss., University College London, 2004.

Marx, Karl, and Friedrich Engels. *Collected Works*. 50 vols. London: Lawrence & Wishart, 1975-2005.

Massin, Benoit. "From Virchow to Fischer: Physical Anthropology and 'Modern Race Theories' in Wilhelmine Germany." In *Volksgeist as Method and Ethic: Essays on Boasian Ethnography and the German Anthropological Tradition*, edited by George W. Stocking, 79-154. Madison: University of Wisconsin Press, 1996.

Massy, Charles. *The Australian Merino: The Story of a Nation*. 2nd ed. Sydney: Random House Australia, 2007. 1st ed. 1990.

Maupertuis, Pierre Louis Moreau de. *Oeuvres*. 4 vols. Lyon: Jean Marie Bruyset, 1768. Reprint, Hildesheim: Olms, 1965.

Maynard Smith, John. "The Concept of Information in Biology," *Philosophy of Science* 67 (2000): 177-194.

Mayr, Ernst. "The Recent Historiography of Genetics." *Journal for the History of Biology* 6 (1973): 125-154.

_______. *The Growth of Biological Thought: Diversity, Evolution and Inheritance*. Cambridge, MA: Belknap Press, 1982.

Mayr, Ernst, and William B. Provine, eds. *The Evolutionary Synthesis: Perspectives on the Unification of Biology*. Cambridge, MA: Harvard University Press, 1980.

Mazzolini, Renato G. *Politisch-Biologische Analogien im Frühwerk Rudolf Virchows*. Marburg: Basilisken-Presse, 1988.

_______. "Il colore della pelle e l'origine dell'antropologia fisica (1492-1848)." In *L'epopea delle scoperte*, edited by Renzo Zorzi, 227-239. Firenze: Leo S. Olschki, 1994.

_______. "Las Castas: Inter-Racial Crossing and Social Structure (1770-1835)." In *Heredity Produced: At the Crossroads of Biology, Politics and Culture, 1500-1870*, edited by Staffan Müller-Wille and Hans-Jörg Rheinberger, 349-374. Cambridge, MA: MIT Press, 2007.

McCarthy, Thomas A. "On the Way to a World Republic? Kant on Race and Development." In *Politik, Moral und Religion: Gegensätze und Ergänzungen*, edited by Lothar R. Waas, 223-242. Berlin: Duncker & Humblot, 2004.

McLaughlin, Peter. "Blumenbach und der Bildungstrieb: Zum Verhältnis von epigenetischer Embryologie und typologischem Artbegriff." *Medizinhistorisches Journal* 17 (1982): 357-372.

_______. *Kant's Critique of Teleology in Biological Explanation*. Lewiston, NY: Edwin Mellen Press, 1990.

_______. *What Functions Explain: Functional Explanation and Self-reproducing Systems*. Cambridge: Cambridge University Press, 2001.

_______. "Spontaneous versus Equivocal Generation in Early Modern Science." *Annals of the History and Philosophy of Biology* 10 (2005): 79-88.

_______. "Kant on Heredity and Adaptation." In *Heredity Produced: At the Crossroads of Biology, Politics and Culture, 1500-1870*, edited by Staffan Müller-Wille and Hans-Jörg Rheinberger, 277-291. Cambridge, MA: MIT Press, 2007.

Menand, Louis. *The Metaphysical Club: A Story of American Ideas*. New York: Farrar, Straus and Giroux, 2002.

Mendel, Gregor. "Experiments in Plant Hybrids." Translated by Eva R. Sherwood. In *Gregor Mendel's Experiments on Plant Hybrids: A Guided Study*, edited by Alain F. Corcos and Floyd V. Monaghan, 57-174. New Brunswick, NJ: Rutgers University Press, 1993. Originally published as "Versuche über Pflanzen-Hybriden" (1866).

_______. "On Hieracium-Hybrids Obtained by Artificial Fertilisation." In William Bateson, *Mendel's Principles of Heredity: A Defense*, 96-103. Placitas, NM: Geneticas Heritage Press, 1996. Originally published as "Uber einige aus küntlicher Befruchtung gewannene Hieracium-Bastarde" (1870).

Mendelsohn, Andrew. "Message in a Bottle: The Business of Vaccines and the Nature of Heredity after 1880." In *A Cultural History of Heredity III: 19th and Early 20th Centuries*, preprint 294, 85-100. Berlin: Max Planck Institute the History of Science, 2005.

Minelli, Alessandro, ed. *L'Orto botanico di Padova 1545-1995*. Venice: 1995.

Miramon, Charles de. "Aux origines de la noblesse et des princes du sang: France Angleterre au XIVe siècle." In *L'hérédité entre Moyen Age et époque moderne*, edited by Maaike van der Lugt and Charles de Miramon, 157-210. Florence: SISMEL-Edizioni del Galluzzo, 2008.

Mirowski, Philip, and Mirjam Sent, eds. *Science Bought and Sold: Essays in the Economics of Science*. Chicago: University of Chicago Press, 2002.

Mittwoch, Ursula. "Sex Determination in Mythology and History." *Arquivos Brasileiros de Endocrinologia e Metabologia* 49 (2005): 7-13.

Mocek, Reinhard. "Biology of Liberation: Some Historical Aspects of 'Proletarian Race Hygienics.'" In *From Physico-Theology to Bio-Technology*, edited by Mikulás Teich and Kurt Bayertz, 224-231. Amsterdam: Rodopi, 1998.

_______. *Biologie und soziale Befreiung: Zur Geschichte des Biologismus und der Rassenhygiene in der Arbeiterbewegung*. Frankfurt/M.: Peter Lang, 2002.

Monod, Jacques. *Chance and Necessity: An Essay on the Natural Philosophy of Modern Biology.* Translated by Austryu Wainhouse. New York: Knopf, 1971. Originally published as *Le hasard et la nécessité: essai sur la philosophie naturelle de la biologie moderne*. Paris: Seuil, 1970.

Montaigne, Michel de. *The Complete Essays of Montaigne*. Translated by Donald M. Frame. Stanford, CA: Stanford University Press, 1976. Original 1580.

Morange, Michel. "La révolution silencieuse de la biologie moléculaire: D'Avery à Hershey." *Le Débat* 22 (1982): 62-75.

_______. *A History of Molecular Biology*. Translated by Matthew Cobb. Cambridge, MA: Harvard University Press, 1998. Originally published as Histoire de la biologie moléculaire (Paris: La Découverte, 1994).

_______. *La part des gènes*. Paris: Odile Jacob, 1998.

_______. "The Developmental Gene Concept: History and Limits." In *The Concept of the Gene in Development and Evolution: Historical and Epistemological Perspectives,* edited by Peter Beurton, Raphael Falk, and Hans-Jörg Rheinberger, 193-215. Cambridge: Cambridge University Press, 2000.

Morgan, Lewis H. *Systems of Consanguinity and Affinity of the Human Family.* Washington, DC: Smithsonian Institution, 1871.

Morgan, Sally. *From Sea Urchins to Dolly the Sheep: Discovering Cloning.* Chicago: Heinemann Library, 2006. Thomas Hunt. "The Relation of Genetics to Physiology and Medicine: Nobel Lecture, presented in Stockholm on June 4, 1934." In *Les Prix Nobel en 1933*, 1-16. Stockholm: Norstedt & Söner, 1935.

Morgan, Thomas Hunt, Alfred Sturtevant, Herman J. Muller, and Calvin Bridges. *The Mechanism of Mendelian Heredity.* New York: Henry Holt, 1915.

Moss, Lenny. *What Genes Can't Do* . Cambridge, MA: MIT Press, 2003.

_______. "Redundancy, Plasticity, and Detachment: The Implications of Comparative Genomics for Evolutionary Thinking." *Philosophy of Science* (2006): 930-946.

Muller, Hermann J. "The Development of the Gene Theory." In *Genetics in the 20th Century: Essays on the Progress of Genetics during Its First 50 Years*, by Leslie Clarence Dunn, 77-100. New York: Macmillan, 1951.

Müller-Röber, Bernd, Ferdinand Hucho, Wolfgang van den Daele, Kristian Köchy, Jens Reich, Hans-Jörg Rheinberger, Karl Sperling, Anna M. Wobus, Mathias Boysen, and Meike Kölsch. *Grüne Gentechnologie: Aktuelle Entwicklungen in Wissenschaft und Wirtschaft.* Munich: Elsevier Spektrum Verlag, 2007.

Müller-Sievers, Helmut. *Self-Generation: Biology, Philosophy, and Literature Around 1800.* Stanford, CA: Stanford University Press, 1997.

_______. "The Heredity of Poetics." In *Heredity Produced: At the Crossroads of Biology, Politics and Culture, 1500-1870*, edited by Staffan Müller-Wille Hans-Jörg Rheinberger, 443-465. Cambridge, MA: MIT Press, 2007.

Müller-Wille, Ludger, ed. *Franz Boas Among the Inuit on Baffin Island (1883-1884): Journals and Letters.* Translated by William Barr. Toronto: University Toronto Press, 1998.

Müller-Wille, Staffan. "'Varietäten auf ihre Arten zurückführen'-Zu Carl von Linnés Stellung in der Vorgeschichte der Genetik." *Theory in Biosciences* 117 (1998): 346-376.

_______. *Botanik und weltweiter Handel: Zur Begründung eines Natürlichen Systems der Pflanzen durch Carl von Linné (1707-1778)*. Berlin: Verlag für und Bildung, 1999.

_______. "Genealogie, Naturgeschichte und Naturgesetz bei Linné und Buffon." *Genealogie als Denkform in Mittelalter und Früher Neuzeit*, edited by Heck and Bernhard Jahn, 109-119. Tübingen: Niemeyer, 2000.

_______. "Nature as a Marketplace: The Political Economy of Linnaean Botany." In *Oeconomies in the Age of Newton*, edited by Neil Di Marchi and Margaret Schabas, 155-173. *History of Political Economy*, Supplement. Vol. 35. NC: Duke University Press, 2003.

_______. "Ein Anfang ohne Ende: Das Archiv der Naturgeschichte und die der Biologie." In *Macht des Wissens: Die Entstehung der modernen Wissengesellschaft*, edited by Richard v. Dülmen and Sina Rauschenbach, 587-605. Cologne: Böhlau, 2004.

_______. "Early Mendelism and the Subversion of Taxonomy: Epistemological Obstacles as Institutions." *Studies in History and Philosophy of Biological and Biomedical Sciences* 36 (2005): 465-487.

_______. "Schwarz, Weiß, Gelb, Rot: Zur Darstellung menschlicher Vielfalt." In Dingwelten: *Das Museum als Erkenntnisort*, edited by Anke te Heesen and Petra Lutz, 161-170. Cologne: Böhlau, 2005.

_______. "Hybrids, Pure Cultures, and Pure Lines: From Nineteenth-Century Biology to Twentieth-Century Genetics." *Studies in History and Philosophy of the Biological and Biomedical Sciences* 38 (2007): 796-806.

Müller-Wille, Staffan, and Vítězslav Orel. "From Linnaean Species to Mendelian Factors: Elements of Hybridism, 1751-1870." *Annals of Science* 64 (2007): 171-215.

Müller-Wille, Staffan, and Hans-Jörg Rheinberger, eds. *Heredity Produced: At the Crossroads of Biology, Politics and Culture, 1500-1870* . Cambridge, MA: MIT Press, 2007.

_______. *Das Gen im Zeitalter der Postgenomik: Eine wissenschaftshistorische Bestandsaufnahme*. Frankfurt/M.: Suhrkamp, 2009.

Musto, David F. "The Theory of Hereditary Disease of Luis Mercado, Chief Physician to the Spanish Habsburgs." *Bulletin of the History of Medicine*

35 (1961): 346-373.

Nägeli, Carl Wilhelm von. "Die Individualität in der Natur mit vorzüglicher Berücksichtigung des Pflanzenreiches." *Veröffentlichungen des Wissenschaftlichen Vereins in Zürich* 1 (1856): 171-212.

_______. *Mechanisch-Physiologische Theorie der Abstammungslehre*. Munich: R. Oldenbourg, 1884.

Naudin, Charles. "Nouvelles recherches sur l'hybridité dans les végétaux: Mémoire présenté à l'Académie en décembre 1861." *Nouvelles Archives du Muséum* 1 (1865): 25-176.

Naudin, Charles, and Ferdinand von Müller. *Manuel de l'acclimateur ou choix des plantes recommandées pour l'agriculture, l'industrie et la médecine et adaptées aux divers climates de l'Europe et des pays tropicaux*. Paris: Société d'Acclimatation, 1887.

Nelkin, Dorothy, and M. Susan Lindee. *The DNA Mystique: The Gene as a Cultural Icon*. New York: Freeman, 1995.

Neumann-Held, Eva, and Christoph Rehmann-Sutter, eds. *Genesis in Development: Re-Reading the Molecular Paradigm*. Durham, NC: Duke University Press, 2006.

Olby, Robert C. "Francis Crick, DNA, and the Central Dogma." In *The Twentieth-Century Sciences: Studies in the Biography of Ideas*, edited by Gerald Holton, 227-280. New York: Norton, 1972.

_______. *The Path to the Double Helix*. Seattle: University of Washington Press, 1974.

_______. "Mendel No Mendelian?" *History of Science* 17 (1979): 53-72.

_______. *Origins of Mendelism*. 2nd ed. Chicago: University of Chicago Press, 1985. 1st ed. 1966.

_______. "William Bateson's Introduction of Mendelism to Britain: A Reassessment." *British Journal for the History of Science* 20 (1987): 399-420.

_______. "From Physics to Biophysics." *History and Philosophy of the Life Sciences* 11 (1989): 305-309.

_______. "Scientists and Bureaucrats in the Establishment of the John Innes under William Bateson." *Annals of Science* Ltb (1989): 497-510.

_______. "The Molecular Revolution in Biology." In *Companion to the History of Modern Science*, edited by R. C. Deby, G. N. Cantor, J. R. R. Christie, and J. S. Hodge, 503-520. London: Routledge, 1990.

_______. "Constitutional and Hereditary Disorders." In *Companion Encyclopedia of the History of Medicine*, vol. 1, edited by William F. Bynum and Roy 412-437. London: Routledge, 1993.

_______. "Mendel, Mendelism and Genetics." *MendelWeb*, http://www.mendelweb.org/MWolby.html , 1997 (accessed October 2, 2011).

Orel, Vítězslav. *Gregor Mendel: The First Geneticist*. Oxford: Oxford University Press, 1996.

Orel, Vítězslav, and Roger J. Wood. "Essence and Origin of Mendel's Discovery." *Comptes rendus de l'Académie des Sciences Paris, Sciences de la vie* 323 (2000): 1037-1041.

Osborne, Michael A. *Nature, the Exotic, and the Science of French Colonialism*. Bloomington: Indiana University Press, 1994.

Oschema, Klaus. "Maison, noblesse et légitimité: Aspects de la notion d'hérédité dans le milieu de la cour bourguignonne (XVe siècle)." In *L'hérédité entre Moyen Age et époque moderne*, edited by Maaike van der Lugt and Charles de Miramon, 211-244. Florence: SISMEL-Edizioni del Galluzzo, 2008.

Osterhammel, Jürgen. *Die Verwandlung der Welt: Eine Geschichte des 19. Jahrhunderts*. Munich: Beck, 2009.

Oudshoorn, Nelly. *Beyond the Natural Body: An Archeology of Sex Hormones*. London: Routledge, 1994.

Pale, Walter. "The Philosophy of Circles-Cesalpino-Harvey." *Journal of the History of Medicine and Allied Sciences* 12 (1957): 140-157.

Palladino, Paolo. "Between Craft and Science: Plant Breeding, Mendelian Genetics, and British Universities, 1900-1920." *Technology and Culture* 34 (1993): 300-323.

Pálsson, Gísli. "Decoding Relations and Disease: The Icelandic Biogenetic Project." In *From Molecular Genetics to Genomics: The Mapping Cultures of Twentieth-Century Genetics*, edited by Jean-Paul Gaudillière and Hans-Jörg Rheinberger, 180-198. London: Routledge, 2004.

Pálsson, Gísli, and Paul Rabinow. "Iceland: The Case of a National Human Genome Project." *Anthropology Today* 15 (1999): 14-18.

Parnes, Ohad. "On the Shoulders of Generations: The New Epistemology of Heredity in the Nineteenth Century." In *Heredity Produced: At the Crossroads of Biology, Politics and Culture, 1500-1870*, edited by Staffan Müller-Wille and Hans-Jörg Rheinberger, 315-346. Cambridge, MA: MIT Press, 2007.

Parnes, Ohad, Ulrike Vedder, and Stefan Willer. *Das Konzept der Generation: Eine Wissenschaftsund Kulturgeschichte*. Frankfurt/M.: Suhrkamp, 2008.

Paul, Diane B. "Eugenics and the Left." *Journal of the History of Ideas* 45 (1984): 567-590.

_______. *Controlling Human Heredity: 1865 to the Present*. Amherst, NY: Prometheus Books, 1995.

_______. *The Politics of Heredity: Essays on Eugenics, Biomedicine and the Nature-Nurture Debate*. New York: State University of New York Press, 1998.

Paul, Diane B., and Barbara A. Kimmelman. "Mendel in America: Theory and Practice 1900-1919." In *The American Development of Biology*, edited by Keith R. Benson, Jane Maienschein, and Ronald Rainger, 281-310. Philadelphia: University of Pennsylvania Press, 1988.

Paul, Norbert. *The Making of Molecular Medicine: Historical, Theoretical, and Ethical Dimensions*. Habilitation, Heinrich-Heine-Universität Düsseldorf, 2003.

Pauling, Linus, Harvey A. Itano, Seymour J. Singer, and Ibert C. Wells. "Sickle-Cell Anemia, a Molecular Disease." *Science* 110 (1949): 543-548.

Pearson, Karl. "Contributions to the Mathematical Theory of Evolution." *Philosophical Transactions of the Royal Society of London, Series A*, 185 (1894): 70-110.

_______. "Mathematical Contributions to the Theory of Evolution III: Regression, Heredity and Panmixia." *Proceedings of the Royal Society of London, Series A, Containing Papers of a Mathematical and Physical Character* 187 (1896): 253-318.

_______. "Mathematical Contributions to the Theory of Evolution: On the

Law of Ancestral Heredity." *Proceedings of the Royal Society of London* 62 (1898): 386-412.

_______. *Nature and Nurture: The Problem of the Future*. London: Cambridge University Press, 1913.

Pestre, Dominique. *Science, argent et politique: Un essai d'interprétation*. Paris: INRA, 2003.

_______. "The Technosciences between Markets, Social Worries and the Political: How to Imagine a Better Future?" In *The Public Nature of Science under Assault: Politics, Markets, Science and the Law*, edited by Helga Nowotny, Hans-Heinrich Trute, Eberhard Schmidt-Aßmann, Dominique Pestre, and Helmut Schulze-Fielitz, 29-52. Berlin: Springer, 2005.

Pethes, Nicolas. "'Victor, l'enfant de la forêt': Experiments on *Heredity in Savage Children.*" In *Heredity Produced: At the Crossroads of Biology, Politics and Culture, 1500-1870*, edited by Staffan Müller-Wille and Hans-Jörg Rheinberger, 399-418. Cambridge, MA: MIT Press, 2007.

Pickering, Andrew. *The Cybernetic Brain: Sketches of Another Future*. Chicago: University of Chicago Press, 2010.

Pinto-Correia, Clara. *The Ovary of Eve: Egg and Sperm and Preformation*. Chicago: University of Chicago Press, 1997.

Pomata, Gianna. "Comments on Session III: Heredity and Medicine." In *Conference: A Cultural History of Heredity II: 18th and 19th Centuries*, preprint 247, 145-151. Berlin: Max Planck Institute for the History of Science, 2003.

Porphyry, *Introduction*. Translated by Jonathan Barnes. Oxford: Clarendon Press, 2003.

Porter, Roy, and George S. Rousseau. *Gout: The Patrician Malady*. New Haven, CT: Yale University Press, 1998.

Porter, Theodore M. *The Rise of Statistical Thinking: 1820-1900*. Princeton, NJ: Princeton University Press, 1986.

_______. "The Biometric Sense of Heredity: Statistics, Pangenesis and Positivism." In *A Cultural History of Heredity III: 19th and Early 20th Centuries*, preprint 294, 31-42. Berlin: Max Planck Institute for the History of Science, 2005.

Powell, Alexander, Maureen A. O'Malley, Staffan Müller-Wille, Jane Calvert, and John Dupré. "Disciplinary Baptisms: A Comparison of the Naming Stories of Genetics, Molecular Biology, Genomics and Systems Biology." *History and Philosophy of the Life Sciences* 29 (2007): 5-32.

Proctor, Robert N. *Racial Hygiene: Medicine Under the Nazis*. Cambridge, MA: Harvard University Press, 1988.

_______. "Three Roots of Human Recency: Molecular Anthropology, the Refigured Acheulean, and the UNESCO Response to Auschwitz." *Current Anthropology* 44 (2003): 213-229.

Protokoll über die Verhandlungen bei der Schafzüchter-Versammlung in Brünn am. und 2. Mai 1837." *Mittheilungen der k. k. Mährisch-Schlesischen Gesellschaft zur Beförderung des Ackerbaues, der Naturund Landeskunde in Brünn*, 1837, 201-205, 225-231, and 233-238.

Pyle, Andrew. "Malebranche on Animal Generation: Preexistence and the Microscope." In *The Problem of Animal Generation in Early Modern Philosophy*, edited by Justin E. H. Smith, 194-214. Cambridge: Cambridge University Press, 2006.

Quatrefages de Bréau, Armand de. *The Human Species*. London: Kegan Paul, Trench & Co, 1883. Originally published as *L'Espèce humaine* 1877.

Quirke, Viviane. *Collaboration in the Pharmaceutical Industry: Changing Relationships in Britain and France 1935-1965*. London: Routledge, 2006.

Rabinow, Paul. *Making PCR: A Story of Biotechnology*. Chicago: University of Chicago Press, 1996.

_______. *French DNA: Trouble in Purgatory.* Chicago: University of Chicago Press, 1999.

_______. "Epochs, Presents, Events." In *Living and Working with the New Medical Technologies: Intersections of Inquiry*, edited by Margaret Lock, Allan Young, and Alberto Cambrosio, 31-46. Cambridge: Cambridge University Press, 2000.

_______. *Anthropologie der Vernunft: Studien zu Wissenschaft und Lebensführung.* Translated by Carlo Caduff and Tobias Rees. Frankfurt/M.: Suhrkamp, 2004.

Rader, Karen. *Making Mice: Standardizing Animals for American Biomedical*

Research, 1900-1955. Princeton, NJ: Princeton University Press, 2004.

Rajan, Kaushik Sunder. *Biocapital: The Constitution of Postgenomic Life*. Durham, NC: Duke University Press, 2006.

Rasmussen, Nicolas. *Picture Control: The Electron Microscope and the Transformation of Biology in America*. Stanford, CA: Stanford University Press, 1997.

Ratcliff, Marc J. "Duchesne's Strawberries: Between Growers' Practices and Academic Knowledge." In *Heredity Produced: At the Crossroads of Biology, Politics and Culture, 1500-1870*, edited by Staffan Müller-Wille and Hans-Jörg Rheinberger, 205-228. Cambridge, MA: MIT Press, 2007.

Ratmoko, Christina. *Damit die Chemie stimmt: Die Anfänge der industriellen Herstellung von weiblichen und männlichen Sexualhormonen 1914-1938*. Zürich: Chronos Verlag, 2010.

Ray, John. *Historia plantarum species hactenus editas aliasque insuper multas noviter inventas et descriptas complectens*. 3 vols. London: Clark and Faithorne, 1686.

Reardon, Jenny. *Race to the Finish: Identity and Governance in an Age of Genomics*. Princeton, NJ: Princeton University Press, 2005.

Rey, Roselyne. "Génération et hérédité au 18e siècle." In *L'ordre des caractères: Aspects de l'hérédité dans l'histoire des sciences de l'homme*, edited by Jean-Louis Fischer, 7-41. Paris: Sciences en situation, 1989.

Rheinberger, Hans-Jörg. *Experiment-Differenz-Schrift*. Marburg: Basilisken-Presse, 1992.

_______. "Morphologie bei Claude Bernard." *Aufsätze und Reden der Senckenbergischen Naturforschenden Gesellschaft* 41 (1994): 137-150.

_______. "When Did Carl Correns Read Gregor Mendel's Paper? A Research Note." *Isis* 86 (1995): 612-616.

_______. "Cytoplasmic Particles in Brussels (Jean Brachet, Hubert Chantrenne, Raymond Jeener) and at Rockefeller (Albert Claude), 1935-1955." *History and Philosophy of the Life Sciences* 19 (1997): 47-67.

_______. *Toward a History of Epistemic Things: Synthesizing Proteins in the Test Tube*. Stanford, CA: Stanford University Press, 1997.

_______. "Beyond Nature and Culture: Modes of Reasoning in the Age of

Molecular Biology and Medicine." In *Living and Working with the New Medical Technologies: Intersections of Inquiry*, edited by Margaret Lock, Allan Young, and Alberto Cambrosio, 19-30. Cambridge: Cambridge University Press, 2000.

_______. "Mendelian Inheritance in Germany between 1900-1910: The Case of Carl Correns (1864-1933)." *Comptes rendus de l'Académie des Sciences, Série III, Sciences de la vie* 323 (2000): 1089-1096.

_______. "Carl Correns and the Early History of Genetic Linkage." In *Classical Genetic Research and Its Legacy: The Mapping Cultures of Twentieth Century Genetics*, edited by Hans-Jörg Rheinberger and Jean-Paul Gaudillière, 21-33. London: Routledge, 2004.

_______. "A History of Protein Biosynthesis and Ribosome Research." In *Protein Synthesis and Ribosome Structure: Translating the Genome*, edited by Knud H. Nierhaus and Daniel N. Wilson, 1-51. Weinheim: Wiley-VCH, 2004.

_______. "Internationalism and the History of Molecular Biology." *Annals of the History and Philosophy of Biology* 11 (2007): 249-254.

_______. "Heredity and Its Entities around 1900." *Studies in History and Philosophy of Science* 39 (2008): 370-374.

_______. *An Epistemology of the Concrete: Twentieth Century Histories of Life.* Durham, NC: Duke University Press, 2010.

Rehinberger, Hans-Jörg, and Peter McLaughlin. "Darwin's Experimental Natural History." *Journal of the History of Biology* 17 (1984): 345-368.

Richards, Robert J. "Kant and Blumenbach on the Bildungstrieb: A Historical Misunderstanding." *Studies in the History and Philosophy of Biology and the Biomedical Sciences* 31 (2000): 11-32.

_______. *The Romantic Conception of Life: Science and Philosophy in the Age of Goethe.* Chicago: University of Chicago Press, 2002.

Richardson, Angelique. *Love and Eugenics in the Late Nineteenth Century: Rational Reproduction and the New Woman.* Oxford: Oxford University Press, 2003.

Richmond, Martha. "The Cell as the Basis for Heredity, Development, and Evolution: Richard Goldschmidt's Program of Physiological Genetics." In

From Embryology to Evo-Devo: A History of Developmental Evolution, edited by Manfred Laubichler and Jane Maienschein, 169-211. Cambridge, MA: MIT Press, 2007.

Rignol, Loïc. "Augustin Thierry et la politique de l'histoire: Genèse et principes d'un système de pensée." *Revue d'histoire du XIXe siècle* 25 (2002): 87-100.

Ritterbush, Philip C. *Overtures to Biology: The Speculations of Eighteenth Century Naturalists*. New Haven, CT: Yale University Press, 1964.

Ritvo, Harriet. *The Animal Estate*. Cambridge, MA: Harvard University Press, 1987.

Roelcke, Volker. "Programm und Praxis der psychiatrischen Genetik an der Deutschen Forschungsanstalt für Psychiatrie unter Ernst Rüdin: Zum Verhältnis von Wissenschaft, Politik und Rasse-Begriff vor und nach 1933." In *Rassenforschung an Kaiser-Wilhelm-Instituten vor und nach 1933*, edited by Hans-Walter Schmuhl, 38-67. Göttingen: Wallstein, 2003.

Roger, Jacques. *The Life Sciences in Eighteenth-Century French Thought*. Edited by Keith R. Benson and translated by Robert Ellrich. Stanford, CA: Stanford University Press, 1997. Originally published as *Les sciences de la vie dans la pensée française du XVIIIe siècle*, 1963.

Roll-Hansen, Nils. "The Genotype Theory of Wilhelm Johannsen and Its Relation to Plant Breeding and the Study of Evolution." *Centaurus* 22 (1978): 201-235.

_______. "The Crucial Experiment of Wilhelm Johannsen." *Biology and Philosophy* 4 (1989): 303-329.

_______. *The Lysenko Effect: The Politics of Science*. Amherst, NY: Humanity Books, 2005.

_______. "Sources of Johannsen's Genotype Theory." In *A Cultural History of Heredity III: 19th and Early 20th Centuries*, preprint 294, 43-52. Berlin: Max Planck Institute for the History of Science, 2005.

Roumy, Franck. "La naissance de la notion canonique de consanguinitas et sa réception dans le droit civil." In *L'hérédité entre Moyen Age et époque moderne*, edited by Maaike van der Lugt and Charles de Miramon, 41-66. Florence: SISMEL-Edizioni del Galluzzo, 2008.

Ruckenbauer, Peter. "E. von Tschermak-Seysenegg and the Austrian Contribution to Plant Breeding." *Vorträge für Pflanzenzüchtung* 48 (2000): 31-46.

Russell, Nicholas. *Like Engend'ring Like: Heredity and Animal Breeding in Early Modern England.* Cambridge: Cambridge University Press, 1986.

Sabean, David W. *Power in the Blood: Popular Culture and Village Discourse in Early Modern Germany*. Cambridge: Cambridge University Press, 1984.

_______. *Kinship in Neckarhausen, 1700-1870*. Cambridge: Cambridge Press, 1998.

_______. "From Clan to Kindred: Kinship and the Circulation of Property in and Modern Europe." In *Heredity Produced: At the Crossroads of Biology, Politics and Culture, 1500-1870*, edited by Staffan Müller-Wille and Hans-Jörg Rheinberger, 37-59. Cambridge, MA: MIT Press, 2007.

Sapp, Jan. *Beyond the Gene: Cytoplasmatic Inheritance and the Struggle for Authority in Genetics*. Oxford: Oxford University Press, 1987.

Sarasin, Philipp. *Reizbare Maschinen: Eine Geschichte des Körpers 1765-1914*. Frankfurt/M.: Suhrkamp, 2001.

Sarkar, Sahotra, ed. *The Founders of Evolutionary Genetics*. Dordrecht: Kluwer Academic Publishers, 1992.

_______. "Biological Information: A Sceptical Look at Some Central Dogmas of Molecular Biology." In *The Philosophy and History of Molecular Biology: New Perspectives*, edited by Sahotra Sarkar, 187-231. Dordrecht: Kluwer, 1996.

_______. *Genetics and Reductionism*. Cambridge: Cambridge University Press, 1998.

Satzinger, Helga. "The Chromosomal Theory of Heredity and the Problem of Gender Equality in the Work of Theodor and Marcella Boveri." In *A Cultural History of Heredity III: 19th and Early 20th Centuries*, preprint 294, 101-114. Berlin: Max Planck Institute for the History of Science, 2005.

_______. "Theodor and Marcella Boveri: Chromosomes and Cytoplasm in Heredity and Development." *Nature Reviews Genetics* 9 (2008): 231.

_______. "Racial Purity, Stable Genes and Sex Difference: Gender in the

Making of Genetic Concepts by Richard Goldschmidt and Fritz Lenz, 1916-1936." In *The Kaiser Wilhelm Society under National Socialism*, edited by Susanne Heim, Carola Sachse, and Mark Walker. Cambridge: Cambridge University Press, 2009.

Schloegel, Judy Johns. "Herbert Spencer Jennings, Heredity, and Protozoa as Model Organisms, 1908-1918." In *Conference: Heredity in the Century of the Gene (A Cultural History of Heredity IV)*, preprint 343, 129-138. Berlin: Max Planck Institute for the History of Science, 2008.

Schmidgen, Henning. "Fehlformen des Wissens." In Georges Canguilhem, *Die Herausbildung des Reflexbegriffs im 17. und 18. Jahrhundert*, translated by Henning Schmidgen. Munich: Fink, 2008.

Schmidtke, Jörg, Bernd Müller-Röber, Wolfgang van den Daele, Ferdinand Hucho, Kristian Köchy, Karl Sperling, Jens Reich, Hans-Jörg Rheinberger, Anna M. Wobus, Mathias Boysen, and Silke Domasch, eds. *Gendiagnostik in Deutschland: Status quo und Problemerkundung*. Limburg: Forum W-Wissenschaftlicher Verlag, 2007.

Schmuhl, Hans-Walter, ed. *Rassenforschung an Kaiser-Wilhelm-Instituten vor und nach 1933*. Göttingen: Wallstein, 2003.

_______. *Crossing Boundaries: The Kaiser-Wilhelm-Institute for Anthropology, Human Heredity, and Eugenics, 1927-1945*. Dordrecht: Springer, 2008.

Schneider, William H. *Quality and Quantity: The Quest for Biological Regeneration in Twentieth-Century France*. Cambridge: Cambridge University Press, 1990.

Schöner, Erich. *Das Viererschema in der antiken Humoralpathologie*. Wiesbaden: 1964.

Schrödinger, Erwin. *What Is Life?* Cambridge: Cambridge University Press, 1967. Originally published as *Was ist Leben?* (1944).

Schultze, Max. "Über Muskelkörperchen und das, was man eine Zelle zu nennen habe." *Archiv für Anatomie, Physiologie und Wissenschaftlicher Medicin* (1861): 1-27.

Schwartz, Sara. "The Differential Concept of the Gene: Past and Present." In *The Concept of the Gene in Development and Evolution: Historical and Epistemological Perspectives*, edited by Peter Beurton, Raphael Falk, and

Hans-Jörg Rheinberger, 26-39. Cambridge: Cambridge University Press, 2000.

Schwartz, James. *In Pursuit of the Gene: From Darwin to DNA*. Cambridge, MA: Harvard University Press, 2010.

Schwartz, Cowan, Ruth. "Nature and Nurture: The Interplay of Biology and Politics in the Work of Francis Galton." In *Studies in the History of Biology*, vol. 1, edited by William Coleman and Camille Limoges, 133-208. Baltimore: Johns Hopkins University Press, 1977.

Schweber, Libby. *Disciplining Statistics: Demography and Vital Statistics in France and England, 1830-1885*. Durham, NC: Duke University Press, 2006.

Schwerin, Alexander von. *Experimentalisierung des Menschen: Der Genetiker Hans Nachtsheim und die vergleichende Erbpathologie 1920-1945*. Göttingen: Wallstein, 2004.

_______. "Tiere vermehren-Institutionen vergrößern: Die Versuchstiere der Notgemeinschaft Deutscher Wissenschaft, 1920-1931." *Verhandlungen zur Geschichte und Theorie der Biologie* 11 (2005): 353-365.

_______. "Seeing, Breeding and the Organisation of Variation: Erwin Baur and the Culture of Mutations in the 1920s." In *Conference: Heredity in the Century of the Gene (A Cultural History of Heredity IV)*, preprint 343, 259-278. Berlin: Max Planck Institute for the History of Science, 2008.

Sebright, John Saunders. "The Art of Improving the Breeds of Domestic Animals. In a Letter, addressed to the Right Hon. Sir Joseph Banks." In *Artificial Selection and the Development of Evolutionary Theory*, edited by Carl Jay Bajema, 93-122. Stroudsburg, PA: Hutchinson Ross, 1982. Originally published 1809.

Shinn, Terry, and Bernward Joerges. "The Transverse Science and Technology Culture: Dynamics and Roles of Research-Technology." *Social Science Information* 41 (2002): 207-251.

Sigurdsson, Skúli. "Yin-Yang Genetics, or the HSD deCODE Controversy." *New Genetics and Society* 20 (2001): 103-117.

Sloan, Philip R. "The Gaze of Natural History." In *Inventing Human Science: Eighteenth Century Domains*, edited by Christopher Fox, Roy Porter, and

Robert Wokler, 112-151. Berkeley: University of California Press, 1995.

Smith, Justin E. H. "Imagination and the Problem of Heredity in Mechanist Embryology." In *The Problem of Animal Generation in Early Modern Philosophy*, edited by Justin E. H. Smith, 80-99. Cambridge: Cambridge University Press, 2006.

_______. "Introduction." In *The Problem of Animal Generation in Early Modern Philosophy*, edited by Justin E. H. Smith, 1-18. Cambridge: Cambridge University Press, 2006.

_______. ed. *The Problem of Animal Generation in Early Modern Philosophy.* Cambridge: Cambridge University Press, 2006.

Smith, Hughes, Sally. "Making Dollars out of DNA: The First Major Patent in Biotechnology and the Commercialization of Molecular Biology 1974-1980." *Isis* 92 (2001), 541-575.

Smocovitis, Vassiliki Betty. *Unifying Biology: The Evolutionary Synthesis and Evolutionary Biology*. Princeton, NJ: Princeton University Press, 1996.

Snelders, Stephen, Frans J. Meijman, and Toine Pieters. "Bismarck the Tomcat and Other Tales: Heredity and Alcoholism in the Medical Sphere, the Netherlands 1850-1900." In *A Cultural History of Heredity III: 19th and Early 20th Centuries*, preprint 294, 193-211. Berlin: Max Planck Institute for the History of Science, 2005.

Soloway, Richard A. *Demography and Degeneration: Eugenics and the Declining Birthrate in Twentieth-Century Britain*. Chapel Hill: University of North Carolina Press, 1995.

Sommer, Marianne. *Bones and Ochre: The Curious Afterlife of the Red Lady of Paviland.* Cambridge, MA: Harvard University Press, 2007.

_______. "DNA and Cultures of Remembrance: Anthropological Genetics, Biohistories, and Biosocialities." *Biosocieties* 5 (2010): 366-390.

Spary, Emma C. *Utopia's Garden: French Natural History from Old Regime to Revolution*. Chicago: University of Chicago Press, 2000.

Stamhuis, Ida H. "Hugo de Vries's Transitions in Research Interest and Method." In *A Cultural History of Heredity III: 19th and Early 20th Centuries*, preprint 294, 115-136. Berlin: Max Planck Institute for the History of Science, 2005.

Stearn, William T. "Botanical Gardens and Botanical Literature in the Eighteenth Century." In *Catalogue of Botanical Books in the Collection of Rachel McMasters Miller Hunt*, vol. 2, edited by Jane Quinby and Allan Stevenson, 41-140. Pittsburgh, PA: Hunt Botanical Library, 1961.

Stent, Gunther S. "That Was the Molecular Biology That Was." *Science* 160 (1968): 390-395.

Stepan, Nancy. *The Hour of Eugenics: Race, Gender, and Nation in Latin America*. Ithaca, NY: Cornell University Press, 1991.

Sterne, Laurence. *The Life and Opinions of Tristram Shandy, Gentleman-A Sentimental Journey Through France and Italy*. Munich: Günter Jürgensmeier, 2005. Original 1760.

Steen, Peter F., and Sean P. Cullen. "Linnaeus, the Cortex-Medulla Theory, and the Key to His Understanding of Plant Form and Natural Relationships." *Journal of the Arnold Arboretum* 71 (1990): 179-220.

Stocking, George W. *Race, Culture, and Evolution: Essays in the History of Anthropology*. Chicago: University of Chicago Press, 1982.

_______. *Victorian Anthropology*. London: Macmillan, 1987.

_______. ed. *Bones, Bodies, and Behavior: Essays on Biological Anthropology*. University of Wisconsin Press, 1988.

_______. "The Turn-of-the-Century Concept of Race." *Modernism/Modernity* (1994): 4-16.

_______. *After Tylor: British Social Anthropology 1888-1951*. Madison: University of Wisconsin Press, 1995.

Strasser, Bruno J. "Sickle Cell Anemia, a Molecular Disease." *Science* 286 (1999): 1488-1490.

_______. "Linus Pauling's 'Molecular Diseases,' Between History and Memory." *American Journal of Medical Genetics* 115 (2002): 83-93.

_______. "Collecting and Experimenting: The Moral Economies of Biological Research, 1960s-1980s." In *Workshop, History and Epistemology of Molecular Biology and Beyond: Problems and Perspectives*, preprint 310, 105-123. Berlin: Max Planck Institute for the History of Science, 2006.

_______. *La fabrique d'une nouvelle science: La biologie moléculaire à l'âge atomique (1945-1964)*. Florence: Olschki, 2006.

_______. "Collecting, Comparing, and Computing Sequences: The Making of Margaret O. Dayhoff's Atlas of Protein Sequence and Structure, 1954-1966." *Journal of the History of Biology* 43 (2010): 623-660.

Stubbe, Hans. *History of Genetics: From Prehistoric Times to the Rediscovery of Mendel's Laws.* Translated by T. R. W. Waters. Cambridge, MA: MIT Press, 1972. Originally published as *Kurze Geschichte der Genetik bis zur Wiederentdeckung der Vererbungsregeln Gregor Mendels* (Jena: Fischer, 1965).

Suárez Díaz, Edna, and Victor H. Anaya-Muñoz. "History, Objectivity, and the Construction of Molecular Phylogenies." *Studies in History and Philosophy of Biological and Biomedical Sciences* 39 (2008): 451-468.

Summers, William C. *Félix d'Hérelle and the Origins of Molecular Biology.* New Haven, CT: Yale University Press, 1999.

Szybalski, Waclaw, and Ann Skalka. "Editorial: Nobel Prizes and Restriction Enzymes." *Gene* 4 (1978): 181-182.

Tapper, Melbourne. *In the Blood: Sickle Cell Anemia and the Politics of Race.* Critical Histories. Philadelphia: University of Pennsylvania Press, 1998.

Teich, Mikulás. "Fermentation Theory and Practice: The Beginnings of Pure Yeast Cultivation and English Brewing, 1883-1913." *Technology and Culture* 8 (1983): 117-133.

_______. *Bier, Wissenschaft und Wirtschaft in Deutschland 1800-1914: Ein Beitrag zur deutschen Industrialisierungsgeschichte.* Vienna: Böhlau, 2000.

Terrall, Mary. *The Man Who Flattened the Earth: Maupertuis and the Sciences in the Enlightenment.* Chicago: University of Chicago Press, 2002.

_______. "Speculation and Experiment in Enlightenment Life Sciences." In *Heredity Produced: At the Crossroads of Biology, Politics and Culture,* 1500-1870 , edited by Staffan Müller-Wille and Hans-Jörg Rheinberger, 253-276. Cambridge, MA: MIT Press, 2007.

Theunissen, Bert. "Breeding Dutch Dairy Cows (1900-1950): Heredity without Mendelism." In *Conference: Heredity in the Century of the Gene (A Cultural History of Heredity IV)*, preprint 343, 27-50. Berlin: Max Planck Institute for the History of Science, 2008.

Thieffry, Denis. *"Escherichia coli as a model system with which to study cell differentiation." History and Philosophy of the Life Sciences* 18 (1996): 163-193.

Thomson, Warren. "Population." *American Journal of Sociology* 34 (1929): 959-975.

Thurtle, Phillip. *The Emergence of Genetic Rationality: Space, Time, and Information in American Biological Science, 1870-1920.* Seattle: University of Washington Press, 2008.

Tocqueville, Alexis de. *Democracy in America. 2 vols. New York: Alfred A. Knopf, 1948. Originally published as De la démocratie en Amérique* (1835/1840).

Tooker, Elisabeth. "Lewis H. Morgan and His Contemporaries." *American Anthropologist* 94 (1992): 357-375.

Trembley, Abraham. *Mémoires pour servir à l'histoire d'um genre de polypes d'eau douce, à bras en forme de cornes.* Leiden: Verbeek, 1744.

Turner, Trudy R., ed. *Biological Anthropology and Ethics: From Repatriation to Genetic Identity.* Albany: SUNY Press, 2005.

Tylor, Edward B. *Primitive Culture: Researches Into the Development of Mythology, Philosophy, Religion, Language, Art and Custom.* 3rd ed. 2 vols. New York: Holt, 1889. Original 1873.

UNESCO, ed. *The Race Concept: Results of an Inquiry.* Paris: UNESCO House, 1952.

Vedder, Ulrike. "Continuity and Death: Literature and the Law of Succession in the Nineteenth Century." In *Heredity Produced: At the Crossroads of Biology, Politics and Culture, 1500-1870*, edited by Staffan Müller-Wille and Hans-Jörg Rheinberger, 85-101. Cambridge, MA: MIT Press, 2007.

Vettel, Eric J. Biotech: *The Countercultural Origins of an Industry.* Philadelphia: University of Pennsylvania Press, 2006.

Virchow, Rudolf Ludwig. "Über die Reform der pathologischen und therapeutischen Anschauungen durch die mikroskopischen Untersuchungen." In *Archiv für pathologische Anatomie und Physiologie und für klinische Medicin*, edited by Rudolf L. Virchow and Benno E. H. Reinhardt, 207-255. Berlin: G. Reimer, 1847.

_______. *Cellular Pathology as Based upon Physiological and Pathological Histology.* Translated by Frank Chance. London: John Churchill, 1860. Originally published as *Die Cellularpathologie in ihrer Begründung auf physiologische und pathologische Gewebelehre* (Berlin: Hirschwald, 1858).

_______. "Der Staat und die Äzte." In *Rudolf Virchow: Sämtliche Werke*, edited by Christian Andree, vol. 28.1., 50-71. Hildesheim: Georg Olms Verlag, 2006. Original 1849.

Voss, Julia. *Darwin's Pictures: Views of Evolutionary Theory, 1837-1874*. New Haven, CT: Yale University Press, 2010.

Wailoo, Keith, and Stephen Pemberton. *The Troubled Dream of Genetic Medicine: Ethnicity and Innovation in Tay-Sachs, Cystic Fibrosis, and Sickle Cell Disease.* Baltimore: Johns Hopkins University Press, 2006.

Waller, John C. "'The Illusion of an Explanation': The Concept of Hereditary Disease, 1770-1870." *Journal of the History of Medicine* 57 (2002): 410-448.

Warming, Eugenius, and Wilhelm Johannsen. *Lehrbuch der allgemeinen Botanik*. Translated by Emilio Pepe Meinecke. Berlin: Bornträger, 1909. Originally published as *Den almindelige botanik* (Copenhagen: Det Nordiske Førlag, 1900).

Waters, C. Kenneth. "What Was Classical Genetics?" *Studies in History and Philosophy of Science* 35 (2004): 83-109.

Watson, James D. *The Double Helix*. London: Weidenfeld and Nicholson, 1968. Watson, James D., and Francis H. C. Crick. "Molecular Structure of Nucleic Acids: A Structure for Deoxyribose Nucleic Acid." *Nature* 171 (1953): 737-738.

Watson, James D., and John Tooze. *The DNA Story: A Documentary History of Gene Cloning*. San Francisco: W. H. Freeman, 1981.

Weber, Marcel. "Walking on the Chromosome: Drosophila and the Molecularization of Development." In *From Molecular Genetics to Genomics: The Mapping Cultures of Twentieth-Century Genetics*, edited by Jean-Paul Gaudillière and Hans-Jörg Rheinberger, 63-78. London: Routledge, 2004.

Weigel, Sigrid. *Genea-Logik: Generation, Tradition und Evolution zwischen Kultur- und Naturwissenschaften*. Munich: Fink, 2006.

Weindling, Paul. *Health, Race and German Politics between National Unification and Nazism, 1870-1945*. Cambridge: Cambridge University

Press, 1989.

Weingart, Peter, Kurt Bayertz, and Jürgen Kroll. *Rasse, Blut und Gene: Geschichte der Eugenik und Rassenhygiene in Deutschland.* Frankfurt/M.: 1992. Original 1988.

Weismann, August. "The Continuity of the Germ-Plasm as the Foundation of a of Heredity." In *August Weismann: Essays upon Heredity and Kindred Biological Problems*, edited by Edward B. Poulton, Selmar Schönland, and Arthur E. Shipley, 2nd ed., vol. 1, 161-250. Oxford: Clarendon Press, 1891. Originally published as *Die Continuität des Keimplasmas als Grundlage einer Theorie der Vererbung* (Jena: Fischer, 1885).

_______. *The Germ-Plasm: A Theory of Heredity.* Translated by W. Newton Parker. New York: Charles Scribner's Sons, 1893. Originally published as *Das Keimplasma: Eine Theorie der Vererbung* (Jena: Fischer, 1892).

White, John S. "William Harvey and the Primacy of Blood." Annals of Science 43 (1986): 239-255. Paul. "Acquired Character: The Heredity Material of the 'Self-Made Man.'" In *Heredity Produced: At the Crossroads of Biology, Politics and Culture, 1500-1870*, edited by Staffan Müller-Wille and Hans-Jörg Rheinberger, 375-398. Cambridge, MA: MIT Press, 2007.

Widmalm, Sven. "A Machine to Work In: The Ultracentrifuge and the Modernist Laboratory Ideal." In *Taking Place: The Spatial Contexts of Science, Technology, and Business,* edited by Enrico Baraldi, Hjalmar Fors, and Anders Houltz, 59-80. Sagamore Beach, MA: Science History Publications, 2006.

Wieland, Thomas. *"Wir beherrschen den pflanzlichen Organismus besser. . .": Wissenschaftliche Pflanzenzüchtung in Deutschland 1889-1945.* Munich: Deutsches Museum, 2004.

_______. "Scientific Theory and Agricultural Practice: Plant Breeding in Germany from the Late 19th to the Early 20th Century." *Journal of the History of Biology* 39 (2006): 309-343.

Wiener, Norbert. *Cybernetics; or, Control and Communication in the Animal and the Machine.* Cambridge, MA: MIT Press, 1996. Original 1948.

Wijnands, D. Onno. "Hortus auriaci: The Gardens of Orange and their Place in Late 17th Century Botany and Horticulture." *Journal of Garden History* 8 (1988): 61-86, 271-304.

Willer, Stefan. "Heritage-Appropriation-Interpretation: The Debate on the Schiller Legacy in 1905." In *A Cultural History of Heredity III: 19th and Early 20th Centuries*, preprint 294, 167-178. Berlin: Max Planck Institute for the History of Science, 2005.

_______. "Sui generis: Heredity and Heritage of Genius at the Turn of the Eighteenth Century." In *Heredity Produced: At the Crossroads of Biology, Politics and Culture, 1500-1870*, edited by Staffan Müller-Wille and Hans-Jörg Rheinberger, 419-440. Cambridge, MA: MIT Press, 2007.

Williams, Elizabeth A. *The Physical and the Moral: Anthropology, Physiology, and Philosophical Medicine in France, 1750-1850*. Cambridge: Cambridge University Press, 1994.

Wilson, Edmund Beecher. *The Cell in Development and Heredity*. New York: MacMillan, 1896.

Wilson, Phillip K. "Erasmus Darwin and the 'Noble' Disease (Gout): Conceptualizing Heredity and Disease in Enlightenment England." In *Heredity Produced: At the Crossroads of Biology, Politics and Culture, 1500-1870*, edited by Staffan Müller-Wille and Hans-Jörg Rheinberger, 133-154. Cambridge, MA: MIT Press, 2007.

_______. "Pedigree Charts as Tools to Visualize Inherited Disease in Progressive Era America." In *Conference: Heredity in the Century of the Gene (A Cultural History of Heredity IV)*, preprint 343, 163-190. Berlin: Max Planck Institute for the History of Science, 2008.

Winnacker, Ernst Ludwig. "Das Gen und das Ganze." *Die Zeit,* May 2, 1997, 34.

Winther, Rasmus G. "Darwin on Variation and Heredity." *Journal of the History of Heredity* 33 (2000): 425-455.

_______. "August Weismann on Germ-Plasm Variation." *Journal of the History of Biology* 34 (2001): 517-555.

Witkowski, Jan A. *Illuminating Life: Selected Papers from Cold Spring Harbor, 1903-1969*. Cold Spring Harbor: Cold Spring Harbor Laboratory Press, 1999.

_______. *75 Years in Science at the Cold Spring Harbor Symposium on Quantitative Biology*. Cold Spring Harbor: Cold Spring Harbor Laboratory 2010.

Witkowski, Jan A., and John R. Inglis, eds. *Davenport's Dream: 21st Century Reflections on Heredity and Eugenics*. New York: Cold Spring Harbor Press, 2008.

Wolff, Caspar Friedrich. *Theorie von der Generation: In 2 Abh. erkl. u. bewiesen*. Birnstiel, 1764.

Wolff, Michael. *Geschichte der Impetustheorie: Untersuchungen zum Ursprung der klassischen Mechanik*. Frankfurt/M.: Suhrkamp, 1978.

Wolstenholme, Gordon, ed. *Man and His Future: A CIBA Foundation Volume*. Little, Brown, 1963.

Wood, Roger J. "The Sheep Breeders' View of Heredity Before and After 1800." *Heredity Produced: At the Crossroads of Biology, Politics and Culture, 1500-1870*, edited by Staffan Müller-Wille and Hans-Jörg Rheinberger, 229-250. Cambridge, MA: MIT Press, 2007.

Wood, Roger J., and Vítězslav Orel. *Genetic Prehistory in Selective Breeding: A Prelude to Mendel*. Oxford: Oxford University Press, 2001.

_______. "Scientific Breeding in Central Europe during the Early Nineteenth Century: Background to Mendel's Later Work." *Journal of the History of Biology* 38 (2005): 239-272.

Wright, Susan. *Molecular Politics: Developing American and British Regulatory Policy for Genetic Engineering*. Chicago: University of Chicago Press, 1994.

Yi, Doogab. "Cancer, Viruses, and Mass Migration: Paul Berg's Venture into Eukaryotic Biology and the Advent of Recombinant DNA Research and Technology, 1967-1980." *Journal of the History of Biology* 41 (2008): 589-636.

Yoxen, Edward J. "The Role of Schrödinger in the Rise of Molecular Biology." *History of Science* 17 (1979): 17-52.

_______. "Giving Life a New Meaning: The Rise of the Molecular Biology Establishment." In *Scientific Establishments and Hierarchies*, edited by Norbert Elias, Herminio Martins, and Richard Whitley, 123-143. Dordrecht: Reidel, 1982.

Yule, Udny. "Mendel's Laws and Their Probable Relation to Intra-Racial Heredity." *New Phytologist* 1 (1902): 193-207 and 222-238.

Zedler, Johann Heinrich. *Großes vollständiges Universallexikon aller Wissenschaften und Künste*. 68 vols. Graz: Akademische Druck- und Verlags-Anstalt, 1993. Original 1732-1750.

Zirkle, Conway. *The Beginnings of Plant Hybridization*. Morris Arboretum Monographs. Vol. 1. Philadelphia: University of Pennsylvania Press, 1935.

_______. "The Early History of the Idea of the Inheritance of Acquired Characters and of Pangenesis." *Transactions of the American Philosophical Society*, new series, 35 (1946): 91-151.

_______. "Species before Darwin." *Proceedings of the American Philosophical Society* 103 (1959): 636-644.

역자 후기

슈타판 뮐러빌레(Staffan Müller-Wille)와 한스외르크 라인베르거(Hans-Jörg Rheinberger)가 저술한 『유전의 문화사』의 제목은 여러모로 낯설다. 먼저 유전자(gene)라는 과학적 개념이나 학문 분야로서의 유전학(genetics) 대신 "유전"(heredity)을 역사적 탐구의 대상으로 놓았다는 점에서 생경하다. 유전자나 유전학의 역사는 보통 19세기 중반 그레고어 멘델(Gregor Mendel)의 완두콩 교배 실험에서 시작하여 19세기 말 아우구스트 바이스만(August Weismann)의 생식질 가설로 운을 뗀다. 이후 20세기 초 멘델 법칙을 재발견한 인물인 빌헬름 요한센(Wilhelm Johannsen)이 유전자 개념을 고안하고, 토머스 헌트 모건(Thomas Hunt Morgan)의 초파리 연구 그룹이 고전유전학을 완성한 이후에는 생화학에 토대를 둔 분자생물학이 유전자의 비밀을 풀어 나가는 (그리고 20세기 말에 들어서 이런 환원주의적 접근이 위기를 맞는) 순서로 전개된다. 여기에 조금 더 역사적인 맥락들을 덧붙인 경우에는 18세기의 전성설(前成說)과 후성설(後成說) 논쟁을 일종의 배경으로 다룰 것이다.

『유전의 문화사』는 분야사나 유전자 개념의 역사 대신 유전에 대한 학술적인 논의 자체가 가능해지는 인식론적 공간(epistemic space)이 형성되는 과정을 탐구한다. 이런 관점에서 볼 경우 앞서 언급한 유전학의 역사만큼이나 중요한 것이 유전을 과학적으로 탐구할 수 있는 인식론적 대상(epistemic objects)-예를 들어 유전자-으로 만드는 데 중요한 역할을 맡은 담론적 실천들과 제도들, 혹은 저자들의 표현에 따르자면 지식 레짐의 역사이다. 17세기까지 자연철학에서 생명체의 발생(generation)의 문제로 다루어져 오던 주제가 18-19세기에 이르러 생식과 유전의 문제로 재개념화되고, 마침내 19세기 중후반에 생명과학의 중심 연구 대상으로 자리 잡게 된다. 이후 20세기의 고전유전학과 분자유전학을 통해 수학적으로 측정하고 실험적으로 조작할 수 있는 분명하게 정의된 현상으로 다루어진다.

이 과정을 이해하기 위해서는 유전학의 선구자로 알려진 한 줌의 과학자들의 사유뿐만 아니라 15세기 이래의 유럽의 제국주의적 팽창 속에서 이루어진 동식물과 인간 집단의 대규모 이주와 이와 관련된 사육, 의학, 인류학, 자연사, 자연철학에서의 지식 생산 활동들의 전환 가운데 유전주의적 사고가 형성되는 과정부터 꼼꼼하게 살펴보아야 한다. 그 결과 우리는 중세 시기부터 상속과 관련해 사법 분야에서 유산과 유전이란 개념이 친족관계 개념과 함께 형성, 논의, 적용되는 과정과 16-17세기 유럽 각지에 설립된 식물원과 동물원들의 새로운 환경으로 이식된 동식물들에 대한 자연사 및 육종 연구들, 라틴 아메리카의 식민지들에서 혼혈인들에 대한 인류학적으로 관찰한 결과들이 19세기의 과학자들이 생물학적 유전과 새로운 생식 개념을 발전시키는 데 중요한 기반을 마련했음을 깨닫게 된다. 물론 전통적으로 유전주의적 사고의 출현에 중요한 역할을 맡았을 것으로 추정되는 영역들, 예를 들어 14세기부터 유전 질환에 대해 관심을 갖던 의학이나 19세기 이후 우생학과 같은 생명정치적 영역들을 간과해서는 안될 것이다. 다만 이 책은 전통적인 단선적 이해들, 예를 들어 우생학을 특정한 정치적 이데올로기에만 봉사하는 철지난 사이비 과학으로 보는 시각을 반복하는 대신, 이와 관련된 지식 생산의 실천과 도구들이 유전의 인식론적 공간을 마련하는 데 맡은 역할에 주목한다. 우생학적 관심 가운데 고안되고 발전된 계보학적 연구와 통계 기법들, 그리고 가계 데이터의 축적은 인류 집단의 유전을 당대 복합 화학 혼합물에 대한 화학 연구들처럼 분석적 관점에서 사고하고 탐구할 수 있게 만들었다.

멘델은 유전 지식 레짐의 역사에서 여전히 중요하지만 더 이상 수도원에 틀어박혀 동시대의 학계로부터 유리된 고독한 선구자가 아니게 된다. 대신에 육종 연구자들이 유전 변이 탐구를 위해 수행하던 이종교배 실험 전통과 그의 수도원이 적극적으로 참여하던 농축산업 응용을 위한 육종 연구 네트워크의 영향 가운데 자신의 실험을 설계한 인물로 다시 그려진다. 멘델이 추진한 완두콩 실험의 독특성은 사회적, 문화적, 지적 고립의 결과물이 아니라 사회문화적 자장 내에서 다양한 전통들을 종합한 산물이었다. 멘델은 과거 분리된 연구 전통들의 방법들이자 이론들이었던 통계법, 물리실험 방법론, 세포이론, 이종교배 육종 기법 등을 결합한 실험 시스템(experimental system)을 확립해 멘델 유전학의 출현의 기반을 마련한 것이다.

여기서 책의 제목과 관련된 두 번째 낯선 표현, "문화사"가 쟁점이 된다. 뮐러빌레와 라인베르거는 과학을 문화적 활동이자 예술, 기술, 정치와 같은 다른 문화적 영역들과 상호작용하면서 사회적 가치를 재생산하고 변형시키는 것으로 이해한다. 이런 논의가 과학의 특수성을 부정하지는 않음을 이해해야 한다. 라인베르거는 십 년가량 현업 분자생물학자로서 활동했던 과학자였다. 뮐러빌레 역시 대학에서 지질학과 고생물학을 공부하고 분자생물학과 관련된 과학 프로젝트에도 참여했던 과학 연구자로, 누구보다도 과학이 여타 문화적 활동들과 뚜렷이 구별되는 독특한 측면들을 갖고 있음을 잘 알고 있다. 이들이 과학 지식의 생산을 독자적인 문화적 영역으로 놓을 때 그 의미는 으레 가정되는 상징들로만 가득 찬, 자연과 반대되는 이분법적 의미의 공간이 아니라 연구 기술들과 물질적 실천들이 공유되는 세계이다. 19세기 동안 생물학적 유전에 관한 대담한 이론적 사변들이 제기된 이후 20세기 초에는 초파리와 같은 모델생물을 중심으로 한 실험 시스템이 설립되었고, 이에 기초한 고전유전학 연구가 경쟁적으로, 때로는 협력적으로 이루어졌다. 마찬가지로 20세기 중반부터 유전의 분자화를 이끈 파지 및 붉은빵곰팡이와 같은 새로운 모델생물과 방사성 표지 추적 기법 등의 연구 기술들로 이루어진 다양한 체외 실험 시스템들에 기초한 실험 연구들이 세계 각지에서 추진되었다. 저자들은 실험 문화(experimental cultures)를 연구 기술이 어느 정도 공유되고, 시료, 재료, 기술과 같은 관련 물질들이 서로 교류되며 개별적인 실험 암묵지를 가진 과학자들이 상호작용하는, 실험 시스템들의 앙상블로 보기를 제안한다. 이런 관점에서 볼 때 유전의 분자화는 분자생물학이라는 제도화된 학문 분야가 아니라 체외 실험 문화를 공유하는 과학 공동체가 만들어낸 결과물이다.

『유전의 문화사』는 그 명백한 한계에도 불구하고 생물학사 연구에서 중요한 이정표이다. 영미권에서 출간된 유전학사 저술들에 비해 독일 연구자들의 논의가 비교적 상세하게 다루어진다는 차이가 있지만, 서술의 주요 초점은 근대 초기까지는 유럽, 20세기 중반부터는 미국에 맞추어져 있다는 점에서 철저히 서구중심적이다. 동아시아의 사례가 빈곤한 이유는 동아시아 과학사에서

(우생학과 일부 의학적 논의들을 제외하고는) 인류 유전 연구가 거의 검토되지 않은 데서 찾을 수 있고, 이것이 <한국어판 서문>에서 저자들이 한국의 학술 독자들에게 심화 연구를 요청한 이유이다. 그러나 동구권 생물학자들의 논의가 배제된 점은 여전히 이 책의 주요한 문제이다. 그럼에도 불구하고 이 책은 1980년대 이후 과학사 분야의 주류 접근이 지성사에서 미시사, 문화사로의 전환을 꾀하면서 일어난 종합적, 통사적 시각의 부재 문제, 바꿔 말해 "빅 픽쳐"(big picture)의 문제에 대한 일종의 해답을 제시하는 중요한 역할을 맡고 있다. 저자들이 서론에 밝히고 있듯이, 이 책은 한 두 명이 집필하는 전통적인 통사 서술 대신에, 유전이라는 큰 주제를 두고 2001년부터 수십 명의 연구자가 십여 년에 걸쳐 미시사를 연구하고 이를 종합한 결과이다. 이는 최근 유행하는 유발 하라리류의 "거대사"(big history)와는 다른 의미로, 그 연구의 실천 방식이 집단적이고 (인문학 연구로서는) 장시간에 걸친 대규모의 형태라는 점에서 보다 "거대과학"(big science)에 가까운 의미의 "거대사"라고 할 수 있다.

저자들이 대안적인 통사를 서술할 수 있었던 이론적 배경에는 1994년 설립 이래 국제 과학사 연구를 이끌어 온 막스플랑크 과학사연구소의 역사인식론(historical epistemology) 접근이 놓여 있다. 물론 이 책에서 반복되어 언급되듯이 라인베르거는 가스통 바슐라르(Gaston Bachelard)로 대표되는 프랑스 과학철학의 역사인식론을 자신의 철학적 사유의 기반으로 활용한다. 하지만 이 용어는 단순히 프랑스의 한 철학 분파를 가리키는 것을 넘어 연구소가 부서 간 경계를 넘어 공동으로 추구하는 과학사 연구 방법론을 의미하기도 한다. 한국에도 잘 알려진 물리학사가 피터 갤리슨(Peter Galison)과 함께 『객관성*Objectivity*』의 역사를 저술한 (2019

년에 퇴임한) 로레인 대스턴(Lorraine Daston)의 부서가 객관성, 합리성, 관찰, 지식과 같이 과학 연구를 평가하고 총괄하는 데 핵심적인 인식론적 개념들의 역사적 발전을 탐구했다면, 라인베르거의 부서는 단백질이나 유전자와 같은 인식론적 대상들의 역사에 초점을 맞추었다. 유전의 문화사는 라인베르거가 연구소에서 소장으로 부임하던 1997년부터 2014년 가운데 뮐러빌레와 함께 역사인식론을 가장 충실히 적용해 이끌었던 장기간의 연구 프로젝트였다. 비록 과학사-그리고 넓은 의미의 과학기술학-가 영미 학계를 중심으로 성장하기는 했지만, 한국에는 역사인식론에 기초한 과학사 연구들이 놀라울 정도로 소개되어 있지 않다. 본 역서가 이런 작금의 상황을 조금이나마 타개하는 데 기여하기를 기대한다.

마지막으로 2022년 1월의 시점에서 『유전의 문화사』 이후 후속 연구 동향을 역자가 전공하는 20세기 인류 유전의 역사를 중심으로 소개하자면 다음과 같다. 먼저 이 책의 영문판 출간 직후 라인베르거 부서의 "20세기 인간 변이의 지식사" 연구 그룹(2009-2015)의 연구 성과물이 뮐러빌레가 거즈마이어(Bernd Gausemeier) 및 램스덴(Edmund Ramsden)과 공동 편집한 『20세기의 인류 유전*Human Heredity in the Twentieth Century*』(2013)이라는 단행본과 여러 국제 과학사 저널들의 특집호들로 출판되었다. 주요 역사서술적 혁신은 인간 집단에 대한 다양한 종류의 유전 연구들(특히 체질 인류학과 집단 유전학)과 연구 실천들에 대한 면밀한 검토를 통해 인종 개념이 2차 대전 이후 인류 유전 연구에서 퇴출되지 않았음을 밝힌 것이다. 이는 전후 논의의 초점을 분자유전학으로 좁히면서 유전에 관한 과학적 연구가 인종 개념과 거리를 두었다는 전통적인 서술을 유지한 『유전의 문화사』의

5장과 7장에 대한 수정을 요구하는 결론이다. 최근에는 영미 외의 지역들을 중심으로 한 사례 연구들을 통해 같은 논점이 재확인되고 있고, 이와 관련해 주목할 만한 단행본으로는 토론토 대학교의 엘리스 버튼(Elise K. Burton)의 『유전적 교차로: 중동과 인류 유전의 과학*Genetic Crossroads: The Middle East and the Science of Human Heredity*』(2021)이 있다. 역자의 모자란 연구들은 이 흐름 속에 놓여 있다.

다음으로 <한국어판 서문>에서 저자들이 고백한 것처럼 6-7장에서 고전유전학과 분자유전학에만 집중하면서 배제했던 유전 연구 전통들의 중요성이 재조명되고 있다. 대표적인 예로 소라야 데 차다레비안(Soraya de Chadarevian)의 『현미경으로 본 유전*Heredity under Microscope*』(2020)은 2차 대전 이후 염색체 관찰과 관련된 세포유전학 연구 및 실천들을 추적하면서 염색체 연구가 분자생물학만큼이나 오늘날의 유전적 시고와 실천, 그리고 유전체학의 출현에 중요했음을 설득력 있게 보여주었다. 이외에도 언급해야할 연구나 저서들이 많지만, 지면의 한계로 이들에 대한 소개는 역자 본인의 연구와 새로운 번역서의 역자 후기로 미루어야 할 것 같다. 독자들이 이 번역을 통해 현대 생물학사에 대한 과학사학자들의 연구에 대해 조금이라도 지식을 얻고 관심을 갖게 된다면 더할 나위 없이 기쁘겠다.

* * *

역서 해제와는 별도로 이 책을 번역하게 된 개인적 배경을 적어둘 필요도 있을 것 같다. 2019년 7월, 역자는 노르웨이 오슬로에서 열린 ISHPSSB(International Society for the History,

Philosophy and Social Studies of Biology) 학술대회에 참가했다. 당시 역자는 막스플랑크 과학사연구소의 박사후연구원으로 재직 중이었는데, 여러 이유로 연구소 소속 학자들과 공항에서부터 숙소까지 함께 이동하게 되었다. 이 와중에 명예 소장인 라인베르거 선생님과 동석해 강제로(?) 한 시간 가까이 둘이서 대화할 기회를 가졌다. 대화의 소재가 고갈될 즈음 역자는 별다른 생각 없이 『유전의 문화사』를 학위논문자격시험 때문에 읽었고, 한국에서는 인류 유전에 대한 인문학적 논의들이 주로 우생학만 다루고 있어 번역될 경우 한국 학계에 유익하겠다고 말했다. 그때 라인베르거 선생님은 별말씀 없이 고개만 끄덕이셨고, 나 또한 행복하면서도 고통스러웠던(?) 긴 대화에서 벗어난 이후로는 대화 내용을 까맣게 잊어버리고 말았다. 그런데 이튿날 라인베르거 선생님이 역자의 발표에 참석하셔서 내용과 토론을 주의 깊게 들으시고는 같은 날 저녁에 번역을 수락한다는 메일을 주셨다. 애초에 번역할 생각은 꿈에도 없었을 뿐만 아니라, 한창 논문 출판에 매달려야 하던 시기였던지라 선생님의 한국어판 번역에 관한 관심은 큰 부담으로 다가왔다. 하지만 선생님께서 시카고 대학교 출판부로부터 직접 판권 허가도 확인받으시고, 곧 뮐러빌레 선생님에게도 연락을 취해 본인을 동아시아 인류 유전의 역사를 연구하는 과학사학자이자 번역자로 소개해주셔서 이를 고사할 방도가 없었다. 결국 남은 박사후연구원 기간 동안 초벌 번역을 마치고 한국 출판사와 접촉해보겠다고 말씀을 드렸는데, 이 책의 서론과 1장의 번역을 마칠 때 즈음 코로나19 사태로 연구소와 어린이집이 폐쇄되면서 육아에 오롯이 전념해야 하는 상황이 되었다. 이 와중에 직장을 부산으로 옮기면서 모든 것이 유야무야 되었다. 역자가 재직 중인 부산대학교의 <우리시대 질문총서> 사업이 없었다면 번역 원고들이 빛을 보는 데에는 훨씬 더 오랜 시간이 걸렸을 것이다.

번역을 결단하게 된 제반의 사정과는 별도로, 옮긴이의 학위 논문 주제나 연구 관심은 당시 막 논문이나 단행본들로 출간되던 라인베르거 부서의 유전의 문화사 프로젝트의 영향 속에서 만들어졌다고 해도 과언이 아니다. 2013년 3월 독일 보훔 루르 대학교에서 열렸던 메르카토어 봄학교(Mercator Spring School)에 참가했을 때 당시 라인베르거 부서에서 "20세기 인간 변이의 지식사" 연구 그룹을 이끌던 베로니카 립하르트(Veronika Lipphardt)를 만났다. 2차 대전 이전과 이후 인종 과학의 연구 방법론과 기술들, 그리고 생명역사적 내러티브(biohistorical narrative)의 연속성을 강조하는 립하르트의 연구는 역자가 해방 이후 한국 인류유전 연구의 역사에 대해 부족하게나마 살피고 글을 쓰는 데 중요한 출발점이 되었다. 따라서 번역 과정은 역자의 연구의 원류를 되새기는 좋은 공부 시간이었다. 여기에 더해 라인베르거 선생님과 뮐러빌레 선생님께서 한국어판 서문을 집필하시면서 보여주신 역자의 부족한 연구들에 대한 따뜻한 관심은 박사후 연구 프로젝트들 때문에 유전 과학의 역사 바깥으로 외도했던 역자가 최대한 빨리 외유성 연구들(?)을 수습하고 본업에 정진해야겠다는 새해 다짐을 세우게 만들었다.

빠듯한 일정에도 어설프게나마 번역을 마칠 수 있었던 것은 여러 선생님들의 도움 덕분이다. 서울대학교 과학학과의 석사 및 박사과정 선생님들이 큰 도움을 주었다. 최석현 선생님이 2장과 3장을, 황교련 선생님이 4장을, 민병웅 선생님이 서론과 5장을, 김하징 선생님이 6장, 7장, 8장을 검수하고 오탈자나 번역에 대한 의견을 제공해주었다. 정원교 선생님 또한 기꺼이 4장을 읽어주었으나 제안해 준 내용들을 반영하지 못한 점이 아쉽다. 무엇보다도 김하정 선생님이 미주, 참고문헌, 색인 작업 등을 도와주지 않았다면 본 역서의 출간일은 일 년 더 늦어졌을 것이다. 이에 감사를 전한다. 같은 학과의 이두갑 교수님은 2021년 2학기 대학원 수업에서 본 역서의 초고를 교재로 활용하시면서 번역 문제나 가독성 등에 대해 귀중한 조언을 주셨다. 이 교수님은 일찍이 역자가 2014년에 논문자격시험을 준비할 때 이 책을 읽도록 강권하시기도 했다.

부산대학교 교양교육원 및 과학기술인문학 협동과정의 송성수 교수님, 생물교육과의 심재호 교수님, 울산과학기술원 인문학부의 김효민 교수님은 불완전한 초고를 읽고 번역과 관련된 중요한 논평들을 제공해주셨다. 부산대학교 출판문화원 차윤정 원장님과 장윤서 선생님의 번역 일정에 관한 적절한 당근과 채찍은 이 책이 늦지 않게 출판되는 데 중요했다. 이해숙 선생님은 수많은 오탈자를 꼼꼼하게 교정해주셨고 배영미 선생님은 부족한 원고를 보기 좋게 편집해주셨다. 김은진 선생님도 행정적으로 여러 도움을 주셨다. 마지막으로 고은진, 현담윤, 현지윤에게 고맙다는 말을 전한다. 유아 특유의 잠버릇 때문에 매일 밤 대면했던 담윤이의 발가락은 번역한 내용들을 오밤중의 사색거리로 만들었다. 이 모든 기여에도 불구하고 오역과 여전히 남아있는 편집상의 오류들은 온전히 역자의 잘못이다.

색인

ㅇ

ㅊ

ㅋ

ㅎ

우리시대 질문총서 11

유전의 문화사

초　판 1쇄 2022년 2월 14일
개정판 1쇄 2022년 8월 31일

원표제 Vererbung : Geschichte und Kultur eines biologischen Konzepts
원저자 슈타판 뮐러빌레 · 한스외르크 라인베르거
번역자 현재환
기획 우리시대 질문총서 제작위원회
간사 장윤서 · 김은진
교정·교열 이해숙
디자인·편집 배영미
발행인 차정인
펴낸곳 부산대학교출판문화원

출판등록 제1983-000001호 1983.11.10.
부산광역시 금정구 부산대학로 63번길 2 (우편번호46241)
대표전화 051-510-1932 팩시밀리 051-512-7812
www.press.pusan.ac.kr

ISBN 978 - 89 - 7316 - 749 - 4 (04470)
978 - 89 - 7316 - 650 - 3 (세트)

※ 이 총서는 부산대학교 국립대학육성사업(REN)의 지원으로 제작되었습니다.